计算机网络技术基础

任务式微课版

崔升广 ◉ 主编
杨宇 崔凯 冯丹 张一豪 ◉ 副主编

人民邮电出版社
北京

图书在版编目（CIP）数据

计算机网络技术基础 : 任务式微课版 / 崔升广主编
. -- 北京 : 人民邮电出版社, 2022.5（2023.1重印）
工业和信息化精品系列教材. 网络技术
ISBN 978-7-115-58181-5

Ⅰ. ①计… Ⅱ. ①崔… Ⅲ. ①计算机网络－高等职业
教育－教材 Ⅳ. ①TP393

中国版本图书馆CIP数据核字(2021)第251038号

内 容 提 要

根据高职高专教育的培养目标、特点和要求，本书由浅入深、全面系统地讲解了计算机网络的基础知识和基本技术。全书共9个模块，内容包括初识计算机网络、数据通信技术、计算机网络体系结构、局域网技术、网络互联技术、广域网技术、Internet基础与应用、网络操作系统与计算机网络安全。为了让读者能够更好地巩固所学知识，及时检查学习效果，每个模块都配备了丰富的技能实践和模块练习。

本书既可作为高职高专院校计算机网络技术基础课程的教材，也可作为计算机网络相关培训人员和计算机网络爱好者的自学用书和参考书。

◆ 主　　编　崔升广
　副 主 编　杨　宇　崔　凯　冯　丹　张一豪
　责任编辑　郭　雯
　责任印制　王　郁　焦志炜
◆ 人民邮电出版社出版发行　　北京市丰台区成寿寺路 11 号
　邮编　100164　　电子邮件　315@ptpress.com.cn
　网址　https://www.ptpress.com.cn
　三河市祥达印刷包装有限公司印刷
◆ 开本：787×1092　1/16
　印张：18　　2022 年 5 月第 1 版
　字数：521 千字　　2023 年 1 月河北第 4 次印刷

定价：59.80 元

读者服务热线：(010)81055256　印装质量热线：(010)81055316
反盗版热线：(010)81055315
广告经营许可证：京东市监广登字 20170147 号

前言 FOREWORD

随着计算机网络技术的不断发展，计算机网络已经成为人们生活和工作的重要组成部分，以计算机网络为核心的工作方式必将成为未来发展的趋势，培养大批熟练掌握网络技术的人才是当前社会发展的迫切需求。越来越多的人从事与网络相关的工作，各高校计算机相关专业也都开设了计算机网络技术基础等相关课程。在职业教育中，计算机网络技术已经成为计算机网络专业的一门重要的基础课程。作为重要的专业基础课程的教材，应该与时俱进，做到涵盖知识面和技术面广。本书可以让读者学到前沿且实用的网络技术，为以后参加工作储备知识和技能。

本书使用华为网络设备搭建网络实训环境，在介绍相关理论与技术原理的同时，还提供大量的网络项目配置案例，以达到理论与实践相结合的目的。本书在内容安排上力求做到深浅适度、详略得当，从计算机网络基础知识起步，用大量的案例、插图讲解相关知识。编者精心选取教材的内容，对教学方法与教学内容进行整体规划与设计，使本书在叙述上简明扼要、通俗易懂，既方便教师讲授，又方便学生学习、理解与掌握。

本书融入了编者丰富的教学经验和计算机网络运维工作的实践经验，从计算机网络初学者的角度出发，采用“教、学、做一体化”的教学方法，为培养应用型人才提供实用的教学与训练教材。本书以实际项目转化的案例为主线，以“学做合一”的理念为指导，在完成技术讲解的同时，对读者提出相应的自学要求和指导。读者在学习本书的过程中，不仅能完成快速入门的基础技术的学习，还能进行实际项目的开发与实现。

本书主要特点如下。

（1）细节内容渗透德技并修的育人和育才理念。通过案例和项目，引导学生树立积极的职业目标，形成团队互助、合作进取的意识；通过拓展阅读培养学生的爱国情怀、工匠精神等，最终实现育人和育才并行的教学目标。

（2）内容丰富、技术新颖，图文并茂、通俗易懂，具有很强的实用性。

（3）组织合理、有效。本书按照由浅入深的顺序，在逐渐丰富系统功能的同时，引入相关技术与知识，将技术讲解与训练合二为一，有助于“教、学、做一体化”教学的实施。

（4）内容充实、实用，实际项目开发与理论教学紧密结合。

本书的训练紧紧围绕着实际项目进行，为了使读者快速地掌握相关技术并按实际项目开发要求熟练运用技术，本书在各个模块重要知识点后面都根据实际项目设计了相关技能实践。

为方便读者使用，书中全部实例的源代码及电子教案均免费赠送给读者，读者可登录人邮教育社区（www.ryjiaoyu.com）下载。

本书由崔升广任主编，杨宇、崔凯、冯丹、张一豪任副主编。崔升广编写模块 1 至模块 8，杨宇、崔凯、冯丹、张一豪编写模块 9，崔升广负责全书的统稿和定稿。

由于编者水平有限，书中不足之处在所难免，殷切希望广大读者批评指正。同时，恳请读者发现错误时，请于百忙之中与编者联系，以便尽快更正，编者将不胜感激，编者 E-mail：84813752@qq.com。

编　者

2021 年 9 月

目录 CONTENTS

模块 1

模块 2

模块 3

模块 4

模块 5

模块 6

模块 7

模块 8

模块 9

模块1 初识计算机网络

01

【情景导入】

人们通过网络可以浏览网页、下载歌曲、收发邮件、网络聊天、网上购物等，在人们享受网络带来的这些便捷的时候，有没有思考过什么是网络？它是通过什么进行传输的呢？它又是从什么时候开始影响人们的生活的呢？这一切又是怎么实现的呢？

本模块讲述计算机网络的基本知识，主要包括计算机网络的定义、功能以及应用，计算机网络的产生、组成、发展与分类等基本概念，网络传输介质，网络新技术的发展，常用网络连接的设备以及双绞线的制作。通过对本模块的学习，读者将会对计算机网络的相关知识有较为详细的认识与了解。

【学习目标】

【知识目标】

- 掌握计算机网络的定义与组成。
- 掌握计算机网络的功能与应用。
- 掌握计算机网络的分类。
- 掌握计算机网络的传输介质。
- 了解计算机网络新技术的发展。

【技能目标】

- 掌握制作双绞线的方法。
- 掌握eNSP工具软件的使用方法。
- 掌握网络设备管理的方法。

【素质目标】

- 加强爱国主义教育、弘扬爱国精神与工匠精神。
- 培养自我学习的能力和习惯。
- 树立团队互助、合作进取的意识。

【知识导览】

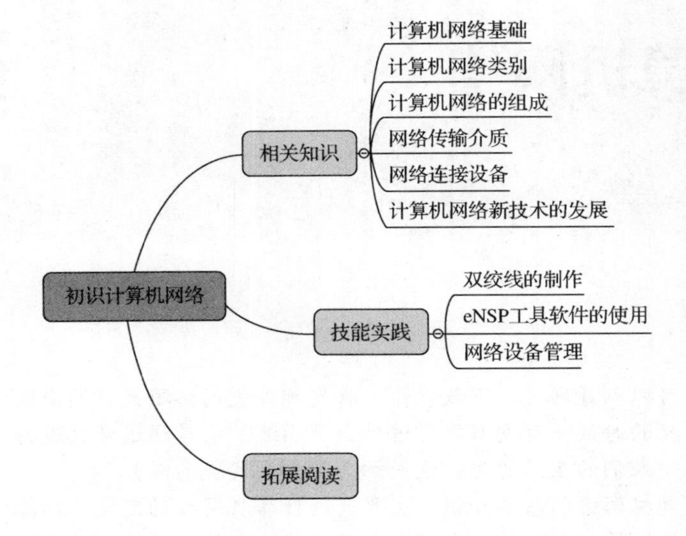

【相关知识】

1.1 计算机网络基础

计算机网络技术是当今最热门的专业之一。计算机网络随着现代社会对信息共享和信息传输日益增强的需求而发展起来，给人类社会的生产、生活都带来了巨大的影响，在过去的几十年里取得了长足的发展。近十几年来，因特网（Internet）深入千家万户，网络已经成为一种全社会的、经济的、快速存取信息的必要手段。它经历了由低级到高级、由简单到复杂、从单机到多机的发展过程。因此，计算机网络技术对未来的信息产业甚至整个社会都将产生深远的影响。

1.1.1 计算机网络定义

计算机网络是计算机技术与通信技术相结合的产物，是信息技术进步的象征。近年来 Internet 的迅速发展，证明了信息时代计算机网络的重要性。

那么什么是计算机网络？其结构又是怎样的呢？

计算机网络是利用通信线路和设备将分散在不同地点、具有独立功能的多个计算机系统互联，按网络协议互相通信，由网络操作系统管理，能够实现相互通信和资源共享的系统。

某公司的网络拓扑结构如图 1.1 所示。该公司将网络在逻辑上分为不同的区域，包括接入层、汇聚层、核心层，数据中心，管理区。将网络分为接入层、汇聚层、核心层三层架构有诸多优点：每一层都有各自独立且特定的功能；使用模块化的设计，便于定位错误，简化网络拓展和维护；可以隔离一个区域的拓扑变化，避免影响其他区域。此结构可以满足不同用户对网络可扩展性、可靠性、安全性、可管理性的需求。

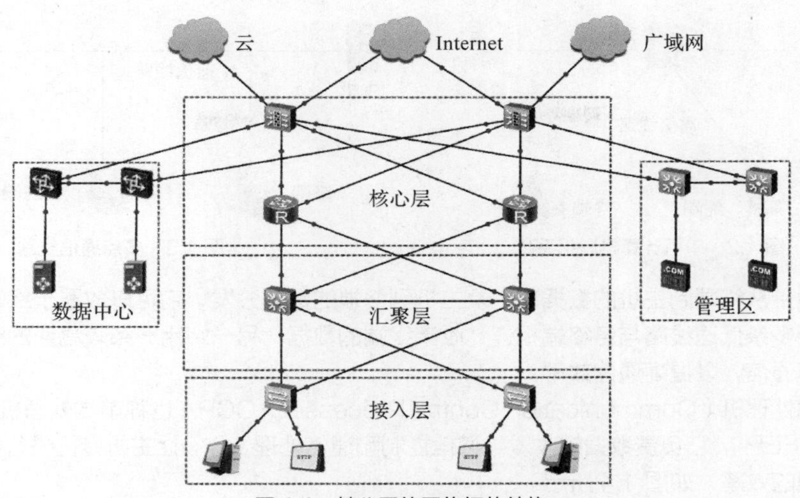

图 1.1　某公司的网络拓扑结构

1.1.2　计算机网络的产生与发展

计算机网络于 20 世纪 50 年代中期诞生，20 世纪 60 年代，广域网从无到有并迅速发展起来；20 世纪 80 年代，局域网技术得到了广泛的发展与应用，并日趋成熟；20 世纪 90 年代，计算机网络向综合化、高速化发展，局域网技术发展成熟。局域网与广域网的紧密结合使企业迅速发展，同时为 21 世纪网络信息化的发展奠定了基础。

随着网络技术的发展，网络技术的应用也已经渗透到社会生活中的各个领域。计算机网络的发展经历了从简单到复杂的过程，可分为以下 4 个阶段。

1．面向终端的计算机网络

第一阶段（网络雏形阶段，20 世纪 50 年代中期～20 世纪 60 年代中期）：以单个计算机为中心的远程联机系统，构成面向终端的计算机网络，称为第一代计算机网络。

1946 年，世界上第一台通用电子计算机 ENIAC 研制成功，它的问世是人类历史上划时代的里程碑。但最初的计算机数量很少，并且价格昂贵。用户上机操作必须进入计算机机房，在计算机的控制台上进行操作。这种方式不能充分利用计算机资源，用户使用起来也极不方便。为了实现计算机的远程操作，提高计算机资源的利用率，人们将分布在远程的多个终端通过通信线路与某地的中心计算机相连，以达到使用中心计算机系统主机资源的目的。这种具有通信功能的面向终端的计算机系统，被称为单机计算机联机系统，如图 1.2 所示。

面向终端的计算机通信网络涉及多种通信技术、数据传输设备和数据交换设备等。从计算机技术上来看，这是由单用户独占一个系统发展到分时多用户系统，即多个终端用户分时占用主机上的资源。在面向终端的计算机通信网络中，远程主机要承担数据端用户分时占用主机上的资源的职责。在面向终端的计算机通信网络中，远程主机既要承担数据处理工作，又要承担通信工作，因此主机的负载较重，且效率低。另外，每一个分散的终端都要单独占用一条通信线路，线路利用率低。随着终端用户的增多，系统所花费用也在增加。因此，为了提高通信线路的利用率并减轻主机的负担，使用了多点通信线路、集中器及通信控制处理机。

多点通信线路要在一条通信线路上连接多个终端，多个终端可以共享同一条通信线路与主机进行通信，如图 1.3 所示。由于主机与终端之间的通信具有突发性和高带宽的特点，因此各终端与主机之间的通信可以使用同一高速通信线路。相对于每个终端与主机之间都设立专用通信线路的方式，多点通信线路能极大地提高信道的利用率。

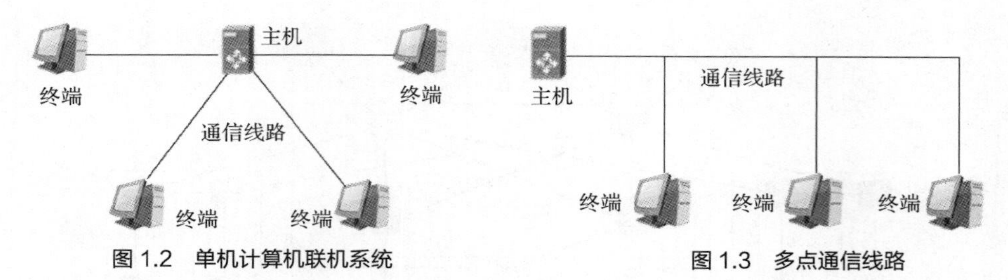

图 1.2　单机计算机联机系统　　　　图 1.3　多点通信线路

集中器负责从终端到主机的数据集中及主机到终端的数据分发，它可以放置于终端相对集中的位置，一端用多条低速线路与各终端相连，收集终端的数据，另一端用一条较高速的线路与主机相连，实现高速通信，以提高通信效率。

通信控制处理机（Communication Control Processor，CCP）也称前端处理机（Front End Processor，FEP），它负责数据的收发等通信控制和通信处理工作，让主机专门进行数据处理，以提高数据处理的效率，如图 1.4 所示。

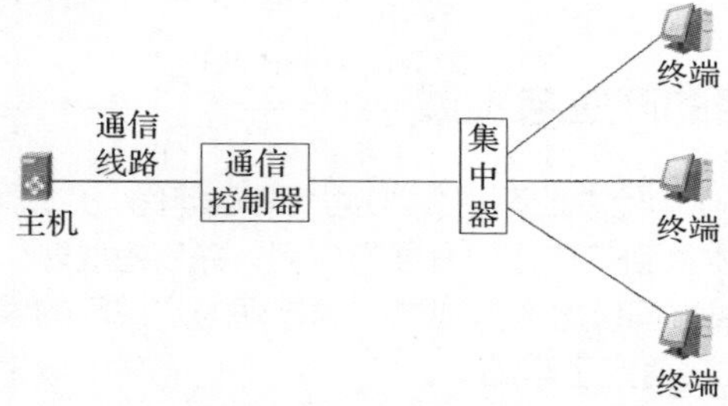

图 1.4　通信控制处理机

扫码看拓展阅读 1-1

具有代表性的面向终端的计算机网络是美国在 20 世纪 50 年代建立的半自动地面防空系统（Semi-Automatic Ground Environment，SAGE）。该系统共连接了 1000 多个远程终端，主要用于远程控制导弹。该系统能够将远程雷达设备收集到的数据，由终端输入后经通信线路传输到中央主机，由主机进行计算处理，然后将处理结果通过通信线路回送给远程终端，并控制导弹。

2. 面向通信的计算机网络

第二阶段（网络初级阶段，20 世纪 60 年代中期～20 世纪 70 年代中后期）：开始进行主机互联，多个独立的主机通过线路互联构成计算机网络，没有网络操作系统，只形成了通信网。20 世纪 60 年代后期，阿帕网（Advanced Research Projects Agency Network，ARPANET）出现，称为第二代计算机网络。

计算机网络是在 20 世纪 60 年代中期发展起来的一种由多台计算机相互连接在一起的系统。随着计算机硬件价格的不断下降和计算机应用的飞速发展，一个大的部门或者一个大的公司已经能够拥有多个主机系统，这些主机系统可能分布在不同的地区，它们经常需要交换一些信息，如子公司的主机系统需要将其信息汇总后传输给总公司的主机系统，供有关工作人员查阅和审批。这种利用通信线路将多台计算机连接起来的系统，引入了计算机之间的通信，它是计算机网络的低级形式。这种系统中的计算机彼此独立又相互连接，它们之间没有主从关系，其网络结构有如下两种形式。

第一种形式是通过通信线路将主机直接连接起来，主机既承担数据处理工作，又承担通信工作。

第二种形式是把通信任务从主机中分离出来，设置通信控制处理机，主机间的通信通过通信控制处理机中的中继功能间接进行。

通信控制处理机负责网上各主机之间的通信控制和通信处理，由它们组成的带有通信功能的内层网络也称为通信子网，是网络的重要组成部分。主机负责数据处理，是计算机网络资源的拥有者，网络中的所有主机构成了网络的资源子网。通信子网为资源子网提供信息传输服务，资源子网上用户之间的通信建立在通信子网的基础之上，没有通信子网，网络就不能工作，没有资源子网，通信子网的传输也会失去意义，两者统一起来组成了资源共享的网络。

美国国防高级研究计划局研制的 APRANET 是世界上早期最具有代表性的、以资源共享为目的的计算机通信网络之一，是第二阶段计算机网络的一个典型范例。最初，该网络仅由 4 台计算机连接组成，到 1975 年，已经有 100 多台不同型号的大型计算机连接。20 世纪 80 年代，ARPANET 采用了开放式网络互联协议 TCP/IP 以后，发展得更为迅速。到了 1983 年，ARPANET 已拥有 200 台接口信息处理机和数百台主机，网络覆盖范围也延伸到了夏威夷和欧洲。事实上，ARPANET 就是 Internet 的雏形，也是 Internet 初期的主干网络。

3．开放式标准化的计算机网络

第三阶段（第三代计算机网络，20 世纪 70 年代后期～20 世纪 80 年代中期）：以太网产生，国际标准化组织（International Organization for Standardization，ISO）制定了网络互联标准，即开放系统互连（Open System Interconnection，OSI），这是世界统一的网络体系结构，在这一阶段遵循国际标准化协议的计算机网络开始迅猛发展。

计算机网络一开始大多是由研究部门、大学或计算机公司自行开发研制的，因而没有统一的标准。各厂家生产的计算机产品和网络产品无论是技术上还是结构上都有很大的差异，从而造成不同厂家生产的计算机产品、网络产品很难实现互联，这种局面严重阻碍了计算机网络的发展，给用户带来了极大的不便。用户无法确定哪一种网络更适合自己的需求，而且如果选择了某厂家的网络产品，就无法选用其他厂家的计算机或网络产品，不同的系统之间无法互联就不利于用户保护自己的投资，为此人们迫切希望建立一系列的国际标准，得到一个“开放”的系统。因此，建立开放式网络，实现网络标准化，已成为历史的必然选择。

20 世纪 70 年代后期，人们开始提出研究新一代计算机网络的问题。许多国际组织，如国际标准化组织、电气电子工程师协会（Institute of Electrical and Electronics Engineers，IEEE）等成立了专门的研究机构，研究计算机系统的互联、计算机网络协议标准等问题，以使不同的计算机系统、不同的网络系统能互联，实现“开放”的通信和数据交换、资源共享和分布处理等。1984 年，国际标准化组织正式发布了 OSI 标准模型，开创了一个网络体系结构统一、遵循国际标准化协议的计算机网络新时代。

OSI 标准模型不仅确保了各厂商生产的计算机之间能互联兼容，还促进了企业的竞争。厂商只有执行这些标准，才有利于产品销售，用户也可以从不同制造厂商获得兼容、开放的产品，从而大大加速计算机网络的发展。

在 ARPANET 基础上发展起来的 Internet，使用的是传输控制协议（TCP）与互联网络协议（IP），尽管它们不是 OSI 标准模型，但至今仍被广泛使用，成为事实上的行业标准。

4．互联网与综合智能化高速网络

第四阶段（第四代计算机网络，20 世纪 80 年代后期至今）：计算机网络向综合化、高速化发展，局域网技术发展日益成熟，第四代计算机网络就是以吉比特（Gbit）传输速率为主的多媒体智能化网络。

随着计算机网络的发展，全球建立了不计其数的局域网和广域网，为了扩大网络规模以实现更大范围的资源共享，人们又提出了将这些网络互联在一起的迫切需求，国际互联网络 Internet 应运而生。到目前为止，Internet 的发展正逐渐走向成熟。

自 20 世纪 90 年代以来，计算机网络向全面互联、高速和智能化方向发展，并且得到了广泛的应用。同时，与网络有关的技术在更大的范围内取得了进展。例如，计算机技术和通信技术共同发展，推动着光纤数字传输技术和宽带综合业务数字网的迅速发展；网络标准化工作进一步完善，网络体系趋于成熟，人们将更多的注意力转移到提高线路容量和利用率上，研究和发展接入网络和内部网络及其设施，更注重网络互联和互联标准。

目前，计算机网络面临着诸多问题，如网络带宽限制、网络安全、IP 地址紧缺等。因此，新一代计算机网络应向高速、大容量、综合性和智能化的方向发展。不断出现的新网络技术，如移动互联技术、IPv6 技术、全光网络技术等，是构建新一代宽带综合业务数字网的基础。

1.1.3 计算机网络的功能

计算机网络具有以下几方面的功能。

1. 数据通信

数据通信是计算机网络最基本的功能，计算机网络为分布在各地的用户提供强有力的通信手段。组建计算机网络的主要目的就是让分布在不同地理位置的计算机用户能够相互通信、交流信息和共享资源，计算机网络提供了一条可靠的通信通道，它可以传输各种类型的信息，包括数据信息和图形、图像、声音、视频流等多媒体信息。利用网络的通信功能，人们可以进行远程的各种通信，实现在各种网络上传输电子邮件、发布新闻消息、视频会议、远程医疗、远程教学、举行电子商务活动等。

2. 资源共享

资源共享是计算机网络最重要的功能，“资源”是指构成系统的所有要素，包括软、硬件资源和数据资源，如计算处理能力、大容量磁盘、高速打印机、绘图仪、通信线路、数据库、文件和其他计算机上的有关信息。“共享”指的是网络中的用户都能够部分或全部地使用这些资源。受经济和其他因素的制约，所有用户并非（也不可能）都能独立拥有这些资源，所以网络上的计算机不仅可以使用自身的资源，还可以共享网络上的资源，从而增强网络上的计算机的处理能力，提高计算机软、硬件的利用率。

3. 集中管理

集中式计算机网络由一个大型的中央系统组成，其终端是客户机，数据全部存储在中央系统中，由数据库管理系统进行管理，所有的数据处理都由该大型系统完成，终端只是用来输入和输出。终端自己不作任何处理，所有任务都在主机上进行处理。集中管理的主要特点是能把所有数据保存在一个地方。

计算机网络实现了数据通信与资源共享的功能，使得在一台或多台服务器上管理与运行网络中的资源成为可能。计算机网络实现了数据的统一集中管理，这一功能在现实中尤为重要。

4. 分布式处理

随着网络技术的发展，分布式处理成为可能。分布式处理通过算法将大型的综合性问题交给不同的计算机同时进行处理，用户可以根据需要合理选择网络资源，以实现快速处理，可大大增强整个系统的性能。

1.1.4 计算机网络的应用

随着现在信息化社会进程的推进及通信和计算机技术的迅猛发展，计算机网络的应用越来越普及，如今计算机网络几乎深入社会的各个领域。Internet 已成为家喻户晓的网络，成为当今世界上最大的计算机网络，同时是贯穿全球的“信息高速公路主干道”。计算机网络主要提供如下服务，通过这些服务人们可以将计算机网络应用于社会的各个方面。

1. 科学计算

研制计算机的初衷就是为了共同完成一项工作任务，节省人力资源，实现科学计算。目前，科学计算仍然是计算机网络应用的重要领域，如高能物理、工程设计、地震预测、气象预报、航天技术等。航天飞机与卫星对接如图 1.5 所示。由于计算机具有较快的运算速度、较高的计算精度及较强的逻辑判断能力，因此，出现了计算力学、计算物理、计算化学、生物控制论等新的学科。

2. 信息管理

信息管理是计算机网络应用最广泛的领域之一，利用计算机可以加工、管理与操作多种形式的数据资料，如企业管理、物资管理、报表统计、账目管理、信息情报检索等，以及近些年的电子商务、无纸化办公系统。某公司的库存管理系统如图 1.6 所示。

图 1.5 航天飞机与卫星对接

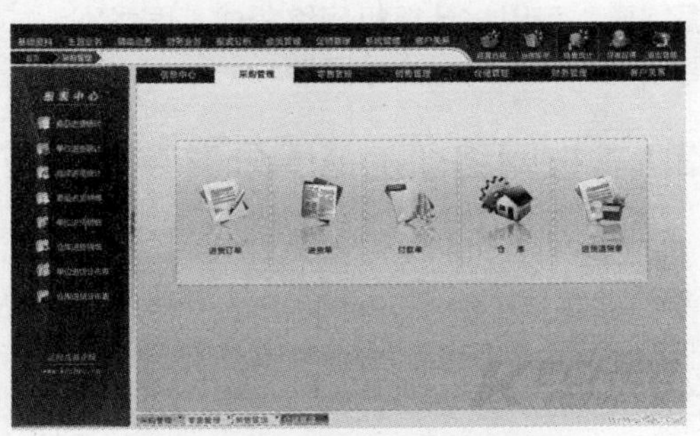

图 1.6 某公司的库存管理系统

3. 个人信息服务

计算机网络在个人信息服务中的应用与单位网络的工作方式不同，家庭或个人一般拥有一台或几台微型计算机，通过电话交换网或光纤连接到公共数据网，通常希望通过计算机网络获得各种信息服务。一般来说，个人通过计算机网络获得的信息服务主要有如下方面。

（1）个人与个人之间的通信。20 世纪个人与个人进行通信的基本工具是电话，21 世纪个人与个人的通信依赖于计算机网络。初期的电子邮件用于传输文本文件，后来进一步用于传输语音与图像文件，目前 QQ、微信等被广泛应用于个人之间的通信。

（2）远程信息的访问。可以通过 WWW 方式查询各类信息，包括政府、教育、艺术、保健、娱乐、体育、旅游等各方面的信息，甚至是各类商业广告。随着新闻服务走向线上，再加上其定制化的特点，使得人们可以通过网络查看新闻，或是通过频道技术自动下载感兴趣的内容。

（3）家庭娱乐。家庭娱乐正在对信息服务产生巨大的影响，人们可以在家里点播电影和电视节目。目前，我国已经开发了这方面的服务。电影可以是交互式的，观众在看电影时可以不时地参与到电影中。家庭电视也可以是交互式的，观众可以参与到电视情节中。

4. 企事业单位办公

计算机网络可以使企事业单位和公司内部实现办公自动化，做到各种软件、硬件资源共享。如果将内部网络接入 Internet，则可以实现异地办公。例如，通过办公自动化系统、万维网、电子邮件、虚拟专用网（Virtual Private Network，VPN）等，公司可以很方便地与分布在不同地区的子公司或其他业务单位建立联系，不仅能够及时地交换信息，还能够实现无纸化办公。在外的员工通过网络可以与公司保持通信，得到公司的指示和帮助，公司还可以通过 Internet 收集市场信息并发布公司产品信息。

5. 商业管理

随着计算机网络的广泛应用，电子数据交换（Electronic Data Interchange，EDI）已成为国际贸易往来的重要手段，它将标准的经济信息通过通信网络传输到贸易伙伴的电子计算机系统中进行数据交换和自动处理，代替了传统的贸易单据，节省了大量的人力和物力，提高了效率。例如，通过网上商店实现了网上购物、网上付款的网上消费活动等。

总之，随着网络技术的发展和各种网络应用需求的提出，计算机网络应用的范围和领域在不断地扩大与拓宽，许多新的计算机网络应用系统不断地被开发出来，如远程教学、远程医疗、工业自动化、电子博物馆、数字图书馆、信息查询、电子商务等。计算机网络技术的迅速发展和广泛应用必将对21世纪的经济、教育、科技、文化等各方面的发展以及人们的工作和生活产生重要的影响。

1.2 计算机网络类别

根据需要，可以将计算机网络分成不同类别，如按照覆盖的地理范围进行分类，可将计算机网络分为局域网、城域网、广域网等。

1.2.1 按网络覆盖范围分类

1. 局域网

局域网（Local Area Network，LAN）是一种私有封闭型网络，在一定程度上能够防止信息泄露和外部网络病毒的攻击，具有较高的安全性。其特点就是分布范围有限、可大可小，大到几栋相邻建筑之间的范围，小到办公室的范围。某公司局域网拓扑结构如图1.7所示。局域网将一定区域内的各种计算机、外部设备和数据库连接起来形成计算机通信网，通过专用数据线路与其他地方的局域网或数据库连接，形成更大范围的信息处理系统。局域网通过网络传输介质将网络服务器、网络工作站、打印机等网络互联设备连接起来，实现管理系统文件和共享应用软件、办公设备及发送工作日程安排等通信服务。

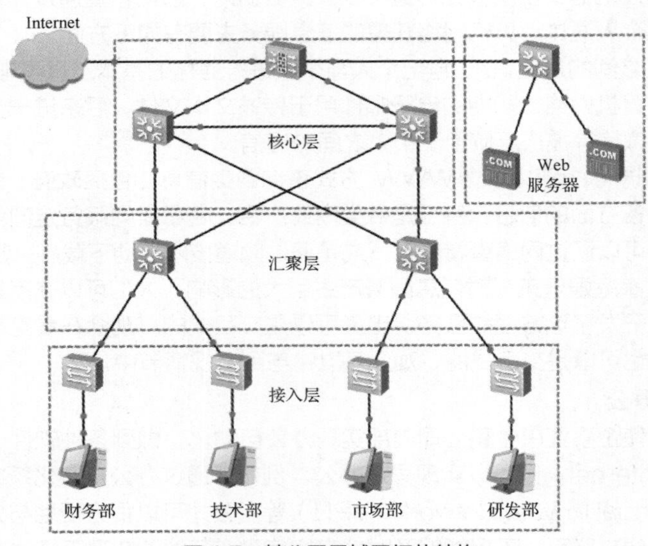

图1.7 某公司局域网拓扑结构

局域网的主要特点如下。

（1）局域网的组建简单、灵活，使用方便，传输速率快，传输速率可达到100～1000Mbit/s，甚至可以达到10Gbit/s。

（2）局域网覆盖的地理范围有限，一般不超出方圆1km。

（3）决定局域网特性的主要技术要素为网络拓扑、传输介质等。

2. 城域网

城域网（Metropolitan Area Network，MAN）是在一个城市范围内建立的计算机通信网络，它介于局域网与广域网之间，使用了广域网技术进行组网。它的一个重要用途是用作骨干网，将位于同一城市内不同地点的主机、数据库，以及局域网等互相连接起来，以实现大量用户之间的数据、语音、图形与视频等多种信息的传输。这与广域网的作用有相似之处。某市教育城域网拓扑结构如图 1.8 所示。

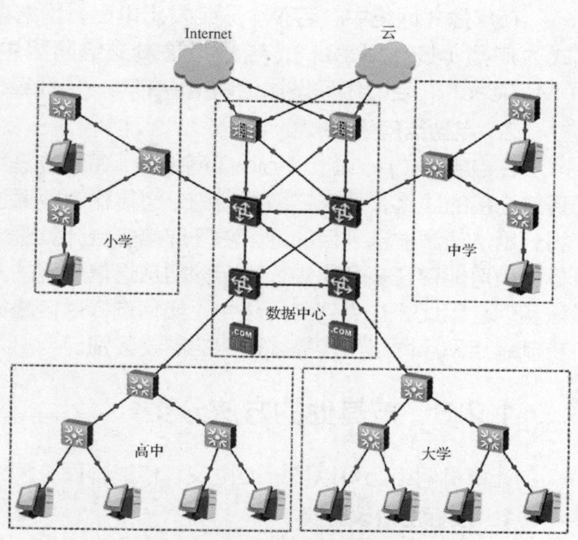

图 1.8　某市教育城域网拓扑结构

城域网的主要特点如下。

（1）城域网覆盖的地理范围为几十千米到上百千米的区域，可覆盖一个城市或地区，是一种中型网络。

（2）城域网是介于局域网与广域网之间的一种高速网络。

3. 广域网

广域网（Wide Area Network，WAN）覆盖的地理范围为几十千米到几千千米的区域，广域网通常可覆盖几个城市、几个国家，甚至全球，形成国际性的远程网络。广域网拓扑结构如图 1.9 所示。它将分布在不同地区的计算机系统互联起来，达到资源共享的目的。

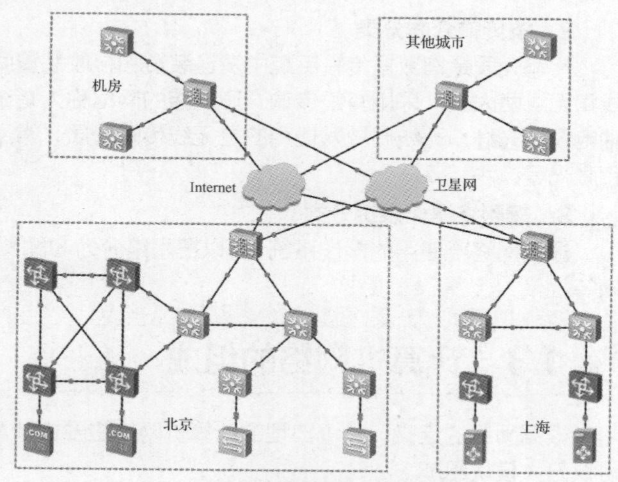

图 1.9　广域网拓扑结构

广域网的主要特点如下。

（1）传输距离远，传输速率较慢，建设成本高。

（2）广域网的通信子网主要使用分组交换技术，可以利用公用分组交换网、卫星通信网和无线分组交换网。

（3）广域网需要适应规范化的网络协议和完善通信服务与网络管理的要求。

1.2.2　按网络传输技术分类

将计算机网络按网络传输技术分类，可分为广播式网络和点到点网络。

1. 广播式网络

广播式网络（Broadcast Network）中只有一个单一的信道，由这个网络中所有的主机共享，即多个计算机连接到一条通信线路的不同节点上，任意一个节点所发出的报文分组被其他所有节点接收。发送的分组中有一个地址域，指明该分组的目标接收者和源地址。当一台计算机在信道上发送分组或数据报时，网络中的每台计算机都会接收这个分组，并且将自己的地址与分组中的目标地址进行比较，如果相同，则处理分组，否则将它丢弃。

在广播式网络中，若某个分组发出以后，网络中的每一台计算机都接收并处理它，则称这种方式为广播（Broadcast）；若分组是发送给网络中的某些计算机的，则被称为多点播送或组播（Multicast）；若分组只发送给网络中的某一台计算机，则称为单播（Unicast）。

2．点到点网络

在点到点（Point to Point）网络中，每条物理线路连接两台计算机。如果两台计算机之间没有直接连接的线路，那么它们之间的分组传输就要通过一个或多个中间节点的接收、存储、转发才能将分组从信源发送到目的地。由于连接多台计算机之间的线路结构可能更复杂，因此从源节点到目标节点可能存在多条路由。决定分组从通信子网的源节点到达目的路由的路径需要通过路径选择算法实现，因此，在点到点网络中，如何选择最佳路径显得尤为重要。采用分组存储转发与路由选择机制是点到点网络与广播式网络的重要区别。

1.2.3　按其他的方法分类

计算机网络还可以按标准协议、传输介质、网络操作系统等进行分类。

1．按标准协议分类

根据网络所使用的局域网标准协议，可以把计算机网络分为以太网（IEEE 802.3）、快速以太网（IEEE 802.3u）和吉比特以太网（IEEE 802.3z 和 IEEE 802.3ab），以及万兆以太网（IEEE 802.3ae）和令牌环网（IEEE 802.5）等。

2．按传输介质分类

传输介质是指数据传输系统中发送装置和接收装置间的物理媒介，按其物理形态可以划分为有线和无线两大类。采用有线传输介质连接的网络称为有线网络，常用的有线传输介质有双绞线、同轴电缆和光纤。无线局域网使用的是无线传输介质，常用的无线传输介质有无线电、微波、红外线和激光等。

3．按网络操作系统分类

根据网络所使用的操作系统，可以把网络分为 UNIX 网、Linux 网、Windows NT 网、NetWare 网等。

1.3　计算机网络的组成

根据网络的定义，一个典型的计算机网络主要由计算机系统、数据通信系统、网络软件及网络协议三大模块组成。

1.3.1　计算机网络的系统组成

计算机系统是网络的基本模块，可为网络内的其他计算机提供共享资源；数据通信系统是连接网络基本模块的“桥梁”，它可提供各种连接技术和信息交换技术；网络软件是网络的组织者和管理者，在网络协议的支持下，可为网络用户提供各种服务。

1．计算机系统

计算机系统主要用于完成数据信息的收集、存储、处理和输入输出，提供各种网络资源。计算机系统根据在网络中的用途可分为两类：主计算机和终端。

（1）主计算机。主计算机（Host）负责数据处理和网络控制，是构成网络的主要资源。主计算机又称主机，主要由大型机、中小型机和高档微机组成，网络软件和网络的应用服务程序主要安装在主机上，在局域网中，主机称为服务器（Server）。

（2）终端。终端（Terminal）是网络中数量大、分布广的设备，是用户进行网络操作、实现人机对话的工具。一台典型的终端看起来很像一台 PC，其有显示器、键盘和一个串行接口。与 PC 不同的是终端没有 CPU 和主存储器，在局域网中，以 PC 代替终端，它既能作为终端使用又能作为独立的计算机使用，被称为工作站（Workstation）。

2. 数据通信系统

数据通信系统主要由通信控制处理机、传输介质和网络连接设备组成。

（1）通信控制处理机。通信控制处理机又称通信控制器或前端处理机，是计算机网络中完成通信控制的专用计算机，一般由小型机或微机充当，或者是带有 CPU 的专用设备。通信控制处理机主要负责主机与网络的信息传输控制，它的主要功能如下：线路传输控制、差错检测与恢复、代码转换及数据帧的封装与拆装等。这些工作对网络用户是完全透明的。它使得计算机系统不再关心通信问题，而集中进行数据处理工作。

在广域网中，常采用专门的计算机充当通信处理机。在局域网中，由于通信控制功能比较简单，所以没有专门的通信处理机，而采用网络适配器（也称网卡），插在计算机的扩展槽中，完成通信控制功能。在以交互式应用为主的微机局域网中，一般不需要配置通信控制处理机，但需要安装网络适配器，用来实现通信功能。

（2）传输介质。传输介质是传输数据信号的物理通道，可通过它将网络中的各种设备连接起来。根据网络使用的不同传输介质，可以把计算机网络分为有线网络和无线网络。有线网络包括以双绞线为传输介质的双绞线网、以光纤为传输介质的光纤网、以同轴电缆为传输介质的同轴电缆网等；无线网络包括以无线电波为传输介质的无线网和通过卫星进行数据通信的卫星数据通信网等。

（3）网络连接设备。网络连接设备用来实现网络中各计算机之间的连接、网与网之间的互联、数据信号的变换及路由选择等功能，主要包括中继器、集线器、调制解调器、网桥、网关、交换机、路由器等。

1.3.2 计算机网络的逻辑组成

计算机网络要实现数据处理和数据通信两种功能，因此它在结构上也必然分为两个组成部分：负责数据处理的计算机与终端，负责数据通信的通信控制处理机与通信线路。从计算机网络系统组成的角度看，典型的计算机网络从逻辑功能上可以分为通信子网和资源子网两部分，如图 1.10 所示。

通信子网（Communication Subnet），或简称子网，是指网络中实现网络通信功能的设备及其软件的集合，通信设备、网络通信协议、通信控制软件等属于通信子网，是网络的内层，负责信息的传输。它主要为用户提供数据的传输、转接、加工、变换等服务，通信子网的任务是在端节点之间传输报文，主要由节点和通信线路组成。通信子网主要包括中继器、集线器、网桥、路由器、网关等硬件设备。

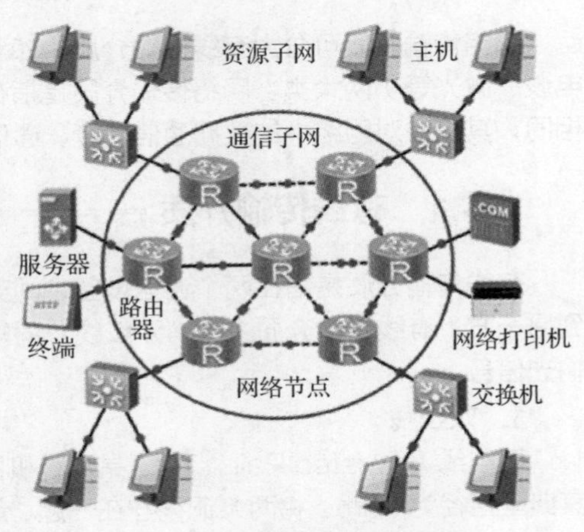

图 1.10　通信子网和资源子网

资源子网（Resources Subnet）是指用户端系统，包括用户的应用资源，如服务器、外设、系统软件和应用软件。资源子网由计算机系统、终端、终端控制器、联网外设、各种软件资源与信息资源组成。资源子网负责全网数据处理和向网络用户提供资源及网络服务，包括网络的数据处理资源和数据存储资源。

将通信子网系统（交换机、路由器等硬件设备）与资源子网系统（计算机系统、服务器、网络打印机等外设、系统软件和应用软件等）连接起来，最终达到互相通信、资源共享的目的。

1.3.3 网络软件及网络协议

网络软件一般包括网络操作系统、网络协议、网络管理软件和网络应用软件等。它一方面授权用户对网络资源进行访问，帮助用户方便、安全地使用网络，另一方面管理和调度网络资源，提供网络通信和用户所需要的各种网络服务。

（1）网络操作系统。

任何一个网络在完成了硬件连接之后，需要继续安装网络操作系统软件，才能形成一个可以运行的网络系统。网络操作系统是网络系统管理和通信控制软件的集合，它负责整个网络的软件、硬件资源的管理及网络通信和任务的调度，并提供用户与网络之间的接口。其主要功能有如下几个方面。

① 提供网络通信服务，支持网络协议。

② 提供多种网络服务，或对多种网络应用提供支持。

③ 管理网络用户，控制用户对网络进行访问。

④ 进行系统管理，建立和控制网络服务进程，监控网络活动。

目前，计算机网络操作系统有 UNIX、Linux、Windows NT、Windows Server 2019 和 NetWare 等。

（2）网络协议。

网络协议是实现计算机之间、网络之间相互识别并正确进行通信的一组标准和规则，它是计算机网络工作的基础。

在 Internet 上传输的每个消息至少要通过 3 层协议：网络协议，负责将消息从一个地方传输到另一个地方；传输协议，管理被传输内容的完整性；应用程序协议，作为对通过网络应用程序发出的一个请求的应答，将传输内容转换成人类能识别的东西。

（3）网络管理软件和网络应用软件。

任何一个网络都需要多种网络管理软件和网络应用软件。网络管理软件是用来对网络资源进行管理及对网络进行维护的软件，而网络应用软件可为用户提供丰富、简便的应用服务，是网络用户在网络中解决实际问题的软件。

1.4 网络传输介质

网络传输介质可分为有线传输介质（如双绞线、同轴电缆、光纤等）和无线传输介质（如无线电波、激光等）两大类。网络传输介质是指在网络中传输信息的载体，不同的传输介质的特性各不相同，其特性对网络中的数据通信速度、通信质量有较大影响。

1.4.1 有线传输介质

有线传输介质是指在两个通信设备之间实现信号传输的物理连接部分，它能将信号从一方传输到另一方。有线传输介质主要有双绞线、同轴电缆和光纤。双绞线和同轴电缆传输电信号，光纤传输光信号。

1. 双绞线

双绞线（Twisted Pair，TP）是计算机网络中常见的传输介质，由两条互相绝缘的铜线组成，其典型直径为1mm。将两条铜线拧在一起，就可以减少邻近线对电信号的干扰。双绞线既能用于传输模拟信号，又能用于传输数字信号，其带宽取决于铜线的直径和传输距离。双绞线由于性能较好且价格便宜，得到了广泛应用。双绞线可以分为非屏蔽双绞线（Unshielded Twisted Pair，UTP）和屏蔽双绞线（Shielded Twisted Pair，STP）两种，如图 1.11 和图 1.12 所示，屏蔽双绞线的性能优于非屏蔽双绞线。

双绞线是模拟和数字数据通信普遍使用的一种传输介质，它的主要应用范围是电话系统中的模拟语音传输和局域网中的以太网组网。双绞线适合短距离的信息传输，当传输距离超过几千米时信号因衰减可能会产生畸变，此时就要使用中继器来进行信号放大。

双绞线的相关特性如下。

物理特性：铜质线芯，传导性能良好。

传输特性：可用于传输模拟信号和数字信号。

连通性：可用于点到点或点到多点连接。

传输距离：可传输 100m。

传输速率：传输速率可达 10～1000Mbit/s。

抗干扰性：低频（10kHz 以下）抗干扰性能强于同轴电缆，高频（10kHz～100kHz）抗干扰性能弱于同轴电缆。

相对价格：比同轴电缆和光纤价格便宜。

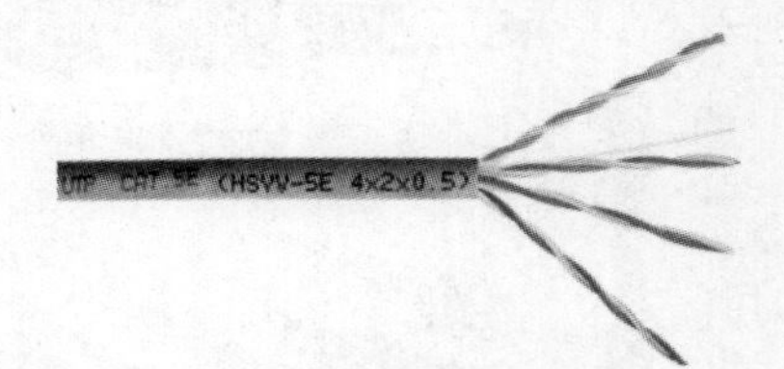

图 1.11　非屏蔽双绞线

图 1.12　屏蔽双绞线

目前，EIA/TIA（美国电子工业协会/美国电信工业协会）为双绞线定义了 7 种不同质量的型号，这 7 种型号如下。

（1）1 类线：主要用于语音传输（如 20 世纪 20 年代初之前的电话线缆），不用于数据传输。

（2）2 类线：传输频率为 1MHz，用于语音传输和最高传输速率为 4Mbit/s 的数据传输，常见于使用 4Mbit/s 规范令牌传输协议的令牌环网。

（3）3 类线：指目前在 ANSI 和 EIA/TIA586 标准中指定的线缆，该类线缆的传输频率为 16MHz，用于语音传输及最高传输速率为 10Mbit/s 的数据传输，主要用于 10BASE-T 网络。

（4）4 类线：该类线缆的传输频率为 20MHz，用于语音传输和最高传输速率为 16Mbit/s 的数据传输，主要用于基于令牌的局域网和 10BASE-T/100BASE-T 网络。

（5）5 类线：该类线缆增加了绕线密度，其外套是一种高质量的绝缘材料，传输频率为 100MHz，用于语音传输和最高传输速率为 10Mbit/s 的数据传输，主要用于 100BASE-T 和 10BASE-T 网络。

（6）超 5 类线：超 5 类线衰减小，串扰小，有更小的时延误差，性能得到了极大提高，主要用于传输速率为吉比特的以太网。

（7）6 类线：该类线缆的传输频率为 1MHz～250MHz，6 类布线系统的传输频率在 200MHz 时，综合衰减串扰比应该有较大的余量，它能提供两倍于超 5 类线的带宽。6 类布线的传输性能远远强于超 5 类线，最适用于传输速率高于 1Gbit/s 的应用。6 类线与超 5 类线的一个重要的不同点在于前者改善了串扰及回波损耗方面的性能。对于新一代全双工的高速网络应用而言，优良的回波损耗性能是极为重要的。6 类线标准中取消了基本链路模型，布线标准采用星状的拓扑结构，布线距离的要求如下：永久链路的长度不能超过 90m，信道长度不能超过 100m。

5 类网线指的是 5 类线，5 类线简称 CAT5，是一种计算机网络中使用的双绞线，也是数据、语音等信息通信业务使用的多媒体线材，被广泛应用于以太网、宽带接入工程中，其质量直接关系到信息通信的传输质量。由于光纤与通信技术的发展，双绞线对通信质量的影响也在逐渐减小。5类线作为性能良好的8芯铜缆，自然可在以太网以外的信号传输中发挥作用，如承载语音与视频。在某些情况下，5类线能够以一条线缆承载多条传统的电话线。有多种方案适用于在线缆上传输模拟或数字视频。

6类网线指的是6类线，也就是符合CAT-6标准的线缆。6类线的传输频率为1～250MHz，6类布线系统的传输频率在200MHz时综合衰减串扰比（PS-ACR）应该有较大的余量，它能提供2倍于5类线的带宽，5类线的带宽为100MB、超5类线的带宽为155MB、6类线的带宽为200MB。

在短距离传输中，5类线、超5类线、6类线的传输速率都可以达到1Gbit/s，6类线的传输性能强于5类线、超5类线标准，最适用于传输速率高于1Gbit/s的应用。

2. 同轴电缆

同轴电缆比双绞线的屏蔽性更好，因此可以将电信号传输得更远。它以硬铜线为芯（导体），外包一层绝缘材料（绝缘层），这层绝缘材料被密织的网状导体环绕形成屏蔽，其外又覆盖一层保护性材料（护套），如图1.13所示。同轴电缆的这种结构使它具有更高的带宽和极好的噪声抑制特性。同轴电缆可分为基带同轴电缆（细缆）和宽带同轴电缆（粗缆），常用的有75Ω和50Ω的同轴电缆，75Ω的同轴电缆用于有线电视（Cable Television，CATV）网，总线型结构的以太网用的是50Ω的同轴电缆。

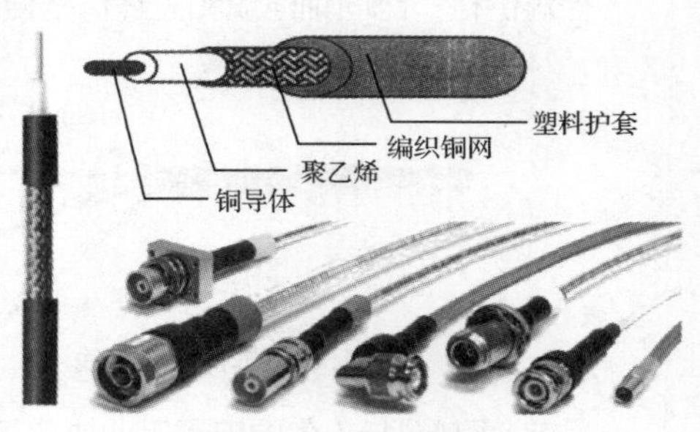

图1.13　同轴电缆

同轴电缆的相关特性如下。

物理特性：单根同轴电缆直径为1.02～2.54cm，可在较宽频率范围工作。

传输特性：基带同轴电缆仅用于数字传输，并使用曼彻斯特编码，数据传输速率最高可达10Mbit/s，基带同轴电缆被广泛用于局域网中。为保持同轴电缆的正确的电气特性，电缆必须接地，同时两头要有端接器来削弱信号的反射。宽带同轴电缆可用于模拟信号和数字信号的传输。

连通性：可用于点到点或点到多点的连接。

传输距离：基带同轴电缆的最大传输距离限制在185m，网络的最大长度为925m，每个网络支持的最大节点数为30；宽带同轴电缆的最大传输距离可达500m，网络的最大长度为2500m，每个网络支持的最大节点数为100。

抗干扰性：抗干扰性比双绞线强。

相对价格：比双绞线贵，比光纤便宜。

3. 光纤

光纤广泛应用于计算机网络的主干网中，通常可分为单模光纤和多模光纤，如图1.14和图1.15所示。单模光纤具有更大的通信容量和更远的传输距离。常用的多模光纤是62.5 μm芯/125 μm外壳和50 μm芯/125 μm外壳，它们是由纯石英玻璃制成的，纤芯外面包裹着一层折射率比纤芯低的包层，包层外是一层塑料护套。光纤通常被扎成束，外面有外壳保护，光纤的传输速率可达100Gbit/s。

光纤具有带宽范围大、数据传输速率高、抗干扰能力强、传输距离远等优点，其相关特性如下。

物理特性：在计算机网络中均采用两根光纤组成传输系统，单模光纤为8.3 μm芯/125 μm外壳，多模光纤为62.5 μm芯/125 μm外壳（市场主流产品）。

传输特性：在光纤中，包层较纤芯有较低的折射率，当光线从高折射率的介质射向低折射率介质时，其折射角将大于入射角，如果入射角足够大，则会出现全反射，此时光线碰到包层就会折射回纤芯，这个过程不断重复，光也就会沿着纤芯传输下去。

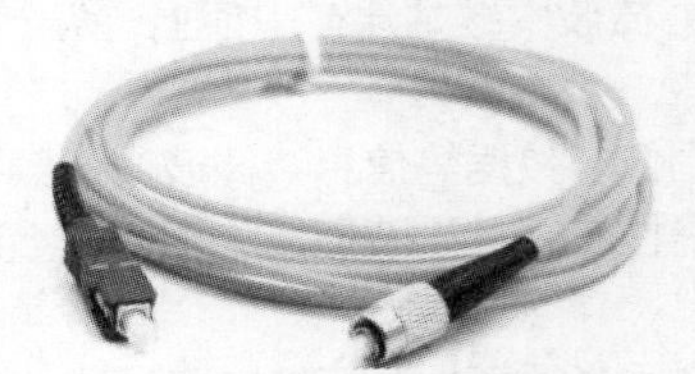

图 1.14　单模光纤

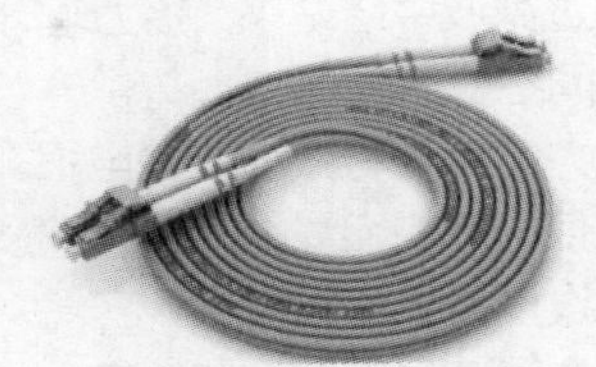

图 1.15　多模光纤

只要射到光纤截面的光线的入射角大于某一临界角度，就可以产生全反射。当有许多条从不同角度入射的光线在一条光纤中传输时，这种光纤就称为多模光纤。

当光纤的直径小到与光波的波长在同一数量级时，光以平行于光纤中的轴线的形式直线传播，这样的光纤称为单模光纤。

光纤通过内部的全反射来传输一束经过编码的光信号，实际上光纤此时是频率为 1014～1015Hz 的波导管，这一范围覆盖了可见光谱和部分红外光谱。光纤的数据传输速率可达吉比特/秒级，传输距离可达数十千米。

连通性：采用点到点或点到多点连接。

传输距离：可以在 6～8km 的距离内不使用中继器进行传输，因此光纤适用于在几个建筑物之间通过点到点的链路连接局域网。

抗干扰性：不受噪声或电磁波影响，适合在长距离内保持高数据传输速率，而且能够提供良好的安全性。

相对价格：目前价格比同轴电缆和双绞线都高。

1.4.2　无线传输介质

利用无线电波在自由空间进行传播可以实现多种无线通信，无线传输突破了有线网的限制，能够穿透墙体，布局机动性强，适用于不宜布线的环境（如酒店、宾馆等），为网络用户提供移动通信服务。

无线传输的介质有无线电波、红外线、微波、卫星和激光。在局域网中，通常只使用无线电波和红外线作为传输介质。无线传输介质通常用于广域互联网的广域链路的连接。无线传输的优点在于安装、移动及变更都比较容易，不会受到环境的限制；其缺点在于信号在传输过程中容易受到干扰且信息易被窃取，其初期的安装费用比较高。

1. 无线电波

无线电波通信主要靠大气层的电离层反射，电离层会随季节、昼夜，以及太阳活动的情况而变化，这就会导致电离层不稳定，而产生传输信号的衰弱现象。电离层反射会产生多径效应。多径效应就是指同一个信号经不同的反射路径到达同一个接收点，其强度和时延都不相同，使得最后得到的信号失真很大。

利用无线电波电台进行数据通信在技术上是可行的，但短波信道的通信质量较差，一般利用短波无线电台进行几十到几百比特每秒的低速数据传输。

2. 微波

微波通信广泛用于长距离的电话干线（有些微波干线目前已被光纤代替）、移动电话通信和电视节目转播。

微波通信主要有两种方式：地面微波接力通信和卫星通信。

（1）地面微波接力通信。

由于地球表面是弯曲的，信号直线传输的距离有限，增加天线高度虽可以延长传输距离，但更远的距离必须通过微波中继站来“接力”。一般来说，微波中继站建在山顶上，两个中继站之间大约相隔 50km，中间不能有障碍物。

地面微波接力通信可有效地传输电报、电话、图像、数据等信息。微波波段频率高，频段范围很宽，因此其通信信道的容量很大且传输质量及可靠性较高。微波通信与相同容量和长度的电缆载波通信相比，建设投资少、见效快。

地面微波接力通信也存在一些缺点，如相邻站之间必须直视，不能有障碍物，有时一个天线发出的信号会通过几条略有差别的路径先后到达接收天线，造成一定的失真；微波的传播有时会受到恶劣气候环境的影响，如雨雪天气对微波产生的吸收损耗；与电缆通信相比较，微波通信可被窃听，安全性和保密性较差；另外，大量中继站的使用和维护要耗费一定的人力和物力，高可靠性的无人中继站目前还不容易实现。

（2）卫星通信。

卫星通信就是利用位于 36000km 高空的人造地球同步卫星作为太空无人值守的微波中继站的一种特殊形式的微波接力通信。

扫码看拓展阅读 1-2

卫星通信可以克服地面微波通信的距离限制，其最大特点就是通信距离远，通信费用与通信距离无关。同步卫星发射出的电磁波可以辐射到地球 1/3 以上的表面。只要在地球赤道上空的同步轨道上等距离地放置 3 颗卫星，就能基本实现全球通信。卫星通信的频带比地面微波接力通信更宽，通信容量更大，信号所受的干扰较小，误码率也较小，通信比较稳定可靠。

3. 红外线和激光

红外线通信和激光通信就是把要传输的信号分别转换成红外线信号和激光信号，使它们直接在自由空间沿直线进行传播。它比微波通信具有更强的方向性，难以窃听、不相互干扰，但红外线和激光对雨雾等环境干扰特别敏感。

红外线因对环境气候较为敏感，一般用于室内通信，如组建室内的无线局域网，用于便携机之间相互通信。但此时便携机和室内必须安装全方向性的红外发送和接收装置。在建筑物顶上安装激光收发器，就可以利用激光连接两个建筑物中的局域网，但因激光硬件会发出少量射线，故必须经过特许才能安装。

1.5 网络连接设备

网络连接设备是把网络中的通信线路连接起来的各种设备的总称，包括网卡、集线器、交换机和路由器等。

1. 网卡

网卡（Network Interface Card，NIC），又称网络接口控制器（Network Interface Controller，NIC）、网络适配器（Network Adapter），或局域网接收器（LAN Adapter），是被设计用来允许计算机在计算机网络中进行通信的计算机硬件。由于其拥有 MAC 地址，因此属于 OSI 模型的第一层。它使得用户可以通过电缆或无线传输介质相互连接。网卡以前是作为扩展卡插到计算机总线上的，但是由于其价格低廉且以太网标准普遍存在，大部分新的计算机在主板上集成了网络接口。这些主板或是在主板芯片中集成了以太网的功能，或是使用一块通过 PCI（或者更新的 PCI-Express 接口总线）连接主板上的廉价网卡，如图 1.16 和图 1.17 所示。除非需要多接口或者使用其他类型的网络，否则不再需要独立的网卡，甚至更新的主板可能含有内置无线网卡，如图 1.18 所示，或外置

USB 吉比特双频无线网卡，如图 1.19 所示。

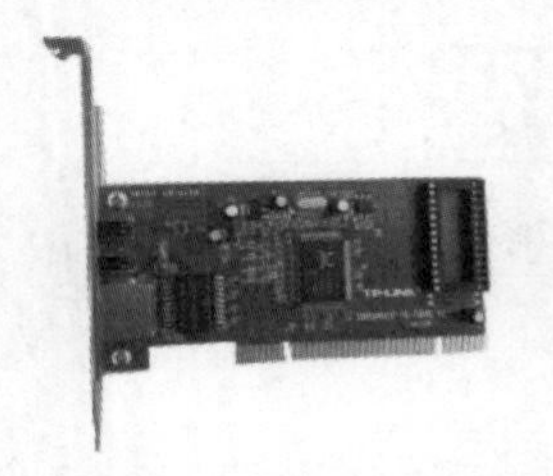
图 1.16 PCI 网卡

图 1.17 PCI-Express 网卡

图 1.18 内置无线网卡

图 1.19 USB 吉比特双频无线网卡

每一个网卡都有一个被称为 MAC 地址的独一无二的 48 位串行号，它被写在卡上的一块 ROM 中。网络中的每一台计算机都必须拥有一个独一无二的 MAC 地址。没有任何两块被生产出来的网卡拥有同样的 MAC 地址。这是因为电气电子工程师协会负责为网络接口控制器销售商分配唯一的 MAC 地址。

2．集线器

集线器也称 Hub，如图 1.20 所示，集线器工作于 OSI 参考模型第一层，即物理层。集线器的主要功能是对接收到的信号进行再生整形放大，以扩大网络的传输距离，同时把所有节点集中在以它为中心的节点上。集线器与网卡、网线等传输介质一样，属于局域网中的基础设备，采用带冲突检测的载波监听多路访问（Carrier Sense Multiple Access，CSMA）技术访问控制机制。它不具备交换机所具有的 MAC 地址表，所以它发送数据时都是没有针对性的，而是采用广播方式发送，共享带宽。也就是说，当它要向某节点发送数据时，不是直接把数据发送到目的节点，而是把数据报发送到与集线器相连的所有节点。

3．交换机

交换机工作于 OSI 参考模型的第二层，即数据链路层，如图 1.21 所示。交换机内部的 CPU 会在每个端口成功连接时，通过将 MAC 地址和端口对应，形成一张 MAC 地址表。在今后的通信中，发往该 MAC 地址的数据报将仅送往其对应的端口，而不是所有的端口。因此，交换机可用于划分数据链路层广播，即冲突域；但它不能划分网络层广播，即广播域。

交换机是局域网中常用的网络连接设备之一，可分为二层交换机与三层交换机，是链路层设备。交换机在同一时刻可进行多个端口对之间的数据传输，连接在其上的网络设备独自享有全部的带宽，无须同其他设备竞争使用。

图 1.20 集线器

图 1.21 交换机

二层交换机主要作为网络接入层设备使用，三层交换机主要作为网络中汇聚层与核心层设备使用，三层交换机具有更好的转发性能，它可以实现“一次路由，多次转发”，通过硬件实现数据报的查找和转发。所有网络的核心设备一般会选择三层交换机，三层交换机具有路由器的功能，能实现数据转发与寻址功能。

① 交换机外形结构。

不同厂商、不同型号的交换机设备的外形结构不同，但它们的功能、端口类型几乎差不多，具体可参考相应厂商的产品说明书。这里主要介绍华为 S5700 系列交换机产品。

S5700 系列交换机前面板如图 1.22 所示。

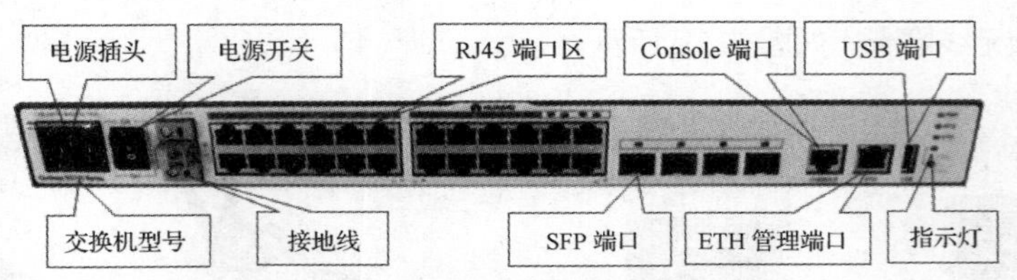

图 1.22　S5700 系列交换机前面板

② S5700 系列交换机对应端口。

a. RJ45 端口：24 个 10/100BASE-TX，5 类 UTP 或 STP。

b. SFP 端口：4 个 1000BASE-X SFP。

SFP 端口的主要作用是信号转换和数据传输，其端口符合 IEEE 802.3ab 标准（如 1000BASE-T），最大传输速率可达 1000Mbit/s（交换机的 SFP 端口支持 100/1000Mbit/s）。

SFP 端口对应的模块是 SFP 光模块，它是一种将电信号转换为光信号的端口器件，可插在交换机、路由器、媒体转换器等网络设备的 SFP 端口上，用来连接光或铜网络线缆进行数据传输，通常用在以太网交换机、路由器、防火墙和网络端口卡中。

吉比特交换机的 SFP 端口可以连接各种不同类型的光纤（如单模光纤和多模光纤）跳线和网络跳线（如 CAT5e 和 CAT6）来扩展整个网络的交换功能，不过吉比特交换机的 SFP 端口在使用前必须先插入 SFP 光模块。

现如今市面上大多数交换机至少具备两个 SFP 端口，可通过光纤跳线和网络跳线等线缆连接构建不同建筑物、楼层或区域之间的环形或星形网络。

c. Console 端口：用于配置、管理交换机，反转线连接。

d. ETH 端口：用于配置、管理交换机，以及升级交换机操作系统。

e. USB 端口：1 个 USB 2.0 端口，用于 Min-USB 控制台端口或串行辅助端口。

③ 交换机组件。

以太网交换机和计算机一样，由硬件和软件系统组成，虽然不同厂商的交换机产品由不同组件构成，但组成交换机的基本组件一般包括中央处理器（Central Processing Unit，CPU）、专用集成电路（Application Specific Integrated Circuit，ASIC）、随机存储器（Random Access Memory，RAM）、只读存储器（Read Only Memory，ROM）、可读写存储器（Flash）、交换机模块、端口（Interface）等。

a. CPU：交换机的 CPU 主要控制和管理所有网络通信的运行，理论上可以执行任何网络操作，如执行 VLAN 协议、路由协议、ARP 解析等。但在交换机中，CPU 应用得通常没有那么频繁，因为大部分帧的交换和解封装均由一种叫作专用集成电路的专用硬件来完成。

b. ASIC：交换机的 ASIC 是连接 CPU 和前端端口的硬件集成电路，能并行转发数据，提供高性能的、基于硬件的帧交换功能，主要实现对端口上接收到数据帧进行解析、缓冲、拥塞避免、链路聚合、VLAN 标记、广播抑制等功能。

c. RAM：和计算机一样，交换机的 RAM 在交换机启动时按需要随意存取，在断电时将丢失存储内容。RAM 主要用于存储交换机正在运行的程序。

d. Flash：Flash 是可读写的存储器，在系统重新启动或关机之后仍能保存数据，一般用来保存交换机的操作系统文件和配置文件。

e. 交换机模块：交换机模块是在原有的板卡上预留出槽位，为方便用户未来进行设备业务扩展而预备的端口。常见的模块有光模块（GBIC 模块）、电口模块、光转电模块、电转光模块等。电口模块如图 1.23 所示。

SFP 模块为 GBIC 模块的升级版。SFP 模块的体积不到 GBIC 模块的一半，在相同面板上可以多部署一倍以上的端口数量；SFP 模块的功能与 GBIC 模块的相同，有些交换机模块厂商称 SFP 模块为小型 GBIC 模块，如图 1.24 所示。

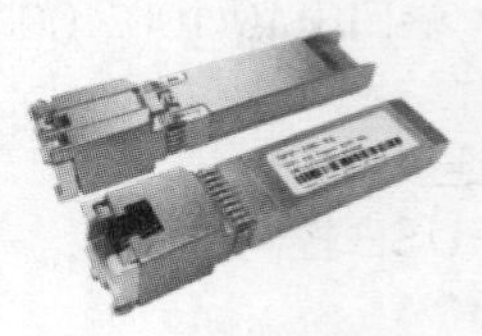

图 1.23　电口模块

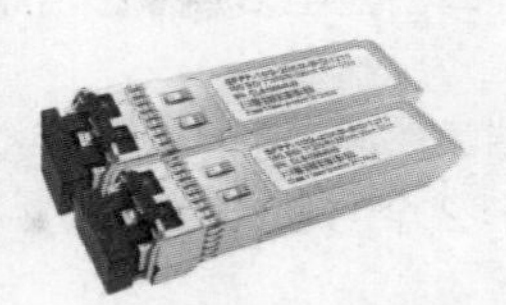

图 1.24　SFP 模块

f. ROM：ROM 以非破坏性读出的方式工作，只能读出信息，无法写入信息。信息一旦写入后就固定下来，即使切断电源，信息也不会丢失，所以 ROM 又称为固定存储器。ROM 所存的数据通常是装入整机前写入的，整机工作过程中只能读出信息，不像 RAM 那样能快速方便地改写存储内容。ROM 所存的数据稳定，断电后所存的数据也不会改变，并且结构较简单，使用方便，因而常用于存储各种固定程序和数据。

g. 端口：端口（Interface）是指交换机的物理接口（网口和光口两类），端口一般在书面表达上用得多，接口一般在口头语上用得比较多，其实指的基本是一回事，交换机在同一时刻可进行多个端口对之间的数据传输。每一个端口都可视为独立的物理网段，连接在其上的网络设备独自享有全部的带宽，无须同其他设备竞争使用。

4. 路由器

路由器如图 1.25 所示，工作于 OSI 参考模型的第三层，即网络层。路由器是连接 Internet 中各局域网、广域网的设备，它会根据信道的情况自动选择和设定路由，以最佳路径、按前后顺序发送信号。目前路由器已经广泛应用于各行各业，各种不同档次的路由器已经成为实现各种骨干网内部连接、骨干网间互联和骨干网与互联网业务的主要设备之一。

图 1.25　路由器

① 路由器外形结构。

不同厂商、不同型号的路由器设备的外形结构有所不同，但它们的功能、端口类型差不多，具体可参考相应厂商的产品说明书。这里主要介绍华为 AR2240 系列路由器产品。

AR2240 系列路由器的前面板与后面板外形结构如图 1.26 所示。

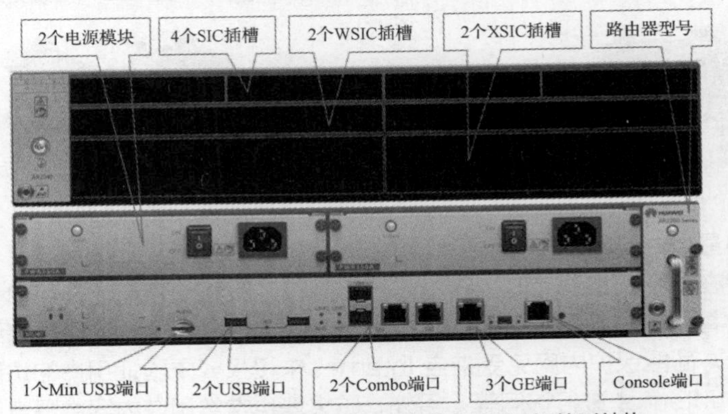

图 1.26　AR2240 系列路由器前面板与后面板外形结构

② 对应端口。

a. GE 端口：2 个 GE 端口，吉比特 RJ45 电口，用于连接以太网。

b. Combo 端口：光电复用，2 个吉比特 Combo 端口（10/100/1000BASE-T 或 100/1000BASE-X）。

c. Console 端口：用于配置、管理交换机，反转线连接。

d. USB 端口：2 个 USB 2.0 端口，一个用于 Mini-USB 控制台端口，一个用于串行辅助/控制台端口。

e. Mini-USB 端口：1 个 Mini-USB 控制台端口，用于控制台 USB 端口。

③ 路由器组件。

路由器和计算机一样，由硬件和软件系统组成，虽然不同厂商的路由器产品由不同组件构成，但组成路由器的基本组件一般都包括 CPU、RAM、Flash、路由器板卡模块等。

a. CPU：路由器的 CPU 主要控制和管理所有网络通信，理论上可以执行任何网络操作，如路由协议等。

b. RAM：和计算机一样，路由器的 RAM 主要用于存储路由器正在运行的程序，在路由器启动时按需要随意存取，但在断电时将丢失存储内容。

c. Flash：路由器的 Flash 是可读写的存储器，在系统重新启动或关机之后仍能保存数据，一般用来保存路由器的操作系统文件和配置文件。

d. 路由器板卡模块。它是指可以连接到路由器的插槽中具有一定功能的接口卡，如串行接口卡、数据加密板卡、语音接口卡及以太网接口卡等。

路由器三层转发主要依靠 CPU 进行，都集成在路由器的主控板上。主控板是系统控制和管理的核心，可提供整个系统的控制平面、管理平面和业务交换平面。业界内很多厂商制造的高端路由器提供多种主控板以便选择。接入路由器不仅支持传统的 E1、SA 等广域网板卡，并且随着设备集成度的提高和 ALL-in-One 理念的产生，二层交换板卡、电源模块板卡、数据加密板卡等陆续出现，如图 1.27、图 1.28 和图 1.29 所示。即使是同一类型的板卡，也会有多种不同的接入密度，不同接入密度的板卡的价格不同，购买者可以根据自己的需要和资金情况进行选择。为了实现 E1 功能，华为 ARG3 提供了 1、2、4、8 端口的 E1 板卡，如图 1.30 所示。

图 1.27　24 个吉比特以太网交换端口的二层交换板卡

图 1.28　电源模块板卡

图 1.29　数据加密板卡

图 1.30　不同端口的 E1 板卡

5. 防火墙

防火墙是目前最重要的网络安全防护设备之一，如图 1.31 所示。防火墙是位于内部网和外部网之间的屏障，是在两个网络通信时执行的一种访问控制策略，它能允许用户"同意"的人和数据进入网络，同时将用户"不同意"的人和数据拒之门外，最大限度地阻止网络中的黑客来访问用户的网络。它一方面能保护内网免受来自 Internet 未授权或未验证用户的访问，另一方面能控制内部网络用户对 Internet 进行访问等。另外，防火墙也常常用在内网中隔离敏感区域以防受到非法用户的访问或攻击。

6. 入侵检测系统

入侵检测系统（Intrusion Detection System，IDS）是一种对网络传输进行即时监视，在发现可疑传输时发出警报或者采取主动反应措施的网络安全设备，如图 1.32 所示。与其他网络安全设备的不同之处在于，IDS 是一种积极主动的安全防护设备。不同于防火墙，IDS 是一种监听设备，没有跨接在任何链路上，无须网络流量流经它便可以工作。因此，对 IDS 进行部署唯一的要求是，IDS 应当挂接在所有所关注流量都必须流经的链路上。

图 1.31　防火墙

7. 入侵防御系统

入侵防御系统（Intrusion Prevention System，IPS）是网络安全防护设备，是一种能够监视网络或网络设备的网络资料传输行为的计算机网络安全设备，能够即时地中断、调整或隔离一些不正常或是具有伤害性的网络资料传输行为，如图 1.33 所示。

图 1.32　入侵检测系统

图 1.33　入侵防御系统

IPS 也像 IDS 一样，专门深入网络数据内部，查找它所认识的攻击代码特征，过滤有害数据流，丢弃有害数据报，并进行记载，以便事后分析。除此之外，更重要的是，大多数 IPS 同时结合考虑应用程序或网络传输中的异常情况，来辅助识别入侵和攻击。IPS 一般作为防火墙和防病毒软件的补充来使用，在有必要时它还可以为追究攻击者的刑事责任而提供法律上的有效证据。

8. 无线接入控制器/无线接收器

无线接入控制器（Access Controller，AC）是一种网络设备，它是一个无线网络的核心，负责管理无线网络中的“瘦 AP”（只进行收发信号），对无线接收器（Access Point，AP）进行管理，包括下发配置、修改相关配置参数、射频智能管理等，AC 与 AP 分别如图 1.34 和图 1.35 所示。传统的无线覆盖模式是用一个家庭式的无线路由器（简称“胖 AP”）覆盖部分区域，此种模式覆盖分散，只能满足部分区域的覆盖，且不能集中管理，不支持无缝漫游。如今的 Wi-Fi 网络覆盖，多采用“AC+AP”的覆盖方式，无线网络中有一个 AC 多个 AP，此模式多应用于大中型企业中，有利于无线网络的集中管理。多个无线发射器能统一发射一个信号（SSID），并且支持无缝漫游和 AP 射频的智能管理。相比于传统的覆盖模式，其有本质的提升。通俗地说，支持无缝漫游的含义如下：用户处于无线网络中，从 A 点到 B 点经过了一定距离，传统覆盖模式因为信号不好必定会断开，而无缝漫游技术可以对多个 AP 进行统一管理，从 A 点到 B 点，尽管用户收发了多个 AP 的信号，但信号间无缝地切换，让用户感觉不到信号的转移，勘测数据中丢包率小于 1%，从而很好地对一个大区域进行不中断的无线覆盖。“AC+AP”的覆盖模式顺应了无线通信智能终端的发展趋势，随着 iPhone、iPod 等移动智能终端设备的普及，Wi-Fi 不可或缺。

图 1.34　AC

图 1.35　AP

1.6 计算机网络新技术的发展

随着生活水平的提高，人们对计算机网络技术也有了更高的要求，下面对计算机网络新技术的发展分别做一下介绍。

1.6.1 三网融合

三网融合又称“三网合一”，是指电信网、广播电视网、互联网这 3 个网络，在向宽带通信网、数字电视网、下一代互联网演变的过程中，相互渗透、互相兼容并逐步整合成为全世界统一的信息通信网络。三网融合并不是指三大网络的物理合一，而主要是指高层业务应用的融合。

三大网络通过技术改造，使技术功能趋于一致、业务范围趋于相同，网络互联互通、资源共享，为用户提供语音、数据和广播电视等多种业务。

三网融合可以将信息服务由单一业务转向文字、语音、数据、图像、视频等多媒体综合业务，有利于减少基础建设投入，并简化网络管理，降低维护成本，使网络从各自独立的专业网络向综合性网络转变，使网络性能得以提升、资源利用水平进一步提高。

三网融合是业务的整合，它不仅继承了原有的语音、数据和视频业务，还通过网络的整合衍生出了更加丰富的增值业务类型，如图文电视、基于 IP 的语音传输、视频邮件和网络游戏等，极大地拓展了业务范围。

三网融合还将打破电信运营商和广电运营商在视频传输领域长期的竞争状态，对用户来说，看电视、上网、打电话资费可能打包下调。

1.6.2 5G 网络

5G 网络（5G Network）是第五代移动通信网络，其理论峰值传输速度可达 20Gbit/s，即每秒能传输 2.5GB 的内容，相同条件下，是 4G 网络传输速度的 10 倍以上。举例来说，一部 1GB 的电影使用 5G 网络可在 0.4s 之内下载完成。随着 5G 技术的诞生，用智能终端分享 3D 电影、游戏以及超高画质节目的时代正向我们走来。

1. 5G 网络概述

5G 网络指的就是在移动通信网络发展中的第五代网络，与之前的第四代移动网络相比较而言，5G 网络在实际应用过程中表现出更加明显的优势。

扫码看拓展阅读 1-3

5G 网络属于当前一种新型的网络，并且得到了快速的发展。对于任何一种网络而言，网络安全问题都是十分重要的，对于 5G 网络同样如此，因而需要对 5G 网络安全问题加强重视。作为 5G 网络研究人员，应当对 5G 网络安全问题加强认识，并且加强重视，积极解决 5G 网络安全问题，把握其发展方向，从而实现 5G 网络更理想的发展目标，使其能够在今后得到越来越广泛的应用。

2. 5G 技术的优势

5G 技术的优势主要体现在以下几个方面。

（1）传输速度快。

5G 技术是当前世界上最先进的网络通信技术之一。相比于被普遍应用的 4G 技术，5G 技术在传输速度上有着非常明显的优势。网络传输速度的提高在实际应用中十分具有优势。传输速度的提高是一个高度的体现，是进步的体现。5G 技术应用在文件的传输过程中，传输速度的提高会大大缩短传输时间，对于工作效率的提高具有非常重要的作用。所以 5G 技术应用在当今的社会中会大大提高社会发展的速度。

（2）传输稳定。

5G 技术不仅在传输速度上有所提高，在传输的稳定性上也有突出的进步。5G 技术应用在不同的场景中都能进行很稳定的传输，能够适应多种复杂的场景。5G 技术非常实用，传输稳定性的提高使工作的难度降低，在使用 5G 技术进行工作时，由于 5G 技术的传输具有较高的稳定性，不会出现因为工作环境的场景复杂性而传输时间过长或者传输不稳定的情况，因而会大大提高工作人员的工作效率。

（3）高频传输技术。

高频传输技术是 5G 技术的核心技术，高频传输技术正在被多个国家研究。用于低频传输的资源越来越紧张，而 5G 技术的使用需要更大的频率带宽，低频传输技术已经满足不了 5G 技术的工作需求，所以要更加积极主动地去探索、开发音频传输技术。高频传输技术在 5G 技术的应用中起到了不可忽视的作用。

3. 5G 技术的安全问题

5G 技术的安全问题主要体现在以下几个方面。

（1）虚拟网络技术的脆弱性。

对于 5G 技术而言，其与 4G 技术相比较虽然表现出了更明显的便利性的特点，然而仍旧存在虚拟网络固有的脆弱性的特点。在实际应用过程中，相比于实体通信手段，5G 网络更加容易被攻击及窃听，严重者会导致其终端被破坏。在通信网络实际运行及应用中，恶意攻击者往往会伪装成合法用户，在获得网络通信服务信任的情况下实施攻击，而网络中所出现的这种恶意破坏往往很难根除，也很难及时消除。另外，对于移动网络的应用而言，需要智能设备的支持，然而，网络技术及智能设备在实际应用中都会受到一定程度的恶意攻击，因而 5G 网络在实际应用过程中的安全性仍旧会受到影响。

（2）5G 网络使计算存储技术及设备面临更严峻的考验。

5G 技术在实际应用过程中，对于数据接入信道也有越来越高的要求，需要其具有更高的传输速度，然而，实际应用中的大多数设备均无法使这一要求得到满足，这对于 5G 网络的应用必然会产生一定的不利影响。另外，在 5G 技术的实际应用过程中，在终端的管理方面，对于管理机制也有新要求。这些因素的存在，导致 5G 技术在实际应用过程中很难构建比较有效的传输管理体系，从而会导致信息过载情况的出现，也会导致设备在实际运行及应用过程中有故障产生，致使 5G 网络的应用受到不利影响。

（3）网络商务安全方面的问题。

5G 技术在不断完善及发展，在今后电子商务及有关增值业务方面，5G 技术也必然会有越来越广泛的应用，而在这类业务的实际开展过程中，对设备安全性以及信息安全性有更高的要求及标准。就用户所使用的智能系统而言，其表现出十分明显的流动性特点，在实际流通过程中必然会涉及不同运营商、服务提供商，也会涉及信息交流方，它们之间产生的交流，对安全性有更高的要求，5G 网络在今后的实际应用中也必然会面临安全性的考验。

4. 5G 技术的应用

5G 技术的应用主要体现在以下几个方面。

（1）高速传输数据。

现如今 4G 网络在人们的日常生活与工作中已经得到了普及，5G 网络以此为基础提高了传输数据的效率，传输速率达到 3.6Gbit/s，不仅能节省大量空间，还能提高网络通信服务的安全性。当下网络通信技术还在不断发展，不久的将来数据传输速率会大于 10Gbit/s，远程控制应用在这样的前提下会广泛普及于人们的生活。另外，5G 网络时延较短，约 1ms，能满足有较高精度要求的远程控制的实际应用，如车辆自动驾驶、电子医疗等，可通过更短的网络时延进一步提高 5G 网络远程控制应用的安全性，不断完善各项功能。

（2）强化网络兼容

对于网络，兼容性一直是其发展环节共同面对的问题，只有解决好这一问题，才能在市场上大大提高对应技术的占有率。只是当下的情况表明还没有网络有良好兼容性，即便有也存在较严重的局限性。然而，5G 网络最显著的一个特点及优势就是兼容性强大，能在网络通信的应用及发展中满足不同设备的正常使用需求，同时有效融合类型不同、阶段不同的网络，大大增加应用 5G 网络的人群；在不同阶段实现不同网络系统的兼容，能大大降低网络维护费用，节约成本，获取最大化的经济效益。

（3）协调合理规划

移动市场正在高速发展，市场中有多种通信系统，5G 网络想要在激烈的市场竞争中立足，就必须协调合理规划多种网络系统，协同管理多制式网络，在不同环境中让用户获得优质服务和体验。尽管 5G 网络具有 3G 和 4G 等网络的优势，但要实现多个网络的协作，才能最大限度地发挥 5G 网络通信的优势，所以在应用 5G 网络的过程中，可利用中央资源管理器促进用户和数据的解耦，优化网络配置，完成均衡负载的目标。

（4）满足业务需求

网络的应用及发展的根本目标始终是满足用户需求，从“2G 时代”到“4G 时代”，人们对网络的需求越来越多元化，网络通信技术也在各方面有所完善。应用 5G 网络势必要满足用户需求，优化用户体验，实现无死角、全方位的网络覆盖，无论用户位于何处都可以享受优质的网络通信服务，并且不管是在偏远地区还是在城市都能确保网络通信性能的稳定性。在今后的应用及发展中，5G 网络通信最重要的目标之一就是不受地域和流量等因素的影响，实现网络通信服务的稳定和独立。

1.6.3 云计算

云计算（Cloud Computing）是 IT 产业发展到一定阶段的必然产物。云计算是一种新兴的商业计算模式。它将计算任务分布在大量计算机构成的资源池中，使各种应用系统能够根据需要获取计算能力、存储空间和各种软件服务。

1. 云计算概述

云计算提供的计算机资源服务是与水、电、天然气等类似的公共资源的服务。亚马逊云计算服务（Amazon Web Services，AWS）提供的专业的云计算服务于 2006 年推出，以 Web 服务的形式向企业提供 IT 基础设施服务，通常称为云计算，其主要优势之一是能够根据业务发展需求来进行扩展，使用较低的可变成本来替代前期资本基础设施的费用，这已成为公有云的事实标准。

1959 年，克里斯托弗·斯特雷奇（Christopher Strachey）提出了虚拟化的基本概念。2006 年 3 月，亚马逊公司首先提出了弹性计算云服务。2006 年 8 月，谷歌首席执行官埃里克·施密特（Eric Schmidt）在搜索引擎大会上首次提出了“云计算”的概念，从那时候起，云计算开始受到关注，这也标志着云计算的诞生。2010 年，中华人民共和国工业和信息化部（简称工信部）、中华人民共和国国家发展和改革委员会联合印发了《关于做好云计算服务创新发展试点示范工作的通知（发改高技〔2010〕2480 号）》，2015 年，工信部发布了《关于印发〈云计算综合标准化体系建设指南〉的通知》，相关文件的陆续发布，为我国云计算的发展奠定了基础。

云计算经历了从“集中时代”向“网络时代”“分布式时代”的演变，并最终在分布式基础之上进入了“云时代”，如图 1.36 所示。

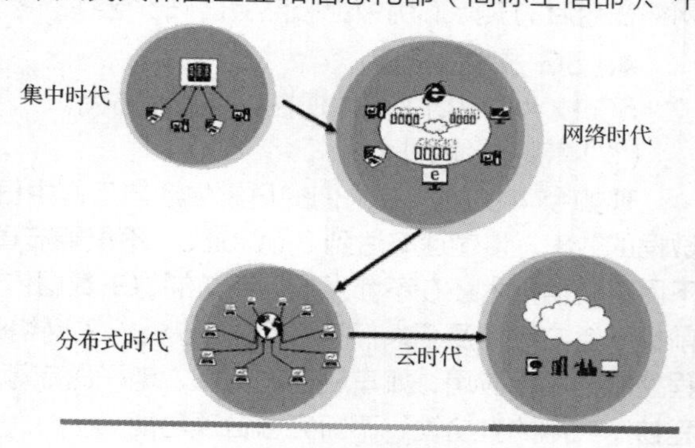

图 1.36　云计算的演变

云计算作为一种计算技术和服务理念，有

着极其浓厚的技术背景。谷歌公司作为搜索公司，首创云计算这一概念有着很大的必然性。随着互联网的兴起，各家互联网公司对云计算的投入和研发不断加深，陆续形成了完整的云计算技术架构、硬件网络，而服务器方面逐步向数据中心、全球网络互联、软件系统等方向发展，操作系统、文件系统、并行计算架构、并行计算数据库和开发工具等云计算系统关键部件得到了完善。

云计算的最终目标是将计算、服务和应用作为一种公共设施提供给公众，使人们能够像使用水、电、天然气等那样便捷地使用计算资源。

2. 云计算的基本概念

相信读者都听到过阿里云、华为云、百度云、腾讯云等，那么到底什么是云计算呢？云计算又能做什么呢？云计算是一种基于网络的超级计算模式，可针对用户的不同需求提供所需要的资源，包括计算资源、网络资源、存储资源等。云计算服务通常运行在若干台高性能物理服务器之上，可提供如每秒 10 万亿次级的运算能力，可以用来预测气候变化以及市场发展趋势等。

（1）云计算的定义。

云计算将计算任务分布在用大量计算机构成的资源池上，使各种应用系统能够根据需要获取计算能力、存储空间和各种软件服务，这种资源池称为“云”。云是一些可以自我维护和管理的虚拟计算资源，通常为一些大型服务器集群，包括计算服务器、存储服务器、宽带资源等，云计算将所有的计算资源集中起来，并由软件实现自动管理，无须人为参与。之所以称为云，是因为它在某些方面具有与现实中的云类似的特征：云一般较大；云可以动态伸缩，它的边界是模糊的；云在空中飘忽不定，无法也无须确定它的具体位置，但它确实存在于某处。

云计算有狭义和广义之分。

狭义上讲，云实质上就是一个网络，云计算就是一种提供资源的网络，包括硬件、软件和平台，使用者可以随时获取云上的资源，按需求量使用，并且它可以看作无限扩展的，只要按使用量付费即可。云就像自来水厂一样，人们可以随时接水，且不限量，按照用水量付费给自来水厂即可，在用户看来，水资源是无限的。

广义上讲，云计算是与信息技术、软件、互联网相关的一种服务，用户通过网络以按需、易扩展的方式获得所需要的服务。这种计算资源共享池叫作云。云计算把许多计算资源集合起来，通过软件实现自动化管理，只需要很少的人参与，就能让资源被快速提供。也就是说，计算能力作为一种商品，可以在互联网上流通，就像水、电、天然气一样，可以被人们方便地取用，且价格较为低廉，这种服务可以是与信息技术、软件和互联网相关的服务。

总之，云计算不是一种全新的网络技术，而是一种全新的网络应用。云计算指以互联网为中心，在网站上提供快速且安全的云计算服务与数据存储服务，让每一个使用互联网的人都可以使用网络上的庞大计算资源。

云计算是继计算机、互联网之后的一种新的信息技术革新，是“信息时代”的一个巨大飞跃。虽然目前有关云计算的定义有很多，但总体上来说，云计算的基本含义是一致的，即云计算具有很强的扩展性和需要性，可以为用户提供全新的体验。云计算的核心是将很多的计算机资源协调在一起，使用户通过网络就可以获取无限的资源，同时获取的资源几乎不受时间和空间的限制。

（2）云计算的服务模式。

云计算的服务模式由 3 部分组成，包括基础设施即服务（Infrastructure as a Service，IaaS）、平台即服务（Platform as a Service，PaaS）和软件即服务（Software as a Service，SaaS），如图 1.37 所示。

① IaaS。什么是基础设施呢？服务器、硬盘、交换机等物理设备都是基础设施。云计算服务提供商购买服务器、硬盘、网络设施等来搭建基础服务，人们便可以在云计算管理平台上根据需求购买相应计算能力的内存空间、磁盘空间、网络带宽，以搭建自己的云计算管理平台。这类云计算

服务提供商的典型代表便是阿里云、腾讯云、华为云等。

优点：IaaS 能够根据业务需求灵活配置所需，扩展伸缩方便。

缺点：IaaS 开发维护需要投入较多人力，专业性要求较高。

② PaaS。什么是平台呢？可以将平台理解成中间件，这类云计算厂商在基础设施上进行开发，搭建操作系统，提供一套完整的应用解决方案。PaaS 平台提供开发大多数所需中间件的服务，如 MySQL 数据库服务、RocketMQ 服务等，故开发人员无须深度开发，专注业务代码即可。其典型代表便是 Pivatal Cloud Foundary、Google App Engine 等。

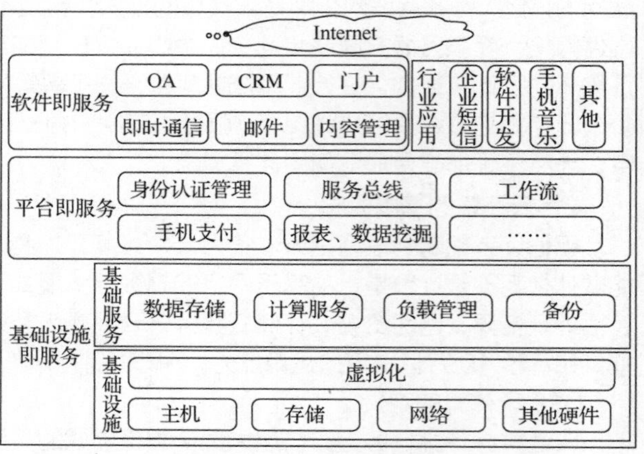

图 1.37　云计算的服务模式

优点：PaaS 无须开发中间件，所需即所用，能够快速使用；部署快速，人力投入较少。

缺点：PaaS 的灵活性、通用性较低，过度依赖平台。

③ SaaS。SaaS 是大多数人每天都会接触到的，如办公自动化（Office Automation，OA）系统、微信公众平台。SaaS 可直接通过互联网为用户提供软件和应用程序的服务，用户可通过租赁的方式获取安装在厂商或者服务供应商上的软件。虽然这些服务用于商业或者娱乐，但是它们属于云计算的一部分，一般面向对象是普通用户，最常见的服务模式是提供给用户一组账号和密码。

优点：SaaS 所见即所得，无须开发。

缺点：SaaS 需定制，无法快速满足个性化需求。

IaaS 主要对应基础设施，可实现底层资源虚拟化以及实际云应用平台部署，这是一个网络架构由规划架构到最终物理实现的过程。PaaS 基于 IaaS 技术和平台，可部署终端用户使用的应用或程序，提供对外服务的接口或服务产品，最终实现整个平台的管理和平台的可伸缩化。SaaS 基于现成的 PaaS，将其作为终端用户最后接触的产品，完成现有资源的对外服务以及服务的租赁化。

（3）云计算的部署模式。

云计算的部署模式通常有以下几种。

① 公有云：在这种模式下，应用程序、资源、存储和其他服务都由云服务提供商提供给用户，这些服务多半是免费的，也有部分按需或按使用量来付费，这种模式只能通过互联网来访问和使用。同时，这种模式在私人信息和数据保护方面比较有保证，通常可以提供可扩展的云服务并能进行高效设置。

② 私有云：这种模式专门为某一个企业服务，不管是自己管理还是第三方管理，是自己负责还是第三方负责，只要使用的方式没有问题，就能为企业带来很显著的帮助。但这种模式所要面临的问题是，纠正、检查等需企业自己负责，出了问题只能由企业自己承担后果。此外，整套系统需要企业自己出钱购买、建设和管理。这种云计算部署模式可广泛地产生正面效益，从模式的名称也可看出，它可以为所有者提供具备充分优势和功能的服务。

③ 混合云：混合云是有两种或两种以上的云计算部署模式的混合体，如公有云和私有云的混合体。它们相互独立，但在云的内部相互结合，可以发挥出多种云计算部署模式各自的优势；可使用标准的或专有的技术将它们组合起来，使混合体具有数据和应用程序的可移植性。

（4）云计算的生态系统。

云计算的生态系统主要涉及硬件、软件、服务、网络、应用和云安全 6 个方面，如图 1.38 所示。

① 硬件。云计算相关硬件包括基础环境设备、服务器、存储设备、网络设备等数据中心设备，以及提供和使用云服务的终端设备。

② 软件。云计算相关软件主要包括资源调度和管理系统、平台和应用软件等。

③ 服务。服务包括云服务和面向云计算系统建设应用的云支撑服务。

④ 网络。云计算具有泛在网络的访问特性，用户无论通过互联网、电信网还是广播电视网，都能够使用云服务。

⑤ 应用。云计算的应用领域非常广泛，涵盖工作和生活的各个方面。典型的应用包括电子政务、电子商务、智慧城市、大数据、物联网、移动互联网等。

⑥ 云安全。云安全包括网络安全、系统安全、服务安全、应用安全等。云安全涉及服务可用性、数据机密性和完整性、隐私保护、物理安全、恶意攻击防范等诸多方面，是影响云计算发展的关键因素之一。

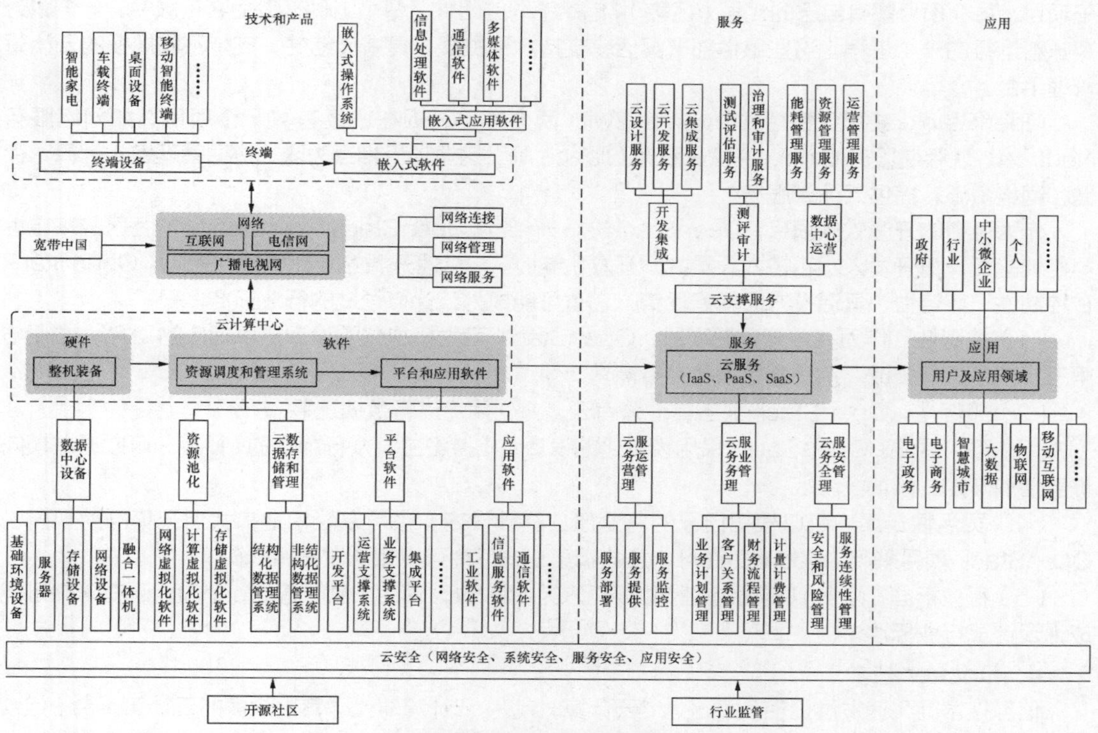

图 1.38　云计算的生态系统

3. OpenStack 云计算管理平台项目

OpenStack 是一个开源的云计算管理平台项目，是一系列软件开源项目的组合，是美国国家航空航天局（National Aeronautics and Space Administration，NASA）和美国的一家云计算厂商在 2010 年 7 月共同发起的一个项目，是旨在为公有云和私有云提供软件的开源项目，由云计算厂商贡献存储源代码（Swift）、NASA 贡献计算源代码（Nova）。

经过几年的发展，OpenStack 现已成为一个被广泛使用的业内领先的开源项目，用于提供部署私有云及公有云的操作平台和工具集，并且在许多大型企业中支撑核心生产业务。

OpenStack 示意如图 1.39 所示。OpenStack 项目旨在提供开源的云计算解决方案以简化云的部署过程，其实现类似于 AWS EC2 和 S3 的 IaaS。其主要应用场合包括 Web 应用、大数据、电子商务、视频处理与内容分发、大吞吐量计算、容器优化、主机托管、公有云和数据库等。

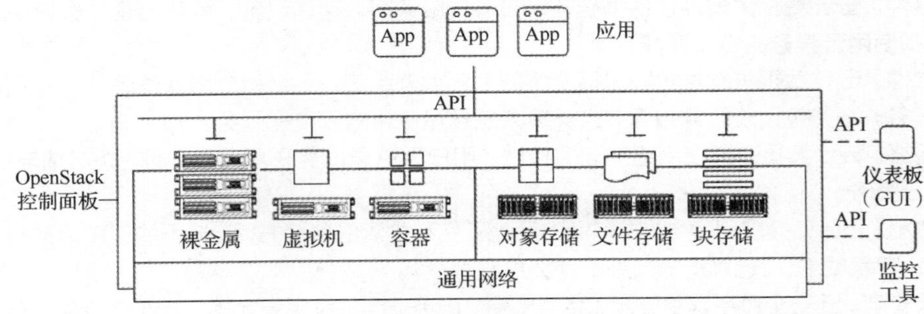

图 1.39　OpenStack 示意

Open 意为开放，Stack 意为堆栈或堆叠，OpenStack 是一系列软件开源项目的组合，包括若干项目，每个项目都有自己的代号（名称），包括不同的组件，每个组件又包括若干服务，一个服务意味着运行的一个进程。这些组件部署灵活，支持水平扩展，具有伸缩性，支持不同规模的云计算管理平台。

OpenStack 最初仅包括 Nova 和 Swift 两个项目，现在已经有数十个项目，如网络服务 Neutron、块存储服务 Cinder、镜像服务 Glance 等，这些项目相互关联，协同管理各类计算、存储和网络资源，提供云计算服务。

作为免费的开源软件项目，OpenStack 由一个名为 OpenStack Community 的社区的来自世界各地的云计算开发人员和技术人员共同开发、维护。与其他开源的云计算软件相比，OpenStack 在控制性、兼容性、灵活性方面具备优势，它有可能成为云计算领域的行业标准。

（1）控制性。作为完全开源的项目，OpenStack 可为模块化的设计提供相应的 API，方便与第三方技术进行集成，从而满足自身业务需求。

（2）兼容性。OpenStack 兼容其他公有云，方便用户进行数据迁移。

（3）可扩展性。OpenStack 采用模块化的设计，支持各主流发行版本的 Linux，可以通过横向扩展增加节点、添加资源。

（4）灵活性。用户可以根据自己的需要建立基础设施，也可以轻松地扩大自己集群的规模。OpenStack 项目采用 Apache2 许可，意味着第三方厂商可以重新发布源代码。

（5）行业标准。众多 IT 领军企业都加入了 OpenStack 项目，意味着 OpenStack 在未来可能成为云计算行业标准。

4. Docker 技术

信息技术的飞速发展促使人类进入“云计算时代”，云计算时代孕育出众多的云计算平台。但众多的云计算平台之间标准规范不统一，各云计算平台都有各自独立的资源管理策略、网络映射策略和内部依赖关系，导致各个平台无法做到相互兼容、相互连接。同时，应用的规模愈发庞大，逻辑愈发复杂，任何一款产品都无法顺利地从一个云计算平台迁移到另外一个云计算平台。但 Docker 的出现打破了这种局面，Docker 利用容器弥合了各个平台之间的差异。Docker 通过容器来打包应用、解耦应用和运行平台，在进行迁移的时候，只需要在新的服务器上启动所需的容器即可，而所付出的成本是极低的。

Docker 具有轻便、快速的特性，可以使应用快速迭代，Docker 产品的 Logo 如图 1.40 所示。在 Docker 中，对于每次小的变更，马上就能看到效果，而不用将若干个小变更积攒到一定程度再进行变更。每次变更一小部分其实是一种非常安全的方式，在开发环境中能够快速提高工作效率。

Docker 容器能够帮助开发人员、系统管理员和项目工程师在一个生产环节中协同工作。制定一套容器标准能够使系统管理员在更改容器的时候，不需要关心容器的变化，只需要专注于自己的应用程序代码即可。这样做的好处是隔离了开发和管理，简化了重新部署、调试等琐碎的重复工作，降低了开发和部署的成本，极大地提高了工作效率。

图 1.40 Docker 产品的 Logo

（1）Docker 的定义。

目前，Docker 的官方定义如下：Docker 是以 Docker 容器为资源分割和调度的基本单位，封装整个软件运行时的环境，为开发者和系统管理员设计，用于构建、发布和运行分布式的应用平台。它是一个跨平台、可移植且简单易用的容器解决方案。Docker 的源代码托管在 GitHub 上，基于 Go 语言开发，并遵从 Apache 2.0 协议。Docker 可在容器内部快速自动化地部署应用，并通过操作系统内核技术为容器提供资源隔离与安全保障服务。

Docker 借鉴集装箱装运货物的场景，让开发人员将应用程序及其依赖打包到一个轻量级、可移植的容器中，并将其发布到任何运行 Docker 容器引擎的环境中，以容器方式运行该应用程序。与装运集装箱时不用关心其中的货物一样，Docker 在操作容器时也不用关心容器中有什么软件。采用这种方式部署和运行应用程序非常方便。Docker 为应用程序的开发、发布提供了一个基于容器的标准化平台，容器运行的是应用程序，Docker 平台用来管理容器的整个生命周期。使用 Docker 时不必担心开发和生产环境之间的不一致，其使用也不局限于任何平台或编程语言。Docker 可以用于整个应用程序的开发、测试和研发周期，并能通过一致的用户界面进行管理，Docker 还具有为用户在各种平台上安全可靠地部署可伸缩服务的能力。

（2）Docker 的优势。

Docker 容器的运行速度很快，可以在秒级实现启动和停止，比传统虚拟机要快很多，Docker 解决的核心问题是利用容器来实现类似虚拟机的功能，从而利用更少的硬件资源给用户提供更多的计算资源。Docker 容器除了运行其中的应用程序之外，基本不消耗额外的系统资源，在保证应用程序性能的同时，减小了系统开销，这使得一台主机上同时运行数千个 Docker 容器成为可能。Docker 操作方便，通过 Dockerfile 配置文件可以进行灵活的自动化创建和部署。

Docker 重新定义了应用程序在不同环境中的移植和运行方式，为跨不同环境运行的应用程序提供了新的解决方案，其优势表现在以下几个方面。

① 更快的交付和部署。Docker 容器消除了线上和线下的环境差异，保证了应用程序生命周期环境的一致性和标准化。Docker 开发人员可以使用镜像来快速构建一套标准的开发环境，开发完成之后，测试和运维人员可以直接部署软件镜像来进行测试和发布，以确保开发测试过的代码可以在生产环境中无缝运行，大大简化了持续集成、测试和发布的过程。Docker 可以快速创建和删除容器，实现快速迭代，大量节约了开发、测试、部署的时间。此外，整个过程全程可见，使团队更容易理解应用程序的创建和工作过程。

容器非常适合持续集成和持续交付的工作流程，开发人员在本地编写应用程序代码，通过 Docker 与同事进行共享；开发人员通过 Docker 将应用程序推送到测试环境中，执行自动测试和手动测试；开发人员发现程序错误时，可以在开发环境中进行修复，并将其重新部署到测试环境中，以进行测试和验证；完成应用程序测试之后，向客户提供补丁程序非常简单，只需要将更新后的镜像推送到生产环境中即可。

② 高效的资源利用和隔离。Docker 容器的运行不需要额外的虚拟化管理程序（Virtual Machine Manager，VMM）以及虚拟机监视器（Hypervisor）的支持，它是内核级的虚拟化，与

底层共享操作系统，系统负载更低，性能更加优异，在同等条件下可以运行更多的实例，可以更充分地利用系统资源。虽然 Docker 容器间是共享主机资源的，但是每个容器所使用的 CPU、内存、文件系统、进程、网络等都是相互隔离的。

③ 高可移植性、兼容性与扩展性。Docker 基于容器的平台支持高度可移植性和扩展性的工作环境需求，Docker 容器几乎可以在所有平台上运行，包括物理机、虚拟机、公有云、私有云、混合云、个人计算机、服务器等，并支持主流的操作系统发行版本，这种兼容性可以让用户在不同平台之间轻松地迁移应用。Docker 的可移植性也使得动态管理工作负载变得非常容易，管理员可以近乎实时地根据业务需要增加或缩减应用程序和服务。

④ 更简单的维护和更新管理。Docker 的镜像与镜像之间不是相互隔离的，它们之间具有松耦合的关系。镜像采用了多层文件的联合体，通过这些文件层，可以组合出不同的镜像，利用基础镜像进一步扩展镜像变得非常简单。由于 Docker 秉承了开源软件的理念，因此所有用户均可以自由地构建镜像，并将其上传到 Docker Hub 供其他用户使用。使用 Dockerfile 时，只需要进行少量的配置修改，就可以替代以往大量的更新工作，且所有修改都以增量的方式被分布和更新，从而实现高效、自动化的容器管理。

Docker 是轻量级的应用，且速度很快，Docker 可针对基于虚拟机管理程序的虚拟机平台提供切实可行且经济高效的替代解决方案，因此，在同样的硬件平台上，用户可以使用更强的计算能力来实现业务目标。Docker 适合需要使用更少资源实现更多任务的高密度环境和中小型应用部署的场景。

⑤ 环境标准化和版本控制。Docker 容器可以保证应用程序在整个生命周期中的一致性，保证提供环境的一致性和标准化。Docker 容器可以像 Git 仓库一样，按照版本对提交的 Docker 镜像进行管理。当出现因组件升级而导致环境损坏的情况时，Docker 可以快速地回滚到该镜像的前一个版本。相对于虚拟机的备份或镜像创建流程而言，Docker 可以快速地进行复制和实现冗余。此外，启动 Docker 就像启动一个普通进程一样快速，启动时间可以达到秒级甚至毫秒级。

1.6.4 物联网

物联网（Internet of Things，IoT）是指通过信息传感器、射频识别技术、全球定位系统、红外感应器、激光扫描器等各种装置与技术，实时采集任何需要监控、连接、互动的物体或过程，采集其声、光、热、电、力学、化学、生物、位置等需要的信息，通过各类可能的网络接入，实现物与物、物与人的泛在连接，实现对物品和过程的智能化感知、识别和管理。物联网是一个基于互联网、传统电信网等的信息承载体，它让所有能够被独立寻址的普通物理对象形成互联互通的网络。

1. 物联网的概念

物联网就是物物相连的互联网，包含两层意思：其一，物联网的核心和基础仍然是互联网，它是在互联网基础上延伸和扩展的网络；其二，用户端延伸和扩展到了任何物品与物品之间，进行信息交换和通信，也就是“物物相息”。

物联网通过智能感知、识别技术与普适计算等通信感知技术，广泛应用于网络的融合中，也因此被称为继计算机、互联网之后世界信息产业发展的“第三次浪潮”。物联网是通过各种信息传感设备及系统（传感器、射频识别系统、红外感应器、激光扫描器等）、条形码与二维码、全球定位系统，按约定的通信协议，将物与物、人与物、人与人连接起来，通过各种接入网、互联网进行信息交换，以实现智能化识别、定位、跟踪、监控和管理的一种信息网络。这个定义的核心是，物联网的主要特征是每一个物件都可以寻址，每一个物件都可以控制，每一个物件都可以通信。

2. 物联网的特点

和传统的互联网相比，物联网有着鲜明的特征。首先，它广泛应用各种感知技术。物联网中部署了少量的、各类型的传感器，每个传感器都是一个信息源，不同类型的传感器所捕获的信息内容和信息格式不同。其次，它是一种建立在互联网上的网络。物联网技术的重要基础和核心仍旧是互联网，通过各种有线和无线网络与互联网融合，将物体的信息实时准确地传输出去。最后，物联网不仅提供了传感器的连接，其本身也具有智能处理的能力，能够对物体实施智能控制。物联网将传感器和智能处理相结合，利用云计算、模式识别等各种智能技术，扩充其应用领域。可从传感器获得的海量信息中分析、加工出有意义的数据，以适应不同用户的不同需求，发现新的应用领域和应用模式。

3. 物联网的应用

物联网的应用涉及方方面面，在工业、农业、环境、交通、物流、安保等基础设施领域均有应用，有效推动了这些领域的智能化发展，使得有限的资源得到了更加合理的使用、分配，从而提高了行业效率、效益。其在家居、医疗健康、教育、金融与服务业、旅游业等与生活息息相关的领域的应用，使服务范围、服务方式和服务质量等方面都有了极大的改进，大大提高了人们的生活质量。

1.6.5 大数据

现在的社会是一个高速发展的社会，科技发达，信息流通，人们之间的交流越来越密切，生活也越来越方便，大数据（Big Data）就是这个时代的产物。大数据，或称巨量资料，指的是所涉及的资料量规模巨大到无法通过目前主流软件工具，在合理时间内将其提取、管理、处理并整理成为帮助企业经营决策的信息。

1. 大数据的定义

对于大数据，研究机构 Gartner（高德纳）给出了这样的定义：大数据是需要新处理模式才能具有更强的决策力、洞察力和流程优化能力来适应海量、高增长率和多样化的信息资产。麦肯锡全球研究所给出的定义如下：大数据是一种规模大到在获取、存储、管理、分析方面大大超出了传统数据库软件工具能力范围的数据集合，具有海量的数据规模、快速的数据流转、多样的数据类型和价值密度低四大特征。大数据技术的战略意义不在于庞大的数据信息，而在于对这些含有意义的数据进行专业化处理。换言之，如果把大数据比作一种产业，那么这种产业实现盈利的关键在于提高数据的“加工能力”，通过“加工”实现数据的“增值”。

从技术上看，大数据与云计算的关系就像一枚硬币的正反面一样密不可分。大数据一般无法用单台计算机进行处理，而必须采用分布式架构进行处理。它的特色在于对海量数据进行分布式数据挖掘。但它必须依托云计算的分布式处理、分布式数据库和云存储、虚拟化技术。

随着“云时代”的来临，大数据也吸引了越来越多的关注。大数据通常用来形容一个公司创造的大量非结构化数据和半结构化数据，这些数据在下载到关系型数据库中进行分析时会花费过多时间和金钱。大数据分析常和云计算联系到一起，因为实时的大型数据集分析需要像 MapReduce 一样的框架来向数十、数百甚至数千台计算机分配工作。

2. 大数据的趋势

（1）数据资源化。资源化是指大数据成为企业和社会关注的重要战略资源，并已成为大家争相抢夺的新焦点。因而，企业必须提前制订大数据营销战略计划，抢占市场先机。

（2）与云计算深度结合。大数据离不开云处理，云处理为大数据提供了弹性可拓展的基础设备，云计算平台是产生大数据的平台之一。自 2013 年开始，大数据技术已和云计算技术紧密结合，预计未来两者的关系将更为密切。除此之外，物联网、移动互联网等新兴计算形态，也将一起助力“大数据革命”，让大数据营销发挥出更大的影响力。

（3）科学理论的突破。随着大数据的快速发展，就像计算机和互联网一样，大数据很有可能引起新一轮的技术革命。随之兴起的数据挖掘、机器学习和人工智能等相关技术，可能会改变“数据世界”中的很多算法和基础理论，实现科学技术上的突破。

（4）数据科学和数据联盟的成立。数据科学将成为一门专门的学科，被越来越多的人熟知。各大高校将设立专门的数据科学类专业，也会催生一批与之相关的新的就业岗位。与此同时，基于数据这个基础平台，将建立起跨领域的数据共享平台，之后，数据共享将扩展到企业层面，并且成为未来产业的核心一环。

（5）数据泄露泛滥。在未来，每个“500 强”企业都可能会面临数据攻击，无论它们是否已经做好安全防范。而所有企业，无论规模大小，都需要重新审视今天的安全定义。在“500 强”企业中，可能超过 50%将会设置首席信息安全官这一职位。企业需要从新的角度来确保自身以及客户数据安全，所有数据在创建之初便需要获得安全保障，而并非在数据保存的最后一个环节。仅仅加强后者的安全防护已被证明于事无补。

（6）数据管理成为核心竞争力。数据管理将成为核心竞争力，直接影响财务。当“数据资产是企业核心资产”的概念深入人心之后，企业对数据管理便有了更清晰的界定，会将数据管理作为企业核心竞争力，持续发展，战略性规划与运用数据资产，使之成为企业数据管理的核心。数据资产管理效率与主营业务收入增长率、销售收入增长率显著正相关。此外，对于具有互联网思维的企业而言，数据资产竞争力所占比例约为 36.8%，数据资产的管理效果将直接影响企业的财务。

（7）数据质量是商业智能（Business Intelligence，BI）成功的关键。采用自助式商业智能工具进行大数据处理的企业将会脱颖而出。它们要面临的一个挑战是，很多数据源会带来大量低质量数据。想要成功，企业需要理解原始数据与数据分析之间的差距，从而消除低质量数据并通过 BI 获得更佳决策。

（8）数据生态系统复合化程度加强。大数据的世界不只是一个单一的、巨大的计算机网络，而是一个由大量活动构件与多元参与者元素所构成的生态系统，是由终端设备提供商、基础设施提供商、网络服务提供商、网络接入服务提供商、数据服务使能者、数据服务提供商、触点服务、数据服务零售商等一系列的参与者共同构建的生态系统。而今，这样一个数据生态系统的基本雏形已然形成，接下来的发展将趋向于系统内部角色的细分，也就是市场的细分；系统机制的调整，也就是商业模式的创新；系统结构的调整，也就是竞争环境的调整等，使得数据生态系统复合化程度逐渐提高。

1.6.6 人工智能

人工智能（Artificial Intelligence，AI）是研究、开发用于模拟、延伸和扩展人的智能的理论、方法、技术及应用系统的一门新的技术科学。

人工智能是计算机科学的一个分支，它试图了解智能的实质，并生产出一种新的、能以与人类智能相似的思维做出反应的智能机器，该领域的研究包括机器人、语言识别、图像识别、自然语言处理和专家系统等。人工智能从诞生以来，理论和技术日益成熟，应用领域也不断扩大，可以设想，未来人工智能带来的科技产品，将会是人类智慧的“容器”。人工智能可以对人的意识、思维的信息过程进行模拟。人工智能不是人的智能，但能像人那样思考，也可能超过人的智能。

人工智能是一门极富挑战性的学科，从事这项工作的人必须懂得计算机知识、心理学和哲学。人工智能是十分广泛的科学，它由不同的领域组成，如机器学习，计算机视觉等，总之，人工智能研究的主要目标是使机器能够胜任一些通常需要人类智能才能完成的复杂工作。但不同的时代、不同的人对这种“复杂工作”的理解是不同的。2017 年 12 月，人工智能入选“2017 年度中国媒体十大流行语”。

1. 人工智能安全问题

人工智能还在研究中，但有学者认为让计算机拥有智慧是很危险的，它可能会反抗人类。这种担忧也在多部电影中体现过，其主要的关键是允不允许机器拥有自主意识的产生与延续，如果使机器拥有自主意识，则意味着机器具有与人同等或类似的创造性、自我保护意识、情感和自发行为。

2. 人工智能应用领域

人工智能的应用领域十分广泛，包括机器翻译、智能控制、专家系统、机器人学、语言和图像理解、遗传编程机器人工厂、自动化程序设计、航天应用、庞大的信息处理和储存与管理等。

值得一提的是，机器翻译（简称机译）是人工智能的重要分支和最先应用的领域。不过就已有的机译成就来看，机译系统的译文质量离终极目标仍相差甚远，而机译系统是机译质量的关键。中国数学家、语言学家周海中教授曾在论文《机器翻译五十年》中指出：要提高机译的质量，首先要解决的是语言本身的问题而不是程序设计问题；单靠若干程序来做机译系统，肯定是无法提高机译质量的；另外，在人类尚未明了大脑是如何进行语言的模糊识别和逻辑判断的情况下，机译要想达到“信、达、雅”的程度是不可能的。

【技能实践】

任务 1.1 双绞线的制作

【实训目的】

（1）掌握 T568A 与 T568B 线序标准及双绞线制作方法。

（2）掌握双绞线工具的使用方法。

V1-1 双绞线的制作

【实训环境】

（1）准备 5 类线与 6 类线。

（2）准备水晶头、网钳、测线器与寻线器等相关工具。

【实训内容与步骤】

（1）制作双绞线的线序标准。

EIA/TIA 布线标准中规定的两种双绞线的接线标准为 T568A 与 T568B，如图 1.41 所示。

T568A 标准：绿白-1，绿-2，橙白-3，蓝-4，蓝白-5，橙-6，棕白-7，棕-8。

T568B 标准：橙白-1，橙-2，绿白-3，蓝-4，蓝白-5，绿-6，棕白-7，棕-8。

两端接线标准相同，都为 T568A 或 T568B 的双绞线叫作直接线；两端接线标准不相同，一端为 T568A，另一端为 T568B 的双绞线叫作交叉线，如图 1.42 所示。

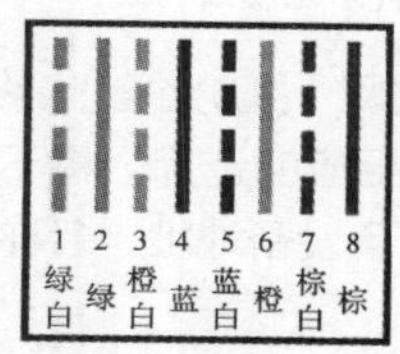

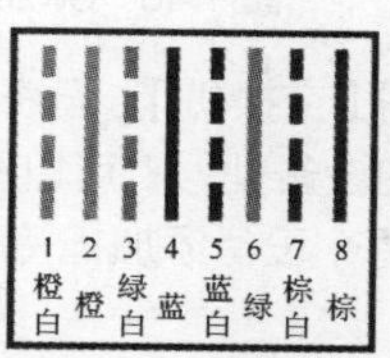

图 1.41 T568A 与 T568B 线序标准

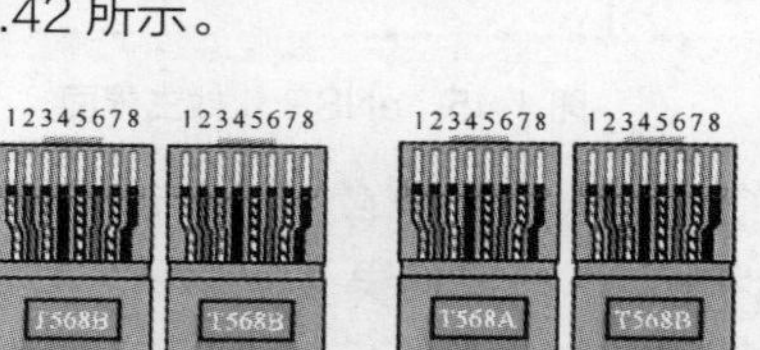

图 1.42 直接线与交叉线

（2）网钳工具。

可以使用网钳工具制作双绞线，如图 1.43 所示。

（3）网线测试工具。

可以使用网线测线器与寻线器对制作完成的网线进行连通性测试，如图 1.44 所示。

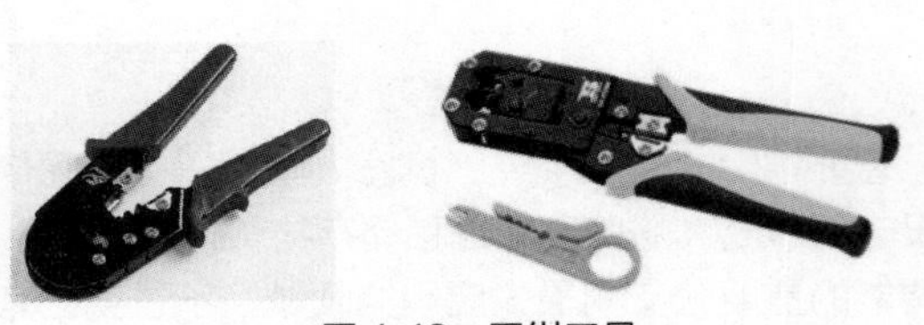

图 1.43　网钳工具

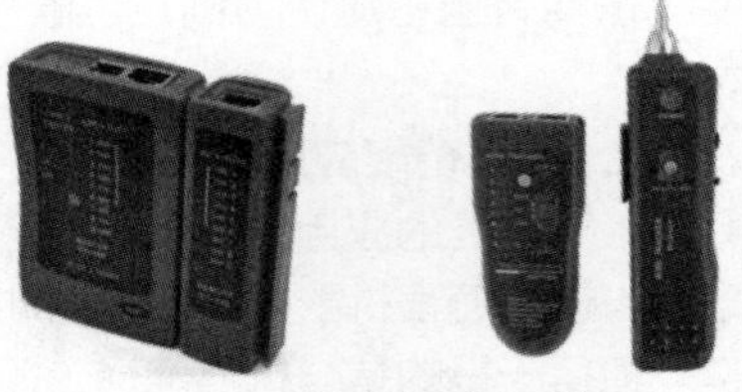

图 1.44　网线测线器与寻线器

任务 1.2　eNSP 工具软件的使用

V1-2　eNSP 工具软件的使用

【实训目的】

（1）认识 eNSP 工具软件，掌握 eNSP 工具软件的使用方法。

（2）使用 eNSP 工具软件进行网络拓扑设计以及配置管理。

【实训环境】

安装 eNSP 工具软件。

【实训内容与步骤】

随着华为网络设备被越来越多地使用，学习华为网络路由知识的人越来越多。eNSP 软件能很好地模拟路由交换的各种实验，从而得到了广泛应用，下面就简单介绍一下 eNSP 的使用方法。

（1）打开 eNSP 软件，其主界面如图 1.45 所示。单击【新建拓扑】按钮，进入 eNSP 软件绘图配置界面，如图 1.46 所示。

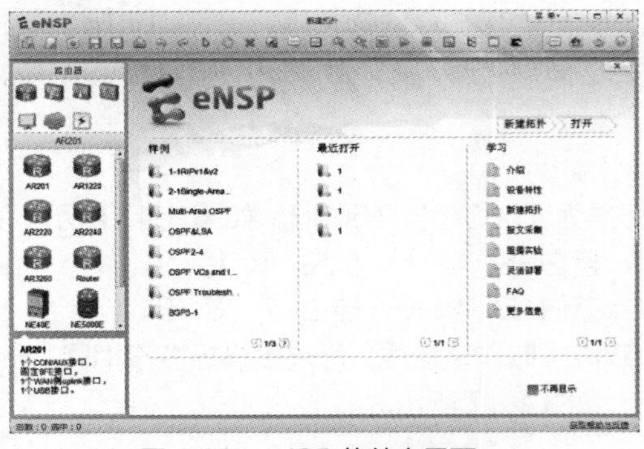

图 1.45　eNSP 软件主界面

图 1.46　eNSP 软件绘图配置界面

（2）进入 eNSP 软件主界面后可以选择【路由器】【交换机】【无线局域网】【防火墙】【终端】【其他设备】【设备连线】等，每个选项下面对应不同的设备型号，可以进行相应的选择。将不同的设备拖放到 eNSP 软件绘制面板中进行操作，可以为每个设备添加标签，标示设备地址、名称等信息，如图 1.47 所示。

（3）选择相应的设备，如路由器 AR1，单击鼠标右键，可以启动设备，在弹出的快捷菜单中选择【CLI】选项，可以进入配置管理界面进行相应的配置，如图 1.48 所示。

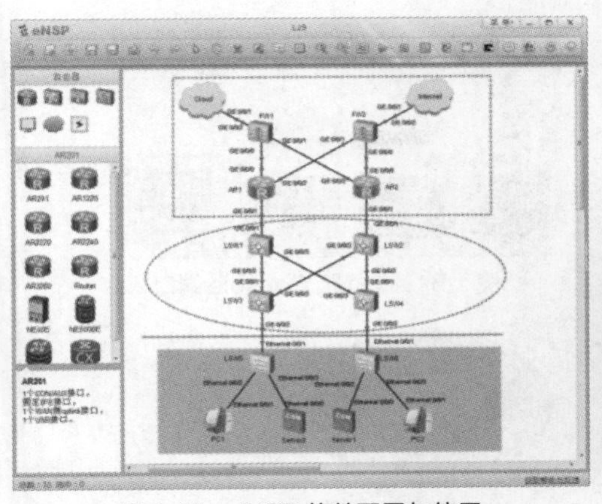

图 1.47　eNSP 软件配置与使用

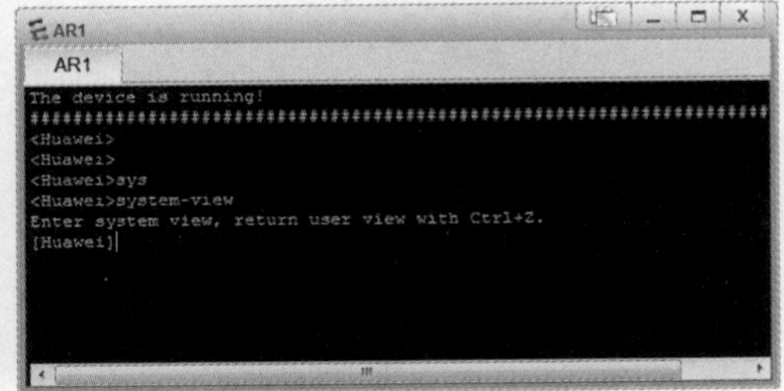

图 1.48　配置管理界面

任务 1.3　网络设备管理

【实训目的】

（1）掌握配置网络设备登录方式。

（2）掌握网络设备基本操作方法。

【实训环境】

（1）准备相关网络连接设备，如网卡、交换机、路由器、防火墙等。

（2）准备 Console 线一条、计算机一台、网络跳线若干等。

【实训内容与步骤】

通常情况下，网络连接设备，如交换机、路由器、防火墙、无线设备等都可提供智能网络管理功能。通常有两种方式进行管理：一种是超级终端带外管理方式，另一种是 Telnet 远程或 SSH2 远程带内管理方式。下面以交换机为例进行配置管理。

交换机可以不经过任何配置，在加电后直接在局域网内使用，但其安全性、网络稳定性与可靠性等都不能实现。因此，需要对交换机进行一定的配置和管理。

由于交换机刚出厂时没有配置任何 IP 地址，所以第一次配置交换机时，只能使用 Console 端口。这种配置方式使用专用的配置线缆连接交换机的 Console 端口，不占用网络带宽，因此被称为带外管理方式，如图 1.49 所示。其他方式会将网线与交换机端口相连，通过 IP 地址实现配置，因此被称为带内管理方式。

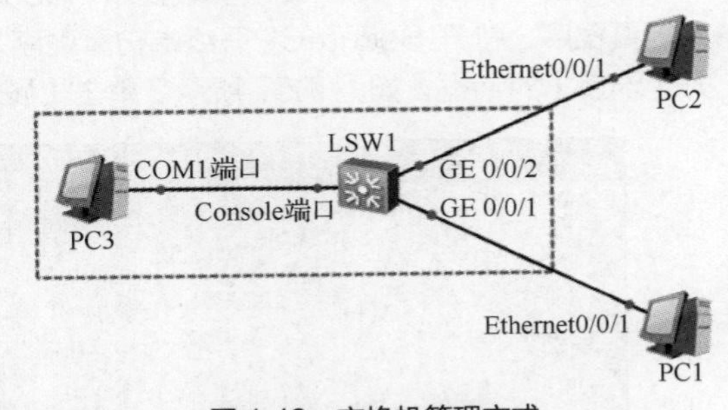

图 1.49　交换机管理方式

（1）用带外管理方式管理交换机。

带外管理方式是通过将计算机串口 COM 端口与交换机 Console 端口相连来管理交换机的，如图 1.50 和图 1.51 所示。不同类型的交换机的 Console 端口所处的位置不同，但交换机面板上的 Console 端口都有“CONSOLE”字样标识。利用交换机的 Console 线缆（图 1.52）即可将交换机的 Console 端口与计算机串口 COM 端口相连，以便进行管理。现在很多笔记本电脑已经没有串口 COM 端口了，有时为方便配置与管理，可以利用 USB 端口转 RS-232 端口线缆连接 Console 线缆进行配置、管理，如图 1.53 所示。

图 1.50　计算机串口 COM 端口

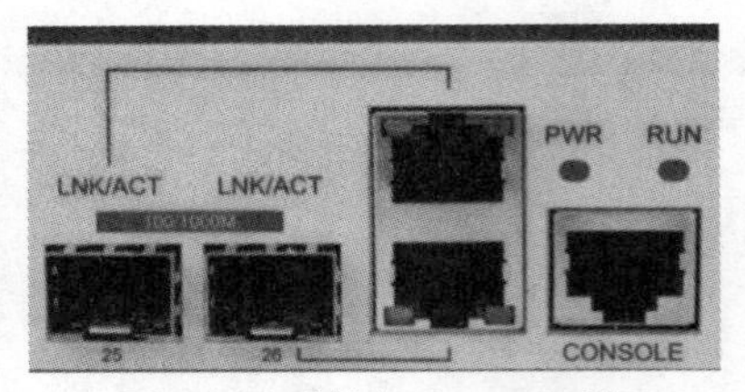

图 1.51　交换机 Console 端口

图 1.52　交换机的 Console 线缆

图 1.53　USB 端口转 RS-232 端口线缆

① 进入超级终端程序。选择【开始】→【所有程序】→【附件】→【超级终端】选项，根据提示进行相关配置，设置 COM 属性，如图 1.54 所示。正确设置之后进入交换机用户模式，如图 1.55 所示。

图 1.54　超级终端的 COM 属性设置

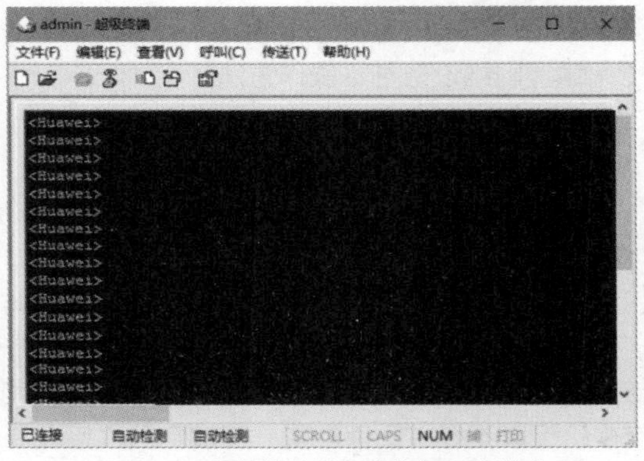

图 1.55　超级终端进入交换机用户模式

② 进入 SecureCRT 终端仿真程序。SecureCRT 是一款支持 SSH（SSH1 和 SSH2）的终端仿真程序。打开 SecureCRT 终端仿真程序，其主界面如图 1.56 所示。单击【连接】按钮，打开【连接】对话框，如图 1.57 所示。单击【属性】按钮，进行【会话】选项的设置。

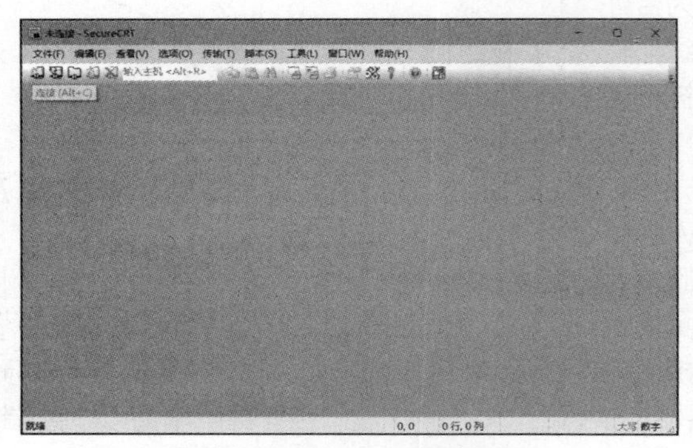

图 1.56　SecureCRT 主界面

图 1.57　【连接】对话框

可以在【协议】选项中选择相应协议进行连接，如 Serial、Telnet、SSH2 等。选择串口 Serial

协议，在【会话选项】对话框中选择【串行】选项，进行相应设置，如图 1.58 所示。正确设置后便可以进入交换机用户模式，如图 1.59 所示。

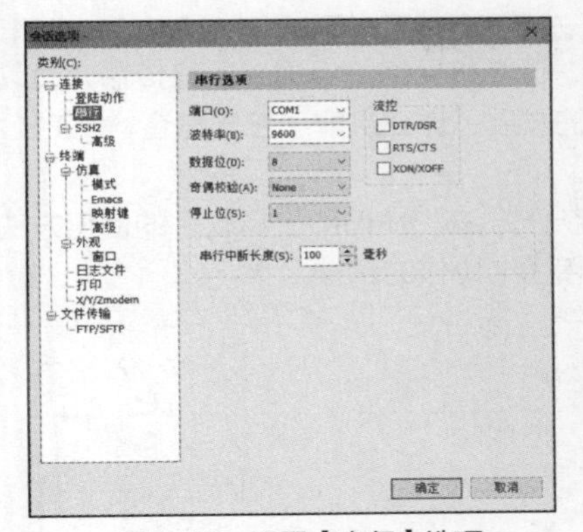

图 1.58　设置【串行】选项

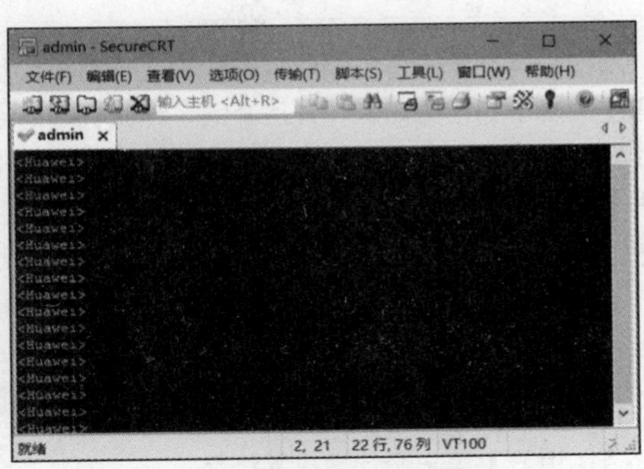

图 1.59　进入交换机用户模式

（2）用带内管理方式管理交换机。

带内管理方式指先通过网线远程连接交换机，再通过 Telnet、SSH 等远程方式管理交换机。在通过 Console 端口对交换机进行初始化配置时，如配置交换机管理 IP 地址、用户、密码等，开启 Telnet 服务后，就可以通过网络以 Telnet 远程方式登录。

Telnet 协议是一种远程访问协议，Windows 7 操作系统自带 Telnet 连接功能，需要用户自行开启：打开计算机的控制面板，选择【程序】选项，选择【打开或关闭 Windows 功能】选项，勾选【Telnet 客户端】复选框，如图 1.60 所示。按【Win+R】快捷键，打开【运行】对话框，输入“cmd”命令，单击【确定】按钮，如图 1.61 所示，转到 DOS 命令提示符窗口。

图 1.60　勾选【Telnet 客户端】复选框

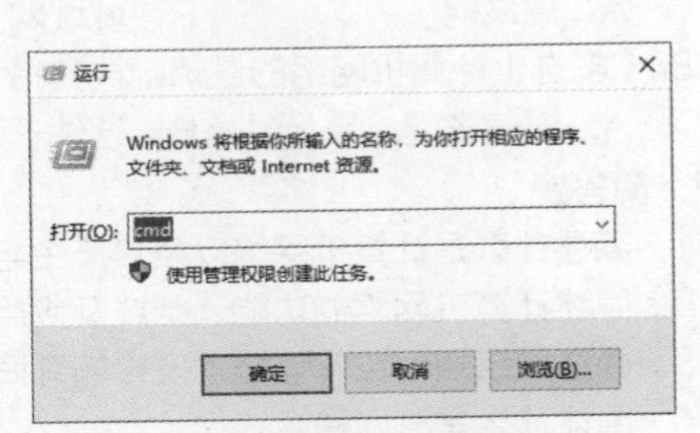

图 1.61　【运行】对话框

执行“telnet +IP”命令，以 Telnet 远程方式登录系统，如图 1.62 所示。在系统确认用户、密码、登录权限后，即可利用 DOS 命令提示符窗口配置、管理交换机，Telnet 登录交换机用户模式如图 1.63 所示。

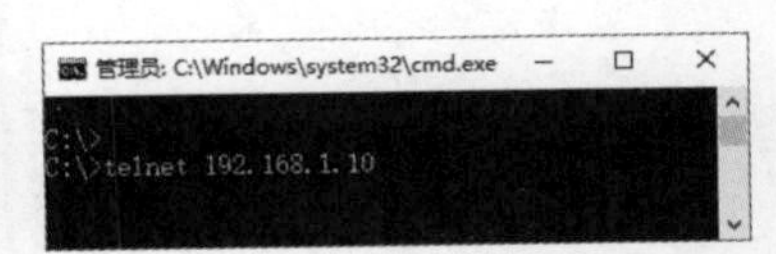

图 1.62　以 Telnet 远程方式登录系统

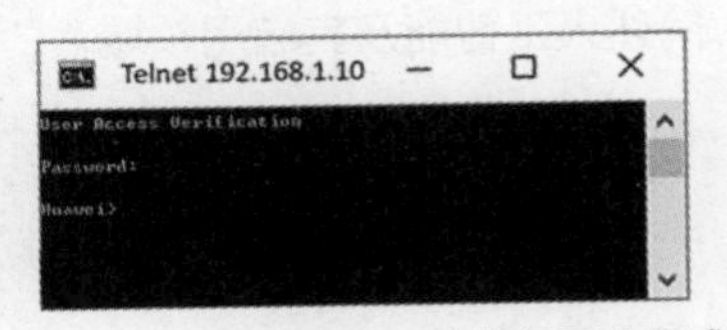

图 1.63　Telnet 登录交换机用户模式

【模块小结】

本模块讲解了计算机网络基础知识、计算机网络类别、计算机网络的组成、网络传输介质以及网络连接设备的相关知识，并且介绍了计算机网络新技术的发展，详细讲解了三网融合、5G 技术、云计算、物联网、大数据、人工智能相关技术的基础知识。

本模块最后通过技能实践使学生进一步掌握双绞线的制作方法、eNSP 工具软件的使用方法、网络设备管理的方法，培养学生实际动手解决问题的能力和团结协作的精神。

【模块练习】

1. 选择题

（1）世界上第一个计算机网络是（　　）。

A. ARPANET　　B. Internet　　C. CERNET　　D. CHINANET

（2）计算机网络的目的是实现联网计算机系统的（　　）。

A. 硬件共享　　B. 软件共享　　C. 数据共享　　D. 资源共享

（3）学校办公室网络类型是（　　）。

A. 局域网　　B. 城域网　　C. 广域网　　D. 互联网

（4）下列传输介质中，（　　）传输速度最快。

A. 双绞线　　B. 光纤　　C. 同轴电缆　　D. 无线介质

（5）【多选】计算机网络的功能有（　　）。

A. 资源共享　　B. 数据通信　　C. 分布式处理　　D. 集中管理

（6）【多选】计算机网络的应用有（　　）。

A. 科学计算　　B. 信息管理　　C. 个人信息服务　　D. 商业管理

（7）【多选】按照覆盖范围，网络可分为（　　）。

A. 局域网　　B. 城域网　　C. 广域网　　D. 社区网

（8）【多选】计算机网络的逻辑组成包括（　　）。

A. 通信子网　　B. 硬件子网　　C. 软件子网　　D. 资源子网

2. 简答题

（1）简述什么是计算机网络以及其产生与发展情况。

（2）简述计算机网络的功能、组成及应用。

（3）简述网络如何按传输技术及传输介质分类。

（4）简述什么是三网融合。

（5）简述什么是 5G 技术。

（6）简述云计算的定义及其服务模式。

（7）简述物联网的特点及其应用。

（8）简述什么是大数据及其发展趋势。

（9）简述人工智能及其应用领域。

模块2 数据通信技术

02

【情景导入】

国家新闻出版广播电影电视总局宣布到2015年将停止模拟电视播出，实现有线、卫星和无线数字广播电视全国覆盖,那么究竟什么是模拟电视,什么是数字电视呢？它们有什么区别呢？家庭用户很多采用电话拨号上网，电话线（模拟信道）中传输的是模拟信号，而计算机中的信号是数字信号，怎样实现数字信号通过模拟信道进行传输的呢？我们现在使用的数字电话是怎么传输模拟音频信号的呢？在多个通信系统中，数据从源节点到达目标节点很难实现收发两端直接相连传输，通常需要通过多个节点转发才能到达，那么又是怎么实现数据的交换与转发的呢？有哪些数据交换方式呢？

数据通信技术是计算机网络的技术基础，是以信息处理技术和计算机技术为基础的通信技术。数据通信技术为计算机网络的应用和发展提供了技术支持和可靠的通信环境。本模块主要讲述与数据通信有关的基础知识，其中包括数据通信的基本概念、数据通信的方式、数据编码、数据交换、信道复用和差错控制技术等。

【学习目标】

【知识目标】

- 掌握数据通信的基本概念。
- 掌握数据编码技术及数据交换技术。
- 掌握信道复用技术的分类和特点。
- 掌握数据差错的类型以及差错控制的常用方法。

【技能目标】

- 掌握Visio工具软件的使用方法。
- 掌握交换机、路由器的基本配置方法。

【素质目标】

- 培养工匠精神，要求做事严谨、精益求精、着眼细节、爱岗敬业。
- 树立团队互助、进取合作的意识。

【知识导览】

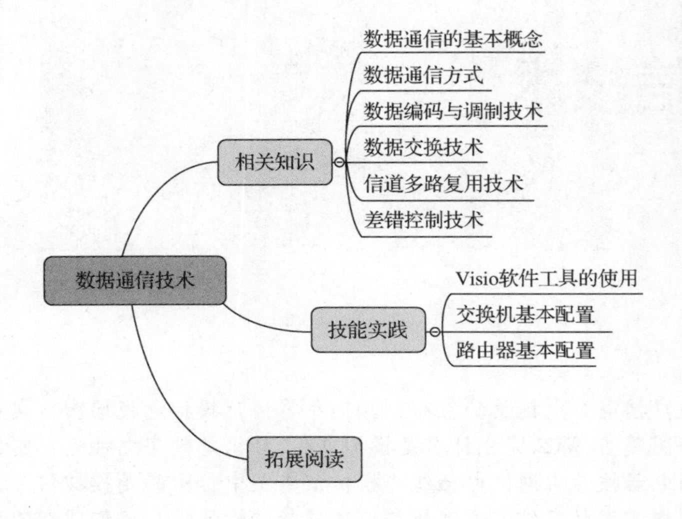

【相关知识】

2.1 数据通信的基本概念

数据通信是指通过通信系统将数据以某种信号的方式从一端安全、可靠地传输到另一端，包括数据的传输及传输前后的处理。

2.1.1 信息、数据和信号

信息、数据与信号等是数据通信系统中的最基本的概念，必须了解它们的区别和联系。

1. 信息

信息是对客观事物特征和运行状态的描述，其形式可以有数字、文字、声音、图形、图像等。通信的目的是交换信息，任何事物的存在都伴随着相应信息，信息不仅能够反映事物的特征、运行状态和行为，还能够借助介质（如空气、光波、电磁波等）传播和扩散。这里把“事物发出的消息、情报、数据、指令、信号等中包含的意义”定义为信息。

2. 数据

数据是传输信息的实体，是把事件的某些属性规范化后的表现形式，数据可以被识别，也可以被描述。通信的目的是传输信息，传输之前必须先将信息用数据表示出来。

数据按其连续性可分为模拟数据与数字数据。用于描述连续变化量的数据称为模拟数据，如声音、温度等。用于描述不连续变化量（离散值）的数据称为数字数据，如文本信息、整数等。

3. 信号

数据在被传输之前，要变成适合传输的电磁信号，即模拟信号或数字信号。可见信号是数据在传输过程中的电磁波表示形式。一般以时间为自变量，以表示信息的某个参量（振幅、频率或相位）为因变量。

信号可以分为模拟信号和数字信号两种。模拟信号是一种连续变化的信号，其波形可以表示为一种连续的正弦波，如图 2.1（a）所示，这种信号的某种参量，如振幅和频率，可以表示要传输的信息。例如，电视图像信号、语音信号、温度压力传感器的输出信号等。数字信号是一种离散信号，最常见也是最简单的计算机通信使用的是由二进制数“0”和“1”组成的信号，其波形是一种不连续的方波，如图 2.1（b）所示。

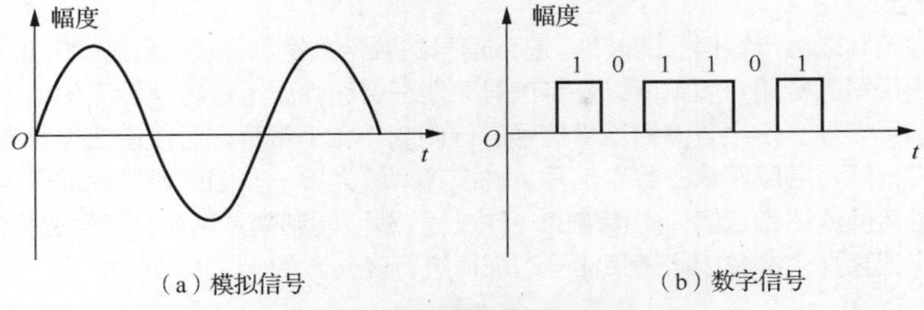

（a）模拟信号　　（b）数字信号

图 2.1　模拟信号和数字信号

值得一提的是，模拟信号与数字信号是有着明显差别的两类信号，它们之间的区别可以这样描述：数字信号只有“开”和“关”两种离散的状态；模拟信号则包括从“开”到“关”的所有状态。但是，模拟信号和数字信号之间并没有存在不可逾越的鸿沟，在一定条件下是可以相互转化的。模拟信号可以通过采样、量化、编码等步骤变成数字信号，而数字信号也可以通过解码、平滑等步骤恢复为模拟信号。

2.1.2　数据信号分类

信号的另一种分类方法是将信号分为基带信号、宽带信号及载波信号。

1. 基带信号

信息源（简称信源）是指发出的没有经过调制（进行频谱迁移和变换）的原始电信号，其特点是频率较低，信号频谱从零频附近开始，具有低通形式。根据原始电信号的特征，基带信号可分为数字基带信号和模拟基带信号（相应的，信源也分为数字信源和模拟信源），其类型由信源决定。说得通俗一点，基带信号就是发出的直接表达了要传输的信息的信号，例如，人们说话的声波可被当作基带信号。

由于在近距离范围内基带信号的衰减不大，信号内容几乎不会发生变化。因此，在某些具有低通特性的有线信道中，特别是传输距离不太远的情况下，基带信号可以不经过调制而直接进行传输。例如，计算机内部并行总线上的信号全部都是基带信号，从计算机到监视器、打印机等外设的信号也都是通过基带传输的。大多数的局域网直接使用基带脉冲信号传输，如以太网、令牌环网。常见的网络设计标准 10BASE-T 使用的就是基带信号。由于基带信号中的低频分量极其丰富，所以不适合长距离传输。

简单地说，基带信号就是低频信号，也就是需要被传输的信号，相当于货物。但是因为基带信号频率低，传输损耗大，所以需要将信号调制到高频。调制到高频（就是载频，相当于货车）以后传输损耗就可以接受了。

基带信号包含频率比较低的分量，这些低频的分量不容易通过无线传输，无线电磁波一般在空中传播的频率要高于 100kHz。基带信号需要进行调制，与载波高频信号混频后变换到较高的频率，然后比较容易通过天线发射。因此，自由空间通常传输的都是频带信号，也称宽带信号。

2. 宽带信号

远距离通信时，由于基带信号具有频率很低的频谱分量，出于抗干扰和提高传输速率的考虑一般不宜直接传输，需要把基带信号变换成其频带适合在特定信道中传输的信号，变换后的信号就是宽带信号。宽带信号是一个相对概念，是指信号的传输介质具有很宽的带通能力，这样的好处就是能够在传输介质上复用很多信号，节省线路铺设的成本，目前带宽最宽的传输介质是单模光纤。宽带信号主要用于网络电视和有线电视的信号传输，为了提高传输介质的带宽利用率，宽带信号在传输过程中通常要采用多路复用技术。

3. 载波信号

载波是指被调制以后传输信号的波形。基带信号的频带很宽（理论上无限宽），但由于带通原因，几乎不存在无限带宽的传输介质，所以基带信号无法在普通介质上进行远距离传输，否则码间干扰和衰减无法使信号恢复。使用载波对基带信号进行调制，减小带宽，可以使信号可靠传输，减小衰减，接收端再进行解调还原原来的数字信号。载波频率较为单一，因此调制后的信号的带宽较小。调制就是把信号转换成适合在信道中传输的一种过程。载波调制就是用基带信号去控制载波的参数，使载波的某一个或某几个参数按照基带信号的规律进行变化。

2.1.3 信道及信道的分类

传输信息的必经之路称为信道，包括传输介质和通信设备。传输介质可以是有线传输介质，如电缆、光纤等，也可以是无线传输介质，如电磁波等。

信道可以按不同的方法进行分类，常见的分类如下。

1. 物理信道和逻辑信道

物理信道是指用来传输信号或数据的物理通路，网络中两个节点之间的物理通路称为通信线路（简称通路），物理信道由传输介质及相关设备组成。逻辑信道也是一种通路，但一般是指人为定义的信息传输通路，在信号收、发点之间并不存在一条物理传输介质，通常把逻辑信道称为“连接”。

2. 有线信道和无线信道

使用有线传输介质的信道称为有线信道，主要包括双绞线、同轴电缆和光缆等。以电磁波在空间传播的方式传输信息的信道称为无线信道，主要包括长波信道、短波信道和微波信道等。

3. 数字信道和模拟信道

传输离散数字信号的信道称为数字信道，利用数字信道传输数字信号时不需要进行变换，通常需要进行数字编码；传输模拟信号的信道称为模拟信道，利用模拟信道传输数字信号时需要经过数字信号与模拟信号之间的变换。

2.1.4 数据通信系统的基本结构

通信的目的是传输信息，为了使信息在信道中传输，首先应将信息表示为模拟数据或数字数据，再将模拟数据或数字数据转换成相应的模拟信号或数字信号进行传输。

以模拟信号进行通信的方式叫作模拟通信，实现模拟通信的通信系统称为模拟通信系统；以数字信号作为载体来传输信息或以数字信号对载波进行数字调制后再传输的通信方式叫作数字通信，实现数字通信的通信系统称为数字通信系统。

1. 模拟通信系统

传统的电话、广播、电视等系统都属于模拟通信系统，模拟通信系统通常由信源、调制器、信道、解调器、信宿及噪声源组成，其模型如图 2.2 所示。信源所产生的原始模拟信号一般要经过调制后通过信道传输，信号到达信宿后，再通过调制器将其解调出来。

信源是指在数据通信过程中，产生和发送信息的数据终端设备；信宿是指在数据通信过程中，接收和处理信息的终端设备。

在理想状态下，数据从信源发出到信宿接收不会出现问题。但实际的情况并非如此。对于实际的数据通信系统，由于信道中存在噪声，传输到信道上的信号在到达信宿之前可能会因受到干扰而出错。因此，为了保证在信源和信宿之间能够实现正确的信息传输与交换，还要使用差错检测和控制技术。

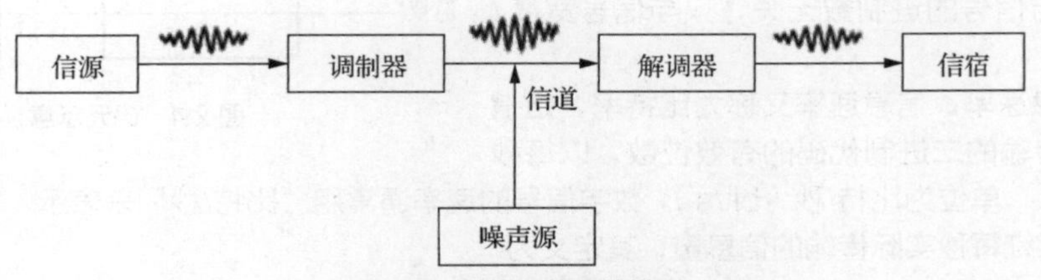

图 2.2　模拟通信系统模型

2. 数字通信系统

计算机通信、数字电话及数字电视系统都属于数字通信系统。数字通信系统通常由信源、编码器、信道、解码器、信宿及噪声源组成，其模型如图 2.3 所示。发送端和接收端之间还有时钟同步系统，时钟同步系统是数字通信系统中一个不可缺少的部分。为了保证接收端正确地接收数据，发送端与接收端必须有各自的发送时钟和接收时钟，接收端的接收时钟必须与发送端的发送时钟保持同步。

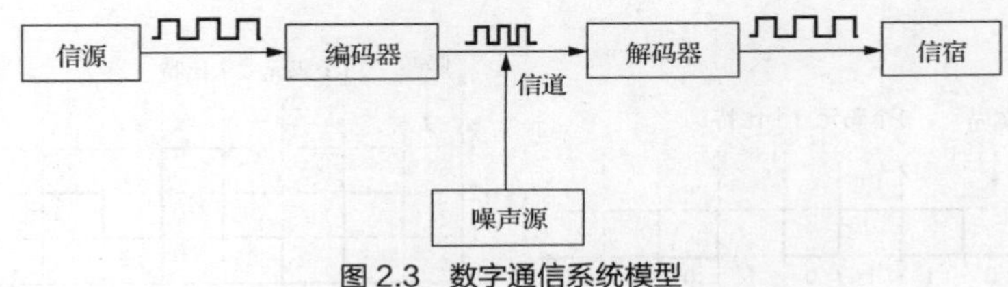

图 2.3　数字通信系统模型

2.1.5　数据通信的技术指标

通信的任务是快速、准确地传输信息。因此，从研究信息传输的角度来说，有效性和可靠性是评价数据通信系统优劣的主要性能指标。有效性是指通信系统传输信息的“速率”问题，即快慢问题；可靠性是指通信系统传输信息的“质量”问题，即好坏问题。

通信系统的有效性和可靠性是矛盾的。一般情况下，要想提高系统的有效性，就要适当降低可靠性。通常依据实际系统的要求采取相对统一的办法，即在满足一定的可靠性指标的前提下，尽量提高信息的传输速率，即有效性，或者在维持一定有效性的条件下，尽可能提高系统的可靠性。

对于模拟通信系统来说，系统的有效性和可靠性可用信道带宽和输出信噪比（或均方误差）来衡量；对于数字通信系统而言，系统的有效性和可靠性可用数据传输速率和误码率来衡量。

1. 数据传输速率

数据传输速率是指信道上传输信息的速度，是描述数据传输系统的重要技术指标之一。数字通信系统的有效性可用数据传输速率来衡量，数据传输速率越高，系统的有效性越好。通常，可从码元速率和信息速率两个不同的角度来定义数据传输速率。

（1）码元速率。码元速率又称波特率或调制速率，是指每秒传输的码元数，即每秒传输的脉冲数，单位为波特（Bd），常用符号 B 来表示，模拟信号的速率通常用波特/秒（B/s）来表示。由于数字信号是用离散值表示的，因此，每一个离散值就是一个码元，其定义为

$$B=1/T$$

其中，T为一个数字脉冲信号的宽度。码元示意如图 2.4 所示。

例如，某系统在 2s 内共传输 9600 个码元，请计算该系统的码元速率。

根据公式可知，9600B/2s=4800B/s。

注意：数字信号一般有二进制与多进制之分，但码元速率与信号的进制数无关，只与信号宽度T有关。

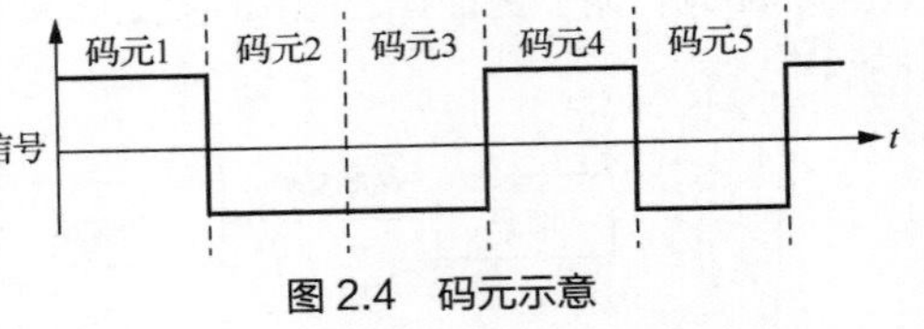

图 2.4　码元示意

（2）信息速率。信息速率又称为比特率，是指单位时间内传输的二进制代码的有效位数，以每秒多少比特数计，单位为比特/秒（bit/s），数字信号的速率通常用“比特/秒”来表示。它可反映出一个数字通信系统每秒实际传输的信息量，其定义为

$$S=1/T\times\log_2 M \text{ 或 } S=B\times\log_2 M$$

其中，T为一个数字脉冲信号的宽度，M表示采用M级电平传输信号。$\log_2 M$表示一个码元所取的离散值个数，即一个脉冲所表示的有效状态。因为信息量与信号进制数M有关系，因此，信息速率S也与M有关系。

对于一个用二级电平（二进制）表示的信号，每个码元包含一位比特信息，也就是每个码元携带了一位信息量，其信息速率与码元速率相等。若对于一个用四级电平（四进制）表示的信号，每个码元包含了两位比特信息，即每个码元携带了两个信息量，则其信息速率应该是码元速率的两倍，如图 2.5 所示。

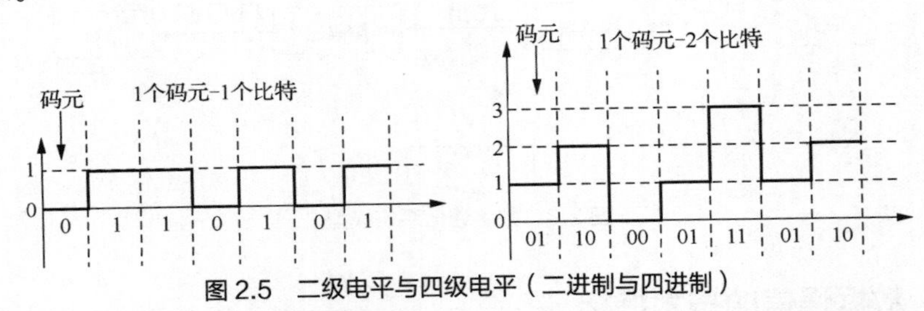

图 2.5　二级电平与四级电平（二进制与四进制）

一个数字通信系统最大的信息速率称为信道容量，即单位时间内可能传输的最大比特数，它代表一个信道传输数字信号的能力，单位为 bit/s。

2. 信道带宽

信道带宽是指信道中传输的信号在不失真的情况下所占用的频率范围，单位为赫兹（Hz）。信道带宽是由信道的物理特性决定的。例如，电话线路的频率范围为 300～3400Hz，则它的带宽范围也为 300～3400Hz。

通常，带宽越大，信道容量越大，数据传输速率也就越高。要提高信号的传输率，信道就要有足够的带宽。从理论上讲，增加信道带宽是可以增加信道容量的。但实际上，信道带宽的无限增加并不能使信道容量无限增加，其原因是在信道中存在噪声，制约了带宽的增加。

为了更好地理解带宽的概念，不妨用人的听觉系统打个比方，人耳所能感受的声波范围是 20～20000Hz，低于这个范围的声波称为次声波，高于这个范围的声波称为超声波，人的听觉系统无法将次声波和超声波传输到大脑中，所以 20000Hz 减去 20Hz 所得的值就好比是人类听觉系统的带宽。数据通信系统的信道传输的不是声波，而是电磁波（包括无线电波、微波、光波等），其带宽就是所能传输电磁波的最大有效频率减去最小有效频率得到的值。

3. 信道容量

信道容量是衡量一个信道传输数字信号的重要参数。信道的传输能力是有一定限制的，某个信道传输数据的速率有一个上限，即单位时间内信道所能传输的最大比特数，单位为比特/秒，称为信道容量。无论采用何种编码技术，传输数据的速率都不可能超过信道容量上限，否则信号就会失真。

4. 信道带宽和信道容量的关系

理论分析证明，信道容量与信道带宽成正比，即信道带宽越宽，信道容量就越大，所以人们有时将带宽作为信道所能传输的最高速率的同义词，尽管这种叫法不太严谨。通常所说的数据传输速率是指信息速率，最大数据传输速率是指信道容量。

5. 可靠性指标的具体表述

衡量数字通信系统的可靠性可使用信号在传输过程中出错的概率，即差错率这一指标。差错率越高，表明系统可靠性越差。

差错率通常有以下两种表示方法。

（1）误码率。

其定义为

$$误码率=\frac{传输出错的码元数}{传输的总码元数}$$

（2）误比特率。

其定义为

$$误比特率=\frac{传输出错的比特数}{传输的总比特数}$$

2.2 数据通信方式

数据传输无处不在，如在打电话、使用对讲机、收听广播时均有数据传输。那么这几种通信方式中所用到的数据传输方式是否相同呢？下面来分析一下。

数据通信方式是指通信双方的信息交互的方式，在设计一个通信系统时，还要注意如下问题。

（1）是采用单工通信方式还是采用半双工或是全双工通信方式。

（2）是采用串行通信方式还是采用并行通信方式。

（3）是采用同步通信方式还是采用异步通信方式。

2.2.1 信道通信的方式

按照信号的传输方向与时间的关系，信道的通信方式可分为 3 种，即单工通信、半双工通信和全双工通信。

1. 单工通信

单工通信是指通信信道是单向信道，信号仅沿一个方向传输，发送端只能发送不能接收，接收端只能接收而不能发送，任何时候都不能改变信号传输方向，如图 2.6 所示。例如，无线电广播、BP 机、有线电视都使用的是单工通信方式，电视台只能发送信息，用户的电视机只能接收信息。

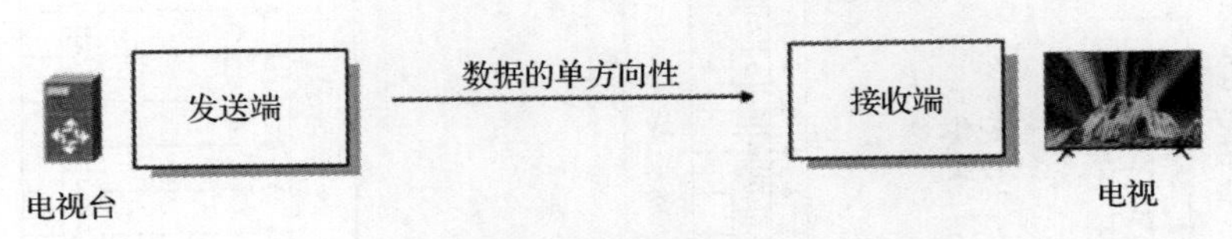

图 2.6　单工通信

2. 半双工通信

半双工通信是指信号可以沿两个方向传输，但同一时刻一个信道只允许单方向传输，即两个方向的传输只能交替进行，而不能同时进行，如图 2.7 所示。当改变传输方向时，要通过开关装置进行切换，如使用对讲机进行通话。

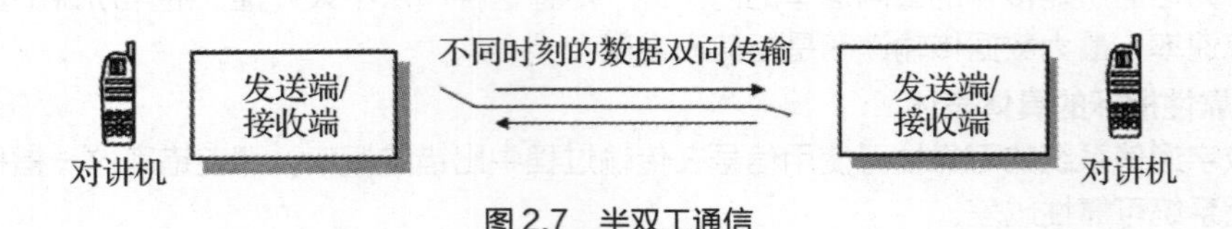

图 2.7　半双工通信

3. 全双工通信

全双工通信是指数据可以同时沿相反的两个方向进行双向传输，如图 2.8 所示，如手机通话。全双工通信需要两条信道，一条用来接收信息，另一条用来发送信息，因此其通信效率很高。

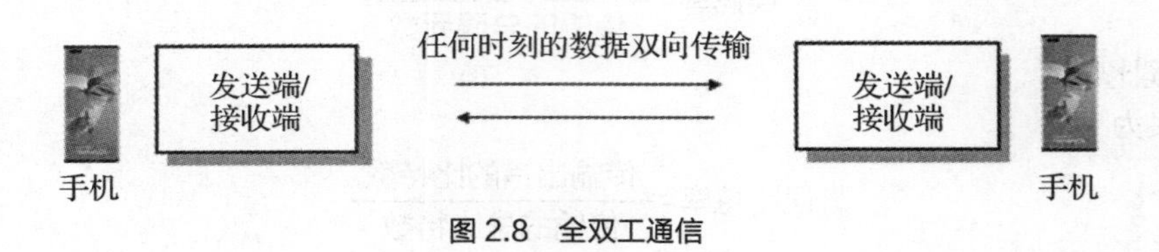

图 2.8　全双工通信

2.2.2　数据的传输方式

在数字通信中，按每次传输的数据位数，传输方式可分为串行通信和并行通信两种。

1. 串行通信

在进行串行通信时，数据是一位一位地在通信线路上传输的。此时，先由计算机内的发送设备，将几位并行数据经转换硬件转换成串行数据，再逐位传输到达接收站的设备中，并在接收端将数据从串行方式重新转换成并行方式，以供接收端使用，如图 2.9 所示。串行通信传输的速度比并行通信慢得多，但对于覆盖面极广的公用电话系统来说具有很大的现实意义。

其优点是收、发双方只需要一条传输信道，易于实现，成本低；缺点是速度比较慢。在远程数据通信中，一般采用串行通信方式。

2. 并行通信

在进行并行通信时，多个数据位可同时在两个设备之间传输。发送设备将这些数据位通过对应的数据线传输给接收设备，还可附加一位数据校验位，如图 2.10 所示。接收设备可同时接收到这些数据，不需要做任何变换就可以直接使用。并行方式主要用于近距离的通信，计算机内的总线结构就是并行通信的例子。

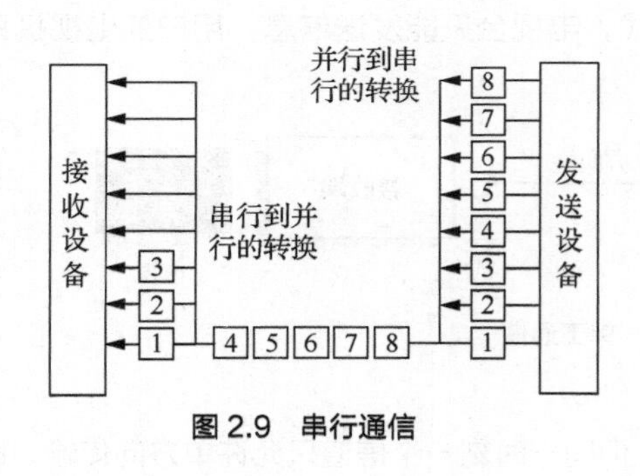

图 2.9　串行通信

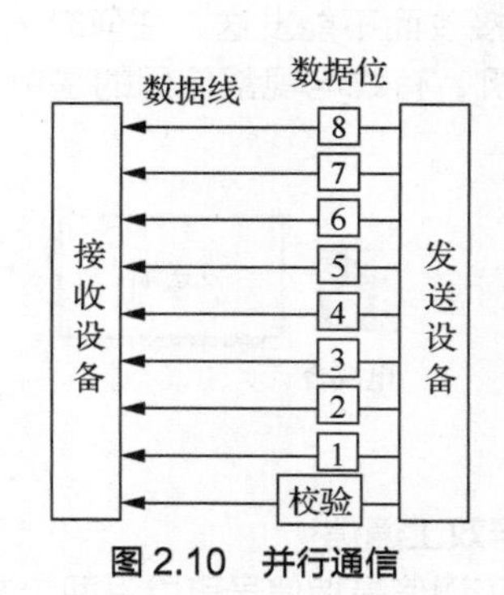

图 2.10　并行通信

其优点是速度快；缺点是发送设备与接收设备之间有若干条线路，费用高，仅适合在近距离和高速数据通信的环境下使用，不适合长距离数据传输。

2.2.3 数据传输同步技术

在网络通信过程中，通信双方交换数据时需要高度地协同工作。为了正确解释信号，接收端必须确切地知道信号应当何时接收和何时结束，因此定时是至关重要的。在数据通信中，定时的技术称为同步。同步是指接收端按照发送端发送的每个位的起止时刻和速率来接收数据，否则，收发双方之间就会产生很小的衰减。衰减随着时间的推移逐步累积，就会造成传输的数据出错。

所谓同步，就是要求通信的收发双方在时间基准上保持一致，在串行通信中，通信双方交换数据，需要有高度的协同动作，彼此传输数据的速率、每比特持续的时间和间隔都必须相同。下面举例说明同步的重要性。

假如甲打电话给乙，当甲拨通电话并确定对方就是他要找的人时，双方就可以进入通话状态。在通话过程中，甲要讲清每个字，在每讲完一句话时需要停顿一下。乙也要适应甲的说话速度，听清楚对方讲的每一个字，并根据讲话人的语气和停顿来判断一句话的开始和结束，这样他们才可能听懂对方所说的每句话，这就是人们在电话通信过程中需要解决的同步问题。

通常使用的同步技术有两种：同步方式和异步方式。

1. 同步方式

通常同步方式的信息格式是一组字符或一个二进制位组成的数据块（也称为帧）。对这些数据，不需要附加起始位或停止位，而是在发送一组字符或数据块之前先发送一个同步字符 SYN（以 01101000 表示）或一个同步字节（01111110），用于接收端进行同步检测，从而使收发双方进入同步状态。在发送同步字符或同步字节之后，可以连续发送任意多个字符或数据块，发送完毕后，再使用同步字符或字节来标识整个发送过程的结束，如图 2.11 所示。

在同步传输时，由于发送端和接收端将整个字符组作为一个单位传输，且附加位非常少，从而提高了数据传输的效率。这种方法一般用在高速传输数据的系统中，如计算机之间的数据通信。

另外，在同步通信中，收发双方的时钟要严格同步，而使用同步字符或同步字节时，只是同步接收数据帧，只有保证接收端接收的每一比特数据都与发送端的一致，接收端才能正确地接收数据，这就要使用位同步的方法。对于位同步，收发双方可以使用一个额外的专用信道发送同步时钟保持双方同步，也可以使用编码技术将时钟编码到数据中，在接收数据的同时获取同步时钟。这两种方法相比，后者的效率更高，应用范围更广泛。

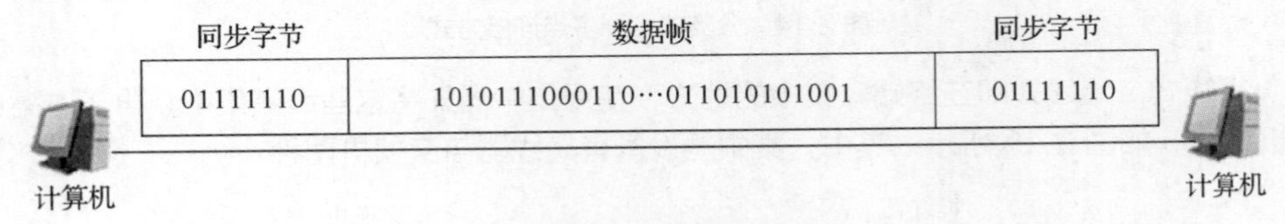

图 2.11　同步方式

2. 异步方式

采用异步方式，每传输一个字符（7 位或 8 位）都要在每个字符码前加一个起始位，以表示字符代码开始；在字符代码校验码后加一个或两个停止位，表示字符结束，如图 2.12 所示。接收端根据起始位和停止位来判断新字符的开始和结束，从而起到同步通信双方的作用。异步方式的实现比较简单，但因为每传输一个字符都需要多使用 2 或 3 位，所以适合低速通信。

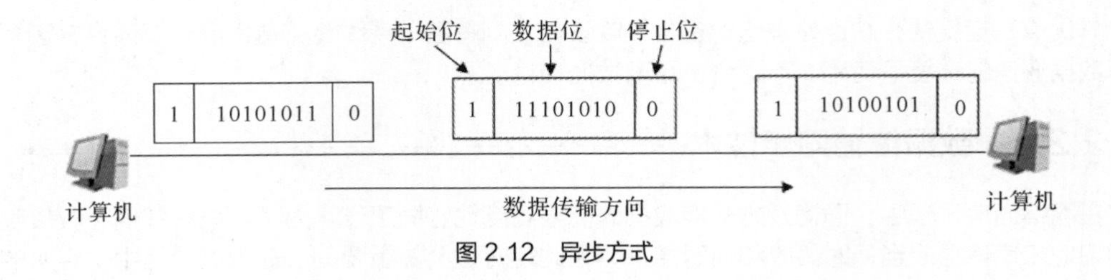

图 2.12 异步方式

2.2.4 通信网络中节点的连接方式

在数据通信的发送端和接收端之间，可以采用不同的线路连接方式，即点到点连接方式或点到多点连接方式。

1. 点到点连接方式

点到点连接方式的发送端和接收端之间采用一条线路连接，又称为一对一通信或端到端通信，如图 2.13 所示。

图 2.13 点到点连接方式

2. 点到多点连接方式

点到多点连接方式是一个端点通过通信线路连接两个以上端点的通信方式。这种连接方式可细分为分支式和和集线式两种。

（1）分支式。分支式通常是一台主计算机和多台终端通过一条主线路相连，如图 2.14 所示，主计算机称为主站（也称为控制站），各终端称为从站。

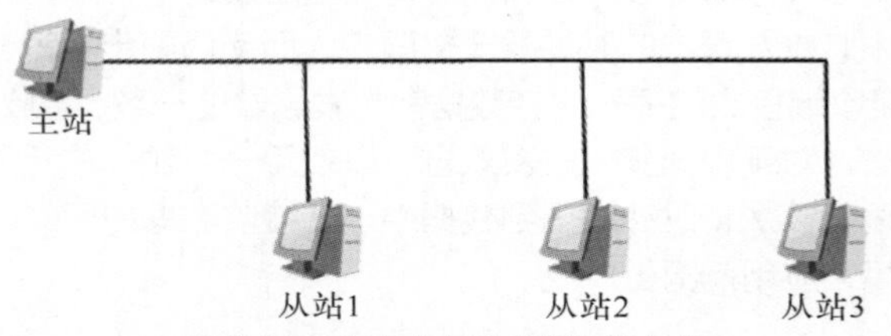

图 2.14 分支式点到多点连接方式

（2）集线式。集线式即在终端较集中的地方，使用集中器先将这些终端集中，再通过高速线路与计算机相连，如图 2.15 所示。其中，集中器设备有集线器与交换机两种。

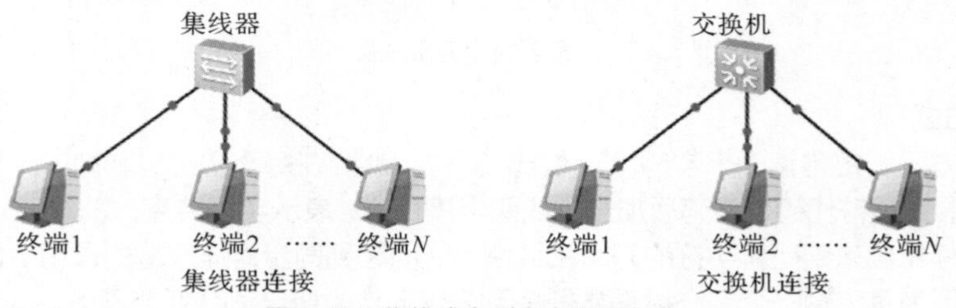

图 2.15 集线式点到多点连接方式

2.2.5 数据传输的基本形式

数据传输的基本形式有基带传输、频带传输和宽带传输。

1. 基带传输

基带是原始信号所占用的基本频带，基带传输是指在线路上直接传输基带信号或将基带信号稍加整形后进行的传输。在基带传输中，整个信道只传输一种信号，因此通信信道利用率低。数字信号被称为数字基带信号，在基带传输中，需要先对数字信号进行编码，再进行传输。

基带传输是一种最简单、最基本的传输方式。基带传输过程简单，设备费用低，基带信号的功率衰减不大，适用于近距离传输的场合。局域网中通常使用基带传输技术。

2. 频带传输

远距离通信信道多为模拟信道，例如，传统的电话（电话信道）只适用于传输音频范围为 300～3400Hz 的模拟信号，不适用于直接传输频带很宽但能量集中在低频段的数字基带信号。

频带传输就是先将基带信号变换（调制）成便于在模拟信道中传输的、具有较高频率范围的模拟信号（称为频带信号），再将这种频带信号在模拟信道中进行传输。

计算机网络的远距离通信通常采用的是频带传输，基带信号与频带信号的转换是由调制解调器完成的。

3. 宽带传输

所谓宽带，就是指比音频带宽还要宽的频带，简单地说就是包括了大部分电磁波频谱的频带。

使用这种宽频带进行传输的系统称为宽带传输系统，它几乎可以收发所有的广播，并且可以进行高速率的数据传输。

借助频带传输，一个宽带信道可以被划分为多个逻辑基带信道。这样就能使声音、图像和数据信息的传输综合在一个物理信道中实现，以满足用户对网络的更高要求。总之，宽带传输一定是采用频带传输的，但频带传输不一定就是宽带传输。

2.3 数据编码与调制技术

数据是信息的载体，计算机中的数据是以离散的“0”和“1”二进制比特序列方式表示的。为了正确地传输数据，必须对原始数据进行编码，而数据编码类型取决于通信子网的信道所支持的数据通信类型。

2.3.1 数据的编码类型

模拟数据和数字数据都可以用模拟信号或数字信号来表示和传输。在一定条件下，可以将模拟信号编码成数字信号，或将数字信号编码成模拟信号。数据的编码类型有 4 种，如图 2.16 所示。

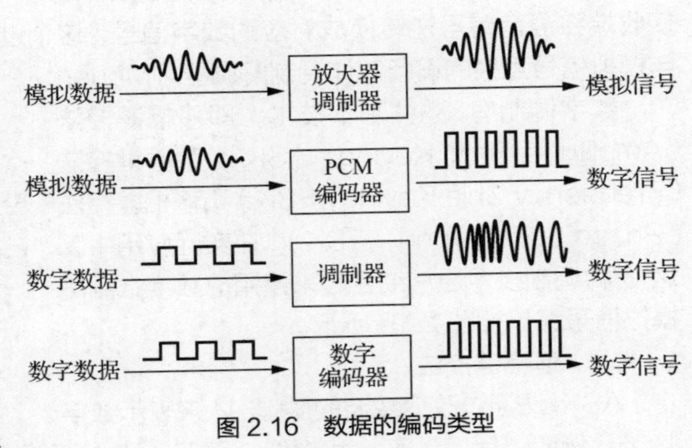

图 2.16 数据的编码类型

2.3.2 数据的调制技术

若模拟数据或数字数据采用模拟信号进行传输，则需要采用调制解调技术进行转换。

1. 模拟数据的调制

模拟数据的基本调制技术主要有调幅、调频和调相，它们之间的关系如图 2.17 所示。

振幅调变，也可简称为调幅（Amplitude Modulation，AM）。调幅通过改变输出信号的振幅，来实现传输信息的目的。一般在调制端输出的高频信号的幅度变化与原始信号形成一定的函数关系，在解调端进行解调并输出原始信号。

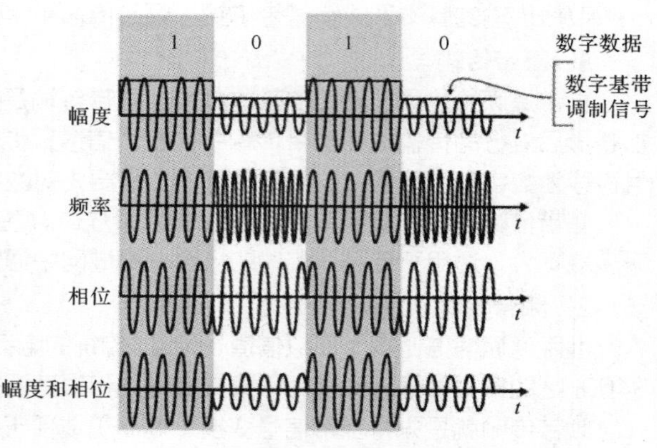

图 2.17 调幅、调频和调相的关系

频率调制，也可简称为调频（Frequency Modulation，FM）。调频是一种以载波的瞬时频率变化来表示信息的调制方式，可利用载波的不同频率来表达不同的信息。所谓频率调制，顾名思义，就是对无线电进行信息加载，得到调制波。随着无线电技术的发展，其另一个应用领域，即雷达设备，出于对目标测绘和电子信息对抗的需要，现代先进的雷达已经能通过这种技术来减少杂波，抑或通过将集中的雷达脉冲波束散射，达到不被发现的目的，这称为低截获概率技术。

相位调制，也可简称为调相（Phase Modulation，PM）。载波的相位对其参考相位的偏离值随调制信号的瞬时值成比例变化。调相和调频有密切的关系。调相时，同时有调频伴随发生；调频时，同时有调相伴随发生，不过两者的变化规律不同。实际使用时很少采用调相，它主要用来得到调频。

2. 数字数据的调制

在目前的实际应用中，数字信号通常采用模拟通信系统传输，如目前人们通过传统电话线上网时，数字信号就是通过模拟通信系统（公共电话网）传输的，数字数据调制如图 2.18 所示。

传统的电话通信信道是为传输语音信号设计的，用于传输 300～3400Hz 的音频模拟信号，不能直接传输数字数据。为了利用模拟语音通信的传统电话实现计算机之间的远程通信，必须将发送的数字信号转换成能够在公共电话网上传输的模拟信号，这个过程称为调制。经传输后，在接收端将语音信号逆转换成对应的数字信号，这个过程称为解调（Demodulation）。实现数字信号与模拟信号互换的设备叫作调制解调器（Modem）。

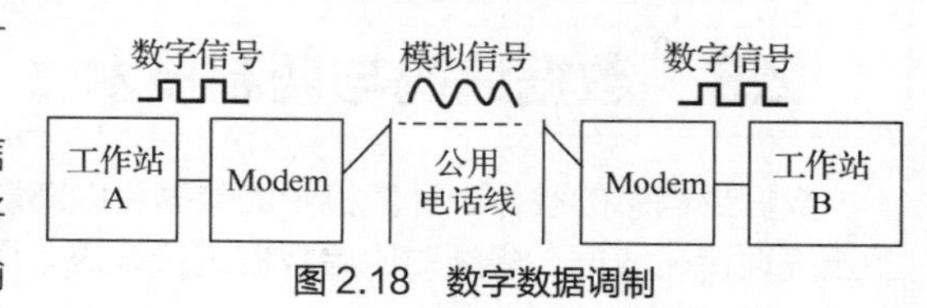

图 2.18 数字数据调制

数字调制有 3 种基本技术，即移幅键控法（Amplitude Shift Keying，ASK）、移频键控法（Frequency Shift Keying，FSK）和移相键控法（Phase Shift Keying，PSK）。在实际应用中，这 3 种调制技术通常结合起来使用。数字数据的模拟信号编码如图 2.19 所示。

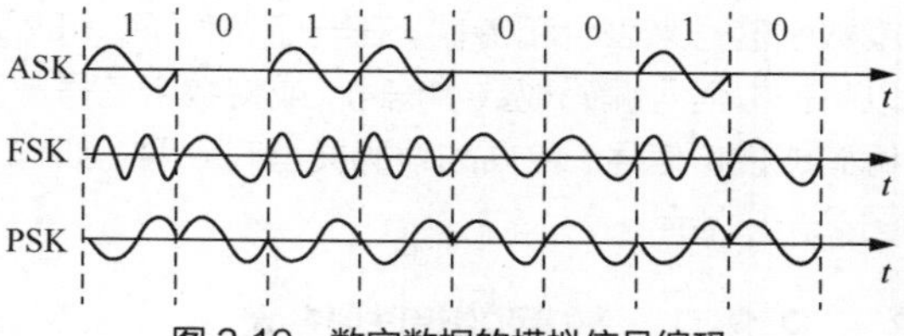

图 2.19 数字数据的模拟信号编码

（1）移幅键控法。

ASK 法通过改变载波的振幅 V 来表示数字 1、0。例如，保持频率 ω 和相位 φ 不变，让 V 不等于零时表示 1，让 V 等于零时表示 0。

（2）移频键控法。

FSK 法通过改变载波的角频率 ω 来表示数字 1、0。例如，保持振幅 V 和相位 φ 不变，让 ω 等于某个值时表示 1、让 ω 等于另一个值时表示 0。

（3）移相键控法。

PSK 法通过改变载波的相位 ϕ 的值来表示数字 1、0。

PSK 包括以下两种类型。

① 绝对调相，即用相位的绝对值表示数字 1、0。

② 相对调相，即用相位的相对偏移值表示数字 1、0。

2.3.3 数据的编码技术

若模拟数据或数字数据采用数字信号传输，则需要采用编码技术进行转换。

1. 模拟数据的编码

在数字化的电话交换和传输系统中，通常需要将模拟语音数据编码成数字信号后再进行传输。常用的一种技术称为脉冲编码调制（Pulse Code Modulation，PCM）。

脉冲编码调制技术以采样定理为基础，对连续变化的模拟信号进行周期性采样，以有效信号最高频率的两倍或两倍以上的速率对该信号进行采样，那么通过低通滤波器可不失真地从这些采样值中重新构造出有效信号。

采用脉冲编码调制把模拟信号数字化的 3 个步骤如下。

① 采样：以采样频率把模拟信号的值采出，如图 2.20 所示。

② 量化：使连续模拟信号变为时间轴上的离散值。例如，采用 8 个量化级，每个采样值用 3 位二进制数表示，如图 2.21 所示。

③ 编码：将离散值变成一定位数的二进制码，如图 2.22 所示。

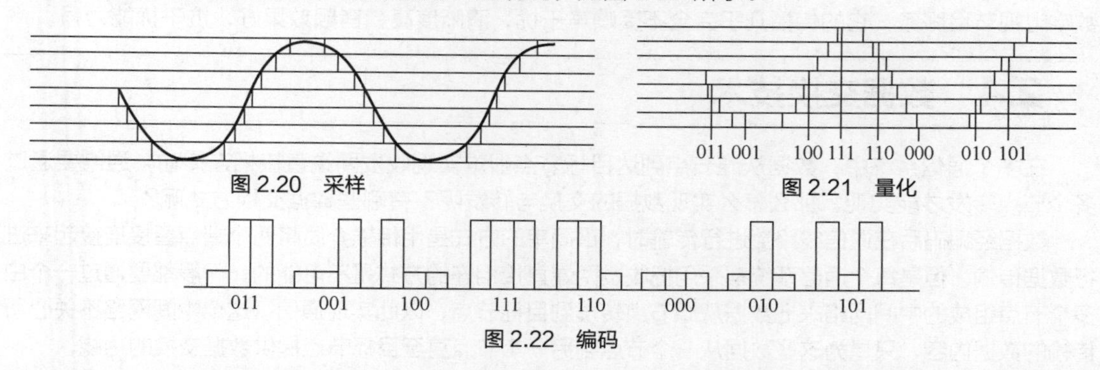

图 2.20 采样

图 2.21 量化

图 2.22 编码

例如，一个数字化语音系统，将声音分为 128 个量化级，用一位比特进行差错控制，采样速率为 4000 次/秒，那么一路语音的数据传输速率是多少呢?

（1）128 个量化级，表示的二进位制位数为 7 位，加一位差错控制，故每个采样值用 8 位表示。

（2）数据传输速率为 4000 次/秒 × 8 位=32000bit/s。

2. 数字数据的编码

数字信号可以直接采用基带传输。基带传输就是在线路中直接传输数字信号的脉冲，是一种最简单的传输方式，近距离通信的局域网都采用基带传输。基带传输时，需要解决的问题是数字数据的编码方式及收发两端之间的信号同步。

数字数据的编码方式主要有 3 种：不归零（Non-Return to Zero，NRZ）码、曼彻斯特（Manchester）编码和差分曼彻斯特（Difference Manchester）编码，如图 2.23 所示。

（1）不归零码。其编码规则如下：用低电平表示“0”，用高电平表示“1”，但必须在发送 NRZ 码的同时，用另一个信号同时传输同步信号。NRZ 码的缺点是发送端和接收端不能保持同步，需采用其他方法保持收发同步。

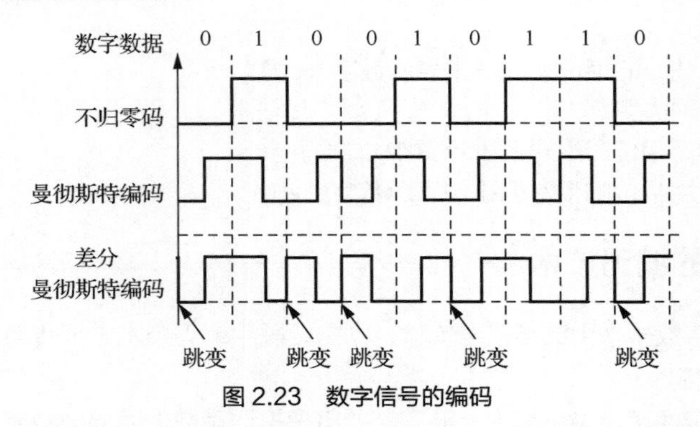

图 2.23　数字信号的编码

（2）曼彻斯特编码。该编码每一位的中间有一个跳变，位中间的跳变既用作时钟信号，又用作数据信号；从高到低跳变表示“1”，从低到高跳变表示“0”。

（3）差分曼彻斯特编码。该编码每位中间的跳变仅提供时钟定时，用每位开始时有无跳变表示数据信号，有跳变为“0”，无跳变为“1”。

这两种曼彻斯特编码将时钟和数据包含在数据流中，在传输信息的同时，将时钟同步信号一起传输给对方，每位编码中有一个跳变，不存在直流分量，因此具有自同步能力和良好的抗干扰性能。但其每一个码元都被调成两个电平，所以数据传输速率只有调制速率（码元速率）的 1/2。

提示：原有的黑白电视和彩色电视都属于模拟电视，它们都以模拟信号进行传输或处理，易受干扰，容易生产“雪花”“斜纹”等干扰信号。数字电视利用数字化的传播手段提供卫星电视传播与数字电视节目服务，它的传播几乎完全不受噪声干扰，清晰度高、音频效果好、抗干扰能力强。

2.4　数据交换技术

在多个通信系统中，数据从源节点到达目标节点很难实现收发两端直接相连传输，通常要通过多个节点转发才能实现。那么怎么实现数据的交换与转发呢？有哪些数据交换方式呢？

数据经编码后在通信线路上进行传输时，最简单的方式是用传输介质将两个端点直接连接起来进行数据传输。但是每个通信系统都采用把收发两端直接相连的方式是不可能的，一般都要通过一个由多个节点组成的中间网络来把数据从源节点转发到目标节点，以此实现通信。这个中间网络不关心所传输的数据内容，只是为这些数据从一个节点到另一个节点直至目标节点提供数据交换的功能。

因此，这个中间网络也叫作交换网络，组成交换网络的节点叫作交换节点。一般的交换网络拓扑结构如图 2.24 所示。

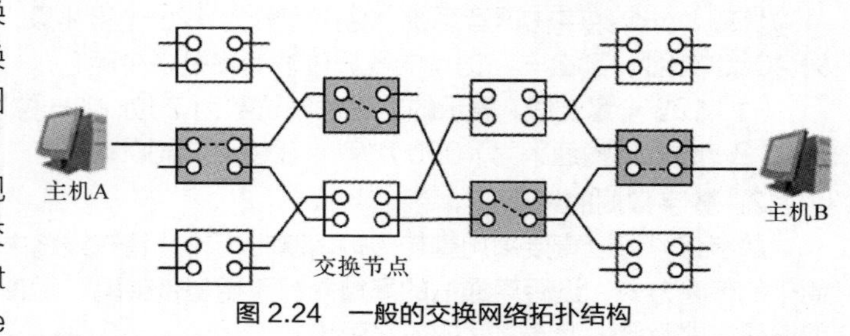

图 2.24　一般的交换网络拓扑结构

数据交换是在多节点网络中实现数据传输的有效手段。常用的数据交换技术有电路交换（Circuit Switching）和存储交换（Store Switching）两种，存储交换又可细分为报文交换和分组交换。

2.4.1　电路交换

电路交换也叫作线路交换，是数据通信领域最早使用的交换技术。使用电路交换进行通信时，需要通过中心交换节点在两个站点之间建立一条专用通信线路。

1. 电路交换通信的 3 个阶段

利用电路交换进行通信，包括线路建立、数据通输和线路释放 3 个阶段，如图 2.25 所示。

（1）线路建立。在传输任何数据之前，要先通过呼叫建立一条端到端的线路，如图 2.26 所示。若 T1 要与 T2 连接，则 T1 要先向其相连的 A 节点提出请求，A 节点在有关联的路径中找到下一个支路 B 节点，在此线路上分配一个未用的通道，并告诉 B 节点它要连接 C 节点，接着用同样的方法连接 D 节点，完成所有的连接。再由主机 T2（被叫用户）发出应答信号给主叫用户主机 T1，这样通信线路就接通了。

只有当通信的两个站点之间建立起物理链路之后，才被允许进入数据传输阶段。电路交换的这种“连接”过程所需要时间的长短（建立时间）与连接的中间节点的个数有关。

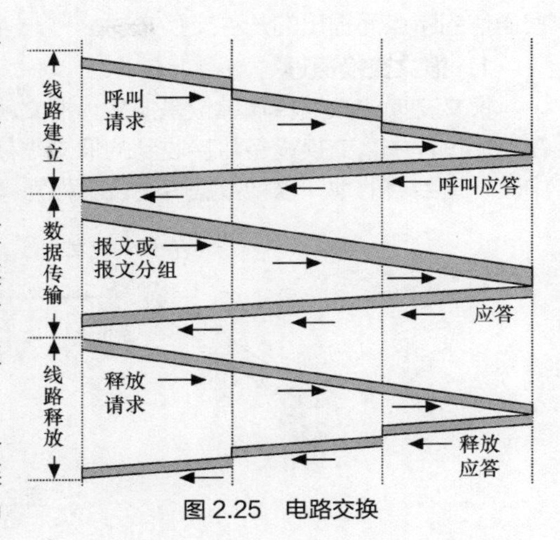

图 2.25 电路交换

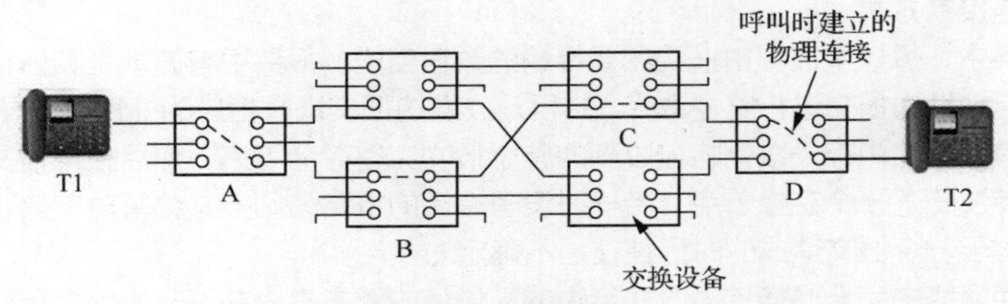

图 2.26 线路建立

（2）数据传输。线路 A-B-C-D 建立之后，数据就可以从节点 A 发送到节点 B，然后由节点 B 发送到节点 C，再由节点 C 发送到节点 D，节点 D 也可以经节点 C、节点 B 向节点 A 发送数据。在整个数据传输过程中，所建立的线路必须始终保持连接状态。

（3）线路释放。数据传输结束后，由某一方（T1 或 T2）发出线路释放请求，并逐步拆除到对方节点。

2. 电路交换技术的特点

（1）在数据传输开始之前必须设置一条专用的通路，采用面向连接的方式。

（2）一旦线路建立，用户就可以固定的速率传输数据，中间节点不会对数据进行其他缓冲和处理，传输实时性好，透明性好，数据传输可靠迅速，数据不会丢失且保持原来的顺序。这种传输方式适用于系统间要求高质量数据传输的情况，常用于电话通信系统中。目前的公共电话网和移动网采用的都是电路交换技术。

（3）在线路释放之前，该线路由一对用户完全占用，即使没有数据传输也要占用线路，因此线路利用率低。

（4）线路建立延迟较大，对于突发式的通信，线路交换效率不高。

（5）线路交换既适用于传输模拟信号，又适用于传输数字信号。

2.4.2 报文交换技术

电路交换技术主要适用于传输语音业务，这种交换方式对于数据通信业务而言有着很大的局限性。数据通信具有很强的突发性，与语音传输相比，数据通信对时延没有严格的要求，但需要进行无差错的传输；而语音传输可以有一定程度的失真，但实时性一定要高。报文交换技术就是针对数据通信的特点而提出的一种交换方式。

1. 报文交换原理

报文交换的数据传输单位是报文，报文就是站点一次性要发送的数据块，其长度不限且可变。在交换过程中，交换设备将接收到的报文先存储起来，待信道空闲时再转发给下一节点，一级一级中转，直到目的地，这种数据传输技术称为“存储—转发”，如图 2.27 所示。

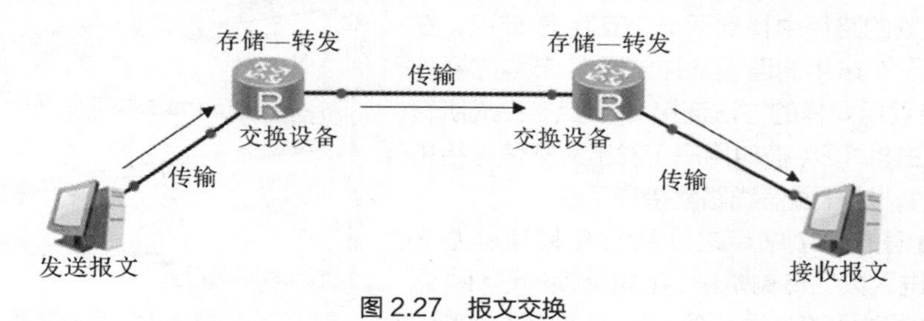

图 2.27　报文交换

报文传输之前不需要建立端到端的连接，仅需在相邻节点传输报文时建立节点间的连接，这种方式称为“无连接”方式。

在报文交换中，每一个报文由报头和要传输的数据组成，报头中有源地址和目标地址。节点根据报头中的目标地址为报文进行路径选择，并且对收发的报文进行相应的处理。在报文交换过程中，中间设备必须有足够的内存，以便将接收到的整个报文完整存储下来，然后根据报文的头部控制信息，找出报文转发的下一个交换节点。若一时没有空闲的链路，则报文会暂时存储，等待发送。因此，一个节点对于一个报文造成的时延往往是不确定的。

报文在交换网络中完全是按接力方式传输的，通信的双方事先并不知道报文所要经过的传输通路，但每个报文确实经过了一条逻辑上存在的通路。由于按接力方式工作，任何时刻一份报文只占用一条链路的资源，不必占用通路上的所有链路资源，因此提高了网络资源的共享性。报文交换技术虽然不要求呼叫建立线路和释放线路的过程，但每一个节点对报文的存储转发时间比较长。报文交换技术适用于非实时的通信业务，如电报；而不适用于传输实时的或交互式的业务，如语音、传真等。另外，由于报文交换技术是以整个报文作为存储转发单位的，因此，当报文传输出现错误需要重传时，必须重传整个报文。

2. 报文交换技术的特点

（1）线路的利用率高，任何时刻一份报文只占用一条链路的资源，不必占用通路上的所有链路资源，可提高网络资源的共享性。

（2）报文交换系统可以把一个报文发送到多个目的地。

（3）可以建立报文的优先级，优先级高的报文在节点上可优先转发。

（4）报文大小不一，因此存储管理较为复杂。

（5）大报文造成存储转发的时延过长，对存储容量要求较高。

（6）出错后整个报文必须全部重发。

（7）报文交换技术只适用于传输数字信号。

（8）数据传输的可靠性高，每个节点在存储转发中都进行差错控制，即进行检错和纠错。

（9）源节点和目标节点在通信时不需要建立一条专用的通路，与电路交换相比，报文交换没有建立连接和释放连接所需的等待和时延。

（10）由于每一个节点都对完整报文进行了存储/转发，因此传输时延较长，不适用于实时或交互式通信。

2.4.3 分组交换技术

分组交换（Packet Switching）又称包交换。与报文交换同属于存储/转发式交换，它们之间的差别在于参与交换的数据单元长度不同。分组交换不像报文交换以“整个报文”为单位进行交换传输，而是以更短的、标准的“报文分组”（Packet）为单位进行交换传输。为了更好地利用信道容量，降低节点中数据量的突发性，应将报文交换技术改进为分组交换技术。分组交换技术将报文分成若干个分组，每个分组的长度有一个上限，有限长度的分组使得每个节点所需的存储能力降低了。分组可以存储到内存中，传输延迟减小，提高了交换速度，故其适用于交互式通信，如终端与主机通信。

1. 分组交换技术的特点

分组交换技术有以下几个特点。

（1）采用“存储—转发”方式，具有报文交换技术的优点。

（2）加快了数据在网络中的传输速度。这是因为分组是逐个传输的，后一个分组的存储操作与前一个分组的转发操作可以并行，这种流水线式的传输方式减少了报文的传输时间。此外，传输一个分组所需的缓冲区比传输一堆报文所需的缓冲区小得多，这样因缓冲区不足而等待发送的概率小得多，等待的时间也必然少得多。

（3）简化了存储管理。因为分组长度固定，相应的缓冲区的大小也固定，在交换节点中存储器的管理通常被简化为对缓冲区的管理，相对比较容易。

（4）减少了出错概率和重发数据量。因为分组较短，其出错概率必然减小，重发的数据量也就大大减少了，这样不仅提高了可靠性，也减少了传输的时延。

（5）分组短小，更适合采用优先级策略，便于及时传输一些紧急数据。对于计算机之间突发式的数据通信，使用分组交换技术显然更为合适。

2. 分组交换方式

分组交换方式可分为数据报和虚电路两种。

（1）数据报。

在数据报分组交换中，每个分组自身携带足够的地址信息，能独立地确定路由（传输路径）。由于不能保证分组按序到达，所以目的站点需要按分组编号重新排序和组装。

例如，主机 A 先后将分组 1 与分组 2 发送给主机 B，分组经过 S1、S4、S5 先到达主机 B；分组 1 经过 S1、S2、S3、S5 后到达主机 B；主机 B 必须对分组重新排序后，才能获得有效数据，如图 2.28 所示。

数据报的特点如下。

① 数据报交换方式中，每个分组被称为一个数据报（Datagram），若干个数据报构成一次要传输的报文或数据块。

② 每个数据报在传输的过程中，都要进行路径选择。每个分组都必须带有数据、源地址和目标地址，其长度受到限制，一般为 2000bit 以内，典型长度为 128 字节，各个数据报可以按照不同的路径到达目的地。各数据报不能保证按发送的顺序到达目标节点，有些数据报甚至可能在途中丢失。

③ 同一报文的分组可以由不同的传输路径通过通信子网，到达目标节点时可能出现乱序、重复或丢失现象。在接收端，再按分组的顺序将这些数据报组重新合成一个完整的报文。

④ 传输时延较大，适用于突发性通信，不适用于长报文、会话式通信。

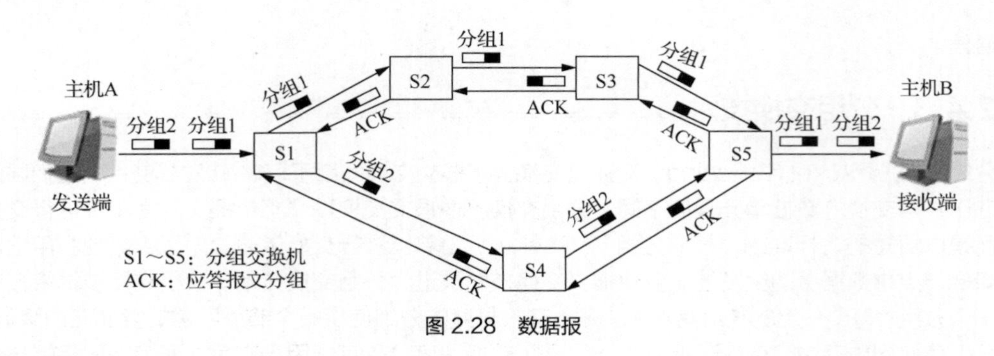

图 2.28 数据报

（2）虚电路。

虚电路方式结合了数据报方式与电路交换方式的优点，能达到最佳的数据交换效果。数据报在分组发送之前，发送端和接收端之间不需要预先建立连接；而虚电路在分组发送之前，必须先在发送端和接收端建立一条通路，在这一点上，虚电路方式和电路交换方式相同。但是与电路交换方式不同的是，虚电路建立阶段建立的通路不是一条专用的物理线路，而只是一条路径。在每个分组沿此路径转发的过程中，经过每个节点仍然需要存储，并且等待队列输出。通路建立后，每个分组都由此路径都达目标节点，因此，在虚电路交换过程中，各个分组是按照发送端的分组顺序依次到达目标节点的，这一点又和数据报分组交换不同。

与报文交换相比，分组交换把整个要传输的数据分成了若干组，而每一个分组包含大量的传输控制信息，因此分组交换的通信方式会明显降低数据通信的效率。但分组交换有以下 3 个优点。

① 通信线路是公用的，每个分组都不会占用通信线路太长的时间，有利于合理分配通信线路，兼顾网络上各个主机的通信要求。

② 数据传输难免会出错，若某些分组出现传输错误，只需要重传该分组即可，而不需要重传整个数据，有利于迅速进行数据纠错。

③ 能够有效地改善报文传输时的时延现象，网络信道利用率较高。

虚电路是为传输某一报文而设立和存在的，其两个用户节点在开始互相发送和接收数据之前需要通过通信网络建立的一条逻辑上的连接，所有分组都必须沿着事先建立的这条虚电路传输，用户在不需要发送和接收数据时应清除该连接。

虚电路的整个通信过程分为 3 个阶段：虚电路建立、数据传输、虚电路拆除，如图 2.29 所示。

在虚电路分组交换中，为了进行数据传输，网络的源节点和目标节点之间要先建立一条逻辑的通路。每个分组除了包含数据之外，还包含一个虚电路标识符。在预先建好的通路上，每个节点都知道把这些分组传输到哪里去，不再需要进行路径选择判定。最后由其中一站用户请求来结束这次连接。它之所以是“虚”的，是因为这条电路不是专用的，如图 2.30 所示，主机 H1 与主机 H4 进行数据传输，先在主机 H1 与主机 H4 之间建立虚电路 S1、S4、S3，然后依次传输分组 1、2、3、4、5，主机 H4 依次接收分组 1、2、3、4、5，无须重新进行组装和排序，数据传输过程中，不需要再进行路径选择。

虚电路的特点如下。

① 虚电路可以看作采用了电路交换思想的分组交换。

② 虚电路的路由表是由路径上的所有交换机中的路由表定义的。

③ 虚电路的路由在建立时确定，传输数据时则不再需要，由虚电路号标识。

④ 数据传输时只需指定虚电路号，分组即可按虚电路号进行传输，类似于“数字管道”。

⑤ 能够保证分组按序到达，提供的是“面向连接”的服务。

⑥ 虚电路又分为永久虚电路和交换虚电路两种。

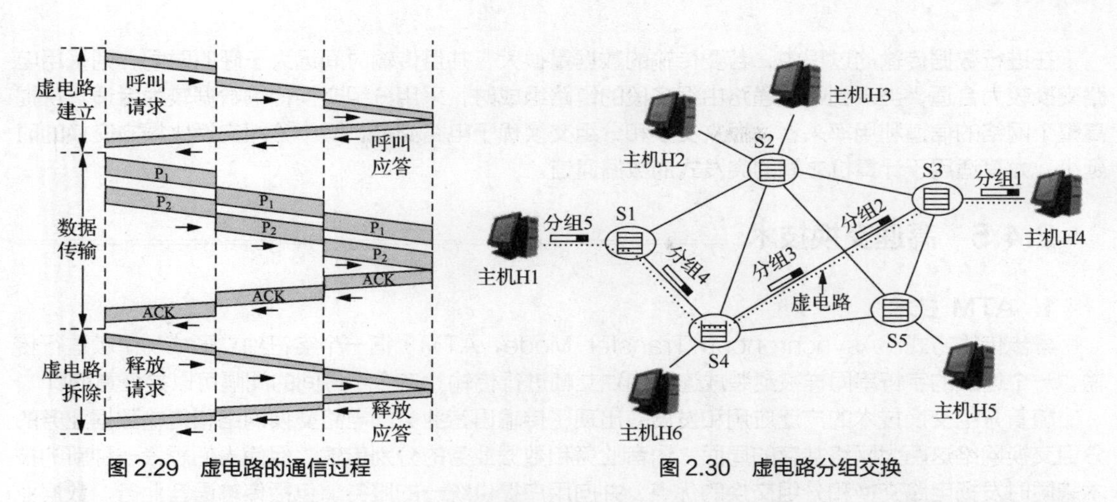

图 2.29　虚电路的通信过程　　　　图 2.30　虚电路分组交换

虚电路分组交换的主要特点如下：在数据传输之前必须通过虚呼叫设置一条虚电路，但并不像电路交换那样有一条专用通路，分组在每个节点上仍然需要缓冲，并在线路上进行排队以等待输出。

2.4.4 数据交换技术比较

数据交换技术分为电路交换、报文交换和分组交换 3 种。

1. 分组交换与报文交换

与报文交换相比，分组交换的优点如下。

（1）分组交换减少了时间延迟。因为当第一个分组发送给第一个节点后，会继续发送第二个分组，随后可发送其他分组，这样多个分组可同时在网络中传播，总的时延大大减少了，网络信道的利用率大大提高了。

（2）分组交换把数据的最大长度限制在较小的范围内，这样每个节点所需要的存储量减少了，有利于提高节点存储资源的利用率。

（3）数据出错时，只需要重传错误分组，而不需要重发整个报文，这样有利于迅速进行数据纠错，大大减少了每次传输发生错误的概率以及重传信息的数量。

（4）易于重新开始新的数据传输。可让紧急报文迅速发送出去，不会因传输优先级较低的报文而堵塞。

2. 3 种交换技术比较

电路交换技术、报文交换技术和分组交换技术这 3 种交换技术的传输过程如图 2.31 所示。

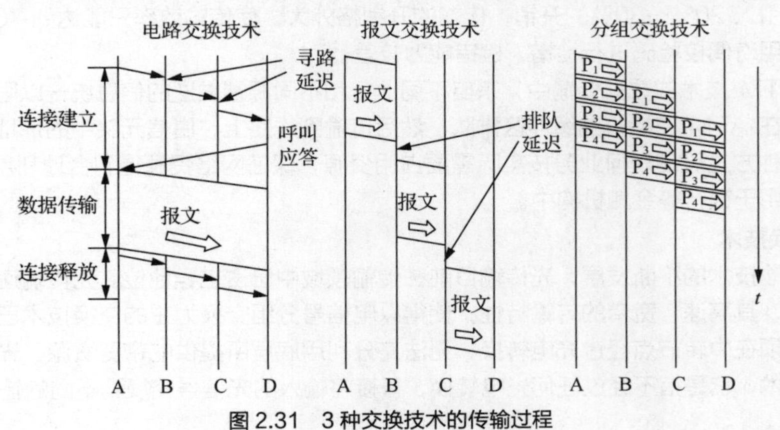

图 2.31　3 种交换技术的传输过程

在进行数据传输的过程中，若要传输的数据量很大，并且传输时间远大于呼叫时间，则采用电路交换较为合适；当端到端的通路由很多段的链路组成时，采用分组交换传输数据较为合适。从提高整个网络的信道利用率来看，报文交换和分组交换优于电路交换，其中分组交换比报文交换的时延小，尤其适用于计算机之间的突发式的数据通信。

2.4.5 高速交换技术

1. ATM 技术

异步传输方式（Asynchronous Transfer Mode，ATM）指一个字符独立形成一个帧进行传输，一个连续的字符串同样被封装成连续的独立帧进行传输，各个字符间的间隔可以是任意的。

随着分组交换技术的广泛应用和发展，出现了传输语音业务的电路交换网络和传输数据业务的分组交换网络这两大网络共存的局面。语音业务和数据业务的分别传输，促使人们思考一种新的技术来同时发扬电路交换和分组交换的优点，并向用户提供统一的服务，包括传输语音业务、数据业务和图像信息。由此，在 20 世纪 80 年代末由 ITU（原 CCITT）提出了宽带综合业务数字网的概念，并提出了一种全新的技术，即 ATM 技术。

ATM 技术兼顾各种数据类型，将数据分成一个个的数据组，每个分组称为一个信元，ATM 信元格式如图 2.32 所示。

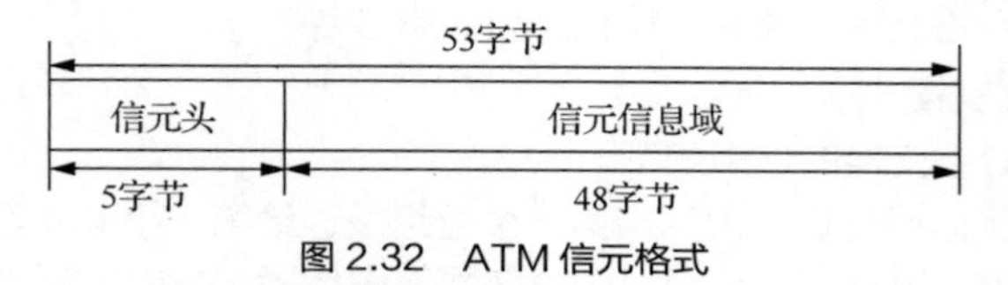

图 2.32　ATM 信元格式

每个信元固定长度为 53 字节，其中前 5 字节为信元头，后 48 字节为信元信息域，用来装载来自不同用户、不同业务的信息。ATM 技术采用异步时分多路复用技术，不固定时隙传输，每个时隙的信息中都带有地址信息。ATM 技术将数据分成固定长度为 53 字节的信元，一个信元占用一个时隙，时隙分配不固定，数据报的大小进一步减小，能更充分地利用线路的通信容量和带宽。

信元头中有信元去向的逻辑地址、优先级、信元头差错控制、流量控制等信息。数据段中装入被分解成数据块的各种不同业务的用户信息或其他管理信息，并透明地穿过网络。

ATM 的特点是每一个字符按照一定的格式组成一个帧进行传输，即在一个字符的数据位前后分别插入起始位、校验位和停止位构成一个传输帧。起始位起位同步时钟置位作用，即起始位到达时，启动位同步时钟，开始进行接收，以实现传输字符所有位的码元同步。由于起始位、检验位和停止位的加入，会引入 20%～30%的开销，传输的开销格外大，使传输效率只能达到 70%左右。异步传输方式仅采用奇偶校验码进行检错，检错能力较差。

在使用 ATM 技术的数据传输中，来自不同业务和不同源端发送的信息统一以固定字节的信元汇集在一起，在 ATM 交换机的缓冲区排队，然后传输到线路上，由信元头中的地址来确定信元的去向。使用这种方式可使任何业务按实际需要占用资源，保证网络资源得到合理利用，目前 ATM 技术被广泛应用于银行等金融机构中。

2. 光交换技术

由于光传输技术的不断发展，光传输目前在传输领域中已占主导地位。光传输速率已在向太比特每秒级进军，其高速、宽带的传输特性，使得以电信号分组交换为主的交换技术已很难适应，因为光传输下必须在中转节点经过光电转换，无法充分利用底层所提供的带宽资源。光交换技术是一种光纤通信技术，它是指不经过任何光电转换，直接将输入的光信号交换到不同的输出端。

光交换技术是全光网络的关键技术之一。在现代通信网络中，光交换技术的最终发展趋势将是光控制下的全光交换，并与光传输技术完美结合，即数据从源节点到目标节点的传输过程都在光域内进行。全光网络可以克服电子交换在容量上的瓶颈限制，可以大量节省建网成本，可以大大提高网络的灵活性和可靠性。光交换技术也可以分为光路交换技术、光分组交换技术和光突发交换技术等。由于技术上的原因，目前主要是开发光路交换技术，光分组交换技术和光突发交换技术是光交换技术中的十分具有开发价值的热点技术，也是全光网络的核心技术，它们有着广泛的市场应用前景。

扫码看拓展阅读 2-1

2.5 信道多路复用技术

信道多路复用技术是把多个低速信道组合成一个高速信道的技术，它可以有效提高数据链路的利用率，从而使一条高速的主干链路同时为多条低速的接入链路提供服务，即使网络干线可以同时运载大量的语音和数据。信道多路复用技术是为了充分利用传输介质，人们研究出的在一条物理线路上建立多个通信信道的技术。信道多路复用技术的实质是，将一个区域的多个用户数据通过多路复用器进行汇集，然后将汇集后的数据通过一条物理线路进行传输，多路复用器再对数据进行分离，将其分发到多个用户。信道多路复用技术通常分为频分多路复用（Frequency Division Multiplexing，FDM）技术、时分多路复用（Time Division Multiplexing，TDM）技术、波分多路复用（Wavelength Division Multiplexing，WDM）技术和码分多路复用（Code Division Multiplexing，CDM）技术。

2.5.1 频分多路复用技术

频分多路复用技术的工作原理如下：在物理信道的可用带宽超过单个原始信号所需带宽的情况下，可将该物理信道的总带宽分割成若干个与传输单个信号带宽相同（或略宽）的子信道，每个子信道传输一路信号，如图 2.33 所示。

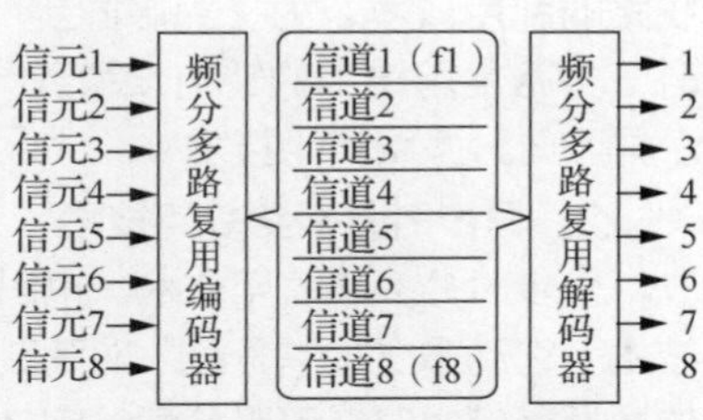

图 2.33 频分多路复用技术的工作原理

频分多路复用技术的主要特点如下：信号被划分成若干通道（频道，波段），每个通道互不重叠，能独立进行数据传输。每个载波信号形成一个不重叠、相互隔离（不连续）的频带。接收端通过带通滤波器来分离信号，频分多路复用技术在无线电广播和电视领域中的应用较多。非对称数字用户线（Asymmetric Digital Subscriber Line，ADSL）是数字用户线路服务中最流行的一种，ADSL 也是一个典型的频分多路复用技术的应用。ADSL 应用了频分多路复用技术，在公共交换电话网络（Public Switched Telephone Network，PSTN）使用的双绞线上划分出 3 个频段：0～4kHz 用来传输传统的语音信号；20～50kHz 用来传输计算机上下载的数据信息；150～500kHz 或 140～1100kHz 用来传输从服务器上下载的数据信息。

2.5.2 时分多路复用技术

频分多路复用技术以信道频带作为分割对象，通过为多个信道分配互不重叠的频率范围的方法来实现多路复用，因而更适合用于模拟信号的传输。时分多路复用技术则以信道传输的时间作为分割对象，通过为多个信道分配互不重叠的时间片的方法来实现多路复用，因此时分多路复用更适合用于数字信号的传输。

时分多路复用技术的工作原理如下：将信道用于传输的时间划分为若干个时间片，给每个用户分配一个或几个时间片，使不同信号在不同时间段内传输。在用户占有的时间片内，用户使用信道的全部带宽来传输数据，如图 2.34 所示。

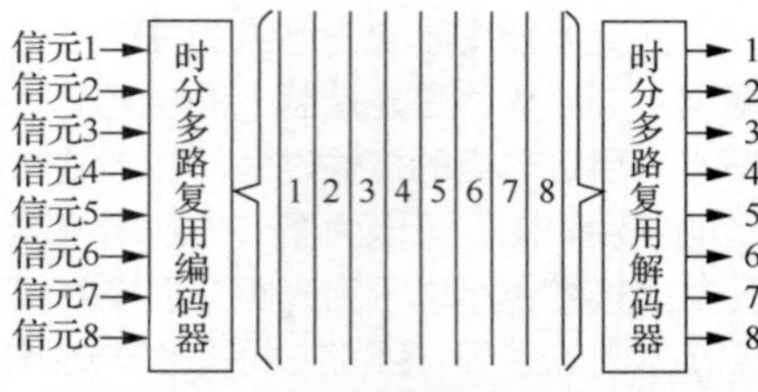

图 2.34 时分多路复用技术的工作原理

时分多路复用技术可细分为同步时分多路复用（Synchronization Time Division Multiplexing，STDM）技术和异步时分多路复用（Asynchronous Time Division Multiplexing，ATDM）技术两种。

1. 同步时分多路复用技术

同步时分多路复用技术按照信号的路数划分时隙，每一路信号具有相同大小的时隙且预先被指定，类似于“对号入座”。时隙轮流分配给每路信号，每路信号在时隙使用完毕以后要停止通信，并把信道让给下一路信号使用。当其他各路信号把分配到的时隙都使用完以后，该路信号再次取得时隙进行数据传输。

同步时分多路复用技术的优点是控制简单，实现起来容易；缺点是无论输入端是否传输数据，都占用相应的时隙，若某个时隙对应的装置无数据发送，则该时隙空闲不用，这会造成信道资源的浪费，如图 2.35 所示。发送第 1 帧时，D 路信号和 A 路信号占用了 2 个时隙，B 路信号和 D 路信号没有数据传输，故空两个时隙；发送第 2 帧时，只有 C 路信号有数据传输，占用一个时隙，空 3 个时隙，如此往复。此时，有大量数据要发送的信道又会由于没有足够多的时隙可利用而要花费很长一段等待时间，从而降低了线路的利用效率。为了克服同步时分多路复用技术的缺点，引入了异步时分多路复用技术。

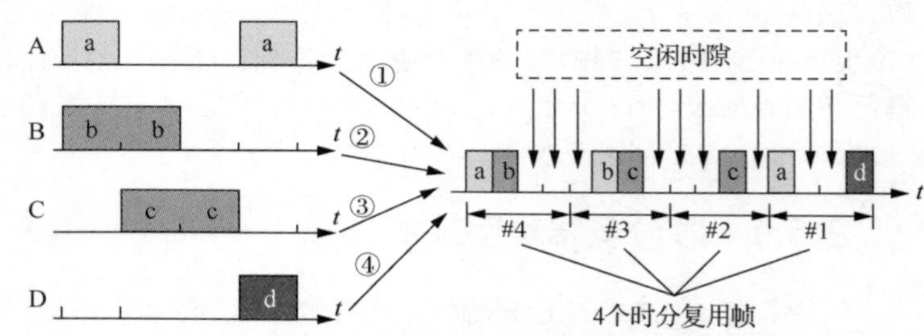

图 2.35 同步时分多路复用技术的工作原理

2. 异步时分多路复用技术

异步时分多路复用技术，也叫作统计时分多路复用（Statistical Time Division Multiplexing）技术。它动态“按需分配”时隙，即只要用户有传输数据的需要就为其分配时隙，当用户需要传输的数据量较大时，可以分配给它较大的时隙，当用户需要传输的数据量较小时，就分配给它较小的时隙，如果用户没有数据需要传输，则可以不分配时隙给它。因此，每个用户分配的时隙宽度及顺序均不固定，而是随用户要求传输的数据量变化而变化。异步时分多路复用技术是目前计算机网络中应用广泛的多路复用技术。异步时分多路复用技术是同步时分多路复用技术的改进版，提高了线路的利用率。

异步时分多路复用技术允许动态地按需分配使用时隙，以避免出现空闲的时隙，即在输入端有数据要发送时，才分配时隙，当用户暂停发送数据时不为其分配时隙（线路资源）。同时，异步时分多路复用技术的时隙顺序与输入端之间没有一一对应的关系，任何一个时隙都可以被用于传输任意一路输入信号。例如，A、B、C、D 路信号有数据传输时，依次占用时隙，如图 2.36 所示。

另外，在异步时分多路复用过程中，每路信号可以通过多占用时隙来获得更高的传输速率，采用这种方式时，传输速率可以高于平均速率，最高速率可实现线路总的容量带宽，即用户占用所有的时隙。

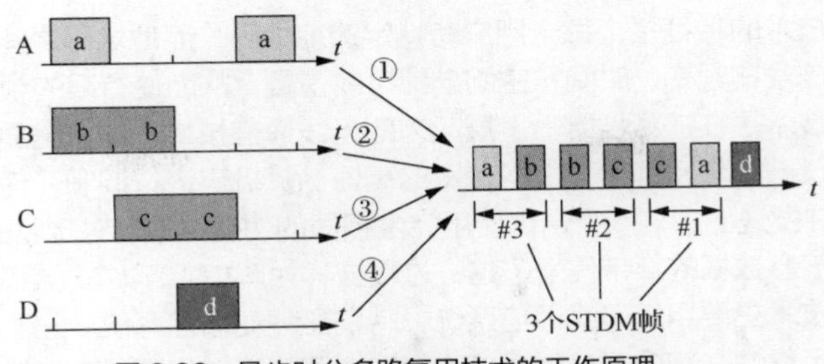

图 2.36　异步时分多路复用技术的工作原理

例如，线路总的传输速率为 64kbit/s，4 个用户共用此线路，在同步时分多路复用过程中，每个用户的最高速率为多少？在异步时分多路复用过程中，每个用户的最高速率又为多少？

在同步时分多路复用过程中，每个用户的最高速率为 16kbit/s；在异步时分多路复用过程中，每个用户的最高速率可达 64kbit/s。请读者自行思考以上两个结果的计算过程。

2.5.3　波分多路复用技术

在同一根光纤中同时让两个或两个以上的光波长信号通过不同光信道各自传输信息，这种方式称为光波分复用技术，通常称为波分多路复用技术。

波分多路复用技术用同一根光纤传输多路不同波长的光信号，以提高单根光纤的传输能力。这样做是因为光通信的光源在光通信的“窗口”中只占用了很小的一部分，还有很大的范围没有利用。

如果将一系列载有信息的不同波长的光载波，在光领域内以一至几百纳米的波长间隔合在一起沿单根光纤传输，在接收器再用一定的方法，将各个不同波长的光载波分开，如在光纤的工作窗口中安排 100 个波长不同的光源，同时在一根光纤上传输各自携带的信息，则能使光纤通信系统的容量提高为原来的 100 倍。

波分多路复用技术一般将波长分割复用器和解复用器（也称合波/分波器）分别置于光纤两端，实现不同光波长信号的耦合与分离。这两个器件的原理是相同的，波分多路复用技术的工作原理如图 2.37 所示，将信号 1、信号 2、信号 3 连接到三棱柱上，每路信号处于不同的波段，3 束信号通过棱柱/衍射光栅合成到一根共享光纤上，待传输到目的地后，将它们用同样的方法分离。

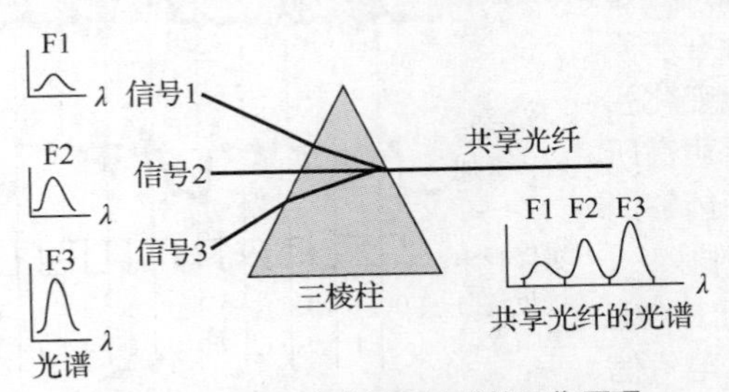

图 2.37　波分多路复用技术的工作原理

扫码看拓展阅读 2-2

2.5.4　码分多路复用技术

码分多路复用技术常用的名称是码分多址（Code Division Multiple Access，CDMA）技术。

码分多路复用技术也是一种共享信道的技术，每个用户可在同一时间使用同样的频带进行通信，但使用的是基于码型的分割信道的方法，即为每个用户分配一个地址码，各个码型互不重叠，通信各方不会相互干扰，抗干扰能力强。

码分多路复用技术的特征是个每个用户有特定的地址码，而地址码之间相互具有正交性，因此各用户信息的发射信号在频率、时间和空间上都可能重叠，从而使有限的频率资源得到利用。

码分多路复用技术是在扩频技术上发展起来的无线通信技术，即将需要传输的具有一定信号带宽的信息数据，通过一个带宽远大于信号带宽的高速伪随机码进行调制，使原数据信号的带宽被扩展，再经载波调制并发送出去。接收端也使用完全相同的伪随机码，对接收的带宽信号做相关处理，把宽带信号换成原信息数据的窄带信号（这一过程被称为解扩），以实现信息通信。

码分多路复用技术主要用于无线通信系统，特别是移动通信系统。它不仅可以提高通信的语音质量和数据传输的可靠性并减少干扰对通信的影响，还可以增大通信系统的容量。笔记本电脑或个人数字助理（Personal Data Assistant，PDA）及掌上电脑（Handed Personal Computer，HPC）等移动计算机的联网通信就使用了这种技术。

2.6 差错控制技术

正如邮局的信件在投递过程中会产生一些错误投递一样，数据在传输过程中也会产生差错，那么为什么会产生差错呢？如何进行差错控制呢？

2.6.1 差错的产生

所谓差错，就是指在数据通信中，接收端接收到的数据与发送端实际发出的数据出现不一致。差错的产生是无法避免的，信号在物理信道中传输时，线路本身的电器特性造成的随机噪声、信号幅度的衰减、频率和相位的畸变、电器信号在线路上产生反射造成的回音效应、相邻线路间的干扰以及各种外界因素（如大气中的闪电、开关的跳火、外界强电磁流磁场的变化、电源的波动等）等，都会造成信号的失真。而数据传输过程中出现的位丢失，如发出的数据位为“0”，而接收到的数据位为“1”，或发出的数据位为“1”，而接收到的数据位为“0”，也会产生差错，如图2.38所示。

差错是由噪声引起的。根据差错产生原因的不同可把噪声分为两类：热噪声和冲击噪声。

（1）热噪声。热噪声又称为白噪声，是由导体中电子的热震动引起的，它存在于所有电子器件和传输介质中。它是温度变化引起的，但不受频率变化的影响。热噪声在所有频谱中以相同的形态分布，它是不能够消除的，由此构成了通信系统性能的上限。

例如，线路本身电气特性随机产生的信号幅度、频率与相位的畸变和衰减，电气信号在线路上产生反射造成的回音效应，相邻线路之间的串扰等都属于热噪声。

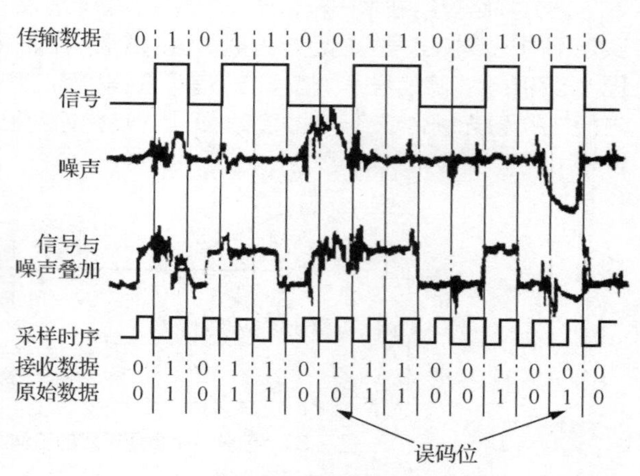

图2.38 差错的产生

（2）冲击噪声。冲击噪声的波形呈突发状，是由外界电磁干扰引起的，其噪声幅度可能相当大，是数据传输中的主要差错。冲击噪声引起的传输差错为突发差错，这种差错的特点是，前面的码元出现了差错，往往会使后面的码元出现错误，即错误之间有相关性。

例如，大气中的闪电、自然界磁场的变化及电源的波动等因素所引起的噪声都属于冲击噪声。

2.6.2 差错控制编码

为了保证通信系统的传输质量，降低误码率，必须采取差错控制措施，即差错控制编码。

数据信息在向信道发送之前，先按照某种关系附加上一定的冗余位，构成一个完整码字再发送，这个过程称为差错控制编码过程。接收端收到该码字后，检查信息和附加的冗余位之间的关系，以判定传输过程中是否有差错产生，这个过程称为检错过程。如果发现错误，则及时采取措施，纠正错误，这个过程称为纠错过程。因此，差错控制编码可分为检错码和纠错码两类。

（1）检错码。检错码是能够自动发现错误的编码，如奇偶校验码、循环冗余校验码。

（2）纠错码。纠错码是能够发现错误且能自动纠正错误的编码，如海明码、卷积码。

1. 奇偶校验码

奇偶校验码是一种简单的检错码。其校验规则如下：在原数据位后附加校验位（冗余位），根据附加后的整个数据码中的“1”的个数为奇数或偶数，而分别叫作奇校验码或偶校验码。奇偶校验有水平奇偶校验、垂直奇偶校验、水平垂直奇偶校验和斜奇偶校验。

例如，字符 A 的 ASCII 为 1000001，在其后面增加一位校验位进行奇校验，增加后为 10000011（使“1”的个数为奇数），传输时其中一位出错，如传输为 11000011，则奇校验能检查出错误。若传输有两位出错，如 11100011，则奇校验无法检查出错误。在实际传输过程中，偶然一位出错的概率最大，故这种简单的校验方法还是很有用处的。但这种方法只能检测错误，不能纠正错误，不能检测出错在哪一位，故一般只能用于对通信要求较低的情况。

2. 循环冗余校验码

循环冗余校验（Cyclic Redundancy Check，CRC）先将要发送的信息数据与通信双方共同约定的数据进行除法运算，根据余数得出一个校验码，再将这个校验码附加在信息数据帧之后发送出去。

接收端在接收到数据后，将包括校验码在内的数据帧与约定的数据进行除法运算，若余数为“0”，则表示接收的数据正确；若余数不为“ 0”，则表示数据在传输的过程中出现了错误，循环冗余校验码的数据传输过程如图 2.39 所示。

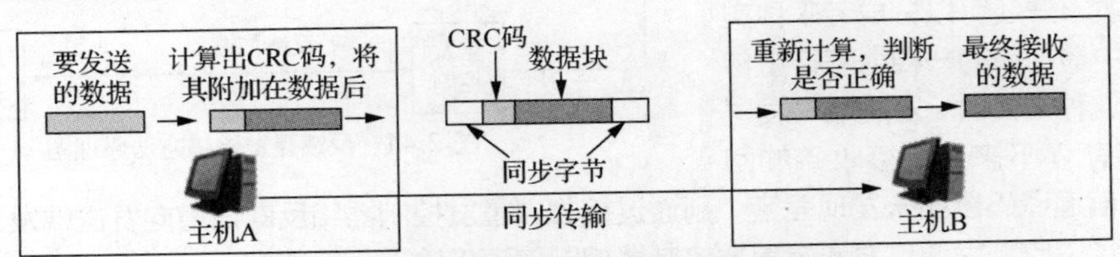

图 2.39　循环冗余校验码的数据传输过程

2.6.3 差错控制方法

当没有差错控制时，信源输出的数字（也称符号或码元）序列将直接送往信道。由于信道中存在干扰，信道的输出将产生差错。数字在传输中产生差错的概率（误码率）是传输准确性的一个主要指标。在数字通信中信道给定以后，如果误码率不能满足要求，则要采取差错控制。按具体实现方法的不同，差错控制方法可以分为前向纠错方法、反馈重发检错方法和混合法 3 种类型。

1. 前向纠错方法

前向纠错（Forward Error Correction，FEC）方法中，接收端不仅对数据进行检测，当检测出差错后还能利用编码的方法自动纠正差错，其原理图如图 2.40 所示，前向纠错方法必须使用纠错码。

差错控制系统只包含信道编码器和译码器。从信源输出的数字序列在信道编码器中被编码，然后送往信道。由于信道编码器使用的是纠错码，译码器可以纠正传输中带来的大部分差错而使信宿得到比较正确的序列。

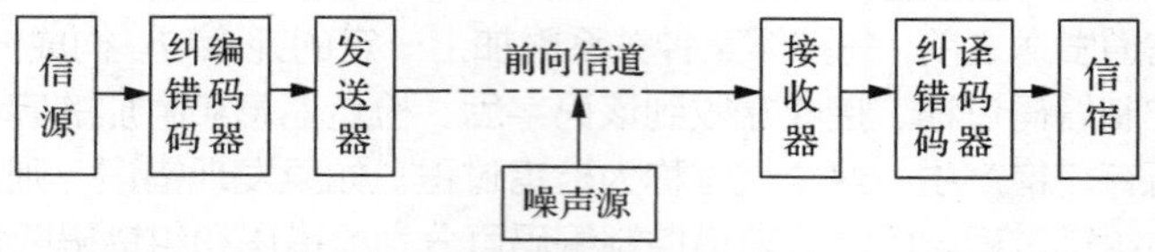

图 2.40　前向纠错方法原理图

在接收端检测到接收码元差错后，通过一定的运算，确定差错的具体位置，并自动加以纠正。这又称自动纠错，是提高信道利用率的一种有效手段。信息论中的信道编码理论是研究对给定信道的前向纠错能力的极限，而纠错编码理论是研究用于前向纠错的纠错码的具体编译码方法。

传统的纠错编码理论认为，为了使一种码具有纠错能力，必须对原码字增加多余的码元以扩大码字间的差别（称为码距离）。一般认为发送时因纠错所增加的多余码元将引起占用带宽的增加而减少单位带宽的传信率。组合编码调制理论把调制与纠错编码综合起来考虑，通过扩大调制信号集合而在不增加所需信道带宽的条件下提高编码调制系统的纠错能力。前向纠错方法已被广泛用于卫星通信、移动通信和频带数据传输之中。

2. 反馈重发检错方法

反馈重发检错方法又称自动请求重发（Automatic Repeat Quest，ARQ），指利用编码的方法在接收端检测差错。当检测出差错后，设法通知发送端重新发送数据，直到无差错为止，其原理图如图 2.41 所示，反馈重发检错方法只使用检错码。

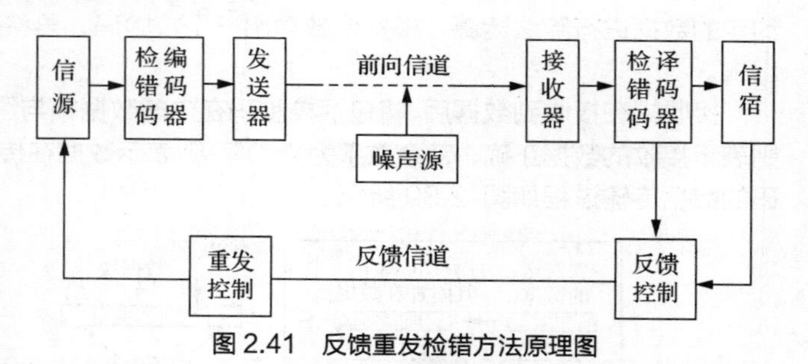

图 2.41　反馈重发检错方法原理图

反馈重发检错方法只利用检错码以发现传输中带来的差错，同时在发现差错以后通过反向信道通知发送端重新传输相应的一组数字，以此来提高传输的准确性。根据重发控制方法的不同，反馈重发方法还可以分成若干种实现方式。其中最简单的一种为等待重传方式。采用这种方式时，发送端每发送出一组数字就停下来等待接收端的回答。此时，信道译码器如未发现差错，则通过接收端重发控制器和反向信道向发送端发出表示正确的回答。发送端收到后通过发送端重发控制器控制信源传输下一组数字，否则信源会重新传输原先那组数字。

上述两种方法的主要差别如下。

① 前向纠错方法不需要反向信道，而反馈重发检错方法必须有反向信道。

② 前向纠错方法利用纠错码，而反馈重发检错方法利用检错码。一般来讲，纠错码的实现比较复杂，可纠正的差错少，而检错码的实现比较容易，可发现的差错多。

③ 前向纠错带来的消息延迟是固定的，传输消息的速率也是固定的，而反馈重发检错方法中的消息延迟和消息的传输速率都会随重发频率的变化而变化。

④ 前向纠错方法不要求对信源进行控制，而反馈重发检错方法要求信源可控。

⑤ 经前向纠错的被传消息的准确性仍然会随着信道干扰的变化而发生很大变化，而经反馈重发检错的被传消息的准确性比较稳定，一般不随干扰的变化而变化。因此，两者的适用场合不同。

3. 混合法

在信道干扰较大时，单用反馈重发检错方法会因不断重传而使消息的传输速率下降过多，而仅用前向纠错方法又不能保证足够的准确性，此时两者兼用比较有利，这就是混合法。此法所用的信道编码是一种既能纠正部分差错又能发现大部分差错的编码。信道译码器会纠正那些可以纠正的差错，只有对那些不能纠正但能发现的差错才要求重传，这会大大降低重传的次数。同时，由于编码的检错能力很强，最后得到的数字信息的准确性是比较高的。

【技能实践】

任务 2.1　Visio 软件工具的使用

【实训目的】

（1）认识 Visio 网络制图软件工具，掌握 Visio 网络制图软件工具的使用方法。

V2-1　Visio 软件工具的使用

（2）使用 Visio 网络制图软件工具进行网络拓扑设计。

【实训环境】

安装 Visio 网络制图软件工具。

【实训内容与步骤】

在网络工程配置方案中，经常需要描述网络的拓扑结构，准确、熟练地绘制网络拓扑结构是每个工程技术人员必备的基本技能之一。目前，常用微软公司的 Visio 软件绘制网络拓扑结构。下面就简单介绍一下 Visio 软件的使用方法。

（1）选择【开始】→【程序】→【Visio】选项，打开 Visio 软件，进入 Visio 软件主界面，如图 2.42 所示。

（2）选择【网络】目录，双击【基本网络图】选项，如图 2.43 所示，进入绘图面板，如图 2.44 所示。

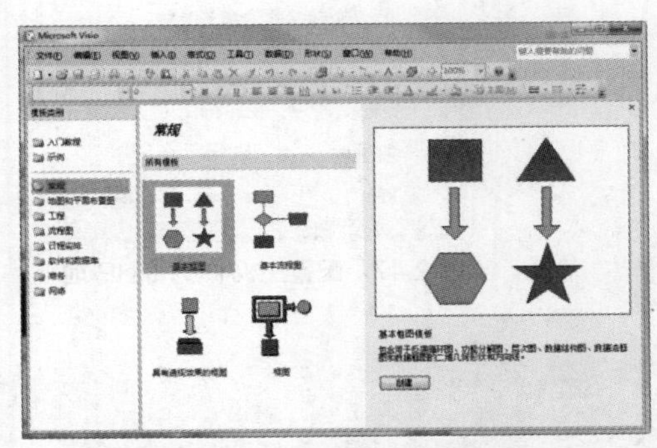

图 2.42　Visio 软件主界面

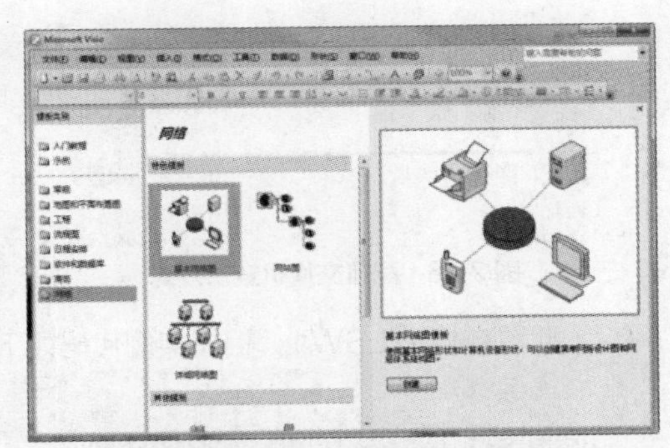

图 2.43　Visio 软件基本网络图

（3）用户可根据需要选择相应图标，将其拖动到绘图面板中，利用绘图工具选择合适线型与颜色，并绘制连线。这里绘制网络拓扑结构，如图 2.45 所示。完成绘图后，选中绘制的全部图形，选择相应的图标，单击鼠标右键，在弹出的快捷菜单中选择【形状】选项，可以进行相应的设置。选择【组合】选项，可以将绘制的图形组合成一个整体。也可以选择绘制好的图形，将其复制到剪贴板中，再粘贴到 Word 文档中进行使用。

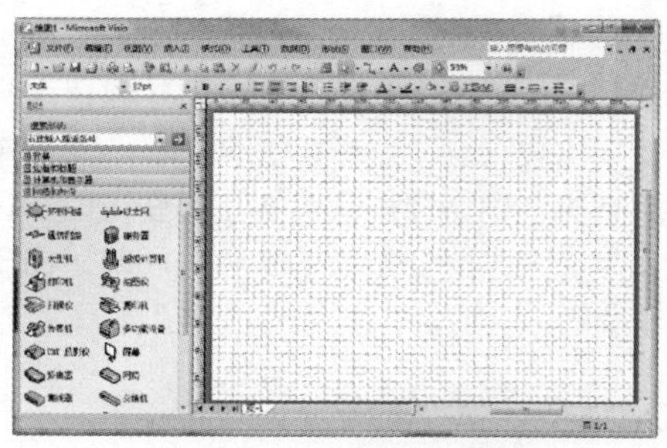

图 2.44　Visio 软件绘图面板

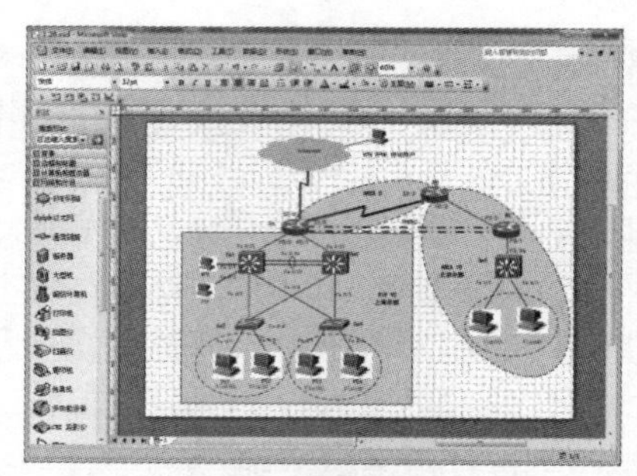

图 2.45　使用 Visio 软件绘制网络拓扑结构

任务 2.2　交换机基本配置

V2-2　配置交换机登录方式-AAA 认证方式

【实训目的】

（1）了解网络连接设备。

（2）掌握交换机的基本配置。

【实训环境】

（1）准备华为 eNSP 模拟软件。

（2）准备设计网络拓扑结构。

【实训内容与步骤】

1．AAA 认证方式

（1）配置交换机以 AAA 认证方式登录，如图 2.46 所示，进行网络拓扑连接，配置主机 PC1 的 IP 地址，如图 2.47 所示。

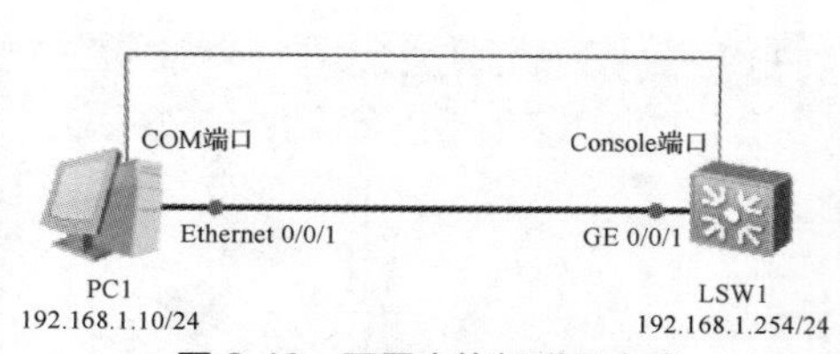

图 2.46　配置交换机登录方式

PC1
基础配置　命令行　组播　UDP
主机名：PC1
MAC 地址：54-89-98-8C-4A-E5
IPv4 配置
静态　DHCP
IP 地址：192 . 168 . 1 . 10
子网掩码：255 . 255 . 255 . 0
网关：192 . 168 . 1 . 254

图 2.47　配置主机 PC1 的 IP 地址

（2）配置交换机 LSW1，相关实例代码如下。

```
<Huawei>system-view                                   //进入系统视图
Enter system view, return user view with Ctrl+Z.
[Huawei]sysnameLSW1                                   //更改交换机名称
[LSW1]telnet server enable                            //开启 Telnet 服务
[LSW1]user-interfacevty 0 4                           //允许同时在线管理人员为 5 人
[LSW1-ui-vty0-4]authentication-mode ?                 //配置认证方式
aaa          AAA authentication                       //AAA 认证方式
  none          Login without checking                //无认证方式
  password   Authentication through the password of a user terminal interface //密码认证方式
```

```
[LSW1-ui-vty0-4]authentication-mode aaa            //配置为 AAA 认证方式
[LSW1-ui-vty0-4]quit                               //返回上一级视图
[LSW1]aaa                                          //开启 AAA 认证方式
[LSW1-aaa]local-user user01 password cipher lncc123   //用户名为 user01，密文密码为 lncc123
[LSW1-aaa]local-user user01 service-type ?         //配置服务类型
  8021x          802.1x user
  bind           Bind authentication user
  ftp            FTP user
……
[LSW1-aaa]local-user user01 service-type telnet ssh web     //开启服务类型：telnet ssh web
[LSW1-aaa]local-user user01 privilege level 3               //配置用户管理等级为 3 级
[LSW1-aaa]quit                                              //返回上一级视图
[LSW1]interfaceVlanif 1                                     //配置 VLANIF1 虚拟端口
[LSW1-Vlanif1]ip address 192.168.1.254 24                   //配置 VLANIF1 虚拟端口的 IP 地址
[LSW1-Vlanif1]quit                                          //返回上一级视图
[LSW1]
```

（3）显示交换机 LSW1 的配置信息，相关实例代码如下。

```
<LSW1>display current-configuration
#
sysnameLSW1
#
aaa
 authentication-scheme default
 authorization-scheme default
 accounting-scheme default
 domain default
 domain default_admin
 local-user admin password simple admin
 local-user admin service-type http
 local-user user01 password cipher X)-@C4Ca/.)NZPO3JBXBHA!!   //为密文密码
 local-user user01 privilege level 3
 local-user user01 service-type telnet ssh web
#
interfaceVlanif1
 ip address 192.168.1.254 255.255.255.0
#
user-interface con 0
user-interfacevty 0 4
 authentication-mode aaa
#
return
<LSW1>
```

（4）在 AAA 认证方式下，测试 Telnet 连接交换机 LSW1 的结果，用户名为 user01，密码为

lncc123，交换机 VLANIF1 虚拟端口的 IP 地址为 192.168.1.254，如图 2.48 所示。

（5）主机 PC1 访问交换机 LSW1，使用“ping”命令进行结果测试，如图 2.49 所示。

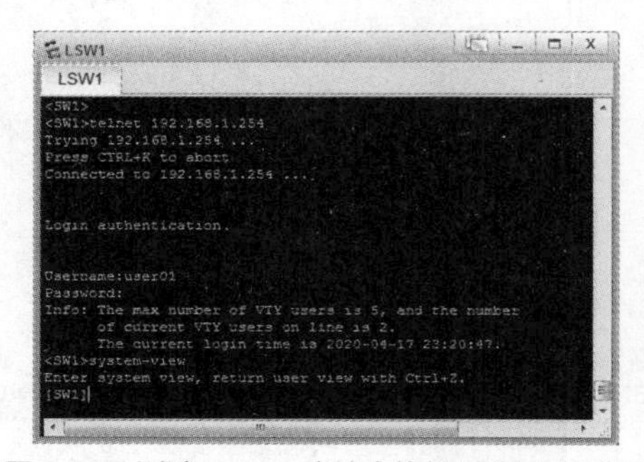

图 2.48　测试 Telnet 连接交换机 LSW1 的结果（AAA 认证方式）

图 2.49　主机 PC1 访问交换机 LSW1

V2-3　配置交换机登录方式-密码认证方式

2．密码认证方式

（1）配置交换机以密码认证方式登录，如图 2.46 所示，以便进行网络拓扑连接。

（2）配置交换机 LSW1，相关实例代码如下。

```
<Huawei>system-view                                    //进入系统视图
Enter system view, return user view with Ctrl+Z.
[Huawei]sysnameLSW1                                    //更改交换机名称
[LSW1]telnet server enable                             //开启 Telnet 服务
[LSW1]user-interfacevty 0 4                            //允许同时在线管理人员为 5 人
[LSW1-ui-vty0-4]set authentication password ?          //配置密码认证方式
  cipher   Set the password with cipher text           //密文方式，加密
  simple   Set the password in plain text              //明文方式，不加密
[LSW1-ui-vty0-4]set authentication password cipher lncc123  //配置密文密码为 lncc123
[LSW1-ui-vty0-4]user privilege level 3                 //配置用户管理等级为 3 级
[LSW1-ui-vty0-4]quit                                   //返回上一级视图
[LSW1]interfaceVlanif 1                                //配置 VLANIF1 虚拟端口
[LSW1-Vlanif1]ip address 192.168.1.254 24              //配置 VLANIF1 虚拟端口的 IP 地址
[LSW1-Vlanif1]quit                                     //返回上一级视图
[LSW1]
```

（3）显示交换机 LSW1 的配置信息，相关实例代码如下。

```
<LSW1>display current-configuration
#
sysnameLSW1
#
interfaceVlanif1
 ip address 192.168.1.254 255.255.255.0
#
user-interface con 0
user-interfacevty 0 4
 user privilege level 3
```

```
  set authentication password cipher -oH4A}bg:5sPddVIN=17-fZ#   //为密文密码
#
return
<LSW1>
```

（4）在密码认证方式下，测试 Telnet 连接交换机 LSW1 的结果，密码为 lncc123，交换机 VLANIF 1 虚拟端口的 IP 地址为 192.168.1.254，如图 2.50 所示。

（5）主机 PC1 访问交换机 LSW1，使用“ping”命令进行结果测试，如图 2.49 所示。

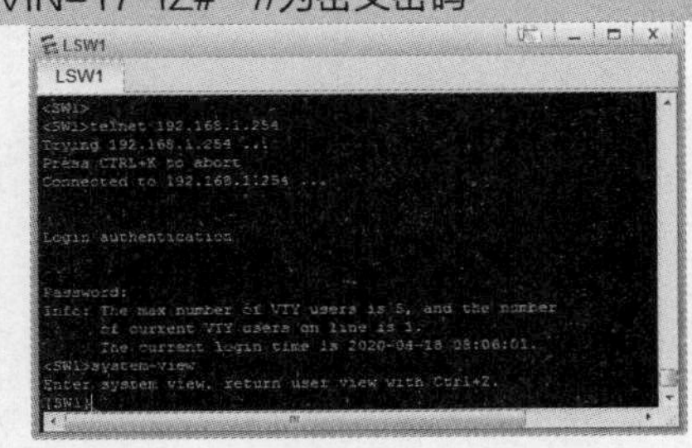

图 2.50　测试 Telnet 连接交换机 LSW1 的结果（密码认证方式）

任务 2.3　路由器基本配置

V2-4　配置路由器以 AAA 认证方式登录

【实训目的】

（1）了解网络连接设备。

（2）掌握路由器的基本配置。

【实训环境】

（1）准备华为 eNSP 模拟软件。

（2）设计网络拓扑结构。

【实训内容与步骤】

（1）路由器登录管理配置。

① 配置路由器以 AAA 认证方式登录，如图 2.51 所示，进行网络拓扑连接。

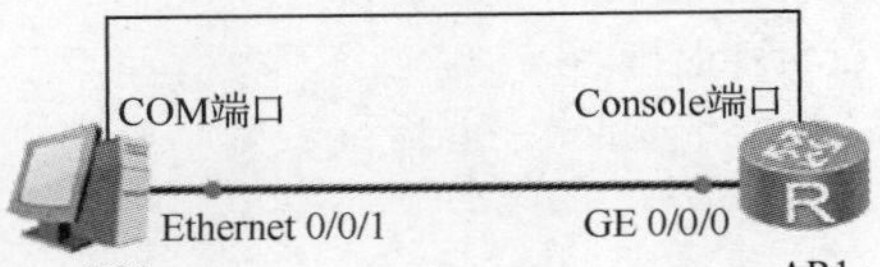

图 2.51　配置路由器以 AAA 认证方式登录

② 配置路由器 AR1，相关实例代码如下。

```
<Huawei>system-view
[Huawei]sysname AR1
[AR1]telnet server enable                                  //开启 Telnet 服务
[AR1]user-interfacevty 0 4                                 //允许同时在线管理人员为 5 人
[AR1-ui-vty0-4]authentication-mode   aaa                   //配置为 AAA 认证方式
[AR1-ui-vty0-4]quit
[AR1]aaa
[AR1-aaa]local-user user01 password cipher lncc123
//设置 AAA 认证方式，用户名为 user01，密码为 lncc123，加密方式为密文
//如果加密方式为明文，则将密码设置为 simple
[AR1-aaa]local-user user01 service-type telnet ssh web     //设置用户服务类型
[AR1-aaa]local-user user01 privilege level 3               //设置用户管理等级为 3 级
[AR1-aaa]quit
[AR1]interfaceGigabitEthernet 0/0/0
[AR1-GigabitEthernet0/0/0]ip address 192.168.1.254 24
[AR1-GigabitEthernet0/0/0]quit
[AR1]
```

③ 显示路由器 AR1 的配置信息，相关实例代码如下。

```
<AR1>display current-configuration
```

```
#
sysname AR1
#
 aaa
 authentication-scheme default
 authorization-scheme default
 domain default_admin
 local-user admin password cipher %$%$K8m.Nt84DZ}e#<0`8bmE3Uw}%$%$
 local-user admin service-type http
 local-user user01 password cipher %$%$qVXD(>&NF6^34$79m:x)QH,4%$%$
 local-user user01 privilege level 3
 local-user user01 service-type telnet ssh web    //开启服务类型
#
interfaceGigabitEthernet0/0/0
 ip address 192.168.1.254 255.255.255.0
#
user-interface con 0
 authentication-mode password
user-interfacevty 0 4
 authentication-mode aaa
#
return
<AR1>
```

V2-5　路由器基本配置

④ 查看路由器 AR1 的配置信息后，执行“telnet 192.168.1.254”命令远程登录路由器，输入用户名和密码，可以访问并管理路由器 AR1，如图 2.52 所示。

路由器密码认证方式与交换机密码认证方式一样，请参考交换机密码认证方式，这里不再赘述。

（2）路由器基本配置。

① 配置路由器的 IP 地址，如图 2.53 所示，进行网络拓扑连接。

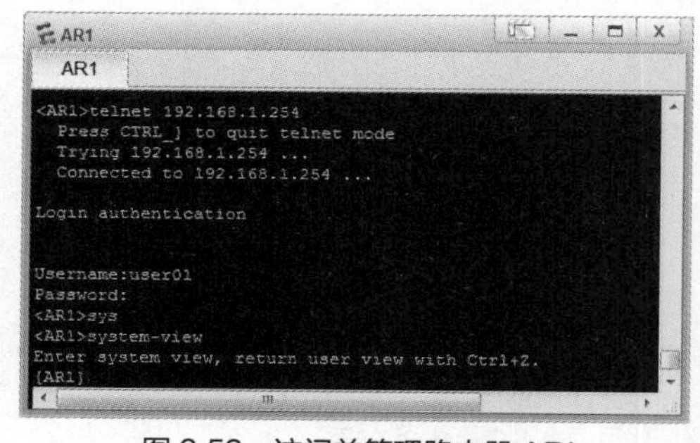

图 2.52　访问并管理路由器 ARI

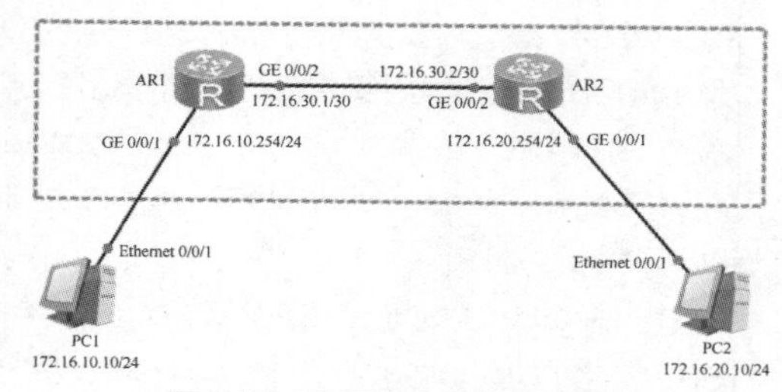

图 2.53　配置路由器的 IP 地址

② 配置路由器 AR1 的 IP 地址，相关实例代码如下。

```
<Huawei>system-view
Enter system view, return user view with Ctrl+Z.
```

```
[Huawei]sysname AR1                           //更改路由器名称
[AR1]interfaceGigabitEthernet 0/0/1
[AR1-GigabitEthernet0/0/1]ip address 172.16.10.254 24     //配置端口 IP 地址
[AR1-GigabitEthernet0/0/1]quit
[AR1]interfaceGigabitEthernet 0/0/2
[AR1-GigabitEthernet0/0/2]ip address 172.16.30.1 30       //配置端口 IP 地址
[AR1-GigabitEthernet0/0/2]quit
[AR1]
```

③ 配置路由器 AR2 的 IP 地址，相关实例代码如下。

```
<Huawei>system-view
Enter system view, return user view with Ctrl+Z.
[Huawei]sysname AR2                           //更改路由器名称
[AR2]interfaceGigabitEthernet 0/0/1
[AR2-GigabitEthernet0/0/1]ip address 172.16.20.254 24     //配置端口 IP 地址
[AR2-GigabitEthernet0/0/1]quit
[AR2]interfaceGigabitEthernet 0/0/2
[AR2-GigabitEthernet0/0/2]ip address 172.16.30.2 30       //配置端口 IP 地址
[AR2-GigabitEthernet0/0/2]quit
[AR2]
```

④ 显示路由器 AR1、AR2 的配置信息，这里以 AR1 为例进行介绍，相关实例代码如下。

```
[AR1]display current-configuration
#
sysname AR1
#
interfaceGigabitEthernet0/0/1
 ip address 172.16.10.254 255.255.255.0
#
interfaceGigabitEthernet0/0/2
 ip address 172.16.30.1 255.255.255.252
#
return
[AR1]
```

⑤ 配置主机 PC1 和主机 PC2 的 IP 地址，如图 2.54 所示。

⑥ 对主机 PC1 进行相关结果测试，使用“ping”命令访问路由器 AR1，如图 2.55 所示。

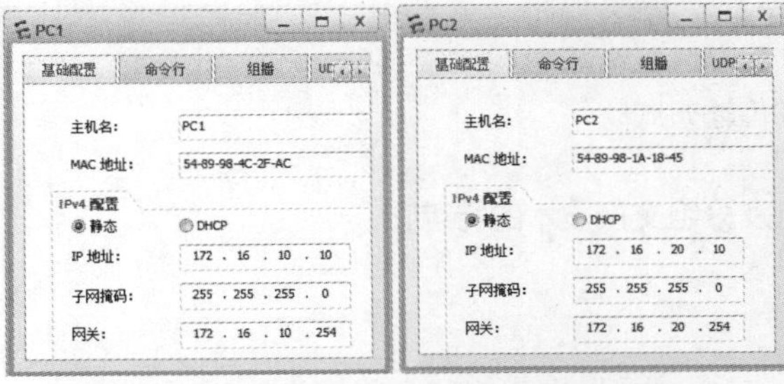

图 2.54　配置主机 PC1 和主机 PC2 的 IP 地址

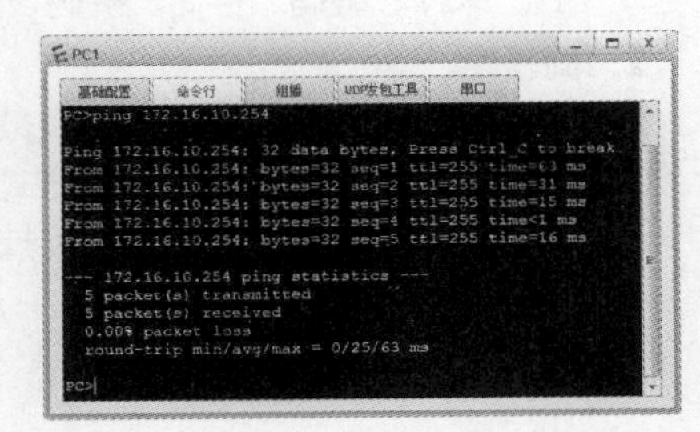

图 2.55　对主机 PC1 进行相关结果测试

【模块小结】

本模块讲解了数据通信的基本概念、数据通信方式、数据编码与调制技术、数据交换技术、信道复用技术以及差错控制技术等相关知识，详细讲解了电路交换技术、报文交换技术、分组交换技术等相关知识，并且讨论了差错控制编码和差错控制的方法。

本模块最后通过技能实践使学生进一步掌握 Visio 软件工具的使用方法、交换机和路由器的基本配置方法，从而提高学生动手解决实际问题的能力。

【模块练习】

1. 选择题

（1）如果一个码元所载的信息是两位，则这个码元可以表示的状态为（　　）。

A. 2 个　　B. 4 个　　C. 8 个　　D. 16 个

（2）CDMA 系统中使用的多路复用技术是（　　）。

A. 频分多路复用技术　　B. 时分多路复用技术
C. 码分多路复用技术　　D. 波分多路复用技术

（3）调制解调器的主要功能是（　　）。

A. 实现模拟信号与数字信号的转换　　B. 实现模拟信号的放大
C. 实现数字信号的整形　　D. 实现数字信号的编码

（4）在同一个信道上的同一时刻，能够进行双向数据传输的通信方式是（　　）。

A. 单工　　B. 半双工　　C. 全双工　　D. 上述 3 种均不是

（5）采用异步传输方式，若设数据位为 7 位，1 位校验位，1 位停止位，则其通信效率为（　　）。

A. 20%　　B. 30%　　C. 70%　　D. 80%

（6）对于实时性要求很高的场合，适用的交换技术是（　　）。

A. 报文交换技术　　B. 电路交换技术　　C. 分组交换技术　　D. 都不适合使用

（7）将物理信道总频带分割成若干个子信道，每个子信道传输一路信号，这就是（　　）。

A. 空分多路复用技术　　B. 频分多路复用技术
C. 同步时分多路复用技术　　D. 异步时分多路复用技术

（8）在获取与处理音频信号的过程中，正确的处理顺序是（　　）。

A. 采样、量化、编码、存储、解码、D/A 变换
B. 量化、采样、编码、存储、解码、A/D 变换
C. 编码、采样、量化、存储、解码、A/D 变换
D. 采样、编码、存储、解码、量化、D/A 变换

2. 简答题

（1）简述信道通信的工作方式以及数据的传输方式。

（2）简述通信网络中节点的连接方式。

（3）简述电路交换技术、报文交换技术以及分组交换技术的特点。

（4）简述信道复用技术。

（5）简述差错控制技术。

模块3 计算机网络体系结构

03

【情景导入】

随着计算机网络技术的不断发展，出现了多种不同结构的网络系统，如何实现它们的互联呢？又有什么样的要求呢？当我们使用QQ进行聊天时，所发送的消息总是可靠、准确地传输给对方，即使因为某些原因即时消息发送不成功，也会给出提示信息。但是当我们使用语音或视频聊天时，经常出现数据丢失，以至于声音和图像不连续，这又是为什么呢？怎么才能确保数据在网络中准确、可靠、快速地传输呢？

计算机网络是一个非常复杂的系统，它不仅综合了当代计算机技术和通信技术，还涉及其他应用领域的知识和技术。这样一个复杂而庞大的系统要高效、可靠地运行，网络中的各个部分必须遵守一整套合理而严谨的结构化管理规则，计算机网络就是按照高度结构化的设计思想采用功能分层原理方法来实现的。本模块主要讲述计算机网络的层次结构、网络协议、OSI参考模型和TCP/IP参考模型、IPv4和IPv6编址等。

【学习目标】

【知识目标】

- 理解网络体系的基本概念，理解网络协议的基本概念。
- 掌握OSI与TCP/IP参考模型的层次结构和各层功能。
- 了解OSI与TCP/IP参考模型的区别。
- 掌握IPv4和IPv6编址方法。

【技能目标】

- 掌握构建局域网络实现资源共享的方法。
- 掌握共享网络打印机的方法。

【素质目标】

- 培养实践动手能力，解决工作中的实际问题，树立爱岗敬业精神。
- 树立学生团队互助、进取合作的意识。

【知识导览】

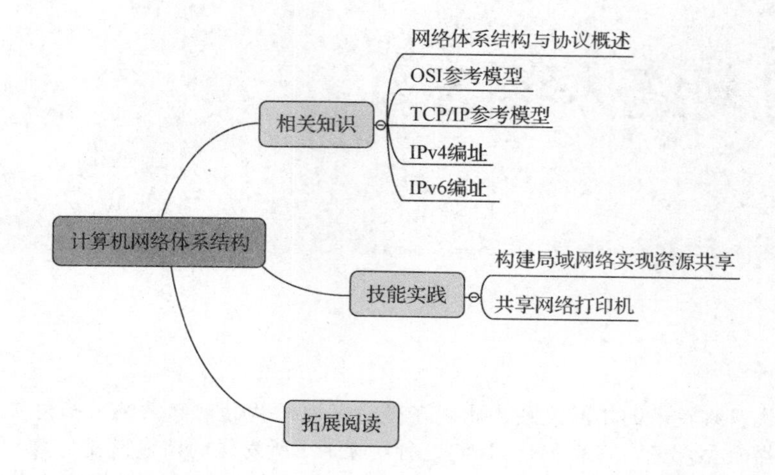

【相关知识】

3.1 网络体系结构与协议概述

随着计算机网络技术的不断发展，出现了多种不同结构的网络系统，如何实现它们的互联呢？采取什么措施方法能有效地分析管理这些网络系统呢？

计算机网络的体系结构采用了层次化结构的方法来描述复杂的计算机网络，把复杂的网络互联问题划分为若干个较小的、单一的问题，并在不同层次上予以解决。把不同厂家的软硬件系统、不同的通信网络及各种外部辅助设备连接起来，构成网络系统，实现高速可靠的信息共享，是计算机网络发展面临的主要难题。为了解决这个难题，人们必须为网络系统定义一个让不同计算机、不同的通信系统和不同的应用能够互联和互操作的开放式网络体系结构。互联意味着不同的计算机能够通过通信子网互相连接起来进行数据通信；互操作意味着不同的用户能够在联网的计算机上，用相同的命令和相同的操作使用其他计算机中的资源与信息，如同使用本地的计算机系统中的资源和信息一样。因此，计算机网络的体系结构应该为不同的计算机之间互联和互操作提供相应的规范和标准。

3.1.1 网络体系结构的概念

网络体系结构是指整个网络系统的逻辑组成和功能分配，定义和描述了一组用于计算机及其通信设施之间互联的标准和规范的集合。研究网络体系结构的目的在于定义计算机网络各个组成部分的功能，以便在统一的原则指导下进行网络的设计、使用和发展。

1. 层次结构的概念

对计算机网络进行层次划分就是将计算机网络这个庞大的、复杂的对象划分成若干较小的、简单的对象。通常把一组相近的功能放在一起，形成网络的一个结构层次。

计算机网络层次结构包含两个方面的含义，即结构的层次性和层次的结构性。层次的划分依据“层内功能内聚，层间耦合松散”的原则，也就是说，在网络中，功能相似或紧密相关的模块应放置在同一层；层与层之间应保持松散的耦合，使在层与层之间的信息流动减到最小。

层次结构将计算机网络划分成有明确定义的层次，并规定了相同层次的进程通信协议及相邻层次之间的接口及服务。通常将网络的层次结构、相同层次的通信协议集和相邻层的接口及服务，统称为计算机网络体系结构。

2. 层次结构的主要内容

在划分层次结构时，首先需要考虑以下问题。

（1）网络应该具有哪些层次？每一个层次的功能是什么？（分层与功能）。

（2）各层之间的关系是怎样的呢？它们如何进行交互？（服务与接口）。

（3）通信双方的数据传输需要遵循哪些规则？（协议）。

因此，划分层次结构的方法主要包括 3 项内容：分层和每层功能、服务与层间接口以及各层协议。

3. 层次结构划分原则

在划分层次结构时，需要遵循如下原则。

（1）以网络功能作为划分层次的基础，每层的功能必须明确，层与层之间相互独立。当某一层的具体实现方法更新时，只要保持上下层的接口不变，便不会对邻层产生影响。

（2）层间接口必须清晰，跨越接口的信息量应尽可能少。

（3）层数应适中，若层数太少，则会造成每一层的协议太复杂；若层数太多，则会造成体系结构过于复杂，使描述和实现各层功能变得困难。

（4）第 n 层的实体在实现自身定义的功能时，只能使用第 n-1 层提供的服务。第 n 层在向第 n+1 层提供服务时，此服务不仅要包含第 n 层本身的功能，还要包含下层服务提供的功能。

（5）层与层之间仅在相邻层间有接口，每一层所提供服务的具体实现细节对上一层完全屏蔽。

4. 划分层次结构的优越性

我们知道，计算机网络是一个复杂的综合性技术系统，因此，引入协议分层模型是必需的。采用层次结构有很多方面的优势，主要有如下几个方面。

（1）把网络操作分成复杂性较低的单元，结构清晰，灵活性好，易于实现和维护。如果把网络协议作为整体处理，那么对任何方面的改进都必须要对整体进行修改，这与网络的迅速发展是极不协调的。若采用分层体系结构，由于整个系统已被分解成了若干个易于处理的部分，那么这样一个庞大又复杂的系统的实现与维护就变得容易控制了。当任何一层发生变化时，只要层间接口保持不变，层内实现方法可任意改变，其他各层就不会受到影响。另外，当某层提供的服务不再被其他层需要时，可以将该层直接取消。

（2）层与层之间定义了具有兼容性的标准接口，使设计人员能够专心设计和开发其所关心的功能模块。

（3）每一层都具有很强的独立性。高层并不需要知道低层是采用何种技术来实现的，而只需要知道低层通过接口能提供哪些服务，并不需要了解下层的具体内容，这个方法类似于“暗箱操作”。每一层都有一个清晰、明确的任务，以实现相对独立的功能，因而可以将复杂的系统问题分解为一层一层的小问题。当属于每一层的小问题都解决了的时候，整个系统的问题也就接近于完全解决了。

（4）一个区域的网络的变化不会影响到另外一个区域的网络，因此每个区域的网络可单独升级或改造。

（5）有利于促进标准化。这主要是因为每一层的协议已经对该层的功能与所提供的服务做了明确的说明。

（6）降低关联性，某一层协议的增减或更新，都不影响其他层协议的运行，实现了各层协议的独立性。

3.1.2 网络体系的分层结构

网络体系都是按层的方式来组织的，每一层都能完成一组特定的、有明确含义的功能，每一层的目的都是向上一层提供一定的服务，而上一层不需要知道下一层是如何实现服务的。

每一对相邻层次之间都有一个接口（Interface），接口定义了下层向上层提供的命令和服务，相邻两个层次都是通过接口来交换数据的。当网络设计者在决定一个网络应包括多少层、每一层应当做什么的时候，其中一个很重要的考虑就是要在相邻层次之间定义一个清晰的接口。为达到这些目的，又要求每一层能够实现特定的、有明确含义的功能。低层通过接口向高层提供服务。只要接口条件不变、低层功能不变，低层功能的具体实现方法与技术的变化就不会影响整个系统的工作。

层次结构一般以垂直分层模型来表示，如图 3.1 所示，其相应特点如下。

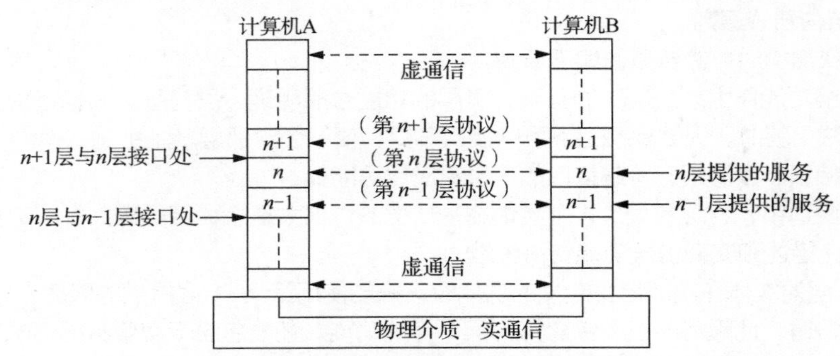

图 3.1　网络体系的层次结构模型

（1）除了在物理介质上进行的是实通信之外，其余各对等实体间进行的都是虚通信。

（2）对等层的虚通信必须遵循该层的协议。

（3）n 层的虚通信是通过 n 层和 $n-1$ 层间接口处 $n-1$ 层提供的服务及 $n-1$ 层的通信（通常也是虚通信）来实现的。

n 层既是 $n-1$ 层的用户，又是 $n+1$ 层的服务提供者。$n+1$ 层虽然只直接使用了 n 层提供的服务，但是实际上它通过 n 层还间接地使用了 $n-1$ 层及以下所有各层的服务，如图 3.2 所示。

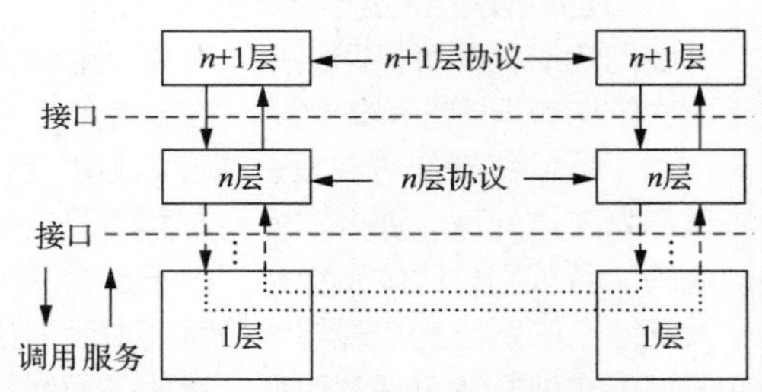

图 3.2　网络体系结构中的协议、层、服务与接口

3.1.3　网络协议的概念

在网络通信中，所谓协议，就是指诸如计算机、交换机、路由器等网络设备为了实现通信或数据交换而必须遵从的、事先定义好的一系列规则、标准或约定。网络通信协议包含超文本传输协议（Hypertext Transfer Protocol，HTTP）、文件传输协议（File Transfer Protocol，FTP）、传输控制协议（Transmission Control Protocol，TCP）、IPv4、IEEE 802.3（以太网协议）等协议。网络通信协议对计算机网络是不可缺少的，一个功能完备的计算机网络必须具备一套复杂的协议集为通信双方的通信过程做出约定。

联网的计算机以及网络设备之间要进行数据与控制信息的成功传输必须共同遵守网络协议，网络协议包含了 3 个方面的内容：语义、语法和时序。

语义：规定通信的双方准备“讲什么”，即需要发出何种控制信息，完成何种动作以及做出何种应答。

语法：规定通信双方“如何讲”，即确定用户数据与控制信息的结构、格式、数据编码等。

时序：又可称为“同步”，规定了双方“何时进行通信”，即对事件实现顺序的详细说明。

下面以打电话为例来说明“语法”“语义”“时序”。假设甲要打电话给乙，首先甲拨通乙的电话号码，双方电话准备连接，乙拿起电话，然后甲、乙开始通话，通话完毕后，双方挂断电话。在此过程中，双方都遵守了打电话的协议。其中，甲拨通乙的电话后，乙的电话振铃，振铃是一个信号，表示有电话打进，乙选择接电话讲话，这一系列动作包括了控制信号、响应动作、讲话内容等，这些就是语义，电话号码就是语法。时序的概念更好理解，甲拨打了电话，乙的电话才会响，乙听到铃声后才会考虑要不要接电话，这一系列事件的因果关系十分明确，不可能在没人拨电话的情况下乙的电话就响起，也不可能在电话铃声没响的情况下，乙拿起电话却从中听到甲的声音。

扫码看拓展阅读 3-1

3.1.4 网络层次结构中的相关概念

网络层次结构中包含实体、接口、服务等相关概念。

1. 实体

在网络体系结构中，每一层中的活动元素通常称为实体（Entity），每一层都由一些实体组成，它们抽象地表示了通信时的软件元素（如进程或子程序）或硬件元素（如智能 I/O 芯片）。实体既可以是软件实体（如一个进程），又可以是硬件实体（如智能输入输出芯片）。不同通信节点上的同一层实体称为对等实体（Peer Entity），实体是通信时能发送和接收信息的软硬件元素。

2. 接口

接口是指相邻两层之间交互的界面，每一对相邻层次之间都有一个接口，接口定义了下层向上层提供的命令和服务，相邻两个层次都是通过接口来交换数据的。

如果网络中每一层都有明确功能，相邻层之间有一个清晰的接口，就能减少在相邻层之间传输的信息量，在修改本层的功能时也不会影响到其他各层。也就是说，只要能向上层提供完全相同的服务集合，改变下层功能的实现方就不会影响上层。

3. 服务

服务（Service）是指某一层及其以下各层通过接口提供给其相邻上层的一种能力。服务位于层接口的位置，表示下层为上层提供哪些操作功能，至于这些功能是如何实现的，则不在服务考虑的范畴。

在计算机网络的层次结构中，层与层之间具有服务与被服务的单向依赖关系，下层向上层提供服务，上层则调用下层的服务。因此，可称任意相邻层的下层为服务提供者，上层为服务的调用者或使用者。

当 n+1 层实体向 n 层实体请求服务时，服务用户与服务提供者之间通过服务访问点进行交互，在进行交互时所要交换的一些必要信息被称为服务原语。在计算机中，原语指一种特殊的广义指令（不能中断的指令）。相邻层的下层对上层提供服务时，二者交互采用广义指令。当 n 层向 n+1 层提供服务时，根据是否需建立连接可将其分为两类：面向连接的服务（Connection-oriented Service）和无连接服务（Connectionless Service）。

（1）面向连接的服务。先建立连接，再进行数据交换。因此，面向连接的服务具有建立连接、数据传输和释放连接这 3 个阶段。例如，打电话这种服务的最大好处就是能够保证数据高速、可靠和有序地传输。

（2）无连接服务。两个实体之间的通信不需要先建立好连接，因此这是一种不可靠的服务。这种服务常被描述为“尽最大努力交付（Best Effort Delivery）”或“尽力而为”，它不需要两个通信的实体同时是活跃的。例如，发电报时，发送端并不能马上确认对方是否已收到。因此，无连接服务不需要维护连接的额外开销，但是可靠性较低，也不能保证数据的有序传输。

4. 层间通信

实际上每一层必须依靠相邻层提供的服务来与另一台主机的对应层通信，这包含了以下两个方面的通信。

（1）相邻层之间通信。相邻层之间通信发生在相邻的上下层之间，通过服务来实现。上层使用下层提供的服务，上层称为服务调用者（Service User）；下层向上层提供服务，下层称为服务提供者（Service Provider）。

（2）对等层之间通信。对等层是指不同开放系统中的相同层次，对等层之间通信发生在不同开放系统的相同层次之间，通过协议来实现。对等层实体之间是虚通信，依靠下层向上层提供服务来完成，而实际的通信是在最底层完成的。

显然，通过相邻层之间的通信，可以实现对等层之间的通信。相邻层之间的通信是手段，对等层之间的通信是目的。

需要注意的是，服务与协议存在以下的区别。

（1）协议是“水平的”，是对等实体间的通信规则。

（2）服务是“垂直的”，是下层向上层通过接口提供的。

5. 服务访问点

服务访问点（Service Access Point，SAP）是相邻层实体之间通过接口调用服务或提供服务的联系点。

6. 协议数据单元

协议数据单元（Protocol Data Unit，PDU）是对等层实体之间通过协议传输的数据单元。

7. 接口数据单元

接口数据单元（Interface Data Unit，IDU）是相邻层之间通过接口传输的数据单元，接口数据单元又称为服务数据单元（Service Data Unit，SDU）。

3.2 OSI 参考模型

为了使不同的计算机网络都能互联，20 世纪 70 年代末，国际标准化组织提出了 OSI 参考模型。OSI 中的“O”是指只要遵循 OSI 标准，一个系统就可以和位于世界上任何地方的、也遵循这同一标准的其他任何系统进行通信。

3.2.1 OSI 参考模型简述

OSI 参考模型将计算机网络通信协议分为 7 层。OSI 参考模型的层次是相互独立的，每一层都有各自独立的功能，这 7 层由低至高分别是物理层、数据链路层、网络层、传输层、会话层、表示层和应用层，每一层完成通信中的一部分功能，并遵循一定的通信协议，这些协议具有如下特点。

（1）网络中的每个节点均有相同的层次。

（2）不同节点的对等层具有相同的功能。

（3）同节点内相邻层之间通过接口通信。

（4）每一层可以使用其下层提供的服务，并向其上层提供服务。

（5）仅在最低层进行直接的数据传输。

OSI 参考模型的网络体系结构如图 3.3 所示。当发送端主机 A 的应用进程数据到达 OSI 参考模型的应用层时，网络中的数据将沿着垂直方向往下层传输，即由应用层向下经表示层、会话层等一直到达物理层。到达物理层后，再经传输介质传输到接收端（主机 B），由接收端物理层接收，向上经数据链路层等到达应用层，再由接收端获取。数据在由发送进程交给应用层时，由应用层加上该层有关控制和识别信息，再向下传输，这一过程一直重复到物理层。在接收端信息向上传输时，各层的有关控制和识别信息被逐层剥去，最后将数据送到接收端。

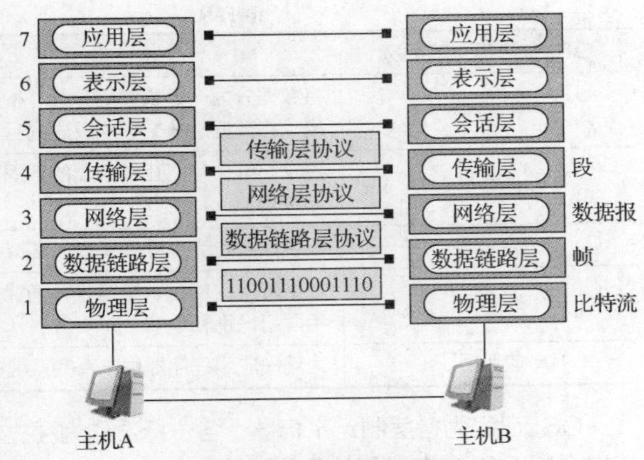

图 3.3　OSI 参考模型的网络体系结构

OSI 参考模型只给出了一些原则性的说明，它并不是一个具体的网络。OSI 参考模型将整个网络的功能划分成 7 个层次，最高层为应用层，面向用户提供网络应用服务；最低层为物理层，与通信介质相结合实现真正的数据通信。两个用户计算机通过网络进行通信时，除物理层之外，其余各对等层之间均不存在直接的通信关系，而是通过各对等层的协议进行通信，只有两个物理层之间通过通信介质进行的通信才是真正的数据通信。

在 OSI 参考模型的制定过程中，采用的方法是将整个庞大而复杂的问题划分成为若干个容易处理的小问题，这就是分层体系结构方法，分层的原则如下。

（1）根据不同层次的抽象分层。

（2）每层应当实现明确的功能。

（3）每层功能的选择应该有助于制定网络协议的国际标准。

（4）各层边界的选择应尽量减少跨过接口的通信量。

（5）层数应该足够多，以避免不同的功能混杂在同一层中，但也不能太多，否则体系结构会过于庞大。

层次化的网络体系的优点在于每层实现相对独立的功能，层与层之间通过端口来提供服务，每层都对上层屏蔽实现协议的具体细节，使网络体系结构做到与具体物理实现无关。这种层次结构允许连接到网络的主机和终端型号性能不同，但只要遵守相同的协议就可以实现互操作。高层用户可以从具有相同功能的协议层开始进行互联，使网络成为开放式系统。遵守相同协议的任意两个系统之间可以进行通信，因此层次结构便于系统的实现和维护。

3.2.2　OSI 参考模型各层的功能

OSI 参考模型并非指一个现实的网络，它仅规定了每一层的功能，为网络的设计规划出一张蓝图。各个网络设备或软件生产厂商都可以按照这张蓝图来设计和生产自己的网络设备或软件，尽管设计和生产出的网络产品的样式、外观各不相同，但它们应该具有相同的功能。

OSI 参考模型的层次是相互独立的，每一层都有各自独立的功能，表 3.1 所示为 OSI 参考模型各层功能。

表 3.1　OSI 参考模型各层功能

OSI 参考模型的层次	主要功能
物理层	提供适用于传输介质承载的物理信号的转换，实现物理信号的发送、接收，以及在物理传输介质上的数据比特流传输
数据链路层	在物理链路连接的相邻节点间建立逻辑通路，实现数据帧的点到点、点到多点方式的直接通信，能够进行编码和差错控制

续表

OSI 参考模型的层次	主要功能
网络层	将数据分为一定长度的分组，根据数据报文中的地址信息，在通信子网中选择传输路径，将数据从一个节点发送到另一个节点
传输层	建立、维护和终止端到端的数据传输过程，能提供控制传输速率、调整数据的传输顺序等功能
会话层	在通信双方的进程间建立、维持、协调和终止会话，确定双方是否开始通信
表示层	数据转换、加密、压缩等，确保一个系统生成的应用层数据能够被另外一个系统的应用层所识别和理解
应用层	为用户应用程序提供丰富的系统接口

OSI 已经为各层制定了标准，各个标准作为独立的国际标准公布，下面以从低层到高层的顺序依次介绍 OSI 参考模型的各层功能。

1. 物理层

物理层（Physical Layer）为 OSI 参考模型的最低层。物理层的主要功能是利用物理传输介质为数据链路层提供物理连接，以便透明地传输“比特”流。物理层传输的单位是比特（bit），但物理层并不关心比特流的实际意义和结构，只是负责接收和传输比特流。

信号的传输离不开传输介质，而传输介质两端必然有接口用于发送和接收信号。既然物理层主要关心如何传输信号，物理层的主要任务就是规定各种传输介质和接口与传输信号相关的一些特性，包括使用什么样的传输介质以及与传输介质连接的接头等物理特性，其典型规范代表有 EIA/TIA RS-232、EIA/TIA RS-449、V.35、RJ-45 等。

除了不同的传输介质自身的物理特性之外，物理层还对通信设备和传输介质之间使用的接口做了详细规定，主要体现在以下 4 个方面。

（1）机械特性。确定了连接电缆材质、引线的数目及定义、电缆接头的几何尺寸、锁紧装置等，规定了物理连接时插头和插座的几何尺寸、插针或插孔芯数及排列方式、锁定装置形式、接口形状、数量、序列等，这很像平时常见的各种规格的电源插头，其尺寸有严格的规定。

（2）电气特性。规定了在物理连接上导线的电气连接及有关的电路的特性，指明了在接口电缆的各条线上出现的电压的范围，一般包括接收器和发送器电路特性的说明、信号的识别、最大传输速率的说明、与互联电缆相关的规则、发送器的输出阻抗、接收器的输入阻抗等电气参数。

（3）功能特性。规定了接口信号的来源、作用以及与其他信号之间的关系，即物理接口上各条信号线的功能分配和确切定义。物理接口信号一般分为数据线、控制线、定时线和地线。

（4）规程特性。定义了在信号线上进行二进制比特流传输的一组操作过程，包括各信号线的工作顺序和时序，使比特流传输得以完成，以及 DTE/DCE 双方在各自电路上的工作规则和时列。

2. 数据链路层

数据链路层（Data Link Layer）是 OSI 参考模型中的第 2 层，介于物理层和网络层之间。数据链路层在物理层提供的服务的基础上向网络层提供服务，其最基本的服务是将源自物理层的数据可靠地传输到相邻节点的目标主机的网络层。

数据链路层通过在通信实体之间建立数据链路连接，传输以“帧”为单位的数据，使有差错的物理链路变成无差错的数据链路，保证点对点可靠的传输，如图 3.4 所示。

数据链路层定义了在单个链路上如何传输数据的协议。这些协议与被讨论的各种介质有关，如 ATM、FDDI 等。数据链路层必须具备一系列相应的功能，例如，将数据组合成数据块，在数据链路层中称这种数据块为帧，帧是数据链路层的传输单位。数据链路层控制帧在物理链路上的传输，包括处理传输差错，调节发送速率以使之与接收端相匹配，以及在两个网络实体之间进行数据链路通路的建立、维持和释放的管理。

数据链路层的最基本的功能是向该层用户提供透明的和可靠的数据传输基本服务，同时提供差错控制和流量控制的方法。透明性是指该层上传输的数据的内容、格式及编码没有限制，也没有必要解释信息结构的意义。可靠的传输使用户免去对丢失信息、干扰信息及顺序不正确等的担心。在物理层中这些情况都有可能发生，在数据链路层中必须用纠错码来检错与纠错。数据链路层对物理层传输原始比特流的功能进行了加强，将物理层提供的可能出错的物理连接改造成逻辑上无差错的数据链路，使之对网络层表现为无差错的链路。

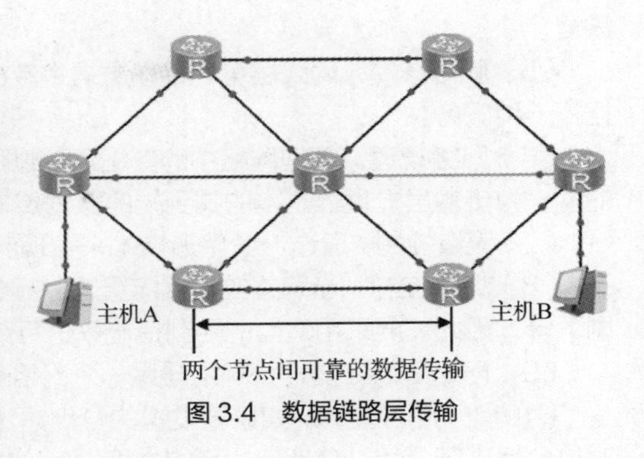

图 3.4　数据链路层传输

数据链路层主要有两个功能：帧编码和误差纠正控制。帧编码意味着定义一个包含信息频率、位同步、源地址、目标地址以及其他控制信息的数据报。数据链路层协议又被分为逻辑链路控制（Logical Link Control，LLC）协议和介质访问控制（Medium Access Control，MAC）协议。

3. 网络层

网络层（Network Layer）是 OSI 参考模型中的第 3 层，介于传输层和数据链路层之间，它在数据链路层提供的两个相邻端点之间的数据帧的传输功能的基础上，进一步管理网络中的数据通信，将数据设法从源端经过若干个中间节点传输到目的端，从而向传输层提供最基本的端到端的数据传输服务，如图 3.5 所示。网络层在源端与目的端之间提供最佳路由传输数据，以实现两个主机之间的逻辑通信，网络层是处理端到端数据传输的最低层，体现了网络应用环境中资源子网访问通信子网的方式。其主要内容有：虚电路分组交换和数据报分组交换、路由选择算法、阻塞控制方法、X.25 协议、综合业务数字网（Integrated Services Digital Network，ISDN）、异步传输方式及网际互联原理与实现。

网络层的目的是实现两个端系统之间的数据透明传输，具体功能包括寻址和路由选择，以及连接的建立、保持和终止等，它提供的服务使传输层不需要了解网络中的数据传输和交换技术。

网络层主要为传输层提供服务，为了向传输层提供服务，网络层必须使用数据链路层提供的服务。而数据链路层的主要作用是解决两个直接相邻节点之间的通信，并不负责解决数据经过通信子网中多个转接节点时的通信，因此，为了实现两个端系统之间的数据透明传输，让源端的数据能够以最佳路径透明地通过通信子网中的多个转接节点到达目的端，使得传输层不必关心网络的拓扑结构以及所使用的通信介质和交换技术，网络层必须具有以下功能。

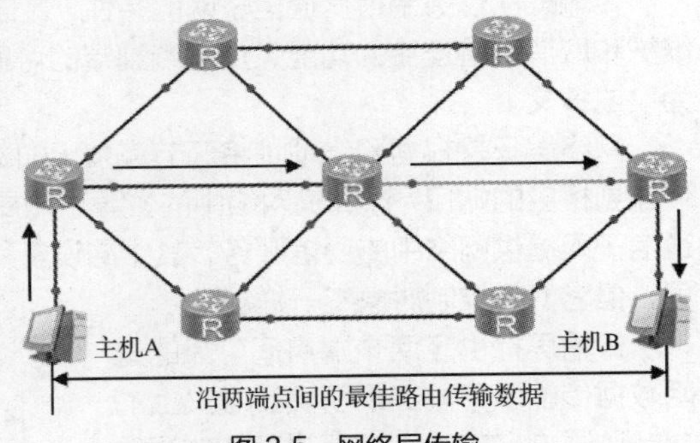

图 3.5　网络层传输

（1）分组与分组交换。把从传输层接收到的数据报（Packet，也称为“包”）封装成分组，再将其向下传输到数据链路层。

（2）路由。通过路由选择算法为分组通过通信子网选择最适当的路径。

（3）网络连接复用。为分组在通信子网中节点之间的传输创建逻辑链路，在一条数据链路上复用多条网络连接（多采取时分多路复用技术）。

（4）差错检测与恢复。一般用分组中的头部校验和差错校验，使用确认和重传机制来进行差错恢复。

（5）服务选择。网络层可为传输层提供数据报和虚电路两种服务，但网络层仅为传输层提供数据报一种服务。

（6）网络管理。管理网络中的数据通信过程，将数据设法从源端经过若干个中间节点传输到目的端，为传输层提供最基本的端到端的数据传输服务。

（7）流量控制。通过流量整形技术来实现流量控制，以防止通信量过大造成通信子网性能下降。

（8）拥塞控制。当网络的数据流量超过额定容量时，会引发网络拥塞，致使网络的吞吐能力急剧下降，因此需要采用适当的控制措施来进行疏导。

（9）网络互联。把一个网络与另一个网络互相连接起来，在用户之间实现跨网络的通信。

（10）分片与重组。如果要发送的分组超过了协议数据单元允许的长度，则源节点的网络层要对该分组进行分片，分片到达目的主机之后，由目标节点的网络层再重新组装成原分组。

4. 传输层

传输层（Transport Layer）是 OSI 参考模型中的第 4 层，是整个网络体系结构中的关键层之一，主要负责向两个主机中进程之间的通信提供服务。由于一个主机同时运行多个进程，因此传输层具有复用和分用功能。传输层在终端用户之间提供透明的数据传输，向上层提供可靠的数据传输服务。传输层在给定的链路上通过流量控制、分段/重组和差错控制来保证数据传输的可靠性。传输层的一些协议是面向连接的，这就意味着传输层能保持对分段的跟踪，并且重传那些失败的分段。

该层协议为网络端点主机上的进程提供了可靠、有效的报文传输服务。其功能紧密地依赖于网络层的虚拟电路或数据报服务，定义了主机应用程序之间端到端的连通性。传输层也称为运输层，只存在于端开放系统中，是介于低 3 层和高 3 层之间的一层，是很重要的一层，因为它是源端到目的端对数据传输进行控制、从低到高的最后一层。

传输层的服务一般要经历传输连接建立阶段、数据传输阶段、传输连接释放阶段这 3 个阶段，这样才算完成一个完整的服务过程。而在数据传输阶段又分为一般数据传输和加速数据传输两种形式。传输层中最为常见的两个协议分别是传输控制协议（Transmission Control Protocol，TCP）和用户数据报协议（User Datagram Protocol，UDP）。传输层可提供逻辑连接的建立、传输层寻址、数据传输、传输连接释放、流量控制、拥塞控制、多路复用和解复用、崩溃恢复等服务。

传输层的任务是根据通信子网的特性，最佳地利用网络资源，为两个端系统的会话层提供建立、维护和取消传输连接的功能，负责端到端的可靠数据传输。在这一层，信息传输的协议数据单元称为段或报文。

网络层只是根据网络地址将源节点发出的数据报传输到目标节点，而传输层负责将数据可靠地传输到相应的端口。计算机网络中的资源子网是通信的发起者和接收者，其中的每个设备称为端点。通信子网提供网络中的通信服务，其中的设备称为节点。OSI 参考模型中用于通信控制的是下面 4 层，但它们的控制对象不一样。

传输层提供了两个端点间可靠的透明数据传输服务，实现了真正意义上的"端到端"的连接，即应用进程间的逻辑通信，如图 3.6 所示。

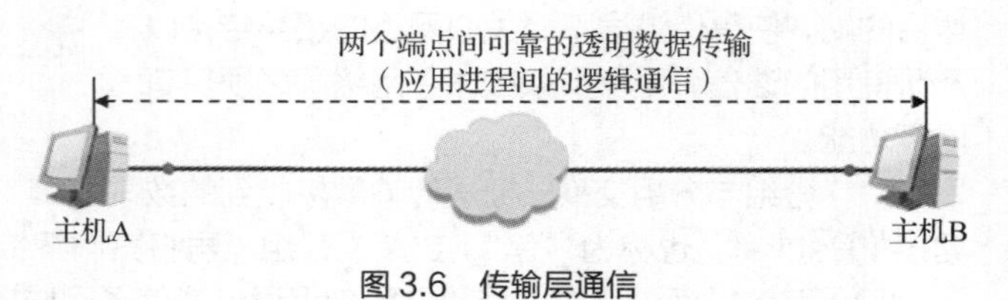

图 3.6　传输层通信

传输层提供了主机应用程序进程之间的端到端的服务，其基本功能如下。

（1）分割与重组数据。

（2）按端口号寻址，连接管理。

（3）差错控制和流量控制，以及纠错。

传输层要向会话层提供可靠的通信服务，避免报文出错、丢失、延迟时间紊乱、重复、乱序等差错。

传输层既是 OSI 参考模型中负责数据通信的最高层，又是面向网络通信的低三层和面向信息处理的高三层之间的中间层。该层能弥补高层所要求的服务和网络层所提供的服务之间的差距，并向高层用户屏蔽通信子网的细节，使高层用户看到的只是在两个传输实体间的一条端到端的、可由用户控制和设定的、可靠的数据通路。

传输层提供的服务可分为传输连接服务和数据传输服务。

（1）传输连接服务。通常对于会话层要求的每个传输连接，传输层都要在网络层上建立相应的连接。

（2）数据传输服务。强调提供面向连接的可靠服务，并提供流量控制、差错控制和序列控制，以实现两个终端系统间传输的报文无差错、无丢失、无重复、无乱序。

5. 会话层

会话层（Session Layer）是 OSI 参考模型中的第 5 层，它建立在传输层之上，利用传输层提供的服务建立应用和维持会话，并使会话获得同步。会话层使用校验点可使通信会话在通信失效时从校验点继续恢复通信。这种能力对于传输大的文件极为重要。

会话层、表示层、应用层构成开放系统的高三层，面对应用进程提供分布处理、对话管理、信息表示、恢复最后的差错等。会话层同样要满足应用进程服务要求，主要的功能是对话管理、数据流同步和重新同步。要完成这些功能，需要由大量的功能单元进行组合，已经制定的功能单元已有几十种。如果想要用尽量少的词来记住这第 5 层，那就是“对话和交谈”。

会话层的主要功能如下。

（1）为会话实体间建立连接。

为给两个对等会话服务用户建立一个会话连接，应该做如下几项工作。

① 将会话地址映射为传输地址。

② 选择需要的传输服务质量（Quality of Service，QoS）参数。

③ 对会话参数进行协商。

④ 识别各个会话连接。

⑤ 传输有限的透明用户数据。

（2）数据传输阶段。

这个阶段是在两个会话用户之间实现有组织的、同步的数据传输。会话用户之间的数据传输过程是将会话服务数据单元（Session Service Data Unit，SSDU）转变成会话协议数据单元（Session Protocol Data Unit，SPDU）。

（3）连接释放。

连接释放是通过有序释放、废弃、有限量透明用户数据传输等功能单元来释放会话连接的。会话层为了使会话连接建立阶段能进行功能协商，也为了便于其他国际标准参考和引用，定义了 12 种功能单元。各个系统可根据自身情况和需要，以核心功能单元为基础，选配其他功能单元组成合理的会话服务子集。

会话层允许不同机器上的用户建立会话关系。会话层循序进行类似传输层的普通数据的传输，在某些场合还提供了一些有用的增强型服务，允许用户利用一次会话在远端的分时系统上登录，或者在两台机器间传输文件。会话层提供的服务之一是管理对话控制。会话层允许信息同时双向传输，或任意时刻只能单向传输。如果属于后者，则类似于物理信道上的半双工模式，会话层将记录此时该轮到哪一方。一种与对话控制有关的服务是令牌管理（Token Management）。有些协议会保证双方不能同时进行同样的操作，这一点很重要。为了管理这些活动，会话层提供了令牌，令牌可以在会话双方之间移动，只有持有令牌的一方可以执行某种关键性操作。另一种会话层服务是同步。设想在平均每小时出现一次大故障的网络中，两台机器简要进行一次两小时的文件传输，会出现什么样的情况呢？每一次传输中途失败后，都不得不重新传输这个文件。当网络再次出现大故障时，传输可能又会中止。为解决这个问题，会话层提供了一种方法，即在数据中插入同步点。每次网络出现故障后，仅重传最后一个同步点以后的数据。

6．表示层

表示层（Presentation Layer）是 OSI 参考模型中的第 6 层，它向上为应用层服务，向下接受来自会话层的服务。表示层为在应用过程之间传输的信息提供表示方法的服务，保证一个系统的应用层发出的信息被另一个系统的应用层读出。表示层用一种通用的数据表示格式在多种数据格式之间进行转换，它包括数据格式变换、数据加密与解密、数据压缩与恢复等功能，它只关心信息发出的语法和语义，应用层需要负责处理语义，而表示层需要负责处理语法。

表示层的主要作用之一是为异种机通信提供一种公共语言，以便能进行互操作。这种类型的服务之所以被需要，是因为不同的计算机体系结构使用的数据表示法不同。与第 5 层提供透明的数据传输服务不同，表示层处理所有与数据表示及运输有关的问题，包括转换、加密和压缩。每台计算机可能有它自己的表示数据的内部方法，例如，ASCII 与 EBCDIC，因此需要表示层来保证不同的计算机可以彼此理解。

表示层的功能如下。

（1）网络的安全和保密管理、文本的压缩与打包、虚拟终端协议（Virtual Terminal Protocol，VTP）。

（2）语法转换。将抽象语法转换成传输语法，并在对方语法上实现相反的转换（将传输语法转换成抽象语法）。涉及的内容有代码转换、字符转换、数据格式的修改，以及对数据结构操作的适应、数据压缩和加密等。

（3）语法协商。根据应用层的要求协商选用合适的上下文，即确定传输语法并传输。

（4）连接管理。包括利用会话层服务建立表示连接，管理在这个连接之上的数据运输和同步控制（利用会话层相应的服务），以及正常地或异常地终止这个连接。

通过前面的介绍可以看出，会话层以下 5 层完成了端到端的数据传输，并且是可靠、无差错的传输。但是数据传输只是手段而不是目的，最终要实现对数据的使用。各种系统对数据的定义并不完全相同，最易明白的例子是键盘，其上的某些键的含义在许多系统中会有差异。这自然给利用其他系统的数据造成了障碍，表示层和应用层就担负了消除这种障碍的任务。

7．应用层

应用层（Application Layer）是 OSI 参考模型的第 7 层。它是最靠近用户的一层，是用户应用程序与网络的接口、应用层和应用程序协同工作的层次，直接向用户提供服务，完成用户希望在网络中完成的各种工作，如 DNS、FTP、HTTP 等服务。应用层是 OSI 参考模型的最高层，是直接为应用进程提供服务的。其作用是在实现多个系统应用进程相互通信的同时，提供一系列业务处理所需的服务。其服务元素分为两类：公共应用服务元素（Common Application Service Element，CASE）和特定应用服务元素（Special Application Service Element，SASE）。

CASE 提供最基本的服务，它是应用层中任何用户和任何服务元素的用户，主要为应用进程通信、分布系统实现提供基本的控制机制；SASE 则要满足一些特定服务，如文卷传输、访问管理、作业传输、银行事务、订单输入等。这些将涉及虚拟终端、作业传输与操作、文卷传输及访问管理、远程数据库访问、图形核心系统、开放系统互联管理等。

从上面可以看出，只有最低 3 层涉及与通信子网的数据传输，高 4 层是端到端的层次，因而通信子网只包括低 3 层的功能。OSI 参考模型规定的是两个开放系统进行互联要遵循的标准，对于高

4 层来说，这些标准是由两个端系统上的对等实体来共同执行的；对于低 3 层来说，这些标准是由端系统和通信子网边界上的对等实体来执行的，通信子网内部采用的标准则是任意的。

扫码看拓展阅读 3-2

3.2.3 OSI 参考模型数据传输过程

OSI 参考模型中数据的实际传输过程如图 3.7 所示。发送进程传输数据给接收进程，实际上是经过发送端通过发送进程到各层，从上到下传输到物理传输介质，通过物理传输介质传输到接收端，再经过从下到上各层的传输，最后到达接收端的接收进程。

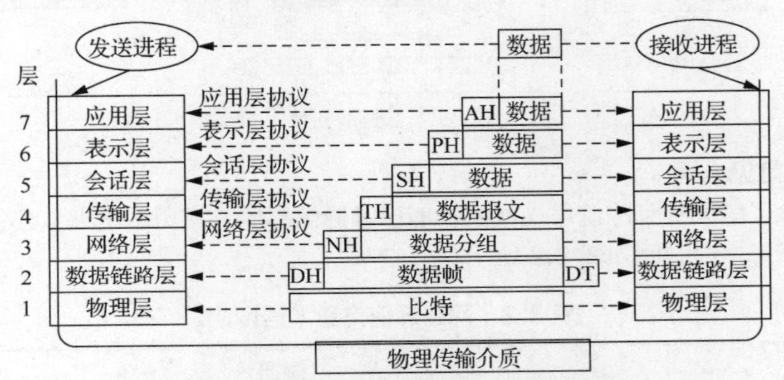

图 3.7　OSI 参考模型中数据的实际传输过程

在发送端从上到下逐层传输的过程中，每层都要加上适当的控制信息，如 AH、PH、SH、TH、NH、DH 等，它们统称为报头。到最底层成为由“0”或“1”组成的数据比特流，然后转换为电信号在物理传输介质上传输到接收端。接收端在向上传输时的过程正好与此相反，要逐层剥去发送端加上的控制信息。

1. 数据解封装

在 OSI 参考模型中，对等层协议之间交换的信息单元为 PDU。传输层及以下各层的 PDU 都有各自特定的名称。传输层是数据段（Segment），网络层是数据报或分组，数据链路层是数据帧（Frame），物理层是比特流（Bit）。

下层为上层提供服务，就是对上层的 PDU 进行数据封装，然后加入本层的头部和尾部。头部中含有完成数据传输所需要的控制信息。

这样数据自上而下递交的过程实际上就是不断封装的过程，到达目的地后自下而上递交的过程就是不断拆封装的过程，如图 3.8 所示。由此可知，在物理线路上传输的数据，其外面实际上被封装了多层报头。

某一层只能识别有对等层封装的报头，对于被封装在报头内部的数据只是将其拆封后提交给上层，本层不做任何处理。

因接收端的某一层不会收到底下各层的控制信息，而高层的控制信息对于它来说又只是透明的数据，所以它只阅读本层的信息，并进行相应的协议操作。发送端和接收端的对等实体看到的信息是相同的，就好像这些信息通过虚拟通信直接发送给了对方一样。这是开放系统在网络通信过程中最主要的特点，因此，在考虑问题时，可以不管实际的数据流向，而认为对等实体在进行直接的通信。

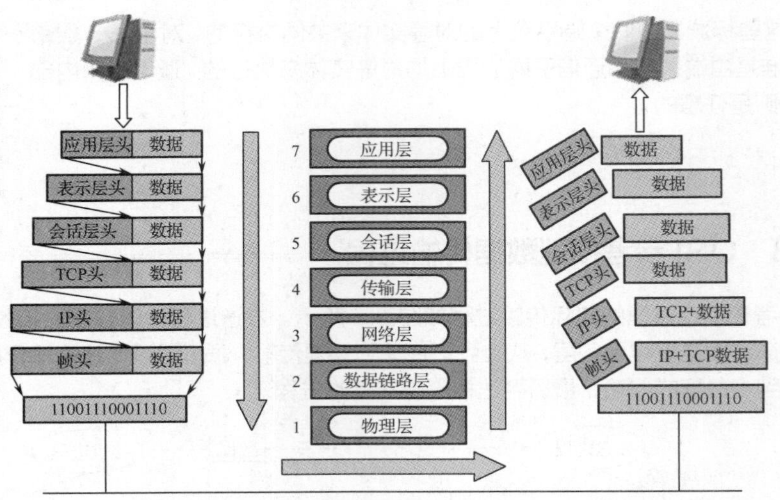

图 3.8 数据解封装

2. 网络通信常见术语

网络通信中除了前面提到的信号、数据、信息等通俗易懂的常见术语外，还包含一些相对比较抽象的术语，其常见术语说明如表 3.2 所示。

表 3.2 网络通信常见术语说明

术语	说明
数据载荷	根据快递服务的比喻，可将数据载荷理解为最终想要传输的信息。而实际上在具有层次化结构的网络通信过程中，上一层协议传输给下一层协议的数据单元（报文）都可以称之为下一层协议的数据载荷
报文	报文是网络中交换与传输的数据单元，它具有一定的内在格式，并通常具有“头部+数据载荷+尾部”的基本结构。在传输过程中，报文的格式和内容可能会发生改变
头部	为了更好地传输信息，在组装报文时，在数据载荷的前面添加的信息段统称为报文的头部
尾部	为了更好地传输信息，在组装报文时，在数据载荷的后面添加的信息段统称为报文的尾部。注意，很多报文是没有尾部的
封装	对数据载荷添加头部和尾部，从而形成新的报文的过程
解封装	解封装是封装的逆过程，也就是去掉报文的头部和尾部，获取数据载荷的过程

3.3 TCP/IP 参考模型

OSI 参考模型的提出在计算机网络发展史上具有里程碑的意义，以至于提到计算机网络就不能不提 OSI 参考模型。但是 OSI 参考模型具有定义过于繁杂、实现困难等缺点，面对市场，OSI 参考模型失败了。与此同时，TCP/IP 的提出和广泛使用，特别是 Internet 用户迅速的增长，使 TCP/IP 网络的体系结构日益显示出其重要性。

3.3.1 TCP/IP 概述

TCP/IP 是目前最流行的商业化网络协议，尽管它不是某一标准化组织提出的正式标准，但它已经被公认为目前的工业标准或“事实标准”。Internet 之所以能迅速发展，是因为 TCP/IP 能够适应和满足世界范围内数据通信的需求。

1. TCP/IP 的特点

TCP/IP 能够迅速发展起来并成为事实上的标准，原因是它恰好适应了世界范围内数据通信的需要，它有以下特点。

（1）TCP/IP 不依赖于任何特定的计算机硬件或操作系统，提供开放的协议标准，即使不考虑 Internet，TCP/IP 也获得了广泛的支持。所以 TCP/IP 成了一种联合各种硬件和软件的实用系统。

（2）TCP/IP 并不依赖于特定的网络传输硬件，所以 TCP/IP 能够集成各种各样的网络。用户能够使用以太网（Ethernet）、令牌环网（Token Ring Network）、拨号线路（Dial-up line）、X.25 网以及所有的网络传输硬件。

（3）统一的网络地址分配方案，使得整个 TCP/IP 设备在网络中都具有唯一的地址。

（4）标准化的高层协议，可以提供多种可靠的用户服务。

2. TCP/IP 的缺点

（1）该参考模型没有明显地区分服务、接口和协议的概念。因此，对于使用新技术来设计新网络而言，TCP/IP 参考模型不是一个很好的参考模型。

（2）TCP/IP 参考模型完全不是通用的，并且不适合描述除 TCP/IP 参考模型之外的任何协议栈。

（3）链路层并不是通常意义上的一层。它是一个接口，处于网络层和数据链路层之间。接口和层间的区别是很重要的。

（4）TCP/IP 参考模型不区分物理层和数据链路层。这两层完全不同，物理层必须处理铜缆、光纤和无线通信的传输特征；而数据链路层的工作是确定帧的开始和结束，并且按照所需的可靠程度把帧从一端发送到另一端。

3. TCP/IP 参考模型的层次

与 OSI/ISO 参考模型不同，TCP/IP 参考模型将网络划分为 4 层，它们分别是应用层、传输层、网际层（Internet Layer）和网络接口层（Network Interface Layer）。

实际上，TCP/IP 参考模型与 OSI/ISO 参考模型有一定的对应关系，如图 3.9 所示。

（1）TCP/IP 参考模型的应用层与 OSI 参考模型的应用层、表示层及会话层相对应。

（2）TCP/IP 参考模型的传输层与 OSI 参考模型的传输层相对应。

（3）TCP/IP 参考模型的网际层与 OSI 参考模型的网络层相对应。

（4）TCP/IP 参考模型的网络接口层与 OSI 参考模型的数据链路层及物理层相对应。

OSI参考模型	TCP/IP参考模型	
应用层	应用层	HTTP，DNS，Telnet，FTP，SMTP，POP3，E-mail以及其他应用协议
表示层		
会话层		
传输层	传输层	TCP，UDP
网络层	网际层	IP，ARP，RARP，ICMP
数据链路层	网络接口层	各种通信网络接口（以太网等）物理网络
物理层		

图 3.9　OSI/ISO 参考模型与 TCP/IP 参考模型的对应关系

3.3.2　TCP/IP 参考模型各层的功能

TCP/IP 参考模型各层的功能如下。

1. 网络接口层

TCP/IP 中没有详细定义网络接口层的功能，只是指出通信主机必须采用某种协议连接到网络上，并且能够传输网络数据分组。该层没有定义任何实际协议，只定义了网络接口，任何已有的数据链路层协议和物理层协议都可以用来支持 TCP/IP。

2. 网际层

网际层又称互联层，是 TCP/IP 参考模型的第二层，它实现的功能相当于 OSI 参考模型网络层的无连接网络服务，主要解决主机到主机的通信问题。它所包含的协议设计数据报在整个网络中进行逻辑传输。其注重重新赋予主机一个 IP 地址来完成对主机的寻址，它还负责数据报在多种网络中的路由。该层有 3 个主要协议：互联网协议（Internet Protocol，IP）、互联网组管理协议（Internet Group Management Protocol，IGMP）和互联网控制报文协议（Internet Control Message Protocol，ICMP）。IP 是网际层最重要的协议，它提供的是一个可靠、无连接的数据报传输服务。

3. 传输层

传输层位于网际层之上，它主要负责应用进程之间的端到端通信。在 TCP/IP 参考模型中，设计传输层的主要目的是在网际层中的源主机与目的主机的对等实体之间建立用于会话的端到端连接。该层定义了两个主要的协议：TCP 和 UDP。

TCP 提供的是一种可靠的、通过“三次握手”来连接的数据传输服务；而 UDP 提供的是不保证可靠的、无连接的数据传输服务。

4. 应用层

应用层是最高层。它与 OSI 参考模型中的高 3 层的任务相同，为用户提供所需要的各种服务，用于提供网络服务，如文件传输、远程登录、域名服务和简单网络管理等。

3.3.3 OSI 与 TCP/IP 参考模型比较

TCP/IP 参考模型与 OSI 参考模型在设计上都采用了层次结构的思想，不过层次划分及使用的协议有很大的区别。无论是 OSI 参考模型还是 TCP/IP 参考模型都不是完美的，都存在某些缺陷。

总结两者的区别主要如下。

（1）法律上的国际标准 OSI 并没有得到市场的认可，非国际标准 TCP/IP 现在获得了最广泛的应用，TCP/IP 常被称为事实上的国际标准。

（2）OSI 的专家们在完成 OSI 标准时没有商业驱动力。

（3）OSI 的协议实现起来过分复杂，且运行效率很低。

（4）OSI 标准的制定周期太长，从而使得按 OSI 标准生产的设备无法及时进入市场。

（5）OSI 的层次划分不太合理，有些功能在多个层次中重复出现。

（6）OSI 引入了服务、接口、协议、分层的概念，TCP/IP 借鉴了 OSI 的这些概念建模。

1. OSI 参考模型的优缺点

OSI 参考模型的主要问题是定义复杂、实现困难，有些同样的功能在多层重复出现，效率低下。人们普遍希望网络标准化，但 OSI 参考模型迟迟没有成熟的网络产品。因此，OSI 参考模型与协议没有像专家们所预想的那样风靡世界。

（1）OSI 参考模型详细定义了服务、接口和协议 3 个概念，并对它们严格加以区分，实践证明这种做法是非常有必要的。

（2）OSI 参考模型诞生在协议发明之前，这意味着该模型没有偏向于任何特定的协议，因此非常通用。

（3）OSI 参考模型的某些层次（如会话层和表示层）对于大多数应用程序来说都没有用，而且某些功能在各层重复出现（如寻址、流量控制和差错控制），这影响了系统的工作效率。

（4）OSI 参考模型的结构和协议虽然大而全，但是显得过于复杂和臃肿，因而效率较低，实现起来较为困难。

2. TCP/IP 参考模型的优缺点

TCP/IP 参考模型的缺点是网络接口层本身并不是实际的一层，每层的功能定义与实现方法没有区分开，从而使得 TCP/IP 参考模型不适用于非 TCP/IP 协议族。TCP/IP 参考模型与协议在 Internet 中经受了几十年的风风雨雨，得到了 IBM、Microsoft、Novell 及 Oracle 等大型网络公司的支持，成为了计算机网络中的主要标准体系。

（1）TCP/IP 参考模型诞生在协议出现以后，该参考模型实际上是对已有协议的描述，因此，协议和参考模型匹配得相当好。

（2）TCP/IP 参考模型并不是作为国际标准开发的，它只是对一种已有标准的概念性描述，所以其设计目的单一，影响因素少，协议简单高效，可操作性强。

（3）TCP/IP 参考模型没有明显地区分服务、接口和协议的概念，因此，对于使用新技术设计新网络来说，TCP/IP 参考模型不是一个很好的模型。

（4）由于 TCP/IP 参考模型是对已有协议的描述，因此通用性较差，不适合描述除 TCP/IP 参考模型的协议之外的其他任何协议。

（5）某些层次的划分不尽合理，如网络接口层。

3.3.4 TCP/IP 网际层协议

在计算机网络的众多协议中，TCP/IP 是应用最广泛的，在 TCP/IP 参考模型包含的 4 个层次中，只有 3 个层次包含实际的协议。网际层的协议主要包括 IP、ARP、ICMP 和 IGMP。

1. IP

Internet 是由许多网络相互连接之后构成的集合，将整个 Internet 互联在一起的正是 IP。设计 IP 的目的是提高网络的可扩展性，一是解决互联网问题，实现大规模、异构网络的互联互通；二是分割顶层网络应用和底层网络技术之间的耦合关系，以利于两者独立发展。根据端到端的设计原则，IP 只为主机提供一种无连接、不可靠的、尽力而为的数据报传输服务。IP 是整个 TCP/IP 协议族的核心，也是构成互联网的基础。IP 位于 TCP/IP 参考模型的网际层（相当于 OSI 参考模型的网络层），它可以向传输层提供各种协议的信息，如 TCP、UDP 等；对下可将 IP 信息包放到网络接口层，通过以太网、令牌环网等各种技术来传输。为了适应异构网络，IP 强调适应性、简洁性和可操作性，并在可靠性方面做了一定的牺牲。IP 不保证分组的交付时限性和可靠性，所传输分组有可能出现丢失、重复、延迟或乱序等问题。

2. ARP

IP 数据报常通过以太网发送。以太网设备并不能识别 32 位 IP 地址，它们是以 48 位的以太网地址（MAC 地址或硬件地址）传输以太网数据报的。因此，必须把 IP 目标地址转换成以太网目标地址。地址解析协议（Address Resolution Protocol，ARP）就是用来确定 IP 地址与物理地址之间的映射关系的。反向地址解析协议（Revers Address Resolution Protocol，RARP）负责完成物理地址向 IP 地址的转换。

3. ICMP

ICMP 是 TCP/IP 协议族的一个子协议，用于在 IP 主机、路由器之间传输控制消息。控制消息是指网络是否可通、主机是否可达、路由是否可用等网络本身的消息。这些控制消息虽然并不传输用户数据，但是对于用户数据的传输起着重要的作用。IP 是一种不可靠的协议，无法进行差错控制。但 IP 可以借助其他协议来实现这一功能，ICMP 允许主机或路由器报告差错情况，提供有关异常情况的报告。

4. IGMP

IGMP 是 Internet 协议族中的一个组播协议，该协议运行在主机和组播路由器之间。IGMP 共有 3 个版本，即 IGMPv1、IGMPv2 和 IGMPv3。组播协议包括组成员管理协议和组播路由协议。组成员管理协议用于管理组播组成员的加入和离开，组播路由协议负责在路由器之间交互信息来建立组播树。IGMP 属于前者，是组播路由器用来维护组播组成员信息的协议，运行于主机和组播路由器之间。IGMP 信息封装在 IP 报文中，其 IP 的协议号为 2。

IGMPv1 定义了主机只可以加入组播组，但没有定义离开成员组的信息，路由器可基于成员组的超时机制发现离线的组成员。IGMPv1 主要基于查询和响应机制来实现对组播组成员的管理。当一个网段内有多台组播路由器时，由于它们都能从主机那里收到 IGMP 成员关系报告报文，因此只需要由其中一台路由器发送 IGMP 查询报文就足够了。这就需要有一个查询器的选举机制来确定由哪台路由器作为 IGMP 查询器。

IGMPv2 在 IGMPv1 的基础上增加了主机离开成员组的信息，允许迅速向路由协议报告组成员的离开情况，这对高带宽组播组或易变型组播组成员而言是非常重要的。另外，若一个子网内有多个组播路由器，那么多个路由器同时发送 IGMP 查询报文不仅浪费资源，还会引起网络的堵塞。为了解决这个问题，IGMPv2 使用了不同的路由选举机制，能在一个子网内查询多个路由器。

IGMPv3 在兼容和继承 IGMPv1 和 IGMPv2 的基础上，进一步增强了主机的控制能力，并增强了查询和报告报文的功能。

3.3.5 TCP/IP 传输层协议

传输层协议主要包括 TCP 和 UDP。

1. TCP

TCP 是传输层的一种面向连接的通信协议，它提供可靠的、按序传输数据的服务。对于大量数据，通常都要求有可靠的数据传输，TCP 提供的连接是双向的，即全双工的。

TCP 旨在适应支持多网络应用的分层协议层次结构。其连接可在不同但互联的计算机通信网络的主计算机中的成对进程之间，提供可靠的通信服务。TCP 假设它可以从较低级别的协议获得简单的、可能不可靠的数据报服务。原则上，TCP 应该能够在从硬线连接到分组交换或电路交换网络的各种通信系统之上操作。

TCP 是为了在不可靠的互联网络中提供可靠的端到端字节流而专门设计的一个传输协议。互联网络与单个网络有很大的不同，因为互联网络的不同部分可能有截然不同的拓扑结构、带宽、延迟、数据报和其他参数。TCP 的设计目标是能够动态地适应互联网络的这些特性，而且具备面对各种故障的健壮性。

3 次握手建立 TCP 连接的过程如图 3.10 所示。

TCP 在传输之前会进行 3 次沟通，一般称为“3 次握手”，传完数据断开的时候要进行 4 次沟通，一般称为“4 次挥手”。其中，关于 2 个序号和 3 个标志位的介绍如下。

（1）序号：seq 序号，占 32 位，用来标识从 TCP 源端向目的端发送的字节流，发送端发送数据时对它进行标记。

（2）确认序号：ack 序号，占 32 位，只有 ACK 标志位为 1 时，确认序号字段才有效，ack=seq+1。

（3）标志位：共 6 个，即 URG、ACK、PSH、RST、SYN、FIN 等，其具体含义分别如下。

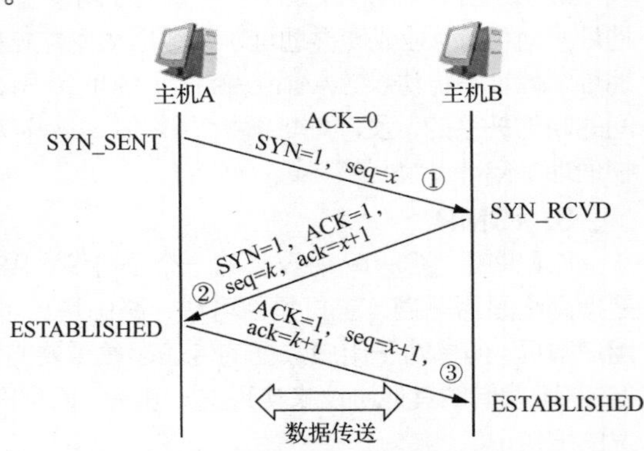

图 3.10　3 次握手建立 TCP 连接的过程

① URG：紧急指针（Urgent Pointer）有效。
② ACK：确认序号有效。
③ PSH：接收端应该尽快将这个报文提交给应用层。
④ RST：重置连接。
⑤ SYN：发起一个新连接。
⑥ FIN：释放一个连接。
关于 TCP 连接的过程，需要注意如下情况。
① 不要将确认序号 ack 与标志位中的 ACK 搞混。
② 确认方 ack=发起方 seq+1，两端配对。
在第一次消息发送中，主机 A 随机选取一个序列号作为自己的初始序号发送给主机 B。
在第二次消息发送中，主机 B 使用 ack 对主机 A 的数据报进行确认。
因为已经收到了序列号为 x 的数据报，准备接收序列号为 x+1 的数据报，所以 ack=x+1，同时主机 B 告诉主机 A 自己的初始序列号为 y，即 seq=y。
在第三条消息发送中，主机 A 告诉主机 B 它收到了主机 B 的确认消息并准备建立连接，主机 A 的此条消息的序列号是 x+1，所以 seq=x+1，而 ack=y+1 表示主机 A 正准备接收主机 B 的序列号为 y+1 的数据报。

2. UDP

UDP 的创立是为了向应用程序提供一条访问 IP 的无连接功能的途径。
使用该协议，源主机有数据就发送，它不去管发送的数据报是否到达目的主机、数据报是否出错，收到数据报的主机也不会告诉发送端是否收到数据。因此，它是一种不可靠的数据传输方式。
UDP 不为 IP 提供可靠性、流控或差错恢复功能。一般来说，TCP 对应的是可靠性要求高的应用，而 UDP 对应的是可靠性要求低、传输经济的应用。TCP 支持的应用协议主要有 Telnet 协议、FTP、简单邮件传输协议（Simple Mail Transfer Protocol，SMTP）等；UDP 支持的应用层协议主要有网络文件系统、简单网络管理协议、域名系统、通用文件传输协议等。

3.3.6 TCP/IP 应用层协议

1. 超文本传输协议

HTTP 是 WWW 浏览器和 WWW 服务器之间的应用层通信协议，它能保证正确传输超文本文档，是一种最基本的客户机/服务器（Client/Server，C/S）访问协议。该协议可以使浏览器更加高效，使网络传输流量减少。通常，它通过浏览器向服务器发送请求，而服务器回应相应的网页。基于TCP/IP的技术在很短的时间内迅速成为已经发展了几十年的Internet上的规模最大的信息系统，其成功归结于它的简单性、实用性。在 WWW 的背后有一系列的协议和标准支持它完成如此宏大的工作，这就是 Web 协议族，其中包括 HTTP。HTTP 是应用层协议，同其他应用层协议一样，它是用于实现某一类具体应用的协议，并由某一运行在用户空间的应用程序来实现其功能。HTTP 是一种协议规范，这种规范记录在文档中，为真正通过 HTTP 进行通信的 HTTP 的实现程序。

2. 文件传输协议

文件传输协议用来实现主机之间的文件传输，它采用了 C/S 模式，使用 TCP 提供可靠的传输服务，是一种面向连接的协议。FTP 的主要功能就是减少或消除在不同操作系统中处理文件的不兼容性。FTP 允许用户以文件操作的方式（如文件的增、删、改、查、传输等）与另一主机相互通信。然而，用户并不真正登录到自己想要存取的计算机中成为完全用户，而可用 FTP 程序访问远程资源，实现用户往返传输文件、目录管理以及访问电子邮件等，即使双方计算机可能配有不同的操作系统和文件存储方式。

3. 远程登录协议

远程登录（Telnet）协议是一个简单的远程终端协议，采用了 C/S 模式。用户用 Telnet 协议可通过 TCP 连接注册（登录）到远方的另一个主机上（使用主机名或 IP 地址）。

Telnet 协议是 TCP/IP 协议族中的一员，是 Internet 远程登录服务的标准协议和主要方式。它为用户提供了在本地计算机上完成远程主机工作的能力。在终端上使用 Telnet 程序，用它连接到服务器。终端使用者可以在 Telnet 程序中输入命令，这些命令会在服务器中运行，就像直接在服务器的控制台上输入一样，可以在本地控制服务器。要开始一个 Telnet 会话，必须输入用户名和密码来登录服务器，Telnet 是常用的远程控制 Web 服务器的方法。

4. SMTP

SMTP 是一种提供可靠且有效电子邮件传输的协议，建立在 FTP 文件传输服务上，主要用于传输系统之间的邮件信息，并提供与来信有关的通知。SMTP 独立于特定的传输子系统，且只需要可靠有序的数据流信道支持。SMTP 的重要特性之一是其能跨越网络传输邮件，即“SMTP 邮件中继”。使用 SMTP，可实现相同网络处理进程之间的邮件传输，也可通过中继器或网关实现某处理进程与其他网络之间的邮件传输。

5. 域名解析协议

域名系统（Domain Name System，DNS）协议用来把便于人们记忆的主机域名和电子邮件地址映射为计算机易于识别的 IP 地址。DNS 是一种 C/S 结构，客户机用于查找一个名称对应的地址，而服务器通常用于为他人提供查询服务。DNS 是互联网的一项服务，它作为将域名和 IP 地址相互映射的一个分布式数据库，能够使人更方便地访问互联网。DNS 使用 TCP 和 UDP 的端口 53。当前，对于每一级域名长度的限制是 63 个字符，域名总长度不能超过 253 个字符。DNS 协议用来将域名转换为 IP 地址（也可以将 IP 地址转换为相应的域名地址）。DNS 采用递归查询请求的方式来响应用户的查询，为互联网的运行提供了关键的基础服务。目前绝大多数的防火墙和网络会开放 DNS 服务，DNS 数据报不会被拦截，因此可以基于 DNS 协议建立隐蔽信道，从而顺利穿过防火墙，在客户端和服务器之间传输数据。

常用的 DNS 地址如下。

首选地址 114.114.114.114（备用地址 114.114.115.115）是中国移动、中国电信和中国联通通用的 DNS 地址，解析成功率较高，国内用户使用得比较多，速度较快、稳定，是国内用户上网常用的 DNS 地址。

首选地址 8.8.8.8（备用地址 8.8.4.4）是谷歌公司提供的 DNS 地址，该地址是全球通用的，相对来说，更适合国外以及访问国外网站的用户使用。

首选地址 119.29.29.29（备用地址 119.28.28.28）是公共 DNS 服务器 IPv4 地址。

首选地址 180.76.76.76 是百度公共 DNS 服务器 IPv4 地址。

首选地址 223.5.5.5（备用地址 223.6.6.6）是阿里巴巴公共 DNS 服务器 IPv4 地址。

6. 简单网络管理协议

简单网络管理协议（Simple Network Management Protocol，SNMP）是专门用于 IP 网络管理网络节点（服务器、工作站、路由器、交换机及集线器等）的一种标准协议。SNMP 使网络管理员能够管理网络效能，发现并解决网络问题及规划网络。通过 SNMP 接收随机消息（事件报告），网络管理系统可获知网络中出现的问题。

7. 动态主机配置协议

动态主机配置协议（Dynamic Host Configuration Protocol，DHCP）可以实现为计算机自动配置 IP 地址的功能。

DHCP 服务器能够从预先设置的 IP 地址池中自动为主机分配 IP 地址，这不仅能够保证 IP 地址不重复分配，也能及时回收 IP 地址以提高 IP 地址的利用率。

DHCP 使用 UDP 的 67、68 号端口进行通信，从 DHCP 客户端到达 DHCP 服务器的报文使用的目的端口号为 67，从 DHCP 服务器到达 DHCP 客户端使用的源端口号为 68。其工作过程如下: DHCP 客户端以广播的形式发送一个 DHCP Discover 报文，用来发现 DHCP 服务器; DHCP 服务器接收到客户端发来的 Discover 报文之后，单播一个 Offer 报文来回复客户端，Offer 报文包含 IP 地址和租约信息；客户端收到服务器发送的 Offer 报文之后，以广播的形式向 DHCP 服务器发送 Request 报文，用来请求服务器将该 IP 地址分配给它，客户端之所以以广播的形式发送报文是为了通知其他 DHCP 服务器，它已经接受这个 DHCP 服务器的信息了，不再接受其他 DHCP 服务器的信息；DHCP 服务器接收到 Request 报文后，以单播的形式发送 ACK 报文给 DHCP 客户端。DHCP 工作过程如图 3.11 所示。

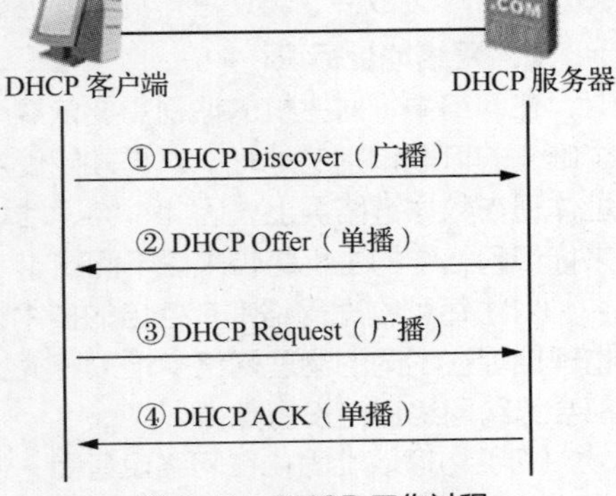

图 3.11　DHCP 工作过程

DHCP 租期更新：当客户端的租约期剩下原来的 50%时，客户端会向 DHCP 服务器单播一个 Request 报文，请求续约，服务器接收到 Request 报文后，会单播 ACK 报文表示延长续约期。

DHCP 重绑定：如果客户端剩下的租约期超过原来的 50%且原来的 DHCP 服务器并没有同意客户端续约 IP 地址，那么当客户端的租约期只剩下原来的 12.5%时，客户端会向网络中其他的 DHCP 服务器发送 Request 报文，请求续约。如果其他服务器有关于客户端当前的 IP 地址信息，则单播一个 ACK 报文回复客户端以续约；如果没有，则回复一个 NAK 报文，此时，客户端会申请重新绑定 IP 地址。

DHCP IP 地址的释放：当客户端直到租约期满还没收到 DHCP 服务器的回复时，会停止使用该 IP 地址；当客户端租约期未满却不想使用该 DHCP 服务器提供的 IP 地址时，会发送一个 Release 报文，告知服务器清除相关的租约信息，释放该 IP 地址。

3.4　IPv4 编址

IP 规定网络中所有的设备都必须有一个独一无二的 IP 地址，就好像邮件上都必须注明收件人地址，邮递员才能将邮件送到一样。同理，每个 IP 信息包都必须包含目的设备的 IP 地址，信息包才可以被正确地送到目的地。同一设备不可以拥有多个 IP 地址，所有使用 IP 地址的网络设备至少有一个唯一的 IP 地址。

3.4.1　IPv4 编址概述

IP 地址用于跨越任何数量的网络，跨越互联网，从世界上任何位置找到目的计算机，网关或路由器根据 IP 地址将数据帧传输到它们的目的计算机，直到数据帧到达本地网络，硬件地址才发挥作用。

1. 二进制与十进制

要掌握 IP 地址和子网划分方法，首先必须要对进制数记数有一定的认识，下面简要介绍十进制和二进制的互相转换。

（1）二进制与十进制。

二进制数是用 0 和 1 两个数码来表示的数。它的基数为 2，进位规则是“逢二进一”，借位规则是“借一当二”。

十进制是最方便的进制表示，也是日常生活中最常用的数制，但用计算机处理十进制数必须先将其转换成二进制数。

（2）二进制数转换成十进制数。

例如，$(1101)_2 = 1\times 23 + 1\times 22 + 0\times 21 + 1\times 20$

$= 8 + 4 + 0 + 1$

$= 13$

（3）十进制数转换成二进制数。

例如，将十进制数 125 转换成二进制数为 1111101。计算方法为除 2 取余，再逆序排列，其方法如图 3.12 所示。

		余数
2	125	1
2	62	0
2	31	1
2	15	1
2	7	1
2	3	1
2	1	1
	0	

图 3.12　十进制数转换成二进制数的方法

2. 网络地址标识

在网络中，对主机的识别需要依靠地址，在任何一个物理网络中，每个节点的设备必须都有一个唯一的可以识别的地址，这样才能使用信息在其中交换，这个地址被称为物理地址。由于物理地址体现在数据链路层上，因此，物理地址也被称为硬件地址或 MAC 地址。但是如果采用物理地址来标识网络中的主机将带来以下问题。

（1）每种物理网络都有各自的技术特点，其物理地址的长短、格式各不相同。例如，以太网的物理地址在不同的物理网络中难以寻找，而令牌环网的地址格式缺乏唯一性。这两种地址管理方式都会给跨网络通信设置障碍。

（2）物理地址固化在网络设备上，通常不能修改。

（3）物理地址属于非层次化的地址，它只能标识出单个设备，而标识不出该设备连接的是哪一个网络。

为了使主机统一编址，Internet 采用了网络层 IP 地址的编址方案。IP 定义了一个与底层物理地址无关的全网统一的地址格式，即 IP 地址，用该地址可以定位主机在网络中的具体位置。

3.4.2 IPv4 地址的表示方法

Internet 上的不同主机之间要想进行通信，除使用 TCP/IP 外，每台主机都必须有一个不与其他主机重复的地址，这个地址就是 Internet 地址，它相当于每台主机的名称。Internet 地址包括 IP 地址和域名地址两种不同的地址。

1. IPv4 地址的表示方法

根据 TCP/IP 规定，IPv4 地址用 4 字节共 32 位二进制数表示，由网络号和主机号两部分组成。

（1）点分十进制法。将每个字节的二进制数转化为 0～255 的十进制数，各字节之间采用“.”分隔，例如，IP 地址为 192.168.1.10，其点分十进制表示方法如图 3.13 所示。

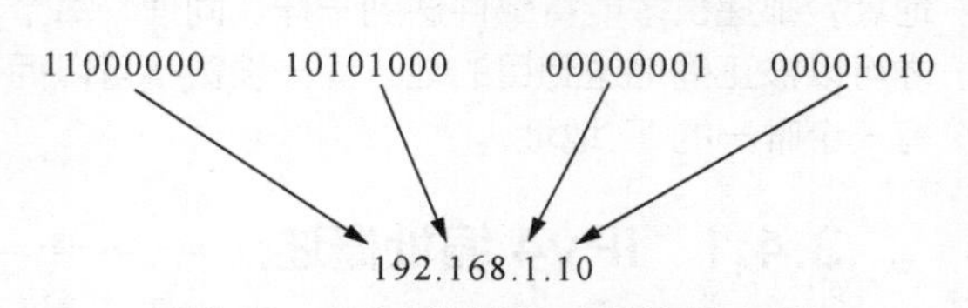

图 3.13　点分十进制 IPv4 地址表示方法

（2）后缀标记法。在 IP 地址后加“/”，“/”后的数字表示网络号位数。如 192.168.1.10/24，其中 24 表示网络号占 24 位。

2. IPv4 地址的组成

IPv4 地址由网络号和主机号两部分组成，如图 3.14 所示。网络号用来标识一个特定的物理网络，而主机号用来标识该网络中的主机。

3. IPv4 地址的分类与构成

为适应不同大小的网络，Internet 定义了 5 种类型的 IP 地址，即 A、B、C、D、E 类，使用较多的是 A、B、C 类，D 类用于多播，E 类保留给将来使用。

利用 IPv4 地址的基本结构可以在 Internet 上进行寻址，IPv4 的编址方式主要分为有类编址（Classful Addressing）和无类编址（Classless Adressing）。

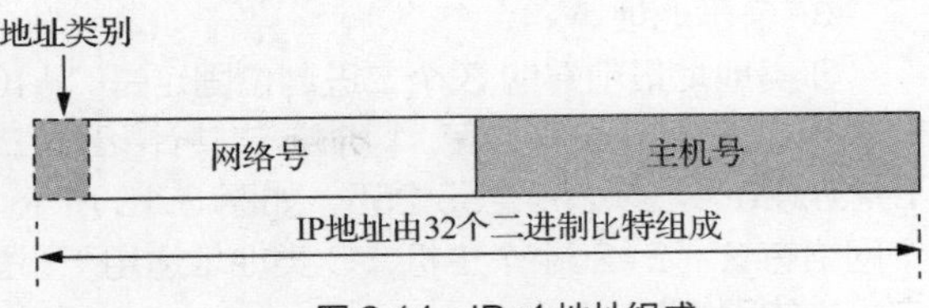

图 3.14　IPv4 地址组成

（1）有类编址。

在 Internet 上，所有的主机资源都通过 IP 地址来定位。IP 地址是由互联网名称与数字地址分配机构（Internet Corporation for Assigned Names and Number，ICANN）分配和管理的，IP 地址的分配有一套严格的机制和程序，这种机制和程序保证了 IP 地址在 Internet 上的唯一性。IP 地址的格式是由 IP 规定的，本书所讲的 IP 地址除特殊说明外均指 IPv4 地址。

IPv4 地址是一个 32 位的二进制数，由网络号和主机号两部分组成。IPv4 地址格式如图 3.15 所示。

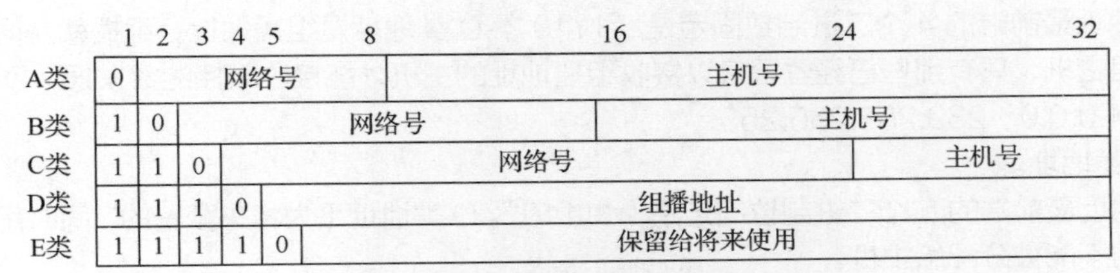

图 3.15　IPv4 地址格式

① A 类地址。

A 类地址第一个字节的第一位为“0”，其余 7 位表示网络号。第 2、3、4 个字节共计 24 位表示主机号。通过网络号和主机号的位数可以知道，A 类地址的网络数为 2^7（128）个，每个网络包括的主机数为 2^{24}（16777216）个。A 类地址的范围是 0.0.0.0～127.255.255.255，如图 3.16 所示。由于网络号全为 0 和全为 1 保留用于特殊目的，所以 A 类地址的有效网络数为 2^7-2（126）个，其范围是 1～126。另外，主机全为 0 和全为 1 也有特殊作用，所以每个网络号包含的主机数应该是 2^{24}-2（16777214）个。A 类 IP 地址主要分配给具有大量主机而局域网数量较少的大型网络。

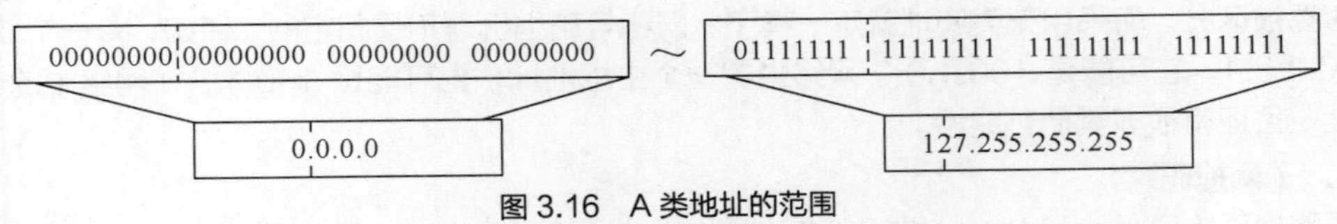

图 3.16　A 类地址的范围

② B 类地址。

B 类地址最前端的 2 个二进制位固定是“10”，剩下的 6 位和第 2 个字节的 8 位共 14 位二进制数用来表示网络号。第 3、4 个字节共计 16 位二进制数用于表示主机号。B 类地址的范围是 128.0.0.0～191.255.255.255，如图 3.17 所示。B 类地址允许有 2^{14}-2=16382 个网络，每个网络有 2^{16}-2=65534 个主机。B 类 IP 地址适用于中等规模的网络，一般用于一些国际性大公司和政府机构等。

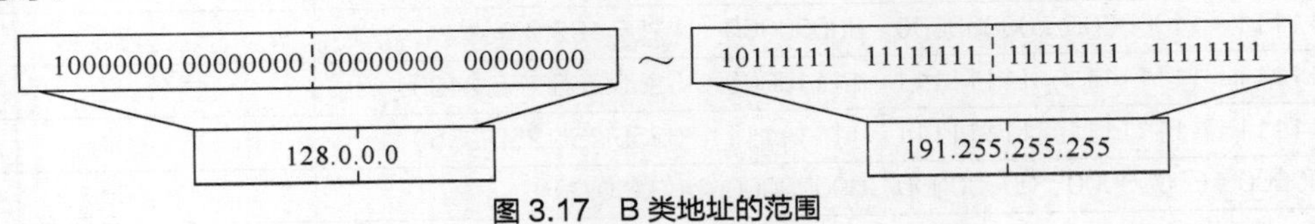

图 3.17　B 类地址的范围

③ C 类地址。

C 类地址最前端的 3 个二进制位固定是“110”，剩下的 5 位和第 2、3 个字节共 21 位二进制数用来表示网络号。第 4 个字节共计 8 位二进制数用于表示主机号。C 类地址的范围是 192.0.0.0～223.255.255.255，如图 3.18 所示。C 类地址允许有 $2^{21}-2=2097150$ 个网络，每个网络有 $2^{8}-2=254$ 个主机。C 类地址适用于小型网络，如一般的校园网、小型公司的网络和研究机构的网络等。

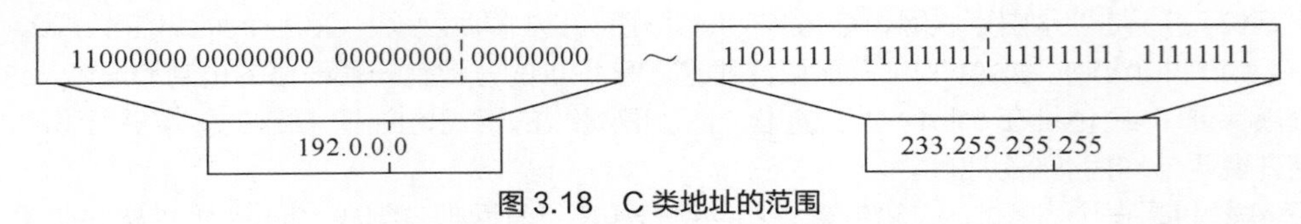

图 3.18　C 类地址的范围

④ D 类地址。

D 类地址最前端的 4 个二进制数固定是“1110”，D 类地址是组播地址，组播就是同时把数据发送给一组主机，只有那些已经登记可以接收组播地址的主机才能接收组播的数据报，D 类地址的范围是 224.0.0.0～239.255.255.255。

⑤ E 类地址。

E 类地址最前端的 5 个二进制位固定是“11110”，E 类地址是为将来预留的，同时用于实验目的，但它们不能被分配给主机。

（2）无类编址。

在网络通信发展的初期，网络中的计算机数量很少，需要使用的 IP 地址也很少。所以，将 IP 地址划分为 5 类的做法基本没有问题。然而，随着通信网络的飞速发展，这种有类编址的地址划分方法暴露了明显的问题。譬如，一个集团公司大约需要 10 万个 IP 地址，如果用 A 类地址进行分配，那么将会有大量的 IP 地址被浪费。总之，有类编址进行地址划分的颗粒度太大，使得大量的 A 类地址或 B 类地址无法被充分利用，从而造成大量 IP 地址资源浪费，因此，IPv4 出现了无类编址方法。

有类编址方法中，A 类地址、B 类地址、C 类地址限定了网络号和主机号的位数。无类编址不限定网络号和主机号的位数，这使得 IP 地址的分配更加灵活，IP 地址的利用率也得到了提高。

采用有类编址时，人们很容易知道关于一个 IP 地址的所有信息，特别是网络号和主机号，它们非常容易被区分。而采用无类编址就不一样了，网络号和主机号不是固定的，譬如，有一个 IP 地址为 100.1.5.1，它可能是 100.1.0.0 网络中的一个主机地址，也可能是 100.1.5.0 网络中的一个主机地址，且还有很多其他可能性。

4．子网掩码

子网掩码（Subnet Mask）由 32 个比特位组成，也可看作由 4 个字节组成，且通常以点分十进制数来表示。但是，子网掩码本身并不是一个 IP 地址，且子网掩码必须由若干个连续的 1 后接若干个连续的 0 组成。表 3.3 所示为子网掩码的示例。

表 3.3　子网掩码的示例

示例	是否为子网掩码
11111100　00000000　00000000　00000000　（252.0.0.0）	是
11111111　11000000　00000000　00000000　（255.192.0.0）	是
11111111　11111111　11111111　11110000　（255.255.255.240）	是
11111111　11111111　11111111　11111111　（255.255.255.255）	是
00000000　00000000　00000000　00000000　（0.0.0.0）	是

续表

示例	是否为子网掩码
11011000 00000000 00000000 00000000 （216.0.0.0）	否
00000000 11111111 11111111 11111111 （0.255.255.255）	否

通常将一个子网掩码中 1 的个数称为这个子网掩码的长度。例如，子网掩码 0.0.0.0 的长度为 0，子网掩码 252.0.0.0 的长度为 6，子网掩码 255.192.0.0 的长度为 10，子网掩码 255.255.255.255 的长度为 32。

子网掩码总是与 IP 地址结合使用的。当一个子网掩码与一个 IP 地址结合使用时，子网掩码中 1 的个数（也就是子网掩码的长度）就表示这个 IP 地址的网络号的位数，而 0 的个数就表示这个 IP 地址的主机号的位数。

（1）子网掩码与网络地址。

如果将一个子网掩码与一个 IP 地址进行逐位的“与”运算，则所得的结果便是该 IP 地址所在网络的网络地址。

（2）子网掩码与广播地址。

广播地址应用于主机同网络内所有其他主机的通信，它是主机号为全“1”的地址（子网掩码的反码），即广播地址=网络地址+子网掩码的反码。

（3）基于 IP 地址和子网掩码计算网络地址与广播地址。

例如，对于 202.199.184.1 这个 IP 地址，假设其子网掩码为 255.255.255.0，那么可以通过计算得知这个 IP 地址所在网络的网络地址为 202.199.184.0，广播地址为 202.199.184.255，其计算过程如图 3.19 所示。

```
              1100 1010   1100 0111   1011 1000   0000 0001   （IP地址：202.199.184.1）
“与运算”      1111 1111   11111111    1111 1111   0000 0000   （子网掩码：255.255.255.0）
              ---------------------------------------------
              1100 1010   1100 0111   1011 1000   0000 0000   （网络地址：202.199.184.0）

              1100 1010   1100 0111   1011 1000   0000 0001   （IP地址：202.199.184.1）
“加法”        0000 0000   0000 0000   0000 0000   1111 1111   （子网掩码的反码：0.0.0.255）
              ---------------------------------------------
              1100 1010   1100 0111   1011 1000   1111 1111   （广播地址：202.199.184.255）
```

图 3.19　基于 IP 地址和子网掩码计算网络地址与广播地址的计算过程

子网掩码的引入，使得无类编址方式可以完全后向兼容有类编址方式，即有类编址时，A 类地址的子网掩码总是 255.0.0.0，B 类地址的子网掩码总是 255.255.0.0，C 类地址的子网掩码总是 255.255.255.0。这样，所谓的有类编址便成了无类编址的特例。使用无类编址时，子网的长度是可以根据需要而灵活变化的，所以此时的子网掩码也称为可变长子网掩码（Variable Length Subnet Mask，VLSM）。

目前，Internet 所使用的编址方式都是无类编址，一个 IP 地址总是有其对应的子网掩码。我们在书写 IP 地址及其对应的子网掩码时，习惯 IP 地址在前，子网掩码在后，中间以“/”隔开。另外，为了简化，常以子网掩码的长度来代替子网掩码本身。例如，70.1.2.1/255.255.0.0 可以写作 70.1.0.0/16。

5. 特殊的 IP 地址

IP 地址除了可以表示主机的地址外，还有以下几种特殊的表现形式。

（1）回送地址。

网络地址 127.x.x.x 已经分配给当地回送地址。这个地址的目的是提供对本地主机的网络配置的测试。例如，127.0.0.1，该标识号被保留用作回路及诊断，称该地址为“回送地址”，其实质是测试本地的 TCP/IP 是否有问题。

（2）私有地址。

为了避免单位任选的 IP 地址与合法的 Internet 地址发生冲突，因特网工程任务组（Internet Engineering Task Force，IETF）已经分配了具体的 A 类地址、B 类地址和 C 类地址供单位内部网使用，这些地址称为私有地址，私有地址段如下。

A 类私有地址：10.0.0.0～10.255.255.255。

B 类私有地址：172.16.0.0～172.31.255.255。

C 类私有地址：192.168.0.0～192.168.255.255。

3.4.3 子网划分与规划

为了提高 IP 地址的使用效率，可以将一个网络划分为多个子网。可以采用借位的方法，从主机最高位开始借位使之变为新的子网号，剩余部分仍为主机号，将本来属于主机号的部分变为子网号和主机号，这样就将大的网络划分为多个小的网络，满足了不同网络对 IP 地址的个性化需求，体现了网络的层次性。

1. 子网划分

子网划分借位使得 IP 地址的结构分为 3 个部分：网络号、子网号和主机号，如图 3.20 所示。

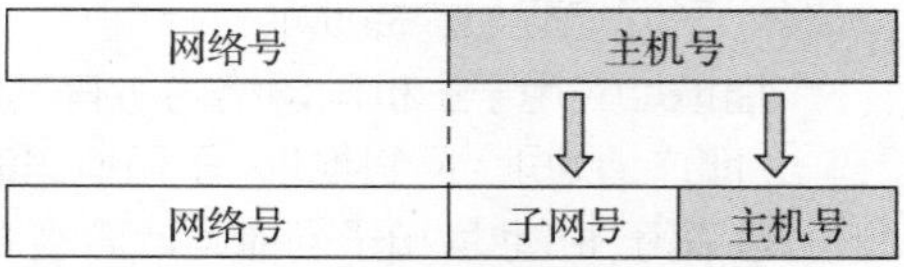

网络号 主机号

网络号 子网号 主机号

图 3.20 子网化示意

（1）子网划分的原理。

划分子网时，子网号借用的主机号位数越多，子网的数目也就越多，但每个子网的可用主机数就越少。譬如，某企业申请到 C 类地址为 192.168.1.1，其中网络号为 192.168.1.0，主机号为 1，主机位为 8 位，主机地址数为 2^8-2 即 254 个。

如果借用 1 位主机位，将产生 $2^1=2$ 个子网，每个子网的主机地址个数为 2^7（即 128）个；如果借用 2 位主机位，将产生 $2^2=4$ 个子网，每个子网的主机地址个数为 2^6（即 64）个。以此类推，可以知：每借用 n 个主机号的位，便会产生 2^n 个子网，每个子网的主机地址为 $2^{(8-n)}$ 个。以 C 类地址为例，根据子网号借用主机号的位数，可以分别计算出子网数、子网掩码、每个子网的主机数和可用主机数，如表 3.4 所示。

表 3.4 C 类网络的子网划分

借位数	掩码长度	子网掩码	子网数	主机数	可用主机数
1	/25	255.255.255.128	2	128	126
2	/26	255.255.255.192	4	64	64
3	/27	255.255.255.224	8	32	30
4	/28	255.255.255.240	16	16	14
5	/29	255.255.255.248	32	8	6
6	/30	255.255.255.252	64	4	2

（2）VLSM。

VLSM 允许在同一个网络地址空间中使用多个子网掩码。VLSM 使得 IP 地址的使用更加有效，减少了 IP 地址的浪费，并且 VLSM 允许已经划分过子网的网络继续划分子网。

如图 3.21 所示，网络 172.22.0.0/16 被划分成“/24”的子网，其中子网 172.22.1.0/24 又被继续划分成“/27”的子网。这个“/27”子网的网络范围是 172.22.1.0/27～172.22.1.224/27（从实际应用角度划分）。从图中可以看出，其又将 172.22.1.224/27 的网络划分成“/30”的子网。在这个“/30”的子网中，网络中可用的主机数为 2 个，这两个 IP 地址正好给两台路由器连接的接口使用。

由此也可以看出，VLSM 加强了 IP 地址的层次化结构设计，使路由表的路由汇总更加有效。在图 3.21 中，最右边的路由器的路由表中将到达 172.22.0.0/16 的网络及其子网的路由信息汇总成了一条 172.22. 0.0/16。也就是说，对于网络边界，路由器能够屏蔽掉子网的信息，减少路由表条目的数量。

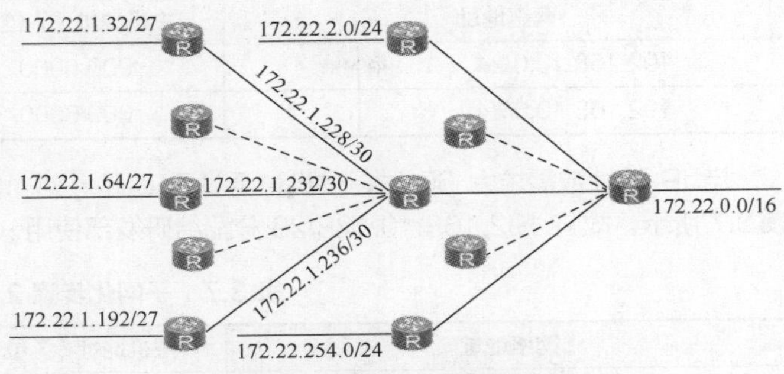

图 3.21　VLSM 路由汇总范例

2. 规划 IP 地址

IP 地址的合理规划是网络设计的重要环节，大型计算机网络必须对 IP 地址进行统一规划并进行有效实施。IP 地址规划的好坏，将影响到网络路由协议算法的效率，影响到网络的性能，影响到网络的扩展，影响到网络的管理，也必将直接影响到网络应用的进一步发展。

（1）地址规划的原则。

IP 地址空间的分配要与网络拓扑层次结构相适应，既要有效地利用地址空间，又要体现出网络的可扩展性、灵活性和层次性，同时能满足路由协议的要求，以便于网络中的路由聚类，减少路由器中路由表的长度，减少对路由器 CPU、内存的消耗，提高路由算法的效率，加快路由变化的收敛速度，同时要考虑到网络地址的唯一性、连续性、实意性和可管理性。

（2）规划网络地址案例。

假设某企业拥有一个 C 类地址 192.168.10.0/24，企业希望每个部门都工作于相对独立的局域网。某企业各部门 IP 地址需求数量如表 3.5 所示。

表 3.5　某企业各部门 IP 地址需求数量

部门名称	IP 地址需求数量
财务部	5
研发部	60
市场部	10
业务部	120

作为该企业的网络管理员，请为该企业合理规划 IP 地址，并给出 IP 地址规划的具体方案。

① 解决策略。

针对企业不同 IP 地址需求，可以按照以下步骤实现 IP 地址规划。

根据最大 IP 地址数的要求划分子网，把其中一个子网网段用于满足该部门的主机 IP 地址需求。

选择剩余子网网段中的一个，按次大 IP 地址数要求划分子网，把结果中的一个用于满足该部门的主机 IP 地址需求。

重复上述步骤，直到满足所有部门主机 IP 地址需求，并将剩余的网络地址登记为备用网络，以备网络扩展升级使用。

② 解决过程。

当 IP 地址数需求为 120 时，主机地址位至少要 7 位，因此该 C 类地址可以分为两个子网，如表 3.6 所示。故将 192.168.10.0/25 分配给业务部使用。

表 3.6　子网化步骤 1

网络地址		主机地址（7 位）	子网网络地址
192.168.10.0/24	0	000 0000	192.168.10.0/25
192.168.10.0/24	1	000 0000	192.168.10.128/25

当 IP 地址数需求为 60 时，主机位至少要 6 位，对 192.168.10.128/25 继续划分子网，如表 3.7 所示。故将 192.168.10.128/26 分配给研发部使用。

表 3.7　子网化步骤 2

网络地址		主机地址（7 位）	子网网络地址
192.168.10.128/25	0	000 0000	192.168.1.128/26
192.168.10.128/25	1	000 0000	192.168.1.192/26

剩余的以此类推，可以得到一张 IP 规划结果的总表，如表 3.8 所示。

表 3.8　IP 规划结果

子网网络地址									最大主机数	网络地址/掩码长度	备注
192.168.10.	0	0	0	0	0	0	0	0	126	192.168.10.0/25	业务部（120）
	1	0	0	0	0	0	0	0	62	192.168.10.128/26	研发部（60）
	1	1	0	0	0	0	0	0	14	192.168.10.192/28	市场部（10）
	1	1	0	1	0	0	0	0	6	192.168.10.208/29	财务部（5）
	1	1	0	1	1	0	0	0	6	192.168.10.216/29	备用
	1	1	1	0	0	0	0	0	14	192.168.10.224/28	备用
	1	1	1	1	0	0	0	0	14	192.168.10.240/28	备用

3.5 IPv6 编址

IPv6 是 Internet Protocol version 6 的缩写，是 IETF 设计的用于替代现行版本 IP（IPv4）的下一代 IP。

3.5.1 IPv6 概述

在 Internet 发展初期，IPv4 以其简单、易于实现、互操作性好的优势得到快速发展。然而，随着 Internet 的迅猛发展，IPv4 地址不足等设计缺陷也日益明显。IPv4 理论上能够提供的地址数量是 43 亿，但是由于地址分配机制等，IPv4 实际可使用的地址数量远远达不到 43 亿。Internet 的迅猛发展令人始料未及，也带来了地址短缺的问题。针对这一问题，先后推出过几种解决方案，如 CIDR 和 NAT，但是它们都有各自的弊端和不能解决的问题，在这样的情况下，IPv6 的应用和推广便显得越来越迫切。

随着 Internet 规模的不断扩大，IPv4 地址空间已经消耗殆尽。IPv4 网络地址资源有限，严重制约了 Internet 的应用和发展。另外，网络的安全性、QoS、简便配置等要求也表明需要一个新的协议来彻底地解决目前 IPv4 面临的问题。IPv6 不仅能解决网络地址资源短缺的问题，还能解决多种接入设备连入互联网的问题，使得配置更加简单、方便。IPv6 采用了全新的报文格式，提高了报文的处理效率，也提高了网络的安全性，还能更好地支持 QoS。

IPv6 是网络层协议的第二代标准协议，也是 IPv4 的升级版本。IPv6 与 IPv4 的最显著区别是，IPv4 地址采用 32 位标识，而 IPv6 地址采用 128 位标识。128 位的 IPv6 地址可以划分更多地址层级、拥有更广阔的地址分配空间，并支持地址自动配置。IPv4 与 IPv6 的地址空间如表 3.9 所示。

表 3.9　IPv4 与 IPv6 的地址空间

版本	长度	地址空间
IPv4	32 位	4294967296
IPv6	128 位	340282366920938463463374607431768211456

3.5.2　IPv6 报头结构与格式

IPv6 报文的整体结构分为 IPv6 报头、扩展报头和上层协议数据 3 个部分。

1. IPv6 报头结构

IPv6 报头是必选报头，长度固定为 40 个字节，包含该报文的基本信息；扩展报头是可选报头，可能存在 0 个、1 个或多个，IPv6 通过扩展报头实现各种丰富的功能；上层协议数据是该 IPv6 报文携带的上层数据，可能是 ICMPv6 报文、TCP 报文、UDP 报文或其他可能的报文。IPv6 报头结构如图 3.22 所示。

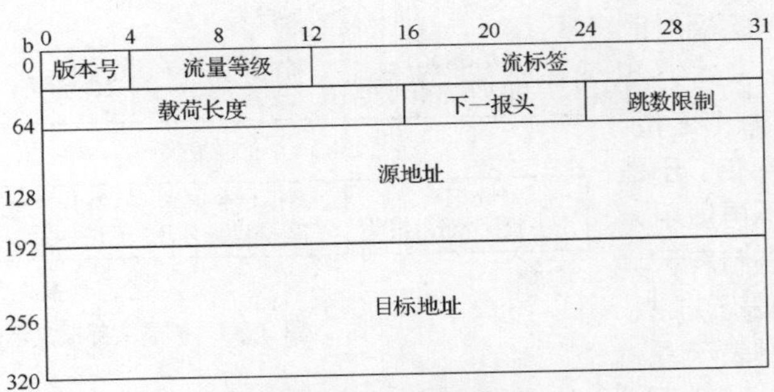

图 3.22　IPv6 报头结构

与 IPv4 相比，IPv6 报头去除了报头长度（IHL）、标识符（Identifier）、标记位（Flags）、分段偏移（Fragment Offset）、报头校验和（HeaderChecksum）、可选项（Options）和填充（Padding），只增加了流标签，因此 IPv6 报头的处理较 IPv4 进行了简化，提高了报文处理效率。另外，IPv6 为了更好地支持各种选项处理，提出了扩展报头的概念。IPv6 报头中各字段的功能如表 3.10 所示。

表 3.10　IPv6 报头中各字段的功能

字段	功能
版本号	长度为 4 位，表示协议版本，值为 6
流量等级	长度为 8 位，表示 IPv6 数据报文的类或优先级，主要用于 QoS
流标签	长度为 20 位，它用于区分实时流量，用来标识同一个流中的报文
载荷长度	长度为 16 位，表明该 IPv6 报头后包含的字节数，包含扩展头部

续表

字段	功能
下一报头	长度为 8 位，该字段用来指明报头后接的报文头部的类型，若存在扩展报头，则表示第一个扩展报头的类型，否则表示其上层协议的类型。它是 IPv6 各种功能的核心实现方法
跳数限制	长度为 8 位，该字段类似于 IPv4 中的 TTL，每转发一次跳数减一，当该字段为 0 时，包将会被丢弃
源地址	长度为 128 位，标识该报文的源地址
目标地址	长度为 128 位，标识该报文的目标地址

扩展报头：IPv6 报文中没有“选项”字段，而是通过“下一报头”字段配合 IPv6 扩展报头来实现选项的功能。使用扩展报头时，将在 IPv6 报文下一报头字段处表明首个扩展报头的类型，再根据该类型对扩展报头进行读取与处理。每个扩展报头同样包含下一报头字段，若接下来有其他扩展报头，则在该字段中继续标明接下来的扩展报头的类型，从而达到添加连续多个扩展报头的目的。在最后一个扩展报头的下一报头字段中，标明该报文上层协议的类型，用以读取上层协议数据及扩展头部报文。扩展头部报文示例如图 3.23 所示。

2. IPv6 地址格式

IPv6 地址长度为 128 位，用于标识一个或一组端口。IPv6 地址通常写作 xxxx:xxxx:xxxx:xxxx:xxxx:xxxx:xxxx:xxxx，其中 xxxx 是 4 个十六进制数，等同于 16 个二进制数；8 组 xxxx 共同组成一个 128 位的 IPv6 地址。一个 IPv6 地址由 IPv6 地址前缀和端口 ID 组成，IPv6 地址前缀用来标识 IPv6 网络，端口 ID 用来标识端口。

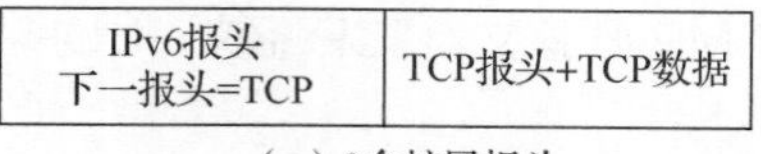

（a）0个扩展报头

IPv6报头 下一报头=路由报头	路由扩展报头 下一报头=TCP	TCP报头+TCP数据

（b）1个扩展报头

IPv6报头 下一报头=路由报头	路由扩展报头 下一报头=分片	分片扩展报头 下一报头=TCP	TCP报头+TCP数据

（c）多个扩展报头

图 3.23　扩展头部报文示例

IPv6 的地址长度为 128 位，是 IPv4 地址长度的 4 倍。于是 IPv4 的十进制格式不再适用，IPv6 地址采用十六进制表示。IPv6 地址有以下 3 种表示方法。

（1）冒分十六进制表示法。

其格式为 X:X:X:X:X:X:X:X，其中每个 X 表示地址中的 16 位，以十六进制表示，例如，ABCD:EF01:2345:6789:ABCD:EF01:2345:6789。这种表示法中，每个 X 的前导 0 是可以省略的，例如，2001:0DB8:0000:0023:0008:0800:200C:417A 可以写为 2001:DB8:0:23:8:800:200C:417A。

（2）0 位压缩表示法。

在某些情况下，一个 IPv6 地址中间可能包含连续的 0，可以把这连续的 0 压缩为“::”。但为保证地址解析的唯一性，地址中“::”只能出现一次，例如，FF01:0:0:0:0:0:0:1101 可以写为 FF01::1101，0:0:0:0:0:0:0:1 可以写为::1。

（3）内嵌 IPv4 地址表示法。

为了实现 IPv4 和 IPv6 的互通，可将 IPv4 地址嵌入到 IPv6 地址中，此时地址常表示为 X:X:X:X:X:X:d.d.d.d，前 96 位地址使用冒分十六进制表示法表示，而后 32 位地址则使用 IPv4 的点分十进制表示法表示，例如，::192.168.11.1 与::FFFF:192.168.11.1 就是两个典型的例子。注意，在前 96 位地址中，压缩 0 位的方法依旧适用。

3.5.3 IPv6 地址类型

IPv6 主要定义了 3 种地址类型：单播地址（Unicast Address）、组播地址（Multicast Address）和任播地址（Anycast Address）。与 IPv4 地址相比，IPv6 地址中新增了任播地址类型，取消了 IPv4 地址中的广播地址，因为 IPv6 地址中的广播功能是通过组播来实现的。

目前，IPv6 地址空间中还有很多地址尚未分配，一方面是因为 IPv6 有着巨大的地址空间；另一方面是因为寻址方案还有待发展，而关于地址类型的适用范围也多有值得商榷的地方，有一小部分全球单播地址已经由 IANA（ICANN 的一个分支）分配给了用户。单播地址的格式是 2000::/3，代表公共 IP 网络中任意可用的地址。IANA 负责将该段地址范围内的地址分配给多个区域互联网注册管理机构（Regional Internet Registry，RIR）。RIR 负责全球 5 个区域的地址分配。这几个地址范围已经分配：2400::/12（APNIC）、2600::/12（ARIN）、2800::/12（LACNIC）、2A00::/12（RIPE NCC）和 2C00::/12（AfriNIC）。它们使用单一地址前缀标识特定区域中的所有地址。2000::/3 地址范围中还为文档示例预留了地址空间，如 2001:0DB8::/32。

链路本地地址只能在连接到同一本地链路的节点之间使用。可以在地址自动分配、邻居发现和链路上没有路由器的情况下使用链路本地地址。以链路本地地址为源地址或目标地址的 IPv6 报文不会被路由器转发到其他链路中。链路本地地址的前缀是 FE80::/10。

组播地址的前缀是 FF00::/8。组播地址范围内的大部分地址是为特定组播组保留的。和 IPv4 一样，IPv6 组播地址还支持路由协议。IPv6 中没有广播地址。用组播地址替代广播地址可以确保报文只发送给特定的组播组而不是 IPv6 网络中的任意终端。

IPv6 还包括一些特殊地址，如未指定地址::/128。如果没有给一个端口分配 IP 地址，则该端口的地址为::/128。需要注意的是，不能将未指定地址与默认 IP 地址::/0 混淆。默认 IP 地址::/0 与 IPv4 中的默认地址 0.0.0.0/0 类似。回送地址 127.0.0.1 在 IPv6 中被定义为保留地址::1/128。

IPv6 地址类型是由地址前缀部分来确定的，主要地址类型与地址前缀的对应关系如表 3.11 所示。

表 3.11 IPv6 主要地址类型与地址前缀的对应关系

地址类型	IPv6 前缀标识
未指定地址	::/128
回送地址	::1/128
链路本地地址	FE80::/10
唯一本地地址	FC00::/7（包括 FD00::/8 和不常用的 FC00::/8）
站点本地地址（已弃用，被唯一本地地址代替）	FEC0::/10
全球单播地址	2000::/3
组播地址	FF00::/8
任播地址	从单播地址空间中分配，使用单播地址的格式

1. 单播地址

IPv6 单播地址与 IPv4 单播地址一样，都只标识了一个端口，发送到单播地址的数据报文将被传输给此地址标识的端口。为了适应负载平衡系统，RFC 3513 允许多个端口使用同一个地址，但这些端口要作为主机上实现 IPv6 的单个端口出现。单播地址包括 4 种类型：全局单播地址、本地单播地址、兼容性地址、特殊地址。

（1）全局单播地址。其等同于 IPv4 中的公网地址，可以在 IPv6 网络中进行全局路由和访问。

这种地址允许路由前缀的聚合，从而限制了全局路由表项的数量。全局单播地址（如 2000::/3）带有固定的地址前缀，即前 3 位为固定值 001。其地址结构是 3 层结构，依次为全局路由前缀、子网标识和端口标识。全局路由前缀由 RIR 和 ISP 组成，RIR 为 ISP 分配 IP 地址前缀。子网标识定义了网络的管理子网。

（2）本地单播地址。链路本地地址和唯一本地地址都属于本地单播地址，在 IPv6 中，本地单播地址就是指本地网络使用的单播地址，也就是 IPv4 地址中的局域网专用地址。每个端口上至少要有一个链路本地地址，但可为端口分配任何类型（单播、任播和组播）或范围的 IPv6 地址。

① 链路本地地址（FE80::/10）。该地址仅用于单条链路（链路层不能跨 VLAN），链路本地地址不能在不同子网中进行路由。节点使用链路本地地址与同一条链路上的相邻节点进行通信。例如，在没有路由器的单链路 IPv6 网络中，主机使用链路本地地址与该链路上的其他主机进行通信，链路本地地址的前缀为 FE80::/10，表示地址最高 10 位为 1111111010，前缀后面紧跟的 64 位是端口标识，这 64 位已足够让主机端口使用，因而链路本地单播地址的剩余 54 位为 0。

② 唯一本地地址（FC00::/7）。唯一本地地址是本地全局的地址，它应用于本地通信，但不通过 Internet 路由，其范围被限制为组织的边界。

③ 站点本地地址（FEC0::/10）。其在新标准中已被唯一本地地址代替。

（3）兼容性地址。在 IPv6 的转换机制中包括一种通过 IPv4 路由端口以隧道方式动态传输 IPv6 包的技术，这样的 IPv6 节点会被分配一个在低 32 位中带有全球 IPv4 单播地址的 IPv6 全局单播地址。还有一种嵌入了 IPv4 地址的 IPv6 地址，这类地址用于局域网内部，把 IPv4 节点当作 IPv6 节点。此外，还包含一种称为“6to4”的 IPv6 地址，用于在两个 Internet 上同时运行 IPv4 和 IPv6 的节点之间进行通信。

（4）特殊地址。它包括未指定地址和回送地址。未指定地址（0:0:0:0:0:0:0:0 或::）仅用于表示某个地址不存在。它等价于 IPv4 未指定地址 0.0.0.0。未指定地址通常被用作尝试验证暂定地址唯一性数据报的源地址，且永远不会指派给某个端口或被用作目标地址。回送地址（0:0:0:0:0:0:0:1 或::1）用于标识回送端口，允许节点将数据报发送给自己，它等价于 IPv4 回送地址 127.0.0.1。发送到回送地址的数据报永远不会发送给某个连接，也永远不会通过 IPv6 路由器转发。

2. 组播地址

IPv6 组播地址可识别多个端口，对应于一组端口的地址（通常分属于不同节点），类似于 IPv4 中的组播地址，发送到组播地址的数据报会被传输给此地址标识的所有端口。可使用适当的组播路由拓扑，将向组播地址发送的数据报发送给该地址识别的所有端口，IPv6 组播地址如表 3.12 所示。任意位置的 IPv6 节点可以侦听任意 IPv6 组播地址上的组播通信，IPv6 节点可以同时侦听多个组播地址，也可以随时加入或离开组播组。

表 3.12 IPv6 组播地址

地址范围	描述
FF02::1	链路本地范围内的所有节点
FF02::2	链路本地范围内的所有路由器

IPv6 组播地址最明显的特征就是最高的 8 位固定为 1111 1111。IPv6 地址很容易区分组播地址，因为它总是以 FF 开头，其结构如图 3.24 所示。

IPv6 的组播地址与 IPv4 的相同，都用来标识一组端口，一般这些端口属于不同的节点。一个节点可能属于 0 到多个组播组。目标地址为组播地址的报文会被该组播地址标识的所有端口接收。一个 IPv6 组播地址由前缀、标志（Flag）、范围（Scope）及组播组 ID（Group ID）4 个部分组成。

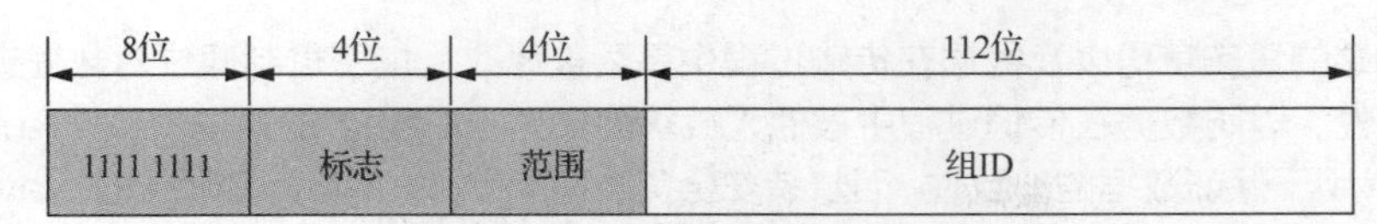

图 3.24　IPv6 组播地址结构

（1）前缀：IPv6 组播地址的前缀是 FF00::/8（1111 1111）。

（2）标志：长度为 4 位，目前只使用了最后一位（前 3 位必须为 0），当该值为 0 时，表示当前的组播地址是由 IANA 分配的一个永久分配地址；当该值为 1 时，表示当前的组播地址是一个临时组播地址（非永久分配地址）。

（3）范围：长度为 4 位，用来限制组播数据流在网络中发送的范围。

（4）组播组 ID：长度为 112 位，用以标识组播组。目前，RFC 2373 并没有将所有的 112 位都定义成组标识，而是建议仅使用该 112 位的最低 32 位作为组播组 ID，将剩余的 80 位都置为 0，这样，每个组播组 ID 都可以映射到唯一的以太网组播 MAC 地址。

3. 任播地址

IPv6 任播地址与组播地址一样也可以识别多个端口，对应一组端口的地址。大多数情况下，这些端口属于不同的节点。但与组播地址不同的是，发送到任播地址的数据报会被送到该地址标识的其中一个端口。通过合适的路由拓扑，目标地址为任播地址的数据报将被发送到单个端口（该地址识别的最近端口，最近端口定义的根据是路由距离最近）。一个任播地址不能用作 IPv6 数据报的源地址，也不能分配给 IPv6 主机，仅可以分配给 IPv6 路由器。

任播过程涉及一个任播报文发起方和一个或多个响应方。任播报文的发起方通常为请求某一服务（DNS 查找）的主机或请求返还特定数据（如 HTTP 网页信息）的主机。任播地址与单播地址在格式上无任何差异，唯一的区别是使用任播地址的一台设备可以给多台具有相同地址的设备发送报文。在企业网络中运用任播地址有很多优势，其中一个优势是可实现业务冗余。例如，用户可以通过多台使用相同地址的服务器获取同一个服务（如 HTTP）。这些服务器都是任播报文的响应方，如果不采用任播地址通信，则当其中一台服务器发生故障时，用户需要获取另一台服务器的地址才能重新建立通信。如果采用任播地址通信，则当一台服务器发生故障时，任播报文的发起方能够自动与使用相同地址的另一台服务器通信，从而实现业务冗余。

使用多服务器接入还能够提高工作效率。例如，用户（任播地址的发起方）浏览公司网页时，与相同的单播地址建立一条链路，连接的对端是具有相同任播地址的多台服务器，用户就可以从不同的镜像服务器上分别下载 HTML 文件和图片。用户利用多个服务器的带宽同时下载网页文件，其效率远远高于使用单播地址进行的下载。

3.5.4　IPv6 的新特性

IPv6 是在 IPv4 的基础上改进的，它的一个重要设计目标是与 IPv4 兼容。IPv6 能够解决 IPv4 的许多问题，如地址短缺、服务质量保证等。同时，IPv6 对 IPv4 做了大量的改进，包括路由和网络自动配置等。IPv6 新特性具体体现在以下几个方面。

1. 提高安全性

身份认证和隐私权是 IPv6 的关键特性，安全问题始终是与 Internet 相关的重要话题。由于在 IP 设计之初没有考虑安全性，因而在早期的 Internet 上时常发生诸如企业或机构网络遭到攻击、机密数据被窃取的问题。为了加强 Internet 的安全性，从 1995 年起，IETF 着手研究制定了一套保护 IP 安全的协议（IPSec）。IPSec 虽然只是 IPv4 的一个可选扩展协议，但它是 IPv6 的一个必不可少的组成部分。IPSec 提供了两种安全机制：认证和加密。认证机制使 IP 通信的数据接收端能够确认数据发送端的真实身份以及数据在传输过程中是否被修改；加密机制通过对数据进行编码来保证数据的机密性，以防数据在传输过程中被他人截获而失密。IPSec 的认证报头（Authentication Header，AH）用于保证数据的一致性，而封装安全负载（Encapsulating Security Payload，ESP）报头用于保证数据的保密性和数据的一致性。在 IPv6 数据报中，AH 和 ESP 报头都是扩展报头，可以同时使用，也可以单独使用其中一个。通过 IPv6 的 IPSec 可以实现远程企业内部网的无缝接入，作为 IPSec 的一项重要应用，IPv6 中集成了虚拟专用网（Virtual Private Network，VPN）的功能，可以使 VPN 的实现更加容易和安全可靠。

2. 服务质量

IPv4 的 Internet 设计之初，只有一种简单的服务质量，即“尽最大努力”传输数据，从原理上讲 QoS 是无保证的。文本、静态图像等传输对 QoS 没有要求。但随着多媒体业务的增加，如 IP 电话、电视会议、视频点播等实时应用，对传输时延和时延抖动等均有严格的要求，因而对 QoS 的要求越来越高。

IPv6 数据报包含一个 8 位的业务流类型（Class）和一个新的 20 位的流标签，目的是允许发送业务的源节点和转发业务流的路由器在数据报上加上标记，中间节点在接收到一个数据报后，通过验证它的流标签，就可以判断其属于哪一类业务流，从而可以明确数据报的QoS 需求，并快速进行转发。

3. 移动 IPv6

移动性无疑是 Internet 最精彩的服务之一。移动 IPv6 可为用户提供可移动的 IP 数据服务，使用户可以在世界各地使用同样的 IPv6 地址，非常适合未来的无线上网。IPv4 的移动性支持是作为一种对 IP 附加的功能提出的，并非所有的 IPv4 实现都能够提供对移动性的支持。IPv6 中的移动性支持是在制定 IPv6 的同时作为一个必需的协议内嵌于 IP 中的，其效率远远高于 IPv4。更重要的是，IPv4 有限的地址资源无法提供所有潜在的移动终端设备所需的 IP 地址，难以实现移动 IP 的大规模应用。和 IPv4 相比，IPv6 的移动性支持取消了异地代理，完全支持路由优化，几乎彻底消除了路由问题，并且为移动终端提供了足够的地址资源，使得移动 IP 的实际应用成为可能。

4. 组播技术

IPv6 为组播预留了一定的地址空间，其地址高 8 位为“11111111”，后跟 120 位组播组标识。此地址仅用来作为组播数据报的目标地址，组播源地址只能是单播地址。发送端只需要发送数据给该组播地址，就可以发送多个不同地点的用户数据，而不需要了解接收端的任何信息。

5. 更小的路由表

IPv6 的地址分配一开始就遵循聚合（Aggregation）的原则，这使得路由器能在路由表中用一条记录（Entry）表示子网，这样大大减小了路由器中路由表的长度，提高了路由器转发数据报的速度。

3.5.5 IPv4 到 IPv6 的过渡技术

现在几乎所有网络及其连接设备都支持 IPv4，要想在一夜之间就完成从 IPv4 到 IPv6 的转换是不切实际的，也是不可能的。没有过渡方案，再先进的协议也没有实际意义。如何完成从 IPv4 到 IPv6 的转换，是 IPv6 发展需要解决的第一个问题。IPv6 必须能够处理 IPv4 的遗留问题以保护用户在 IPv4 上的大量投资，因此 IPv4 向 IPv6 的演进应该是平滑渐进的。

目前，IETF 已经成立了专门的工作组来研究 IPv4 到 IPv6 的过渡问题，并且已经提出了很多方案。IETF 一致认为 IPv4 向 IPv6 演进的主要目标有以下 4 个方面。

（1）逐步演进。已有的 IPv4 网络节点可以随时演进，而不受限于所运行 IP 的版本。

（2）逐步部署。新的 IPv6 网络节点可以随时增加到网络中。

（3）地址兼容。当 IPv4 网络节点演进到 IPv6 时，IPv4 的 IP 地址还可以继续使用。

（4）降低费用。在演进过程中，只需要很低的费用和很少的准备工作。

为了实现以上这些目标，IETF 推荐了双栈协议技术、隧道技术以及 NAT-PT 等过渡技术，这些过渡技术已经在实验网络和商用领域中得到了很好的论证和实践。

1. 双栈协议技术

双栈协议技术是指节点中同时具有 IPv4 和 IPv6 两个协议栈，是使 IPv6 节点与 IPv4 节点相兼容的最直接的方式，应用对象是主机、路由器等通信设备。由于 IPv6 和 IPv4 是功能相近的网络层协议，又有基本相同的物理平台，且加载于其上的传输层协议 TCP 和 UDP 没有任何区别，这样如果一台主机同时支持 IPv6 和 IPv4 两种协议，那么该主机既能与支持 IPv4 的主机通信，又能与支持 IPv6 的主机通信。IPv6 和 IPv4 双栈协议结构如图 3.25 所示。

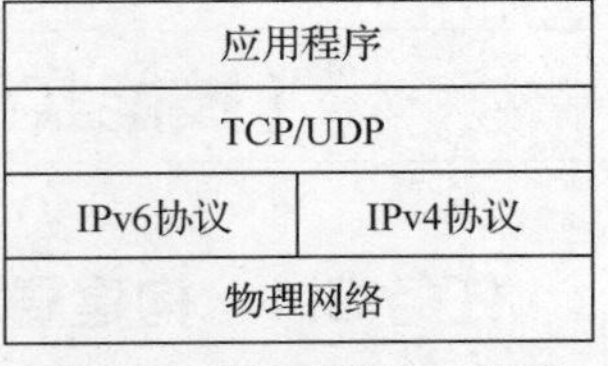

图 3.25 IPv6 和 IPv4 双栈协议结构

支持双栈协议的 IPv6 节点与 IPv6 节点互通时将使用 IPv6 协议栈，与 IPv4 节点互通时将使用 IPv4 协议栈。

IPv6 节点访问 IPv4 节点时，IPv6 节点首先向双栈服务器申请一个临时 IPv4 地址，同时从双栈服务器得到网关路由器的 IPv6 地址。IPv6 节点在此基础上形成一个“6 over 4”的 IP 数据报，“6 over 4（IPv6 over IPv4）”数据报经过 IPv6 网络传到网关路由器，网关路由器将其 IPv6 头去掉，将 IPv4 数据报通过 IPv4 网络送往 IPv4 节点。网关路由器必须记住 IPv6 源地址与 IPv4 临时地址的对应关系，以便反方向将 IPv4 节点发送来的 IP 数据报转发到 IPv6 节点。

双栈协议技术的优点是不需要购置专门的 IPv6 路由器和链路，节省了硬件投资；缺点是 IPv6 的流量和原有的 IPv4 流量之间会竞争带宽和路由器资源，从而影响 IPv4 网络的性能，且升级和维护费用高。在 IPv6 网络建设的初期，由于 IPv4 地址相对充足，这种方案的实施具有可行性。但当 IPv6 网络发展到一定规模时，为每个节点分配两个全局地址的方案将很难实现。

2. 隧道技术

随着 IPv6 的发展，出现了许多局部的 IPv6 网络，这些 IPv6 网络要相互连接需要借助 IPv4 骨干网络，并且将这些孤立的“IPv6 岛”相互联通必须使用隧道技术。隧道技术可以通过现有的、运行 IPv4 的 Internet 骨干网络（隧道）将局部的 IPv6 网络连接起来，因而这种技术是 IPv4 向 IPv6 过渡的初期最易采用的技术。隧道封装 IPv4 数据报中的 IPv6 业务，使它们能够在 IPv4 骨干网络上发送，并与 IPv6 终端系统和路由器进行通信，而不必升级它们之间存在的 IPv4 基础架构。

当 IPv6 节点 A 向 IPv6 节点 B 发送数据时，要经历 3 个过程：节点 A 将数据发送给路由器 R1；R1 将 IPv6 的数据报封装入 IPv4 传输到路由器 R2；路由器 R2 再将 IPv6 数据报取出转发给目标节点 B，如图 3.26 所示。

图 3.26 节点 A 向节点 B 发送数据的流程

隧道技术的优点是只要求在隧道的入口和出口处对数据报进行修改，对其他部分没有要求，因而非常容易实现；缺点是不能实现 IPv4 主机与 IPv6 主机的直接通信。

3. NAT-PT 技术

网络地址转换（Network Address Translation，NAT）技术原本是针对 IPv4 网络提出的，但只要将 IPv4 地址和 IPv6 地址分别看作 NAT 技术中的内部私有地址和公有地址，NAT 就演变成了网络地址转换-协议转换（Network Address Translation-Protocol Translation，NAT-PT）。

可利用转换网关在 IPv6 和 IPv4 网络之间转换 IP 报头的地址，同时根据协议的不同对数据报做相应的语义翻译，这样就能使 IPv4 和 IPv6 节点之间进行透明通信，如图 3.27 所示。

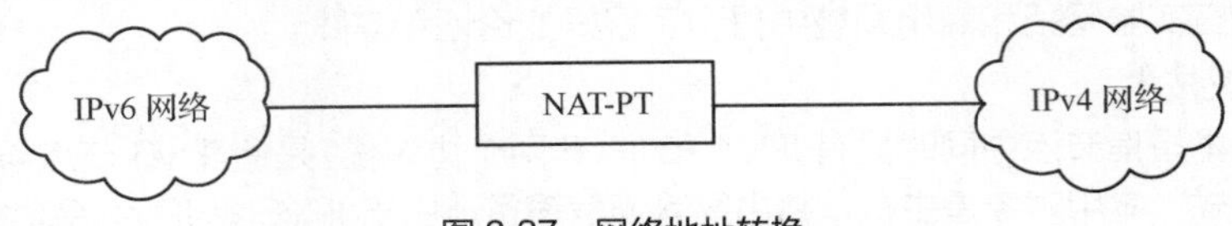

图 3.27　网络地址转换

NAT-PT 技术有效地解决了 IPv4 主机和 IPv6 主机的互通问题，但是它不能支持所有的应用（如应用层的 FTP、认证、加密等应用），这个缺点限制了 NAT-PT 技术的应用。

【技能实践】

任务 3.1　构建局域网络实现资源共享

【实训目的】

（1）掌握配置主机 IP 地址的方法。

（2）实现主机之间的资源共享。

【实训环境】

（1）准备相关网络连接设备，如网线、网卡、交换机等。

（2）准备 Windows 10 操作系统主机 2 台。

【实训内容与步骤】

企业要求内部计算机能够访问共享目录内的文件资源，以实现办公自动化。为了简化设置，首先要解决网卡安装、计算机网络参数配置及共享目录设置等问题，为后续问题的解决奠定基础。

1. 准备工作

（1）安装网卡。

① 打开主机机箱，找到安装网卡的 PCI 插槽，如图 3.28 所示。

② 将网卡插入 PCI 插槽，并固定网卡，如图 3.29 所示。

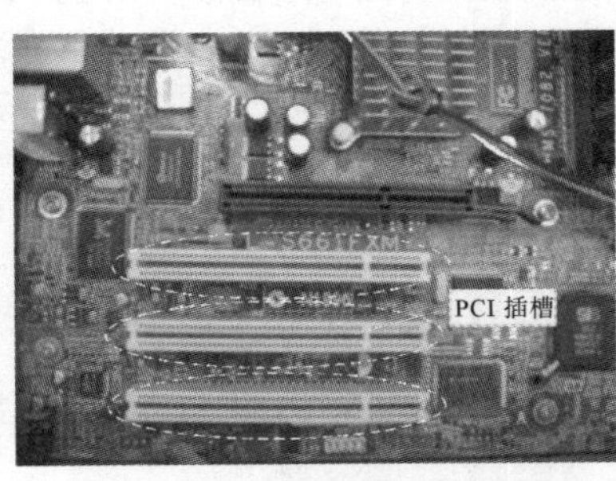

图 3.28　安装网卡的 PCI 插槽

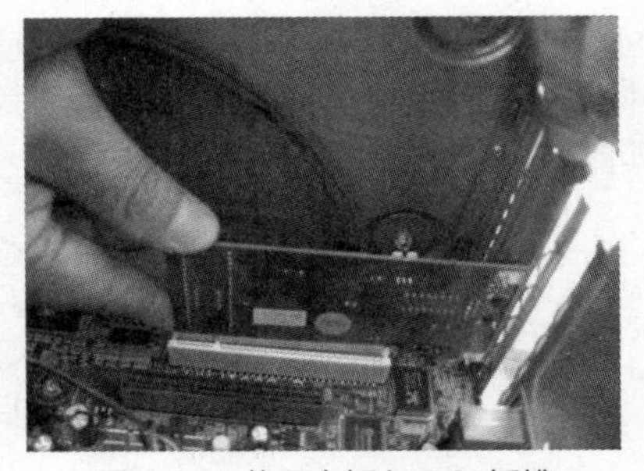

图 3.29　将网卡插入 PCI 插槽

（2）连接两台计算机。

为了实现通过网线连接的两台计算机的相互通信，需要分别对这两台计算机（本项目的计算机操作系统为 Windows 10）进行网络参数配置，包括配置 IP 地址、子网掩码等。假设这两台计算机的 IP 地址分别是 192.168.1.10/24、192.168.1.11/24，在计算机 1 中建立共享文件夹 D:\root，实现资源共享，如图 3.30 所示。

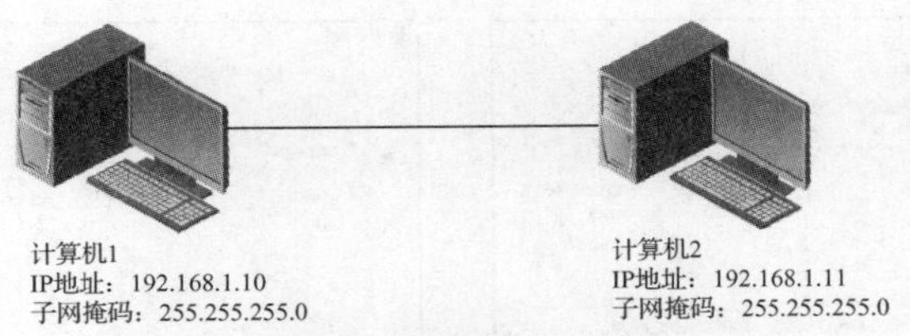

图 3.30　连接两台计算机

2. 配置计算机的网络参数

配置计算机的网络参数时，需要进行如下操作。

（1）配置计算机 1 的网络参数。

① 在桌面空白处单击鼠标右键，在弹出的快捷菜单中选择“个性化”选项，如图 3.31 所示。

② 打开“设置”窗口，选择“主题”选项，在进入的“主题”界面中，选择“桌面图标设置”选项，如图 3.32 所示。

③ 打开“桌面图标设置”对话框，勾选“计算机”“回收站”“控制面板”“网络”复选框。单击“确定”按钮，使这些图标在桌面上显示出来，如图 3.33 所示。

④ 将鼠标指针移动到桌面上的“网络”图标上并单击鼠标右键，在弹出的快捷菜单中选择“属性”选项，如图 3.34 所示。

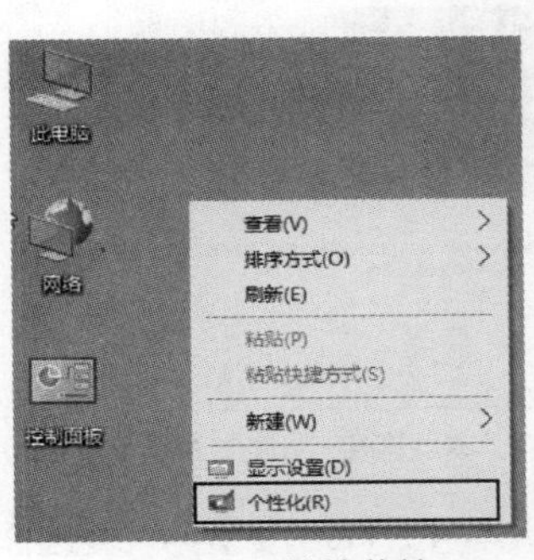

图 3.31　快捷菜单

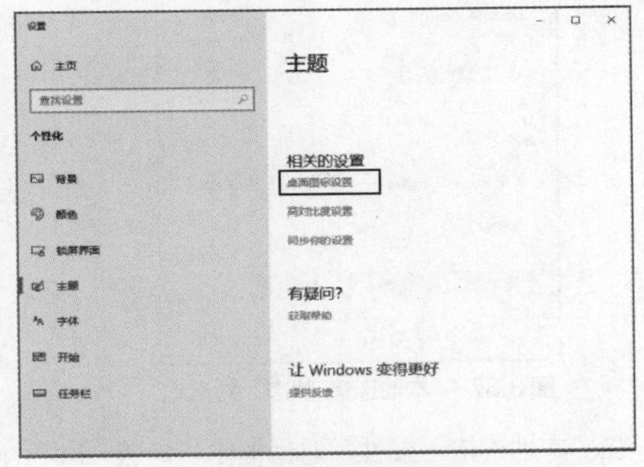

图 3.32　“主题”界面

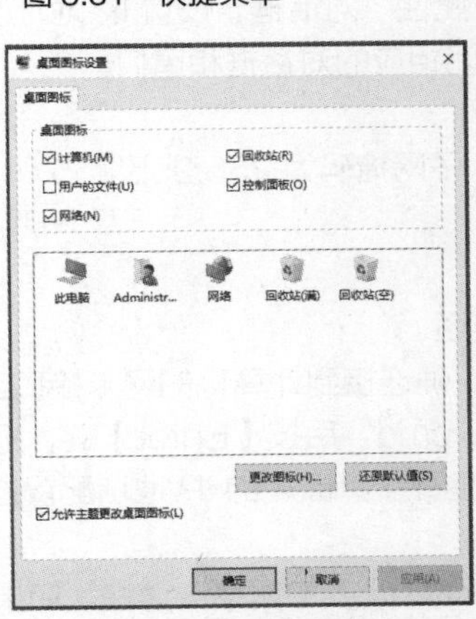

图 3.33　显示图标

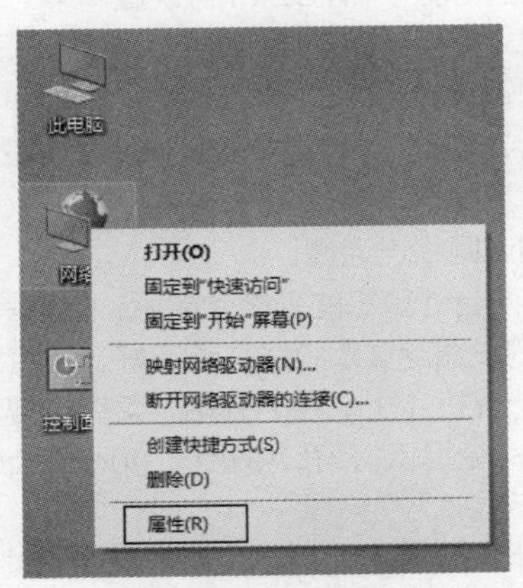

图 3.34　选择“属性”选项

⑤ 打开“网络和共享中心”窗口，如图 3.35 所示。

⑥ 选择“更改适配器设置”选项，打开“网络连接”窗口，如图 3.36 所示。

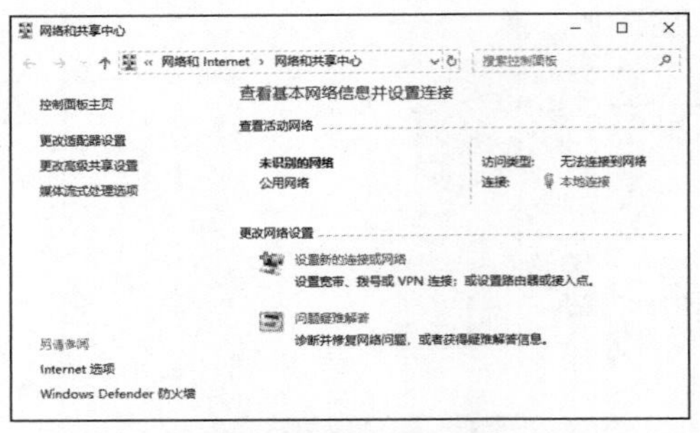
图 3.35 “网络和共享中心”窗口

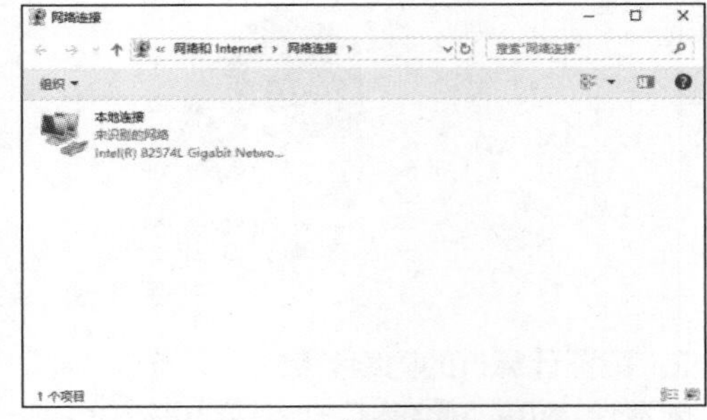
图 3.36 “网络连接”窗口

⑦ 双击“本地连接”图标，打开“本地连接 状态”对话框，如图 3.37 所示。

⑧ 在“本地连接 状态”对话框中，单击“属性”按钮，打开“本地连接 属性”对话框，如图 3.38 所示。

图 3.37 “本地连接 状态”对话框

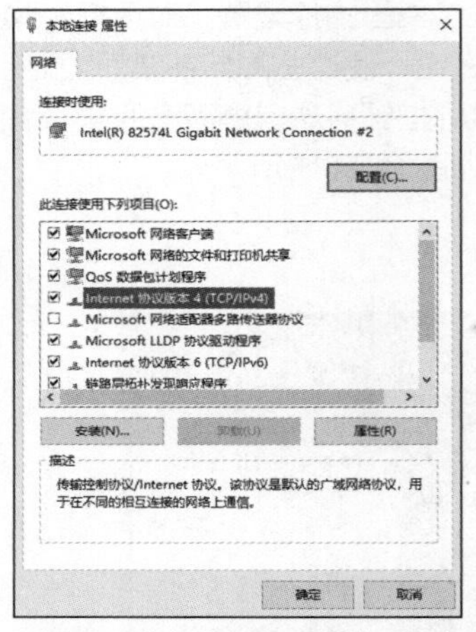
图 3.38 “本地连接 属性”对话框

⑨ 在“本地连接 属性”对话框中，勾选“Internet 协议版本 4（TCP/IPv4）”复选框，单击“属性”按钮，打开“Internet 协议版本 4（TCP/IPv4）属性”对话框，设置 IP 地址及子网掩码，单击“确定”按钮，保存修改参数，如图 3.39 所示，关闭相应的对话框和窗口。

（2）配置计算机 2 的网络参数。

计算机 2 的网络参数中的 IP 地址为 192.168.1.11，子网掩码为 255.255.255.0，配置方法同计算机 1。

（3）测试网络连通性。

配置完两台计算机的网络参数后，检查其网络能否连通。

① 用测线器测试双绞线是否完好，检查双绞线是否正确连接到计算机的网卡接口上。

② 在计算机 1 上，在“开始”菜单的搜索框中输入“cmd”后按【Enter】键，打开命令提示符窗口，在命令提示符窗口中执行“ipconfig/all”命令，查看计算机 1 的 IP 地址配置是否正确，如图 3.40 所示。

③ 在计算机 1 上使用“ping”命令测试计算机 1 与计算机 2 的网络连通性。如果显示结果如图 3.41 所示，则表示计算机 1 与计算机 2 可以正常通信。

④ 如果执行“ping”命令的结果如图 3.42 所示，则表示目标主机不可达，需要进一步查询计算机 2 的配置情况。

图 3.39　设置 IP 地址及子网掩码

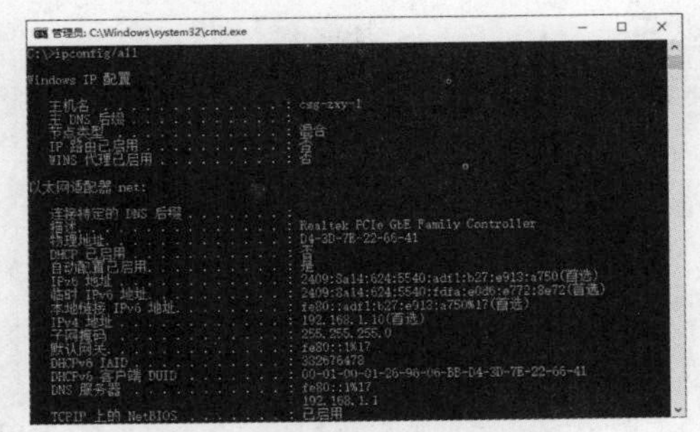

图 3.40　显示计算机 1 的 IP 地址

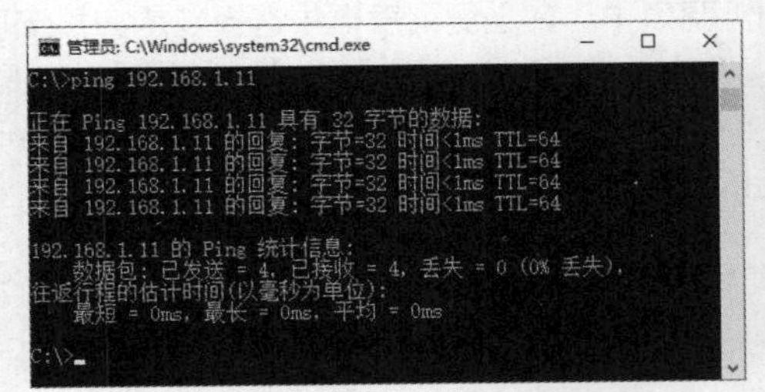

图 3.41　计算机 1 ping 通计算机 2 的情况

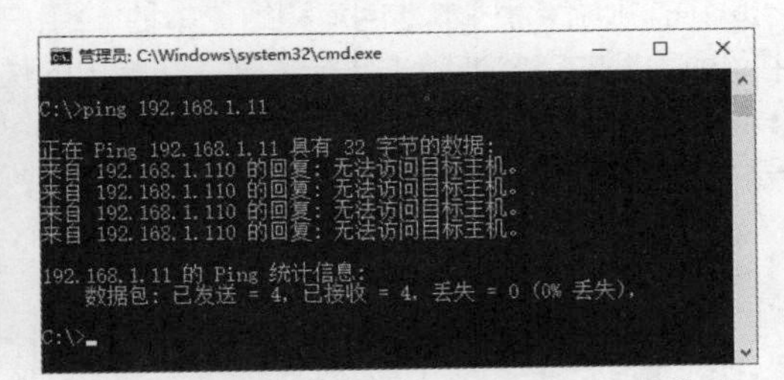

图 3.42　计算机 1 不能 ping 通计算机 2 的情况

3. 共享网络资源

共享网络资源时，需要进行如下操作。

（1）创建用户账户。

V3-1　共享网络资源配置

为了实现远程访问网络共享资源，必须事先建立远程访问网络共享资源的用户账户（包括用户名及密码）。需要分别在计算机 1 和计算机 2 上建立相同的用户账户名称和密码。下面仅描述在计算机 1 上创建用户账户 User1 的过程。在计算机 2 上创建用户账户 User1 的过程与计算机 1 完全相同，此处不再赘述。

① 在计算机 1 的桌面上，双击“控制面板”图标，打开“控制面板”窗口，选择“用户账户”选项，如图 3.43 所示。

② 在打开的“用户账户”窗口中，选择“更改账户类型”选项，打开“管理账户”窗口，如图 3.44 所示。

图 3.43　“控制面板”窗口

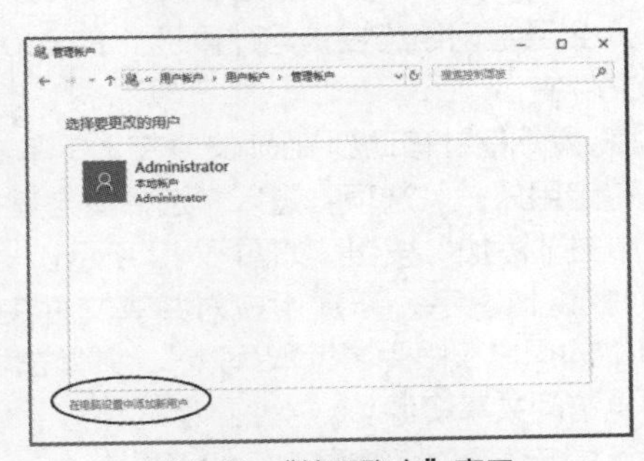

图 3.44　“管理账户”窗口

③ 在“管理账户”窗口中，选择“在电脑设置中添加新用户”选项，进入“其他用户”界面，如图 3.45 所示。

④ 在“其他用户”界面中，选择“将其他人添加到这台电脑”选项，打开“lusmgr-[本地用户和组（本地）\用户]”窗口，如图 3.46 所示。

图 3.45 “其他用户”界面

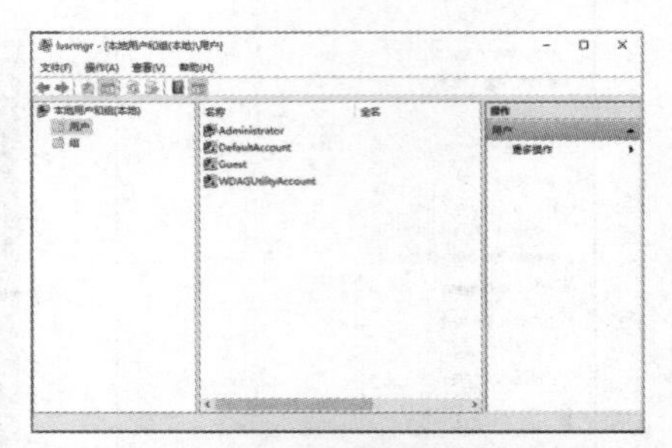

图 3.46 “lusmgr-[本地用户和组(本地)\用户]”窗口

⑤ 在“lusmgr-[本地用户和组（本地）\用户]”窗口中，在左侧列表框中选择“用户”选项，在中间列表框的空白处单击鼠标右键，在弹出的快捷菜单中选择“新用户”选项，如图 3.47 所示。

⑥ 打开“新用户”对话框，输入用户名 User1 和密码 admin，并再次输入确认密码 admin，无误后，单击“创建”按钮，如图 3.48 所示，关闭相应对话框和窗口。

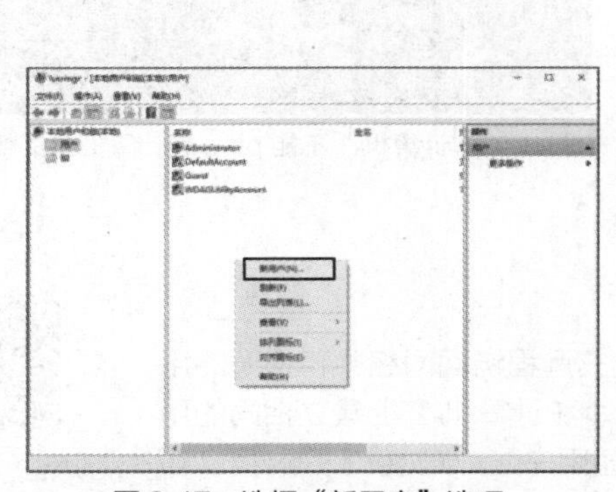

图 3.47 选择“新用户”选项

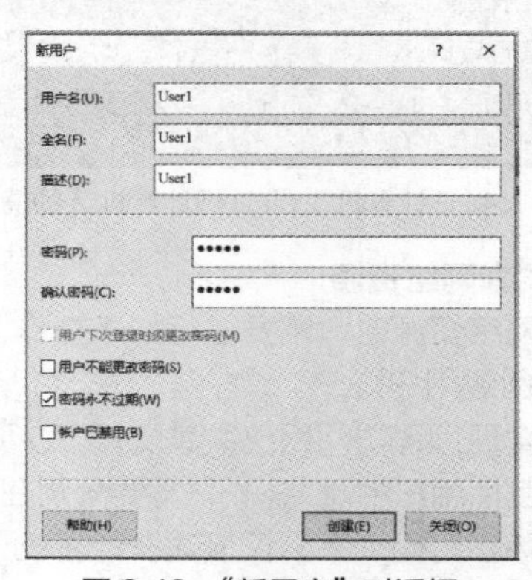

图 3.48 “新用户”对话框

至此，完成了在计算机 1 上创建用户账户 User1 的过程。在计算机 2 上同样需要创建用户账户 User1，用户名和密码完全相同，此处不再赘述。

（2）设置共享文件夹。

假设在计算机 1 上已经创建了文件夹 root，并在该文件夹中放置了一个共享文件 abc.doc。希望计算机 2 通过网络连接访问计算机 1 的 root 文件夹中的共享文件 abc.doc，需设置文件夹 root 为共享文件夹。

① 将鼠标指针移动到 root 文件夹上并单击鼠标右键，在弹出的快捷菜单中选择“共享”选项，选择“特定用户…”选项，进入“选择要与其共享的用户”界面，在下拉列表中选择“user1”用户，并单击“添加”按钮，如图 3.49 所示。

② 默认情况下，新建用户对共享文件夹的访问权限仅有“读取”，可以通过三角按钮修改“user1”的用户权限为“读取/写入”，并单击界面右下角的“共享”按钮，如图 3.50 所示。

（3）访问共享资源。

访问共享资源时，需要进行如下操作。

① 为了实现用户 User1 在计算机 2 上通过网络连接访问计算机 1 的共享文件夹 root 中的文件 abc.doc 的目的，需要以用户 User1 身份在计算机 2 上登录（输入用户名 User1 及其密码）。

② 登录后，按【Windows+R】组合键，在打开的“运行”对话框中输入“\\192.168.1.10”并单击“确定”按钮，如图 3.51 所示。

③ 在显示计算机 1 的共享文件夹窗口中，双击共享文件夹 root，进入共享文件夹，如图 3.52 所示。

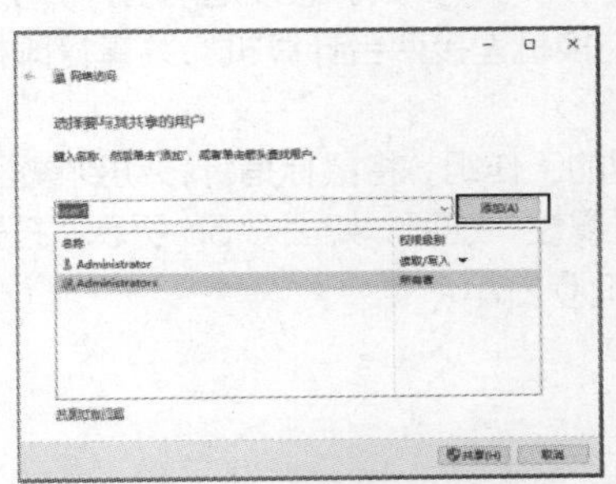

图 3.49 选择共享用户

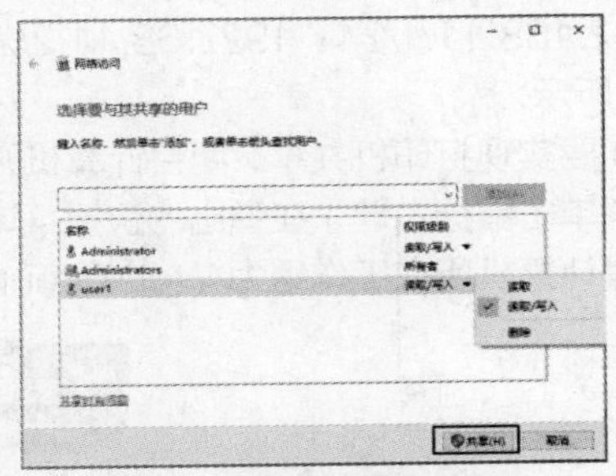

图 3.50 设置用户访问权限

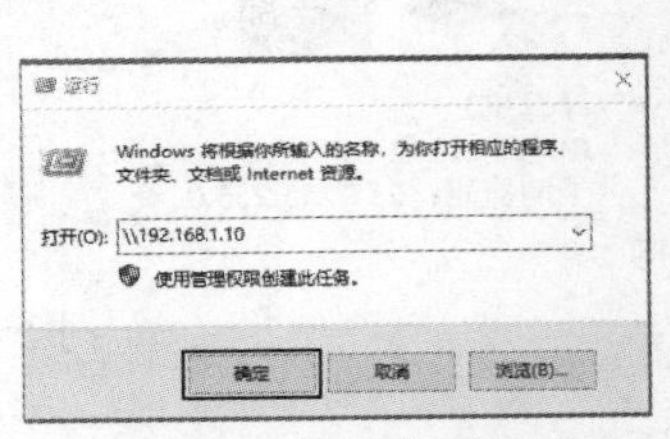

图 3.51 “运行”对话框

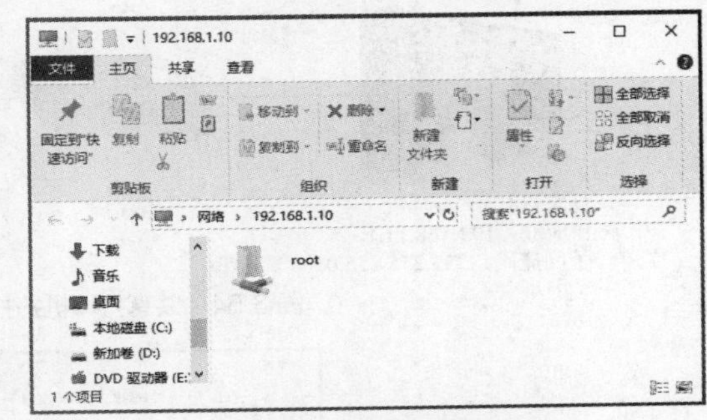

图 3.52 进入共享文件夹

④ 进入共享文件夹 root 后，即可对共享文件 abc.doc 进行操作，如复制、修改等，如图 3.53 所示。

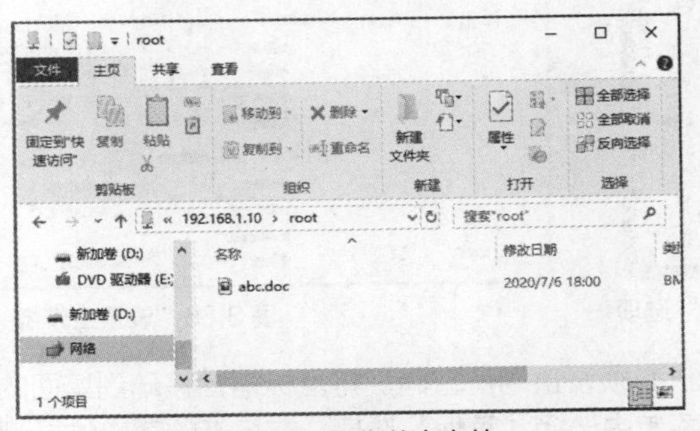

图 3.53 操作共享文件

任务 3.2 共享网络打印机

【实训目的】

（1）掌握用户配置与管理的方法。

（2）掌握打印机共享设置的方法。

【实训环境】

（1）准备网线、交换机等相关设备。

（2）准备 Windows 10 操作系统主机 2 台、准备 1 台打印机。

【实训内容与步骤】

为了在两台计算机之间实现打印机共享，首先要保证两台计算机能够相互通信，需要分别对两台计算机进行网络参数配置，包括配置 IP 地址、子网掩码等参数。假设这两台计算机的 IP 地址分别为 192.168.11.1/24、192.168.11.2/24，通过交换机连接两台计算机，共享打印机拓扑结构如图 3.54 所示。

（1）要实现打印机共享，两台计算机必须有相同的工作组，将鼠标指针移动到桌面的“此电脑”图标上并单击鼠标右键，在弹出的快捷菜单中选择“属性”选项，如图 3.55 所示。打开“系统”窗口，设置计算机所在工作组为 WorkGroup，如图 3.56 所示。

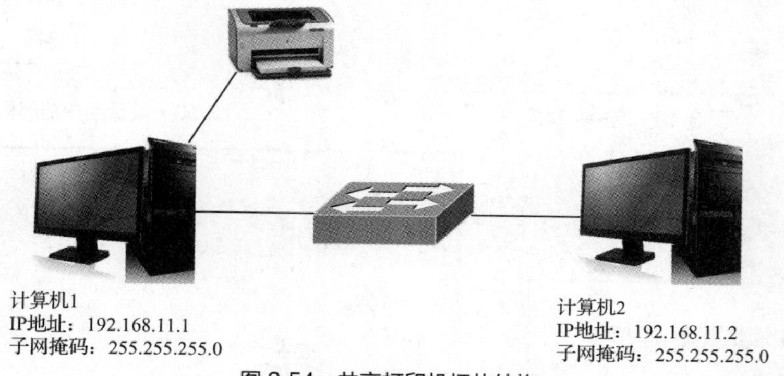

图 3.54　共享打印机拓扑结构

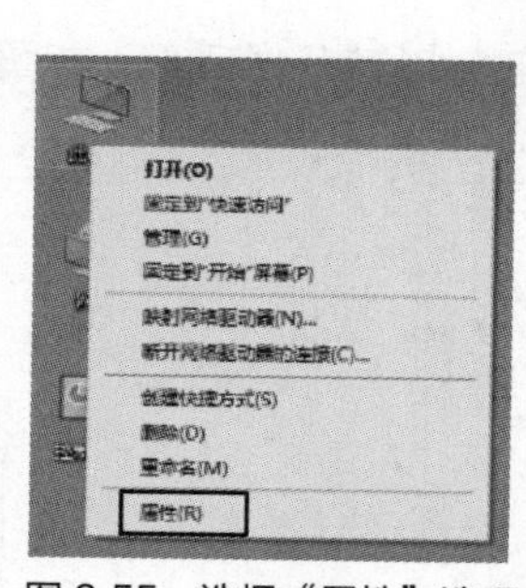

图 3.55　选择“属性”选项

图 3.56　设置工作组

（2）同时，两台计算机必须设置用户密码。将鼠标指针移动到桌面的“此电脑”图标上并单击鼠标右键，在弹出的快捷菜单中选择“管理”选项，在打开的窗口的左侧列表框中选择“用户”选项，将鼠标指针移动到中间列表框的“Administrator”上并单击鼠标右键，在弹出的快捷菜单中选择“设置密码”选项，进行密码设置，如图 3.57 所示。

（3）打开“控制面板”窗口，如图 3.58 所示，设置“查看方式”为“大图标”。

（4）选择“设备和打印机”选项，打开“设备和打印机”窗口，如图 3.59 所示。

（5）在“设备和打印机”窗口中，选中相应的打印机图标并单击鼠标右键，在弹出的快捷菜单中选择“打印机属性”选项。

（6）在打开的打印机的属性对话框中，选择“共享”选项卡，设置打印机共享名，勾选“共享这台打印机”复选框，单击“确定”按钮，如图 3.60 所示。

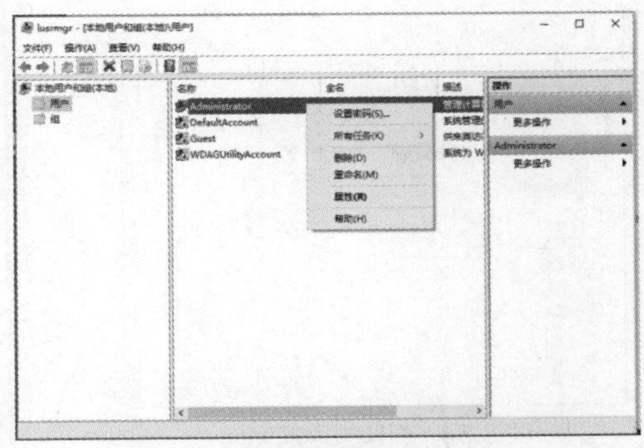

图 3.57　设置管理员密码

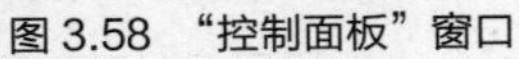

图 3.58　“控制面板”窗口

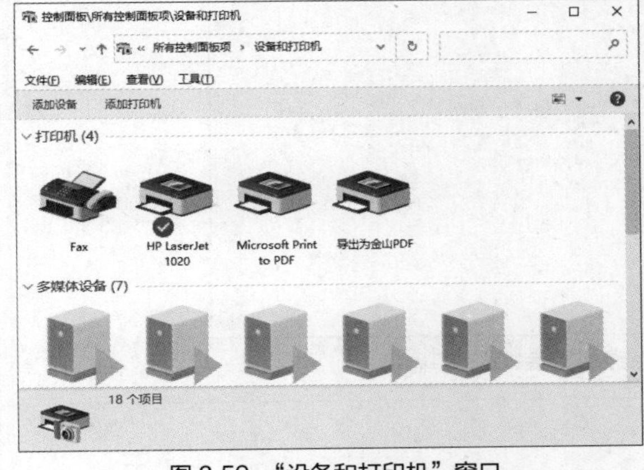

图 3.59　“设备和打印机”窗口

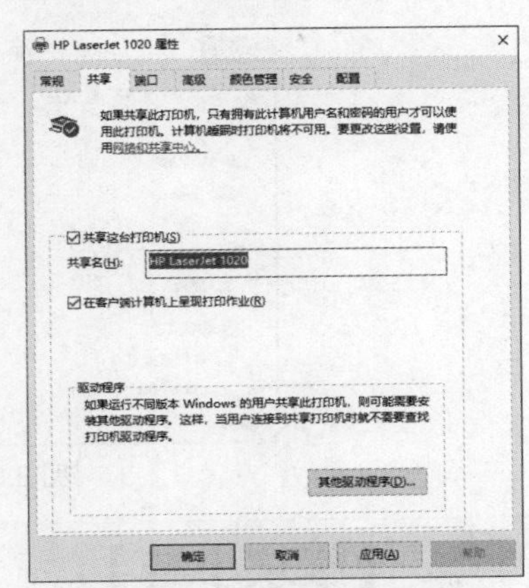

图 3.60　设置打印机共享名

（7）在“设备和打印机”窗口中，单击“添加打印机”按钮，打开“添加设备”对话框，如图 3.61 所示。

（8）在“添加设备”对话框中，选择“添加网络、无线或 Bluetooth 打印机”选项。选中搜索到的打印机，单击“下一步”按钮，如图 3.62 所示。

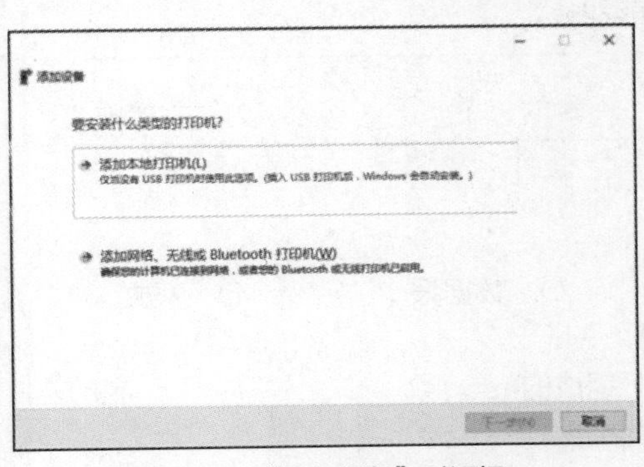

图 3.61　“添加设备”对话框

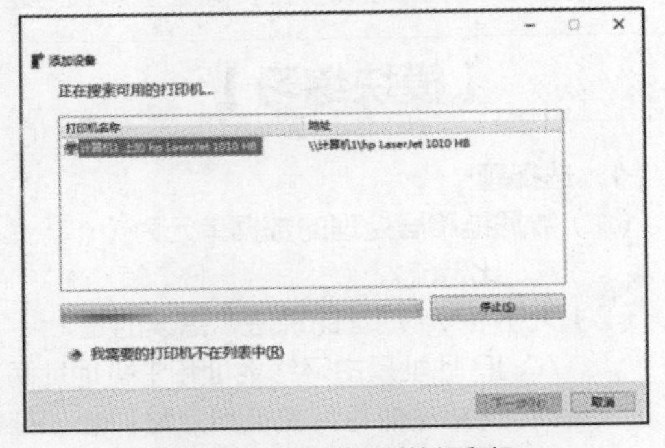

图 3.62　选中搜索到的打印机

（9）设置共享打印机名称，如图 3.63 所示。单击“下一步”按钮，打印机添加完成，如图 3.64 所示。

（10）查看或安装网络共享的打印机。直接在地址栏中输入打印机所连接的计算机的 IP 地址，双击列表中的共享打印机即可安装，如图 3.65 所示。

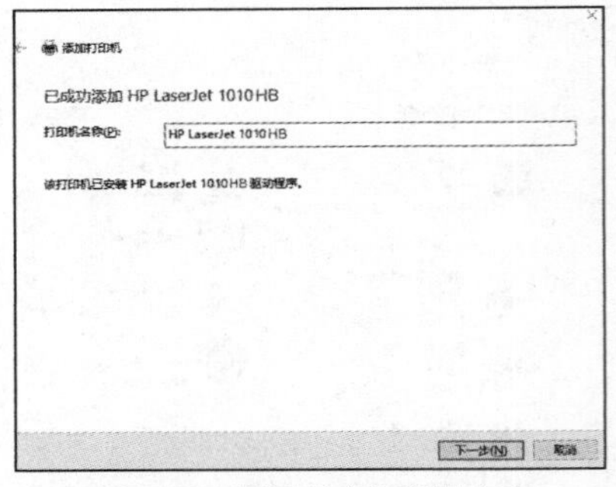

图 3.63　设置共享打印机名称

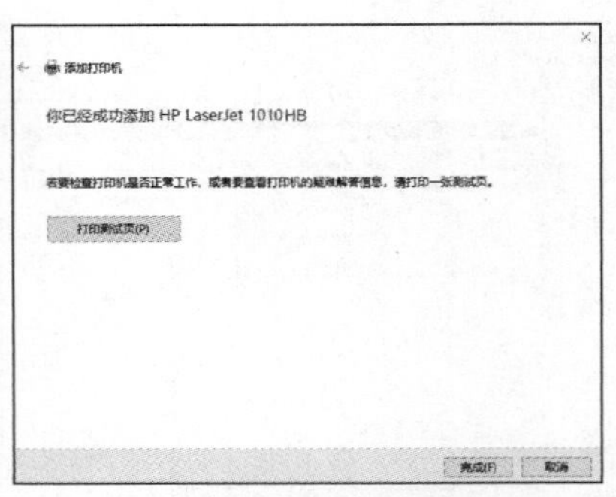

图 3.64　打印机添加完成

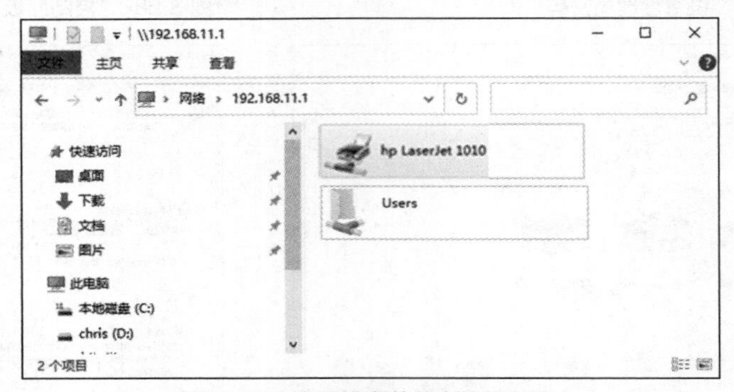

图 3.65　查看或安装共享的打印机

【模块小结】

本模块讲解了网络体系结构与协议概述、OSI 参考模型、TCP/IP 参考模型、IPv4 编址，以及 IPv6 编址等相关知识，详细讲解了 IPv4 地址子网划分与规划等相关知识，并且讨论了 OSI 参考模型与 TCP/IP 参考模型的区别。

本模块最后通过技能实践使学生进一步掌握构建局域网络实现资源共享的方法、配置共享网络打印机的方法，以及提高学生实际动手解决问题的能力。

【模块练习】

1．选择题

（1）数据链路层处理的数据单元为（　　）。

A．比特流　　B．帧　　C．数据报　　D．报文

（2）关于 IPv4 地址的说法，错误的是（　　）。

A．IP 地址是由网络地址和主机地址两部分组成的

B．网络中的每台主机都分配了唯一的 IP 地址

C．IP 地址只有 3 类：A 类、B 类、C 类

D．随着网络主机的增多，IPV4 地址资源已经耗尽

（3）某公司申请到一个 C 类 IP 地址，出于地理位置上的考虑必须将其切割成 5 个子网，则子网掩码要设为（　　）。

A．255.255.255.224　　B．255.255.255.192

C．255.255.255.254　　D．255.285.255.240

（4）IP 地址 127.0.0.1（　　）。

A．是一个暂时未用的保留地址　　B．是一个 B 类地址

C．是一个表示本地全部节点的地址　　D．是一个回送地址

（5）一个 A 类 IP 地址已经拥有 60 个子网，若还要添加两个子网，并且要求每个子网有尽可能多的主机，则应指定子网掩码为（　　）。

A．255.240.0.0　　B．255.248.0.0　　C．255.252.0.0　　D．255.254.0.0

（6）在 IP 地址方案中，200.20.100.1 是一个（　　）。

A．A 类地址　　B．B 类地址　　C．C 类地址　　D．D 类地址

（7）路由器工作在 OSI 参考模型中的（　　）。

A．第一层　　B．第二层　　C．第三层　　D．第三层以上

（8）IPv6 地址空间大小为（　　）位。

A．32　　B．64　　C．128　　D．256

（9）对于 IPv6 地址 2001:0000:0000:0001:0000:0000:0010:0010 而言，0 位压缩表示正确的是（　　）。

A．2001::1::1:1　　B．2001::1::0:10:10

C．2001::1: 0: 0:10:10　　D．2001::1:0: 0:1:1

（10）下列不属于 IPv6 地址类型的是（　　）。

A．单播地址　　B．组播地址　　C．任播地址　　D．广播地址

（11）下列属于 IPv6 组播地址的是（　　）。

A．FF02::1　　B．::/128　　C．2001::/64　　D．3000::/64

（12）在 TCP/IP 中，TCP 属于（　　）协议。

A．网络接口层　　B．网际层　　C．传输层　　D．应用层

（13）在应用层协议中，（　　）既依赖于 TCP，又依赖于 UDP。

A．FTP　　B．DNS 协议　　C．IP　　D．SNMP

（14）【多选】网络协议三要素包括（　　）。

A．语法　　B．语义　　C．时序　　D．层次结构

（15）【多选】物理层定义了（　　）等方面的内容。

A．机械特性　　B．电气特性　　C．功能特性　　D．规程特性

2．简答题

（1）简述网络体系结构以及网络协议。

（2）简述 OSI 参考模型与 TCP/IP 参考模型及其功能。

（3）简述 TCP 的 3 次握手详解及释放连接过程。

（4）简述子网掩码的作用。

（5）简述 IPv6 的新特性。

（6）简述 IPv4 到 IPv6 的过渡技术。

模块4 局域网技术

04

【情景导入】

一个单位、一个部门或一栋楼，往往有许多计算机，要使它们共享资源，就需要把它们组成网络，这就有了局域网的需求。究竟什么是局域网？它有什么特点，又是如何实现的？在组建局域网的时候主要考虑哪些关键的技术以提高局域网的性能？无线局域网可以应用到什么场景？这些问题都是局域网所要解决的。

局域网是计算机网络中最简单的网络类型之一，局域网是一种在有限的地理范围内将大量计算机及各种设备互联在一起，实现数据传输和资源共享的计算机网络。社会对信息资源的广泛需求以及计算机技术的普及促进了局域网的迅猛发展，在当今的计算机网络技术中，局域网技术已经占据了十分重要的地位。本模块主要讲述局域网的特点及其基本组成、局域网的模型与标准、局域网的关键技术、以太网组网技术、虚拟局域网技术以及无线局域网技术等。

【学习目标】

【知识目标】

- 掌握局域网的特点及其基本组成。
- 理解局域网的模型与标准。
- 掌握局域网的关键技术及以太网组网技术。

【技能目标】

- 掌握虚拟局域网的配置方法。
- 掌握无线局域网的配置方法。

【素质目标】

- 培养学生解决实际问题的能力，树立团队协助、团队互助等意识。
- 培养工匠精神，要求做事严谨、精益求精、着眼细节、爱岗敬业。

【知识导览】

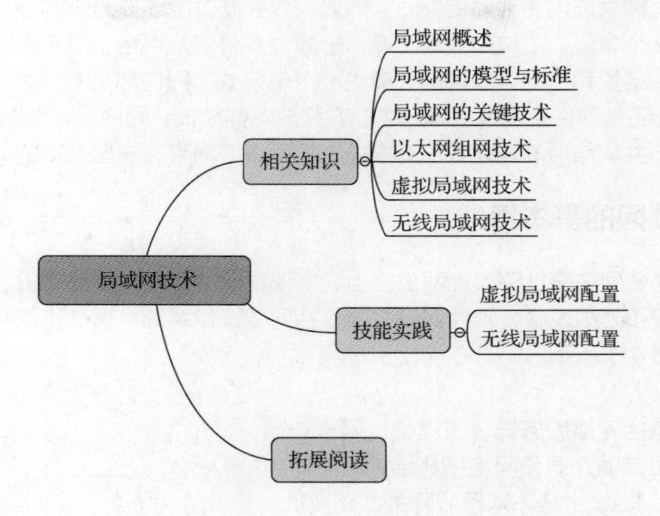

【相关知识】

4.1 局域网概述

计算机网络的分类方式有很多，最常见的是按网络覆盖的范围来区分。按网络覆盖的范围不同，可将网络分为局域网、城域网和广域网 3 类。局域网通常建立在人员集中的工业区、商业区、政府部门和大学校园中，应用范围非常广泛，从简单的数据处理到复杂的数据库系统，从管理信息到分散过程控制等，都需要局域网的支撑。

局域网是指在有限的地理范围内，如一个机房、一幢大楼、一所学校或一个单位内部，其计算机、外设和网络互联设备连接起来形成以数据通信和资源共享为目的的计算机网络系统。

4.1.1 局域网的发展历程及其特点

局域网的发展历程及其特点如下。

1. 局域网的发展历程

20 世纪 60 年代末至 20 世纪 70 年代初是局域网发展的萌芽阶段。20 世纪 70 年代中期是局域网发展的一个重要阶段，美国 Xerox（施乐）公司推出的实验性以太网（Ethernet）和英国剑桥大学研制的剑桥环网（Cambridge Ring）成为最初局域网的典型代表。20 世纪 80 年代初期是局域网走向大发展的时期，一些标准化组织开始致力于局域网的有关协议和标准的制定。到了 20 世纪 80 年代后期，局域网的产品进入专业化生产和商品化的成熟阶段，获得了大范围的推广和普及。20 世纪 90 年代以后，局域网步入了更高速发展的阶段，使用已相当普遍，利用光导纤维作为通信介质构成的高速主干网，是目前许多局域网系统采用的一种结构形式。

2. 局域网的特点

从应用角度来看，局域网有以下 4 个方面的特点。

（1）局域网覆盖的地理范围有限，主要用于单位内部联网，范围在一座办公大楼或集中的建筑群内，范围一般在几千米。

（2）数据传输速率高，传输速率可达1000Mbit/s，并且局域网两个站点间具有专用通信线路以传输数据，因此误码率很低。

（3）可根据不同需求选用多种通信介质，如双绞线、同轴电缆或光纤等。

（4）通常属于一个单位，工作站数量不多，一般为几台到几百台，易于建立、管理与维护。

（5）便于安装、维护和扩充。局域网一般由一个单位或部门内部控制、管理、使用和维护，因此，无论从硬件系统还是软件系统来讲，网络的安装成本都较低，周期短，维护和扩充都十分方便。

（6）通常侧重于共享信息的处理，没有中央主机系统，而带有一些共享的外部设备。

4.1.2 局域网的基本组成

从总体来说，局域网由硬件和软件两部分组成。硬件部分主要包括计算机、网络适配器、传输介质、网络互联设备和外围设备；软件部分主要包括网络操作系统、通信协议和应用软件等。局域网基本组成示意如图 4.1 所示。

1. 网络硬件

网络硬件主要包括网络服务器、工作站、网卡、传输介质。此外，根据传输介质和网络拓扑结构的不同，还需要集线器（Hub）、集中器、网桥、网关、交换机、路由器以及网间互联线路等。

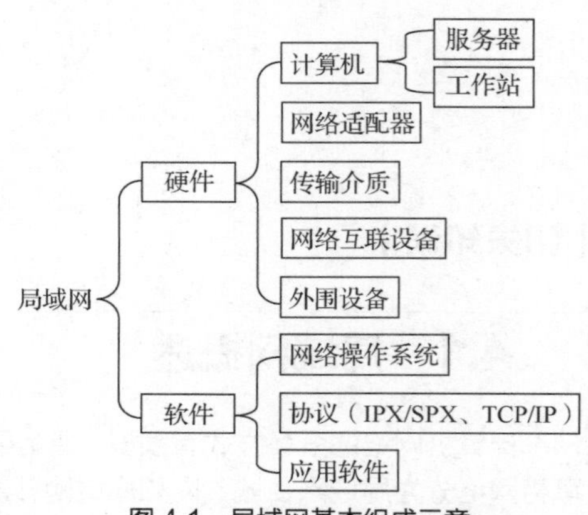

图 4.1　局域网基本组成示意

（1）服务器。

服务器是整个网络系统的核心，它为网络用户提供服务并管理整个网络。根据服务器在网络中所承担的任务和所提供的功能不同，服务器可分为文件服务器、打印服务器和通信服务器。通常要求服务器具有较高的性能，包括较快的数据处理速度、较大的内存和较大容量的磁盘等。

（2）工作站。

工作站是网络各用户的工作场所，用户通过它可以与网络交换信息，共享网络资源。工作站通过网卡、传输介质以及通信设备连接到网络服务器，且仅对操作该工作站的用户提供服务。

（3）网卡。

网卡是局域网中最基本、最重要的连接设备，计算机通过网卡接入局域网络。网卡一方面要和主机交换数据，另一方面要保证数据交换以网络物理数据的路径和格式来传输或接收。另外，为防止数据的丢失，网卡上还需要有缓存，以实现不同设备间的数据缓冲。网卡上的 ROM 芯片固化有控制通信软件，用来实现上述功能。

（4）传输介质。

局域网中常用的传输介质主要有双绞线、同轴电缆和光纤等。

（5）网络互联设备。

局域网中常用的互联设备有集线器、网桥、网关、交换机和路由器以及安全设备防火墙、入侵检测系统和入侵防御系统等。

扫码看拓展阅读 4-1

（6）外围设备。

外围设备（简称外设）主要是指网络中可供网络用户共享的外部设备，包括打印机、绘图仪、扫描仪、Modem 等。

2. 网络软件

网络软件主要包括网络操作系统、网络协议和应用软件 3 部分。

（1）网络操作系统。

网络操作系统是用户和网络之间的接口，具有主机管理、存储管理、设备管理、文件管理以及网络管理等功能。目前较流行的局域网操作系统有 Windows Server 2019、RedHat Linux、Ubuntu、Debian、CentOS、Fedora、Netware 等。

（2）网络协议。

网络协议主要用以实现网络协议功能，其种类较多，不同体系结构的网络系统有自身的协议，不同层次上的协议也不尽相同，如 IPX/SPX、TCP/IP。

（3）应用软件。

应用软件是专门为某一个应用领域而开发的软件，能为用户提供一些实际的网络应用服务。它既可以用于管理和维护网络本身，也可用于业务领域，如 FTP、DNS、DHCP 等。

4.2 局域网的模型与标准

20 世纪 70 年代后期，当局域网逐渐成为潜在的商业工具时，IEEE 于 1980 年 2 月成立了局域网标准委员会（简称 IEEE802 委员会），专门从事局域网标准化的工作，参照 OSI 参考模型，制定了局域网参考模型。

4.2.1 局域网参考模型

根据局域网的特征，局域网参考模型仅包含 OSI 参考模型的最低两层：物理层和数据链路层，如图 4.2 所示。

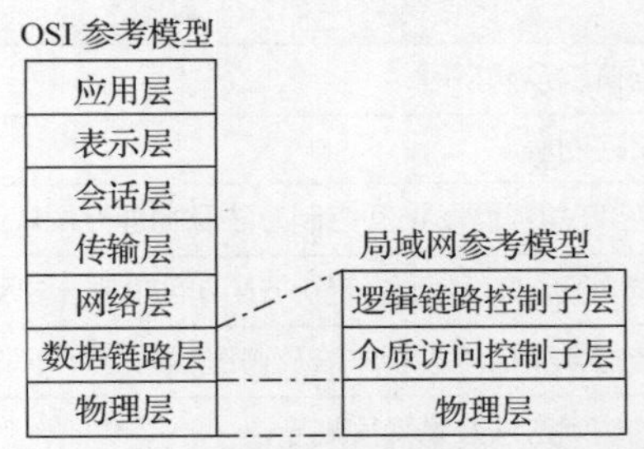

图 4.2　OSI 参考模型与局域网参考模型的对照

1. 物理层

物理层涉及在信道上传输的原始比特流，主要作用是确保在一段物理链路上正确传输二进制信号，功能包括信号的编码/解码、同步前导码的生成与去除、二进制信号的发送与接收。

为确保比特流的正确传输，物理层还具有错误校验功能，以保证信号的正确发送与正确接收，规定了所使用的信号、编码、传输介质以及有关的拓扑结构和传输速率等。

2. 数据链路层

数据链路层又分为逻辑链路控制（Logical Link Control，LLC）和介质访问控制（Medium Access Control，MAC）两个功能子层。这种功能子层划分主要是为了将数据链路功能中与硬件相关和无关的部分分开，降低研发互联不同类型物理传输接口数据设备的费用。

（1）LLC 子层。

IEEE 802.2 中定义了 LLC 协议。LLC 子层的功能完全与介质无关，它独立于介质访问控制方法，隐藏了各种局域网技术间的差别，用户的数据链路服务通过 LLC 子层为网络层提供统一的接口。LLC 子层用来建立、维持和释放数据链路层，提供了一个或多个服务访问点，为高层提供面向连接和无连接服务，具有帧的发送和接收功能。另外，它还有差错控制、流量控制和发送顺序控制功能。

（2）MAC 子层。

MAC 子层的主要功能是控制对传输介质的访问。该子层的功能完全依赖于介质，用来进行合理的信道分配，解决信道竞争问题，IEEE 802 标准制定了多种介质访问控制方法，同一个 LLC 子层能与其中任意一种访问方法（如 CSMA/CD，Token Ring，Token Bus）接口进行通信。

4.2.2 局域网的标准

1980 年 2 月，IEEE 成立了专门负责制定局域网标准的 IEEE 802 委员会。该委员会开发了一系列局域网和城域网标准。广泛使用的网络有以太网、令牌环网、IEEE 802.1～IEEE 802.5 无线局域网、虚拟专用网等。IEEE 802 委员会于 1985 年公布了 5 项标准，同年被 ANSI 采用，作为美国国家标准，ISO 也将其作为局域网的国际标准，对应标准为 ISO 8802，后来又扩充了多项标准文本。目前，IEEE 已经制定的局域网标准有 10 多个，主要的标准如表 4.1 所示。

IEEE 802.3 标准是在以太网标准上制定的，因此现在人们通常将 IEEE 802.3 局域网称为以太网。令牌环网是由美国 IBM 公司率先推出的环形基带网络，IEEE 802.5 标准就是在 IBM 令牌环网的基础上制定的，IEEE802.5 局域网与令牌环网之间无太大的差别。令牌环网比较适合在传输距离远、负载重以及实时性要求高的环境中使用，其网络的总体性能要优于以太网，但令牌环网网络的价格要贵一些，所以在普及程度上没有以太网广泛。

表 4.1 局域网主要的标准

标准	功能
IEEE 802.1	定义了通用网络概念及网桥等
IEEE 802.2	定义了逻辑链路控制等
IEEE 802.3	定义了 CSMA/CD 总线介质访问控制方法及物理专层规范
IEEE 802.4	定义了令牌总线（Token Bus）结构介质访问控制方法及物理层规范
IEEE 802.5	定义了令牌环结构介质访问控制方法及物理层规范
IEEE 802.6	定义了城域网的访问方法及物理层规定
IEEE 802.7	定义了宽带局域网技术
IEEE 802.8	定义了光纤分布式数据接口（Fiber Distributed Data Interface，FDDI）技术
IEEE 802.9	定义了 ISDN 局域网
IEEE 802.10	定义了可互操作局域网安全标准，提供局域网互联的网络安全机制
IEEE 802.11	定义了无线局域网标准
IEEE 802.12	定义了交换式局域网标准，定义了 100Mbit/s 高速以太网按需优先的介质访问控制协议
IEEE 802.14	定义了有线电视（Cable Television，CATV）宽带通信技术标准
IEEE 802.15	定义了无线个人区域网（Wireless Personal Area Network，WPAN）标准
IEEE 802.16	定义了宽带无线访问标准

局域网 IEEE 802 各标准之间的关系如图 4.3 所示。

在 IEEE 802 标准中，IEEE 802.3 以太网标准和 IEEE 802.5 令牌环标准应用得最为广泛。

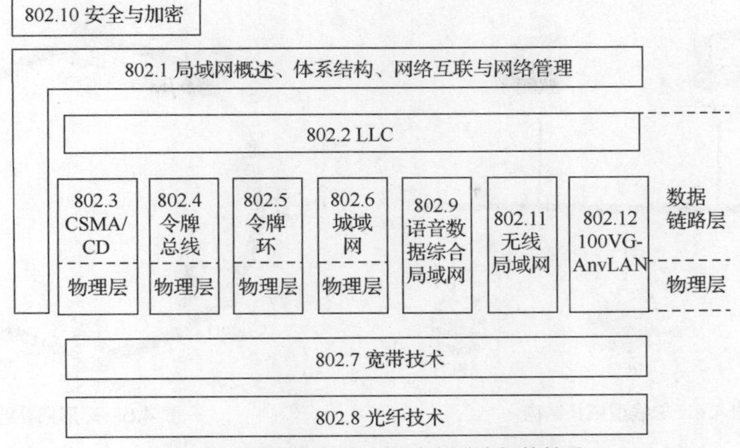

图 4.3　局域网 IEEE 802 各标准之间的关系

4.3　局域网的关键技术

决定局域网特性的主要技术要素包括拓扑结构、介质访问控制方法和传输介质 3 个方面，这 3 个方面在很大程度上决定了传输数据的类型、网络的响应时间、吞吐量、利用率及网络应用等各种网络特征。

4.3.1　局域网拓扑结构

局域网拓扑结构是指由网络节点设备和通信介质构成的网络结构。网络拓扑结构定义了各种计算机、打印机、网络设备和其他设备的连接方式。换句话说，网络拓扑结构描述了线缆和网络设备的布局和数据传输时采用的路径。网络拓扑结构会在很大程度上影响网络的工作方式。

网络拓扑结构包括物理拓扑结构和逻辑拓扑结构。物理拓扑结构是指物理结构上各种设备和传输介质的布局，物理拓扑结构通常有总线型、环形、星形、网状、树形等。逻辑拓扑结构描述的是设备之间是如何通过物理拓扑结构进行通信的。

（1）总线型拓扑结构。

总线型拓扑结构是被普遍采用的一种结构，它将所有的入网计算机接入一条通信线路，为防止信号反射，一般在总线两端连有终结器以匹配线路阻抗。

总线型拓扑结构的优点是信道利用率较高，结构简单，价格相对便宜；缺点是同一时刻只能有两个网络节点相互通信，网络延伸距离有限，网络容纳节点数有限。在总线上只要有一个节点出现连接问题，就会影响整个网络的正常运行。目前，局域网中多采用这种结构。总线型拓扑结构如图 4.4 所示。

（2）环形拓扑结构。

环形拓扑结构将各台联网的计算机用通信线路连接成一个闭合的环。

环形拓扑结构是一种点到点的结构，每台设备都直接连接到环上，或通过一个端口设备和分支电缆连接到环上。在初始安装时，环形拓扑网络比较简单；但随着网络中节点的增加，重新配置的难度也会增加，它对环的最大长度和环上设备总数有限制。使用这种结构可以很容易地找到电缆的故障点，受故障影响的设备范围大，在单环系统上出现的任何错误，都会影响网络中的所有设备。环形拓扑结构如图 4.5 所示。

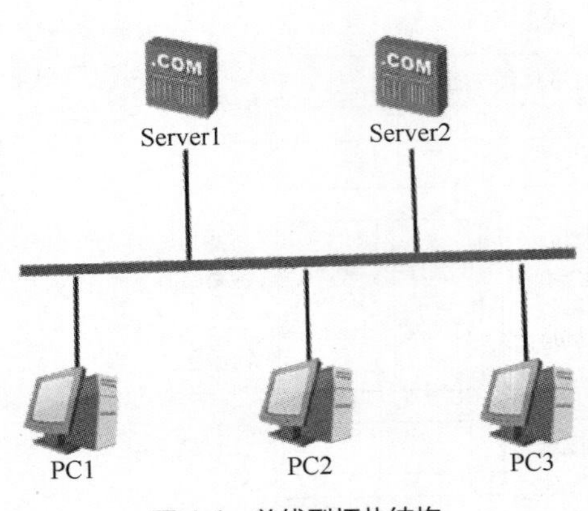

图 4.4　总线型拓扑结构

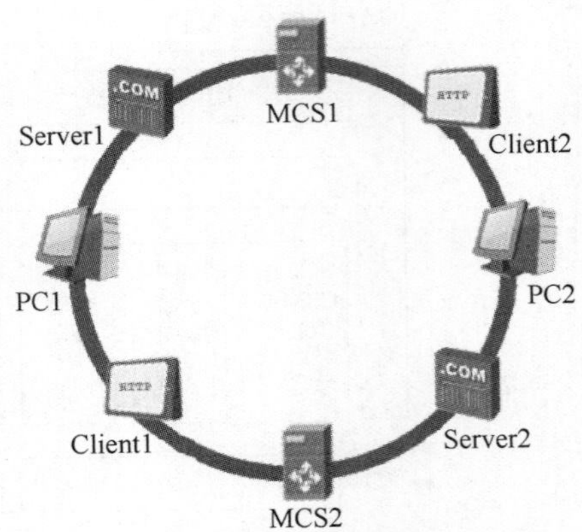

图 4.5　环形拓扑结构

（3）星形拓扑结构。

星形拓扑结构是以一个节点为中心的处理系统，各种类型的入网设备均与该中心节点以物理链路直接相连。

星形拓扑结构的优点是结构简单，建网容易，控制相对简单；缺点是其属于集中控制，主节点负载过重，可靠性低，通信线路利用率低。星形拓扑结构如图 4.6 所示。

（4）网状拓扑结构。

网状拓扑结构分为全连接网状结构和不完全连接网状结构两种形式。在全连接网状结构中，每一个节点和网络中的其他节点均有链路连接。在不完全连接网状结构中，两个节点之间不一定有直接链路连接，它们之间的通信依靠其他节点转接。这种网络结构的优点是节点间路径多，碰撞和阻塞可大大减少，局部的故障不会影响整个网络的正常工作，可靠性高，网络扩充和主机入网比较灵活、简单；缺点是这种网络结构关系复杂，不易建网，网络控制机制复杂。广域网中一般使用不完全连接网状结构。网状拓扑结构如图 4.7 所示。

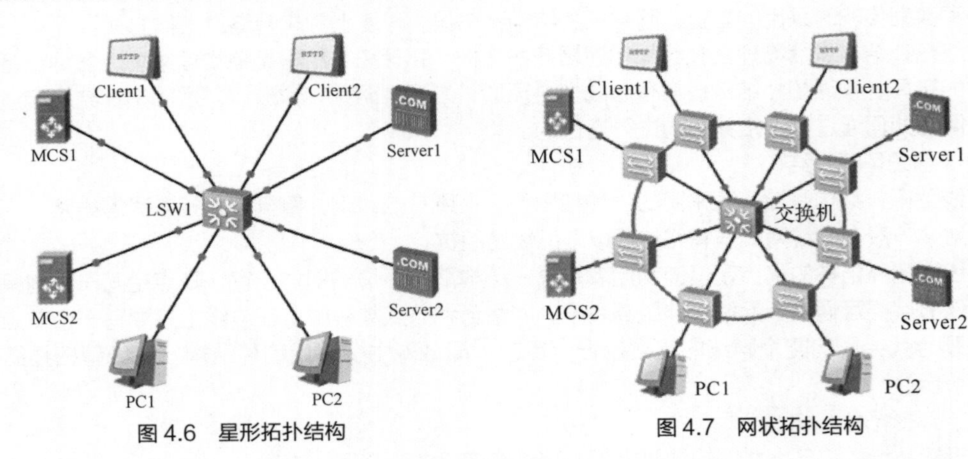

图 4.6　星形拓扑结构

图 4.7　网状拓扑结构

（5）树形拓扑结构。

树形拓扑结构由总线型拓扑结构演变而来。其形状像一棵倒置的树，顶端是树根，下面是树根分支，每个分支还可再带子分支。树根接收各节点发送的数据，并广播发送到全网。这种结构扩展性好，容易诊断出错误，但对根节点要求较高。树形拓扑结构如图 4.8 所示。

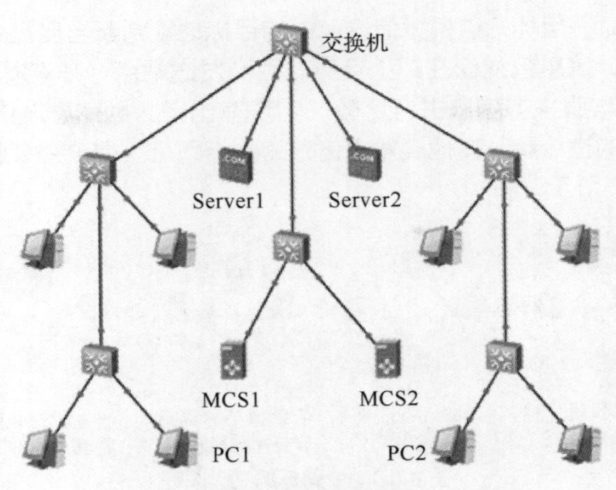

图 4.8　树形拓扑结构

4.3.2　介质访问控制方法

传统共享式以太网的典型代表是总线型以太网，在这种类型的以太网中，信道只有一个，并且采用介质共享的访问方法进行数据传输。

1. 载波监听多路访问/冲突检测

以太网使用随机争用型的介质访问控制方法，即载波监听多路访问/冲突检测（Carrier Sense Multiple Access/Collision Detection，CSMA/CD），其基本原理如下：每个节点都共享网络传输信道，发送数据之前，要先检测信道是否空闲，如果空闲则发送，否则等待；在发送出信息后，会对冲突进行检测，如果发现冲突，则取消发送，等待一段时间，再重新尝试，CSMA/CD 工作流程如图 4.9 所示。

上述原理可简单总结为先听后发，边发边听，冲突停发，随机延迟后重发。

（1）载波监听：发送节点在发送数据之前，监听传输介质是否处于空闲状态。

（2）多路访问：一是表示多个节点可以同时访问信道，二是表示一个节点发送的数据可以被多个节点接收。

（3）冲突检测：发送节点在发出数据的同时，还必须监听信道，判断是否发生冲突（同一时间，是否有其他节点也正在发送数据）。

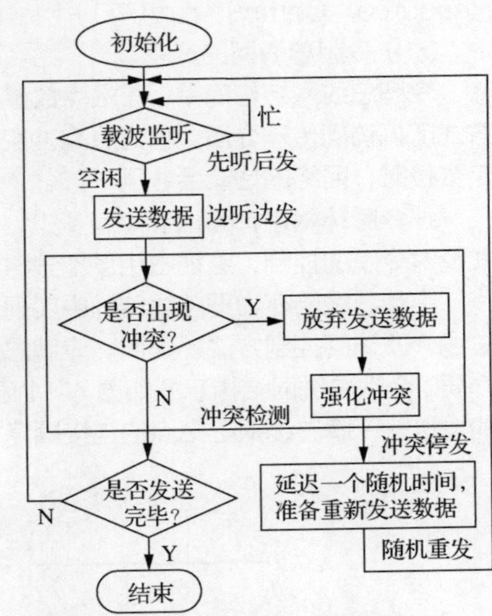

图 4.9　CSMA/CD 工作流程

2. 令牌环访问控制方法

令牌环访问控制方法最早于1969 年在贝尔实验室研制的 Newhall 环上采用，1971 年提出了一种改进算法（即分槽环），令牌环标准在 IEEE 802.5 中定义。

令牌环网数据传输速率为 4Mbit/s 或 16Mbit/s，多数采用星状环结构，在逻辑上所有站点构成一个闭合的环路。令牌环访问控制方法是在环路上设置一个令牌（Token），这是一种特殊的比特格式。当所有的站点都空闲时，令牌不停地在环网上转。当某一个站点要发送信息时，它必须在令牌经过时获取令牌（注意：此时经过的令牌必须是一个空令牌），并把这个空令牌设置成满令牌，然后开始发送信息包。此时，环上没有了令牌，其他站点想发送信息就必须等待。要发送的信息随同令牌在环上单向运行，当信息包经过目标站点时，目标站点根据信息包中的目标地址判断出自己是接收站点，把信息复制到自己的接收缓冲区中，信息包继续在环上运行，回到发送站点，并被发送站点从环上卸载下来。发送站点将回来的信息与原来的信息进行比较，若没有出错，则信息发送完毕。与此同时，发送站点向环上插入一个新的空令牌，其他要发送信息的站点即可获得该空令牌并传输数据信息。令牌环的工作原理如图 4.10 所示。

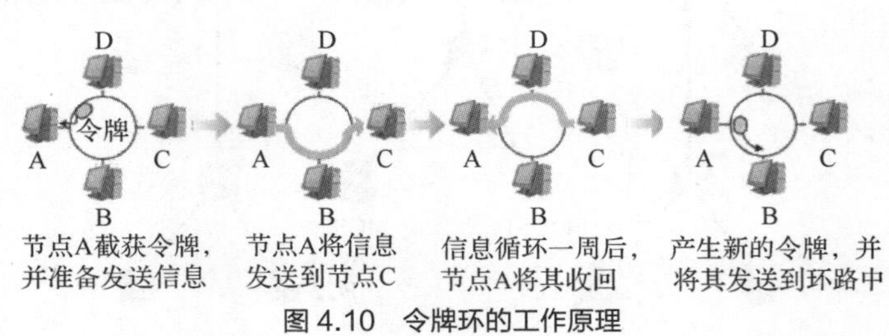

图 4.10　令牌环的工作原理

令牌环的主要优点是它可提供对传输介质访问的灵活性控制，且在负载很重的情况下，这种控制方法是高效和公平的。它的主要缺点是，在轻负载的情况下，传输信息包前必须要等待一个空令牌的到来，这样就造成了低效率。此外，需要对令牌进行维护，一旦令牌丢失，环网便不能再运行，所以在环路上要设置一个站点作为环上的监控站点，以保证环上有且仅有一个令牌。

提示：环状网络中信息流只能是单方向的，每个收到信息包的站点都向它的下游站点转发该信息包；只有获取了令牌的站点才可以发送信息，每次只有一个站点能发送信息；目标站点从环上复制信息包。

3. 令牌总线介质访问控制方法

令牌总线网的典型代表是美国 Data Point 公司研制的连接主机的资源计算机（Attached Resource　Computer，ARC）网络。

（1）令牌总线网的产生。

令牌总线网结构简单，在站点数量少时，传输速率快；其采用了 CSMA/CD 控制方法，以竞争方式随机访问传输介质，肯定会有冲突发生，一旦发生冲突就必须重新发送信息包；当站点超过一定数量时，网络的性能会急剧下降。

在令牌环网中，无论节点有多少，都需要等待令牌空闲时才能进行通信。由于采取按位转发方式及对令牌的控制，监视占用了部分时间，因此节点数量少时，其传输速率低于总线网络。

令牌总线网在物理总线结构中实现令牌传输控制，构成逻辑环路，这就是 IEEE 802.4 的令牌总线介质访问控制方法。因此，令牌总线网在物理上是一个总线网，采用同轴电缆或光纤作为传输介质，令牌总线网结构示意如图 4.11 所示；令牌总线网在逻辑上是一个环网，采用令牌来决定信息的发送，令牌总线网上站点的连接顺序如图 4.12 所示。

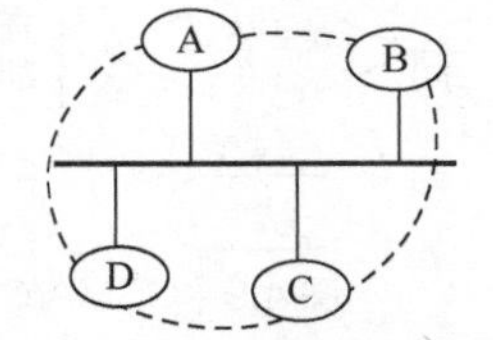

图 4.11　令牌总线网结构示意

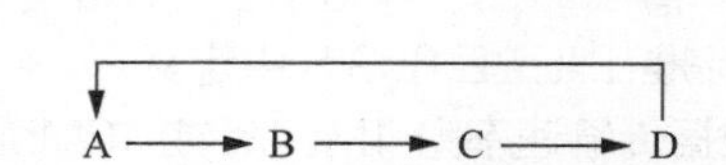

图 4.12　令牌总线网上站点的连接顺序

（2）令牌总线网的工作原理。

在令牌总线网中，所有站点都按次序分配到一个逻辑地址，每个工作站点都知道在其之前（前驱）和在其之后的站点（后继）标识，第一个站点的前驱是最后一个站点的标识，且物理上的位置与其逻辑地址无关。

令牌控制帧规定了访问的权利，总线上的每一个工作站如有数据要发送，则必须要在得到令牌以后才能发送，即拥有令牌的站点才被允许在指定的一段时间内访问传输介质。如果该站点发送完信息，或是时间用完了，则将令牌交给逻辑位置上紧接在它后面的那个站点，那个站点由此得到允许数据发送权。这样既保证了发送信息过程中不发生冲突，又保证了每个站点都有公平访问权。

扫码看拓展阅读 4-2

4.3.3 传输介质

从网络的基本定义可以发现，网络中的计算机要相互传输信息必须进行连接，连接就需要使用传输介质。根据网络的连接方式，可将传输介质分为有线传输介质和无线传输介质两种。

局域网常用的有线传输介质有双绞线、同轴电缆、光纤等，无线传输介质有无线电波、微波或红外线等。传输介质的选择取决于网络的拓扑结构、实际需要的通信容量、可靠性要求、能承受的价格等因素。

在局域网中，双绞线是最为廉价的传输介质，非屏蔽 6 类双绞线的传输速率为 1000Mbit/s，目前在局域网中被广泛使用。

同轴电缆是一种较好的传输介质，它具有吞吐量大、可连接设备多、性能价格比较高、安装和维护方便等优点。

光纤具有高带宽、数据传输率高、抗干扰能力强、传输距离远等优点，但光纤和相应的网络配件价格较高，且光纤的连接和切割需要较高的技术。

在某些特殊的场合不便使用有线传输介质时，就可以采用无线传输介质来传输信号。

4.3.4 ARP 与 RARP 工作原理

ARP 的中文含义是地址解析协议，RARP 的中文含义是反向地址解析协议，下面分别介绍这两种协议的工作原理。

1. ARP 工作原理

ARP 是根据 IP 地址获取物理地址的一种协议。主机在发送信息时将包含目标 IP 地址的 ARP 请求广播到网络中的所有主机，并接收返回消息，以此确定目标的物理地址。在收到返回消息后，将该 IP 地址和物理地址存入本机 ARP 缓存中并保留一定时间，在下次请求时直接查询 ARP 缓存以节约资源。地址解析协议是建立在网络中各个主机互相信任的基础上的，网络中的主机可以自主发送 ARP 应答消息，其他主机在收到应答报文时不会检测该报文的真实性，会直接将其记入本机 ARP 缓存。因此攻击者可以向某一主机发送伪 ARP 应答报文，使其发送的信息无法到达预期的主机或到达错误的主机，这就构成了 ARP 欺骗。“arp”命令可用于查询本机 ARP 缓存中 IP 地址和 MAC 地址的对应关系，以及添加或删除静态对应关系等。

例如，ARP 工作过程如下所述。

主机 PC1 的 IP 地址为 192.168.11.1，MAC 地址为 54-89-98-76-48-5C，如图 4.13 所示；主机 PC2 的 IP 地址为 192.168.11.2，MAC 地址为 54-89-98-3C-73-E6，如图 4.14 所示。

当主机 PC1 要与主机 PC2 通信时，如图 4.15 所示，ARP 可以将主机 PC2 的 IP 地址（192.168.11.2）解析成主机 PC2 的 MAC 地址，其工作过程如图 4.16 所示。

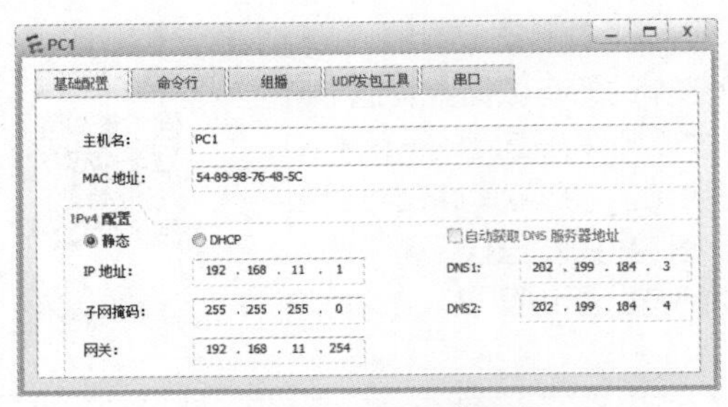

图 4.13　主机 PC1 的配置

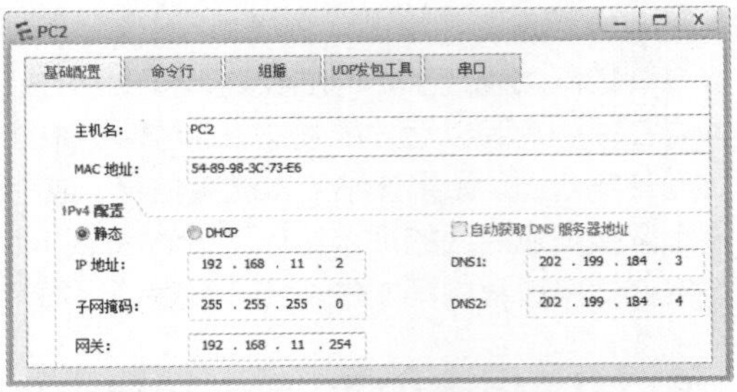

图 4.14　主机 PC2 的配置

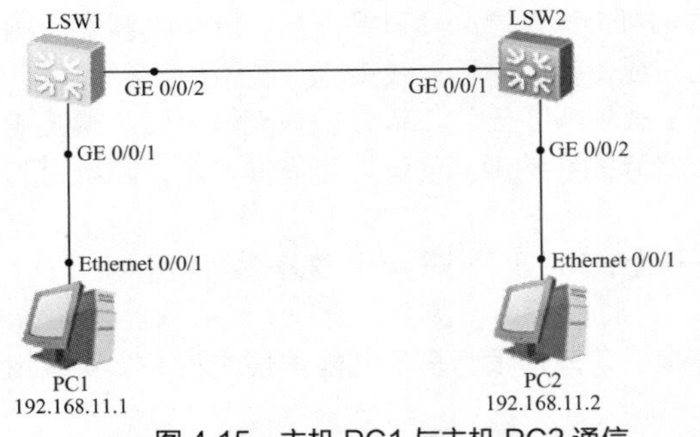

图 4.15　主机 PC1 与主机 PC2 通信

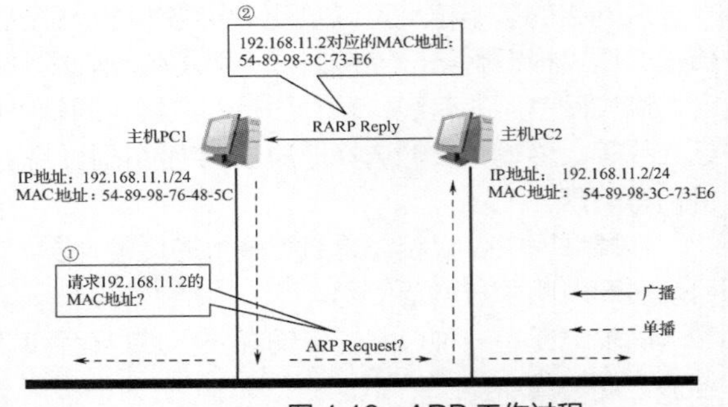

图 4.16　ARP 工作过程

第 1 步：主机 PC1 使用自己的源 MAC 地址发送 ARP 请求报文，因为第一次通信不知道主机 PC2 的目标 MAC 地址，所以主机 PC1 发送目标广播地址，查找目标 IP 地址，告知源地址 192.168.11.1。根据主机 PC1 中的路由表内容，确定用于访问主机 PC2 的转发 IP 地址是 192.168.11.2。主机 PC1 在自己的本地 ARP 缓存中检查主机 PC2 的匹配 MAC 地址。

第 2 步：如果主机 PC1 在 ARP 缓存中没有找到地址映射，则它将询问 192.168.11.2 的 MAC 地址，从而将 ARP 请求帧 Request 广播到本地网络中的所有主机，如图 4.17 所示。主机 PC1 的 IP 地址和 MAC 地址都包括在 ARP 请求中。本地网络中的每台主机都能接收到 ARP 请求并检查是否与自己的 IP 地址匹配。如果某台主机发现请求的 IP 地址与自己的 IP 地址不匹配，则它将丢弃 ARP 的请求。

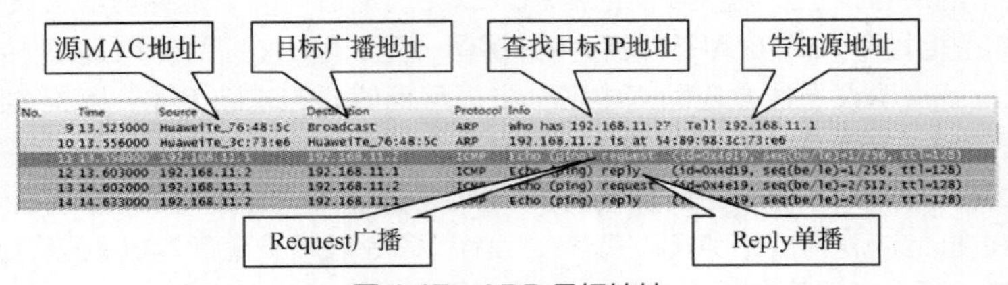

图 4.17　ARP 目标地址

第 3 步：主机 PC2 确定 ARP 请求中的 IP 地址与自己的 IP 地址匹配，则将主机 PC1 的 IP 地址和 MAC 地址映射并添加到本地 ARP 缓存中。

第 4 步：主机 PC2 以 Reply 单播的形式，将包含其 MAC 地址的 ARP 回复消息直接发送回主机 PC1。

第 5 步：当主机 PC1 收到从主机 PC2 发来的 ARP 回复消息时，会用主机 PC2 的 IP 地址和 MAC 地址映射更新 ARP 缓存。本机缓存是有生存期的，在生存期结束后，将再次重复上面的过程。主机 PC2 的 MAC 地址一旦确定，主机 PC1 即可与主机 PC2 进行通信。

2. RARP 工作原理

RARP 会将局域网中某台主机的物理地址转换为 IP 地址，例如，局域网中有一台主机只知道其物理地址而不知道 IP 地址，那么可以通过 RARP 发出请求自身 IP 地址的广播，并由 RARP 服务器负责应答。RARP 被广泛用于获取无盘工作站（即主机无硬盘）的 IP 地址。

RARP 允许局域网的物理机器从网关服务器的 ARP 表或者缓存中请求其 IP 地址。网络管理员会在局域网网关路由器内创建一个表，以映射物理地址和与其对应的IP地址。当设置一台新的机器时，其 RARP 客户机程序需要向路由器上的 RARP 服务器请求相应的 IP 地址，如图 4.18 所示。假设在路由表中已经设置了一个记录，RARP 服务器将会返回IP地址给这台新的机器，此机器就会将其存储起来以便日后使用。RARP 可用于以太网、FDDI 网及令牌环网。

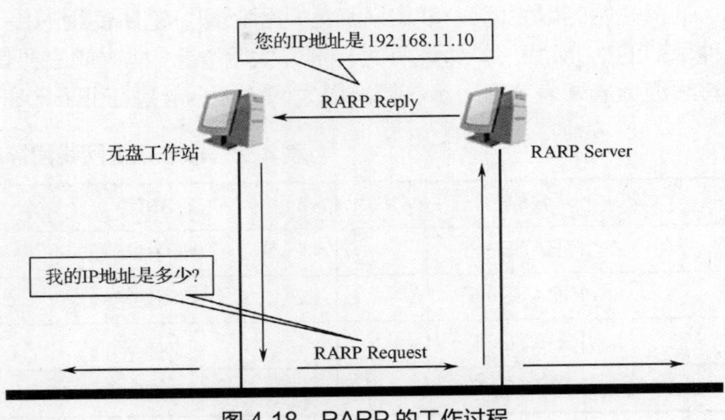

图 4.18 RARP 的工作过程

4.4 以太网组网技术

以太网实现了网络无线电系统多个节点发送信息的想法，每个节点必须获取电缆或者信道的信号才能传输信息。其名称来源于 19 世纪的物理学家假设的电磁辐射介质光以太，后来的研究证明光以太不存在。以太网中的每个节点都有全球唯一的 48 位地址，即制造商分配给网卡的 MAC 地址，以保证所有节点能互相鉴别。

4.4.1 以太网概述

以太网标准是当今现有局域网采用的最通用的通信协议标准，与 IEEE 802.3 系列标准类似，它不是一种具体的网络，而是一种技术规范。该标准定义了在局域网中采用的电缆类型和信号处理方法，使用 CSMA/CD 访问控制方法，并以 10Mbit/s 的数据传输速率运行在多种类型的电缆上。

1. 以太网的产生与发展

以太网是一种计算机局域网技术，是适应社会需求的结果，它是由施乐公司创建的。施乐公司、英特尔公司和数字设备公司联合开发公布了以太网的技术规范，IEEE 组织的 IEEE 802.3 标准制定了以太网的技术标准，它规定了包括物理层的连线、电子信号和介质访问层协议在内的内容。以太网是目前应用最普遍的局域网技术，取代了其他局域网标准，如令牌环、FDDI 和 ARCNET 等。以太网标准与 IEEE 802.3 系列标准类似，包括标准以太网（10Mbit/s）、快速以太网（100Mbit/s）和吉以太网（1Gbit/s）等，它们都符合 IEEE 802.3 技术标准。

以太网的标准拓扑结构为总线型拓扑结构，但目前的快速以太网（100BASE-T、1000BASE-T 标准）为了减少冲突，使网络传输速率和使用效率实现了最大化，并使用集线器进行网络连接和组织。如此一来，以太网的拓扑结构就成了星形拓扑结构，但以太网在逻辑上仍然使用总线型拓扑结构和 CSMA/CD 访问控制方法。

2. 以太网线缆标准

随着以太网组网技术的不断发展，传输电缆的技术也得到了快速的发展，特别是交换技术和其他网络通信技术的发展，都推动了以太网技术的发展。从以太网诞生到目前为止，主要有以下几种应用较成熟的以太网线缆标准。

（1）标准以太网线缆标准。

最开始的以太网只有 10Mbit/s 的吞吐量，它所使用的是 CSMA/CD 访问控制方法，通常把这种早期的 10Mbit/s 以太网称为标准以太网，标准以太网主要有双绞线、同轴电缆、光纤等传输介质，其线缆标准如表 4.2 所示。标准以太网线缆标准是在 IEEE 802.3 中定义的。

表 4.2　标准以太网线缆标准

名称	电缆	最长有效距离
10BASE-2	细同轴电缆	185m
10BASE-5	粗同轴电缆	500m
10BASE-T	双绞线	100m
10BASE-F	光纤	2km

所有的以太网几乎都遵循 IEEE 802.3 标准，在这个标准中，以太网线缆标准前面的数字表示传输速度，单位是 Mbit/s，最后一个数字表示单段网线长度（基准单位是 100m），BASE 表示“基带”，T 代表双绞线，F 代表光纤。

（2）快速以太网线缆标准。

随着网络的发展，标准以太网技术已难以满足日益增长的网络数据的传输需求。1995 年 3 月，IEEE 宣布了 IEEE 802.3u 100BASE-T 快速以太网（Fast Ethernet）标准，开启了快速以太网的时代，快速以太网可提供 100Mbit/s 的数据传输速率。

快速以太网与原来在 100Mbit/s 带宽下工作的 FDDI 网相比有许多优点，主要体现在快速以太网技术可以有效地保障用户在布线基础设施上的投资，它支持 3、4、5 类双绞线和光纤连接，能有效地利用现有的设施。快速以太网的不足其实也是以太网技术的不足，即快速以太网仍基于 CSMA/CD 访问控制方法，当网络负载较重时，会导致效率降低，但这可以通过使用交换技术来弥补。快速以太网线缆标准如表 4.3 所示。

表 4.3　快速以太网线缆标准

名称	电缆	最长有效距离
100BASE-T4	四对 3 类双绞线	100m
100BASE-TX	两对 5 类双绞线	100m
100BASE-FX	单模光纤或多模光纤	2km

（3）吉以太网线缆标准。

吉以太网标准是对 IEEE 802.3 以太网标准的扩展，基于以太网协议，是快速以太网传输速率的 10 倍，达到了 1Gbit/s，并仍与现有的以太网标准保持兼容。吉以太网工作在全双工模式下，允许在两个方向上同时通信，所有线路都具有缓存能力，每台计算机或者交换机在任何时候都可以自由发送帧，不需要事先检测信道是否正在使用。在全双工模式下，不需要使用 CSMA/CD 访问控制方法监控信息冲突，电缆长度由信息强度来决定。吉以太网有两个标准：IEEE 802.3z（光纤与铜缆）和 IEEE 802.3ab（双绞线）。吉以太网线缆标准如表 4.4 所示。

表 4.4　吉以太网线缆标准

名称	电缆	最长有效距离
1000BASE-SX	多模光纤	550m
1000BASE-LX	单模光纤或多模光纤	5km
1000BASE-TX	双绞线	100m

（4）万兆以太网线缆标准。

IEEE 在 2002 年 6 月制定了万兆以太网线缆标准 IEEE 802.3ae，该标准正式定义了光纤传输的万兆标准，但并不适用于企业局域网普遍采用的铜缆连接。同年 11 月，IEEE 就提出使用铜缆实现万兆以太网的建议，并成立了专门的研究小组。为了满足万兆铜缆以太网的需要，2004 年 3 月，IEEE 制定了 802.3ak，在同轴铜缆上实现万兆以太网，IEEE 802.3an 定义了在双绞线上实现万兆以太网。

万兆以太网仍属于“以太网家族”，它和其他以太网技术兼容，不需要修改现有以太网的 MAC 子层协议或帧格式就能够与标准以太网、快速以太网或吉以太网无缝集成在一起直接通信。万兆以太网技术适用于企业和运营商网络建立交换机到交换机的连接或交换机与服务器之间的互联。万兆以太网线缆标准如表 4.5 所示。

表 4.5　万兆以太网线缆标准

名称	电缆	最长有效距离
10GBASE-T	双绞线	100m
10GBASE-CX	同轴铜缆	185m
10GBASE-LX	单模光纤或多模光纤	多模光纤 300m/单模光纤 10km
10GBASE-SR/SW	多模光纤	300m
10GBASE-LR/LW	多模光纤	10km
10GBASE-ER/EW	单模光纤	40km

（5）太比特以太网线缆标准。

2007 年，IEEE 提出 IEEE 802.3ba 技术标准，设计目标为 40Gbit/s 或 100Gbit/s 以太网规范，以太网技术逐渐发展成为主流局域网建设的标准。以太网之所以有如此强大的生命力，和其本身具备的组网简单的特征是分不开的。

4.4.2　以太网帧格式

以太网使用两种标准帧格式：一种是 20 世纪 80 年代初提出的 DIX v2 格式，即 EthernetⅡ帧格式，EthernetⅡ后来被 IEEE 802 标准接纳；另一种是 1983 年提出的 IEEE 802.3 标准的格式。这两种格式的主要区别在于，EthernetⅡ格式中包含一个 Type 字段，标识以太帧处理完成之后将被发送到哪个上层协议进行处理，而在 IEEE 802.3 标准的格式中，同样的位置上是 Length 字段。

不同的 Type 字段值可以用来区分这两种帧的类型，当 Type 字段值小于或等于 1500（或者十六进制的 0x05DC）时，帧使用的是 IEEE 802.3 标准的格式；当 Type 字段值大于或等于 1536（或者十六进制的 0x0600）时，帧使用的是 EthernetⅡ格式。以太网中大多数的数据帧使用的是 EthernetⅡ格式，IEEE 802.3 与 EthernetⅡ帧格式比较如图 4.19 所示。

以太网帧中包括源 MAC 地址和目标 MAC 地址，分别代表发送者的 MAC 地址和接收者的 MAC 地址。此外，以太网帧中有帧校验序列字段，用于检验传输过程中帧的完整性。

以太网中帧的 MAC 地址传播方式如下所述。

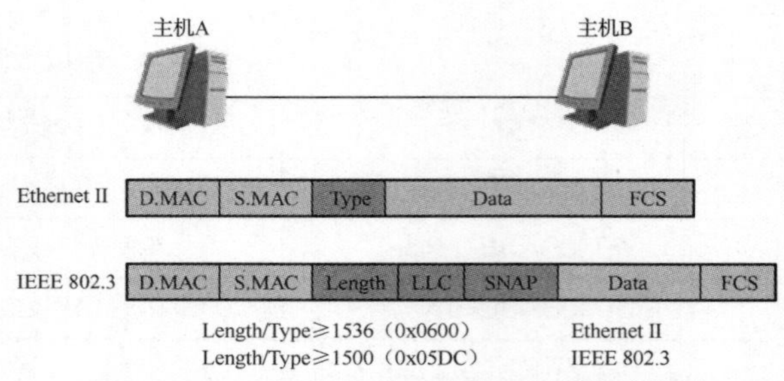

图 4.19　IEEE 802.3 与 Ethernet Ⅱ 帧格式比较

MAC 地址也称物理地址、硬件地址，由网络设备制造商生产时烧录在网卡的芯片中。IP 地址与 MAC 地址在计算机中都是以二进制数值表示的，IP 地址是 32 位的，MAC 地址是 48 位的。

MAC 地址通常表示为 12 个十六进制数，如 00-16-EA-AE-3C-40，其中，前 6 个十六进制数代表网络硬件制造商的编号，它由 IEEE 分配，后 6 个十六进制数代表该制造商所制造的某个网络产品（如网卡）的系列号。MAC 地址如同身份证上的身份证号码，具有唯一性。MAC 地址最高字节的最低位表示这个 MAC 地址是单播还是组播，0 表示单播，1 表示组播。

（1）单播 MAC 地址，指第一个字节的最低位是 0 的 MAC 地址。

例如，xxxxxxx0-xxxxxxxx-xxxxxxxx-xxxxxxxx-xxxxxxxx-xxxxxxxx。

（2）组播 MAC 地址，指第一个字节的最低位是 1 的 MAC 地址。

例如，xxxxxxx1-xxxxxxxx-xxxxxxxx-xxxxxxxx-xxxxxxxx-xxxxxxxx。

（3）广播 MAC 地址，指每个比特位都是 1 的 MAC 地址。广播是组播的一个特例。

例如，11111111-11111111-11111111-11111111-11111111-11111111。

（4）任播 MAC 地址。任播 MAC 地址是 IPv6 中的概念，由最近的识别该信息的节点接收，可用于 DNS 的解析等。

4.5 虚拟局域网技术

虚拟局域网（Virtual Local Area Network，VLAN）是在逻辑上将一个广播域划分成多个广播域的技术，可按照功能、部门及应用等因素划分逻辑工作组，以形成不同的虚拟网络。

4.5.1 VLAN 概述

在传统的共享介质的以太网和交换式的以太网中，所有用户都在同一个广播域中，这严重制约了网络技术的发展。随着网络的发展，越来越多的用户需要接入网络，交换机提供的大量接入端口已经不能很好地满足这种需求。网络技术的发展不仅面临冲突域太大和广播域太大这两大难题，还无法保障传输信息的安全性，会造成网络性能下降，浪费带宽，同时，对“广播风暴”的控制和网络安全只能在网络层的路由器上实现。因此，人们设想在物理局域网中构建多个逻辑局域网。

使用 VLAN 技术的目的是将一个广播域网络划分成几个逻辑广播域网络，每个逻辑广播域网络内的用户形成一个组，组内的成员间可以通信，组间的成员不允许通信。一个 VLAN 是一个广播域网络，二层的单播、广播和多播帧在同一 VLAN 内转发、扩散，而不会直接进入其他 VLAN，广播报文就被限制在各个相应的 VLAN 内，这提高了网络安全性和交换机运行效率。VLAN 划分方式有很多，如基于端口、基于 MAC 地址、基于协议、基于 IP 子网、基于策略等，目前应用得最多的是基于端口划分，因为基于端口划分的方式简单实用。VLAN 逻辑工作组划分如图 4.20 所示。

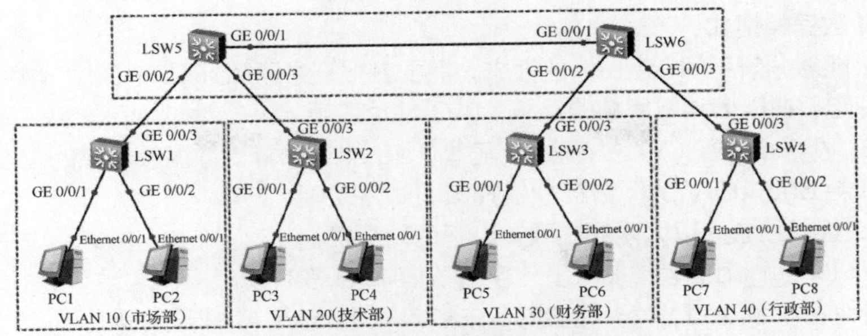

图 4.20　VLAN 逻辑工作组划分

VLAN 建立在局域网交换机的基础上，既保持了局域网的低延迟、高吞吐量的特点，又解决了单个广播域内广播包过多，使网络性能降低的问题。VLAN 技术是局域网组网时经常使用的主要技术之一。

1. VLAN 的优点

（1）限制广播域。

在一个交换机组成的网络中，默认状态下，所有交换机端口都在一个广播域内。而采用 VLAN 技术可以限制广播，减少干扰，将数据帧限制在同一个 VLAN 内，不会影响其他 VLAN，这在一定程度上节省了带宽，每个 VLAN 都是一个独立的广播域网络。

（2）网络管理简单，可以灵活划分虚拟工作组。

从逻辑上将交换机划分为若干个 VLAN，可以动态组建网络环境，用户无论在哪儿都可以不做任何修改就接入网络。依据不同的 VLAN 划分方式，可以在一台交换机上提供多种网络应用服务，这提高了设备的利用率。

（3）提高网络安全性。

不同 VLAN 的用户在未经许可的情况下是不能相互访问的，一个 VLAN 内的广播帧不会发送到另一个 VLAN 中，这样可以保护用户不被其他用户窃听，从而保证了网络的安全。

2. VLAN 的划分方式

常见的 VLAN 的划分方式有如下几种。

（1）基于端口划分。根据交换机的端口编号来划分 VLAN，通过为交换机的每个端口配置不同的本地端口的虚拟局域网 ID（Port VLAN ID，PVID）来将不同端口划分到各个 VLAN 中。初始情况下，X7 系列交换机的端口处于 VLAN1 中。此方式配置简单，但是当主机移动位置时，需要重新配置 VLAN。

（2）基于 MAC 地址划分。根据主机网卡的 MAC 地址划分 VLAN。此划分方式需要网络管理员提前配置好网络中的主机 MAC 地址和 VLAN ID 之间的映射关系。如果交换机收到不带标签的数据帧，则其先去查找之前配置的 MAC 地址和 VLAN 映射表，再根据数据帧中携带的 MAC 地址来添加相应的 VLAN 标签。在使用此方式划分 VLAN 时，即使主机移动位置，也不需要重新配置 VLAN。

（3）基于 IP 子网划分。交换机在收到不带标签的数据帧时，会根据报文携带的 IP 地址给数据帧添加 VLAN 标签。

（4）基于协议划分。根据数据帧的协议类型（或协议族类型）、封装格式来分配 VLAN ID。网络管理员需要先配置好协议类型和 VLAN ID 之间的映射关系。

（5）基于策略划分。使用几个组合的条件来分配 VLAN 标签，这些条件包括 IP 子网、端口和 IP 地址等。只有当所有条件都匹配时，交换机才会为数据帧添加 VLAN 标签。另外，每一条策略都是需要手动配置的。

3. VLAN 数据帧格式

要使交换机能够分辨不同 VLAN 的报文，需要在报文中添加标识 VLAN 信息的字段。IEEE 802.1Q 协议规定，在以太网数据帧的目标 MAC 地址和源 MAC 地址字段之后、协议类型字段之前加入 4 字节的 VLAN 标签（VLAN Tag，简称 Tag），用于标识数据帧所属的 VLAN，传统的以太网数据帧格式与 802.1Q VLAN 数据帧格式如图 4.21 所示。

在 VLAN 交换网络中，以太网帧主要有以下两种形式。

（1）有标记（Tagged）帧：加入了 4 字节 VLAN 标签的帧。

（2）无标记（Untagged）帧：原始的、未加入 4 字节 VLAN 标签的帧。

以太网链路包括接入链路（Access Link）和干道链路（Trunk Link）。接入链路用于连接交换机和用户终端（如用户主机、服务器、交换机等），只可以承载 1 个 VLAN 的数据帧。干道链路用于交换机间的互联，或用于连接交换机与路由器，可以承载多个不同 VLAN 的数据帧。在接入链路上传输的数据帧都是无标记帧，在干道链路上传输的数据帧都是有标记帧。

交换机内部处理的数据帧都是有标记帧。从用户终端接收无标记帧后，交换机会为无标记帧添加 VLAN 标签，重新计算帧校验序列（Frame Check Sequence，FCS），并通过干道链路发送帧。向用户终端发送帧前，交换机会去除 VLAN 标签，并通过接入链路向终端发送无标记帧。

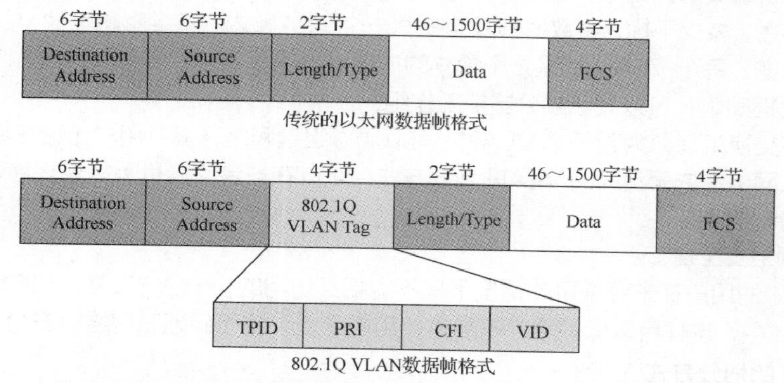

图 4.21 传统的以太网数据帧格式与 802.1Q VLAN 数据帧格式

VLAN 标签包含 4 个字段，各字段的含义如表 4.6 所示。

表 4.6 VLAN 标签各字段的含义

字段	长度	含义	取值
TPID	2 字节	标签协议标识符（Tag Protocol Identifier），表示数据帧类型	取值为 0x8100 时，表示 IEEE 802.1Q 的 VLAN 数据帧。如果不支持 802.1Q 的设备收到这样的帧，则会将其丢弃 各设备厂商可以自定义该字段的值。当邻居设备将 TPID 值配置为非 0x8100 时，为了能够识别这样的报文，实现互通，必须在本设备上修改 TPID 值，以确保其和相邻设备的 TPID 值一致
PRI	3 位	Priority，表示数据帧的 802.1p 优先级	取值为 0～7，值越大优先级越高。当网络阻塞时，交换机优先发送优先级高的数据帧
CFI	1 位	标准格式指示位（Canonical Format Indicator），表示 MAC 地址在不同的传输介质中是否以标准格式进行封装，用于兼容以太网和令牌环网	CFI 取值为 0 时，表示 MAC 地址以标准格式进行封装；CFI 取值为 1 时，表示以非标准格式封装。在以太网中，CFI 的值为 0
VID	12 位	表示该数据帧所属 VLAN 的 ID	VLAN ID 取值为 0～4095。由于 0 和 4095 为协议保留取值，所以 VLAN ID 的有效取值为 1～4094

4.5.2 端口类型

PVID 即 Port VLAN ID，代表端口的默认 VLAN。默认情况下，交换机每个端口的 PVID 都是 1。交换机从对端设备收到的帧有可能是无标记帧，但所有以太网帧在交换机中都是以有标记的形式来被处理和转发的，因此交换机必须给端口收到的无标记帧添加标签。为了实现此目的，必须为交换机配置端口的默认 VLAN。当该端口收到无标记帧时，交换机将为其加上该默认 VLAN 的标签。

基于链路对 VLAN 标签的不同处理方式，可对以太网交换机的端口进行区分，将端口类型大致分为以下 3 类。

1. 接入端口

接入端口（Access Port）是交换机上用来连接用户主机的端口，它只能连接接入链路，并且只允许唯一的 VLAN ID 通过本端口，如图 4.22 所示。

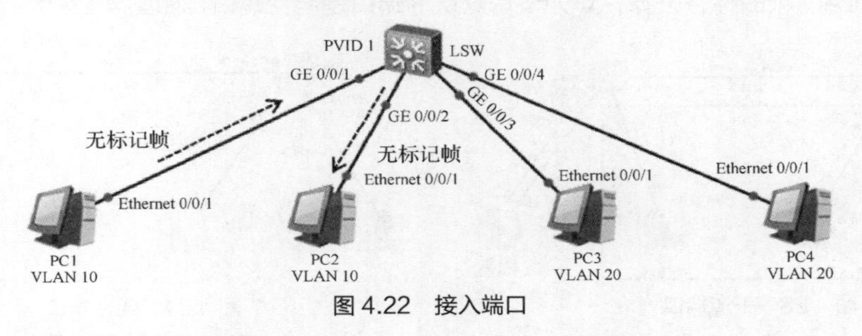

图 4.22 接入端口

接入端口收发数据帧的规则如下。

（1）如果该端口收到对端设备发送的帧是无标记帧，则交换机将为其强制加上该端口的 PVID。如果该端口收到对端设备发送的帧是有标记帧，则交换机会检查该标签内的 VLAN ID。当 VLAN ID 与该端口的 PVID 相同时，接收该报文；当 VLAN ID 与该端口的 PVID 不同时，丢弃该报文。

（2）接入端口发送数据帧时，总是先剥离帧的标签，再进行发送。接入端口发往对端设备的以太网帧永远是无标记帧。

图 4.22 中交换机 LSW 的 GE 0/0/1、GE 0/0/2、GE 0/0/3 和 GE 0/0/4 端口分别连接 4 台主机 PC1、PC2、PC3 和 PC4，端口类型均为接入端口。主机 PC1 把数据帧（未加标签）发送到交换机 LSW 的 GE 0/0/1 端口，再由交换机发往其他目的地。收到数据帧之后，交换机 LSW 根据端口的 PVID 给数据帧添加 VLAN 标签 10，再决定从 GE 0/0/2 端口转发数据帧。GE 0/0/2 端口的 PVID 也是 10，与 VLAN 标签中的 VLAN ID 相同，所以交换机移除该标签，把数据帧发送到主机 PC2。连接主机 PC3 和主机 PC4 的端口的 PVID 是 20，与 VLAN 10 不属于同一个 VLAN，因此，此端口不会接收到 VLAN 10 的数据帧。

2. 干道端口

干道端口（Trunk Port）是交换机上用来和其他交换机连接的端口，它只能连接干道链路。干道端口允许多个 VLAN 的帧（带标签）通过，如图 4.23 所示。

干道端口收发数据帧的规则如下。

（1）当接收到对端设备发送的无标记帧时，会添加该端口的 PVID，如果 PVID 在端口允许通过的 VLAN ID 列表中，则接收该报文，否则丢弃该报文。当接收到对端设备发送的有标记帧时，检查 VLAN ID 是否在允许通过的 VLAN ID 列表中，如果在，则接收该报文，否则丢弃该报文。

（2）端口发送数据帧时，当 VLAN ID 与端口的 PVID 相同，且是该端口允许通过的 VLAN ID 时，去掉标签，发送该报文；当 VLAN ID 与端口的 PVID 不同，且是该端口允许通过的 VLAN ID

时，保留原有标签，发送该报文。

图 4.23 中交换机 LSW1 和交换机 LSW2 连接主机的端口均为接入端口，交换机 LSW1 端口 GE 0/0/1 和交换机 LSW2 端口 GE 0/0/1 互联的端口均为干道端口，本地 PVID 均为 1，此干道链路允许所有 VLAN 的流量通过。当交换机 LSW1 转发 VLAN 1 的数据帧时会去除 VLAN 标签，并发送到干道链路上。而在转发 VLAN 10 的数据帧时，不去除 VLAN 标签，直接将其转发到干道链路上。

3. 混合端口

接入端口发往其他设备的报文都是无标记帧，而干道端口仅在一种特定情况下才能发出无标记帧，其他情况下发出的都是有标记帧。

混合端口（Hybrid Port）是交换机上既可以连接用户主机，又可以连接其他交换机的端口。它既可以连接接入链路，又可以连接干道链路。混合端口允许多个 VLAN 的帧通过，并可以在出端口方向将某些 VLAN 帧的标签去掉，华为设备默认的端口是混合端口，如图 4.24 所示。

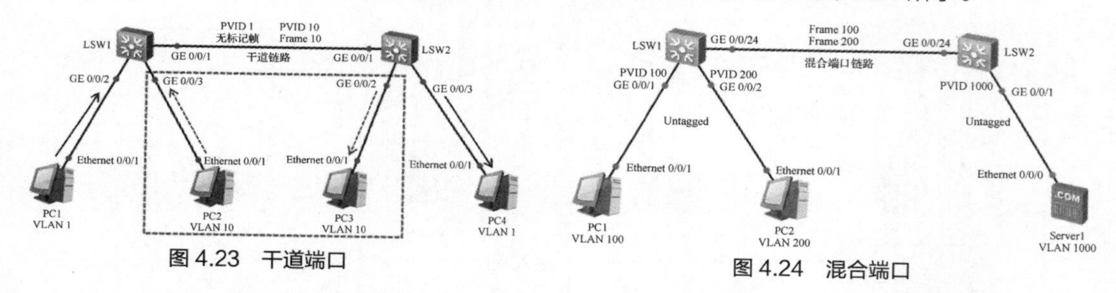

图 4.23　干道端口

图 4.24　混合端口

图 4.24 所示的混合端口要求主机 PC1 和主机 PC2 都能访问服务器，但是它们之间不能互相访问。此时，交换机连接主机和服务器的端口，以及交换机互联的端口都为混合类型。交换机连接主机 PC1 的端口的 PVID 是 100，连接主机 PC2 的端口的 PVID 是 200，连接服务器的端口的 PVID 是 1000。

（1）不同类型端口接收报文时的处理方式如表 4.7 所示。

表 4.7　不同类型端口接收报文时的处理方式

端口	携带 VLAN 标签	不携带 VLAN 标签
接入端口	丢弃该报文	为该报文添加 VLAN 标签（为本端口的 PVID）
干道端口	判断本端口是否允许携带该 VLAN 标签的报文通过。如果允许，则报文携带原有 VLAN 标签进行转发，否则丢弃该报文	同上
混合端口	同上	同上

（2）不同类型端口发送报文时的处理方式如表 4.8 所示。

表 4.8　不同类型端口发送报文时的处理方式

端口	端口发送报文时的处理方式
接入端口	去掉报文携带的 VLAN 标签，再进行转发
干道端口	首先判断是否在允许列表中，其次判断报文携带的 VLAN 标签是否和端口的 PVID 相等。如果相等，则去掉报文携带的 VLAN 标签，再进行转发；否则报文将携带原有的 VLAN 标签进行转发
混合端口	首先判断是否在允许列表中，其次判断报文携带的 VLAN 标签在本端口需要做怎样的处理。如果是以无标记形式转发的，则处理方式同接入端口；如果是以有标记形式转发的，则处理方式同干道端口

4.6 无线局域网技术

无线局域网（Wireless Local Area Network，WLAN）是指应用无线通信技术将计算机设备互联起来，构成可以互相通信和实现资源共享的网络体系。WLAN 的本质特点是不再使用通信电缆来连接计算机与网络，而是通过无线的方式连接，从而使网络的构建和终端的移动更加灵活。它是相当便利的数据传输系统，它采用射频（Radio Frequency，RF）技术，使用电磁波取代旧式碍手碍脚的双绞线构成的局域网络，在空中进行通信连接，使用的是简单的存取架构。用户通过它可实现“信息随身化、便利走天下”。

4.6.1 WLAN 概述

在 WLAN 发明之前，人们要想通过网络进行联络和通信，必须先用物理线缆——双绞线组建一个电子运行的通路，为了提高效率和速度，人们又发明了光纤。当网络发展到一定规模后，人们发现这种有线网络无论组建、拆装还是在原有基础上进行重新布局和改建都非常困难，且成本非常高，于是 WLAN 的组网方式应运而生了。

WLAN 可以在普通局域网基础上通过无线 Hub、无线访问点（Access Point，AP）、无线网桥、无线 Modem、无线网卡、无线路由器等来实现，其中以家用无线路由器最为普遍，使用得最多。

WLAN 的关键技术除了红外线技术、微波扩频通信技术、网同步技术外，还有调制技术、加解扰技术、无线分集接收技术、功率控制技术和节能技术等。

无线局域网中常用的技术是红外线技术和微波扩频通信技术。

1. 红外线技术

红外线局域网采用波长小于 1 μm 的红外线作为传输介质，有较强的方向性，但受太阳光的干扰大，支持 1～2Mbit/s 的数据传输速率，适用于近距离通信。

2. 微波扩频通信技术

微波扩频通信技术覆盖范围大，具有抗干扰、抗噪声和抗衰减能力强，隐蔽性、保密性强，以及不干扰同频系统等性能特点，具有很高的可用性。WLAN 主要采用微波扩频通信技术。

3. WLAN 技术的优势

（1）具有灵活性和移动性。在有线网络中，网络设备的安放位置受网络位置的限制，而 WLAN 在无线信号覆盖区域内的任何一个位置都可以接入网络；且 WLAN 的移动性好，连接到 WLAN 的用户可以移动并能同时与网络保持连接。

（2）安装便捷。WLAN 可以免去或最大限度地减少网络布线的工作量，一般只需要安装一个或多个接入点设备，即可建立覆盖整个区域的局域网。

（3）易于进行网络规划和调整。对有线网络来说，办公地点或网络拓扑结构的改变通常意味着重新建网。重新布线是一个昂贵、费时、费力的过程，WLAN 可以避免或减少以上情况的发生。

（4）故障定位容易。有线网络一旦出现物理故障，尤其是由线路连接不良造成的网络中断，往往很难查明，且检修线路需要付出很大的代价。WLAN 则很容易定位故障，只需更换故障设备即可恢复网络连接。

（5）易于扩展。WLAN 有多种配置方式，可以很快从只有几个用户的小型局域网扩展到有上千个用户的大型网络，并且能够提供节点间“漫游”等有线网络无法实现的服务。

由于 WLAN 有以上诸多优点，因此其发展十分迅速。最近几年，WLAN 已经在企业、医院、商店、工厂和学校等场合得到了广泛应用。

4．WLAN 技术的不足

WLAN 在给网络用户带来便捷和实用的同时，也存在着一些不足，主要体现在以下几个方面。

（1）性能易受影响。WLAN 是依靠电磁波进行传输的，电磁波通过无线发射装置进行发射，而建筑物、车辆、树木和其他障碍物都可能阻碍电磁波的传输，所以会影响网络的性能。

（2）传输速率较低。无线信道的传输速率与有线信道相比要低得多。WLAN 的最大传输速率为 1Gbit/s，只适用于个人终端和小规模网络。

（3）安全性差。电磁波本质上不要求建立物理连接通道，无线信号是发散的。从理论上讲，电磁波广播范围内的任何信号都很容易被监听，从而易造成通信信息泄露。

4.6.2 无线局域网标准

WLAN 起步于 1997 年，当年的 6 月，第一个 WLAN 标准 IEEE 802.11 正式颁布并实施，为 WLAN 技术提供了统一标准，但当时的传输速率只有 1～2 Mbit/s。随后，IEEE 又制定了新的 WLAN 标准，分别取名为 IEEE 802.11a 和 IEEE 802.11b。IEEE 802.11b 标准于 1999 年 9 月正式颁布，其传输速率为 11 Mbit/s。经过改进的 IEEE 802.11a 标准在 2001 年年底才正式颁布，它的传输速率可达到 54 Mbit/s，几乎是 IEEE 802.11b 标准的 5 倍。尽管如此，WLAN 的应用并未真正开始，因为 WLAN 的应用环境并不成熟。

WLAN 的真正发展是从 2003 年 3 月英特尔公司第一次推出带有无线网卡芯片模块的迅驰处理器开始的。尽管当时 WLAN 的应用环境还非常不成熟，但是由于英特尔公司的捆绑销售，加上迅驰芯片具有高性能、低功耗等非常明显的优点，许多 WLAN 服务商看到了商机，同时，11 Mbit/s 的传输速率在一般的小型局域网内也可进行一些日常应用，于是各国的 WLAN 服务商开始在公共场所（如机场、宾馆、咖啡厅等）提供无线热点，实际上就是布置一些无线访问点，以方便人们无线上网。经过发展，基于 IEEE 802.11b 标准的 WLAN 产品和应用已相当成熟，但 11 Mbit/s 的传输速率还远远不能满足实际的网络应用需求。

2003 年 6 月，一种兼容原来的 IEEE 802. 11b 标准，同时可提供 54 Mbit/s 传输速率的新标准——IEEE 802.11g 在 IEEE 的努力下正式发布了。

目前，使用最多的是 IEEE 802.11n（第四代）和 IEEE 802.11ac（第五代）标准，它们既可以工作在 2.4GHz 频段，又可以工作在 5GHz 频段。但严格来说，只有支持 IEEE 802.11ac 标准的网络才是真正的 5G 网络，现在支持 2.4GHz 和 5GHz 双频的路由器其实很多只支持第四代无线标准。

4G 网络的下行极限传输速率为 150Mbit/s，理论传输速率可达 600Mbit/s；5G 网络的下行极限传输速率为 1Gbit/s，理论传输速率可达 10Gbit/s。

【技能实践】

任务 4.1 虚拟局域网配置

【实训目的】

（1）认识并了解网络连接设备。

（2）掌握交换机 VLAN 内通信配置的方法。

【实训环境】

（1）准备华为 eNSP 模拟软件。

（2）准备设计网络拓扑结构。

【实训内容与步骤】

（1）相同 VLAN 内可以相互访问，不同 VLAN 间不能相互访问。

V4-1　VLAN 配置

交换机 LSW1 与交换机 LSW2 使用干道端口互联，相同 VLAN 的主机之间可以相互访问，不同 VLAN 的主机之间不能相互访问，虚拟局域网拓扑图如图 4.25 所示。

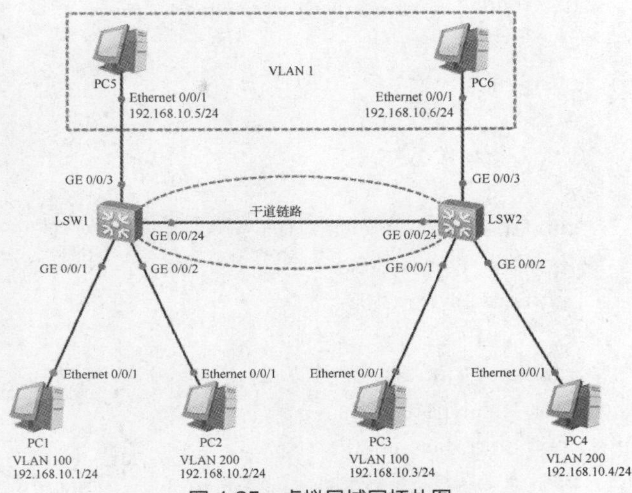

图 4.25　虚拟局域网拓扑图

（2）配置交换机 LSW1、LSW2，以交换机 LSW1 为例，设置 GE 0/0/1、GE 0/0/2、GE 0/0/3 的端口类型为接入端口，设置 GE 0/0/24 的端口类型为干道端口，相关实例代码如下。

```
<Huawei>system-view
Enter system view, return user view with Ctrl+Z.
[Huawei]sysname LSW1
[LSW1] vlan batch 100 200
[LSW1]int g 0/0/24                                    //简写 GE 0/0/24 端口
[LSW1-GigabitEthernet0/0/24]port link-type trunk            //设置端口类型为干道端口
[LSW1-GigabitEthernet0/0/24]port trunk allow-pass vlan all   //允许所有 VLAN 数据通过
[LSW1-GigabitEthernet0/0/24]quit
[LSW1]port-groupgroup-member GigabitEthernet 0/0/1 to GigabitEthernet 0/0/3
                            //统一设置 GE 0/0/1～GE 0/0/3 端口
[LSW1-port-group] port link-type access
[LSW1-port-group]quit
[LSW1]int g 0/0/1
[LSW1-GigabitEthernet0/0/1]port default vlan 100
[LSW1-GigabitEthernet0/0/1]int g 0/0/2
[LSW1-GigabitEthernet0/0/2]port default vlan 200
[LSW1-GigabitEthernet0/0/2]quit
[LSW1]
```

（3）配置相关主机的 IP 地址、VLAN 信息，主机 PC1 与主机 PC3 属于 VLAN 100，主机 PC2 与主机 PC4 属于 VLAN 200，主机 PC5 与主机 PC6 属于默认 VLAN 1，所有设备配置信息均在华为 eNSP 软件下进行模拟测试，例如，主机 PC1 与主机 PC2 的 IP 地址如图 4.26 所示。

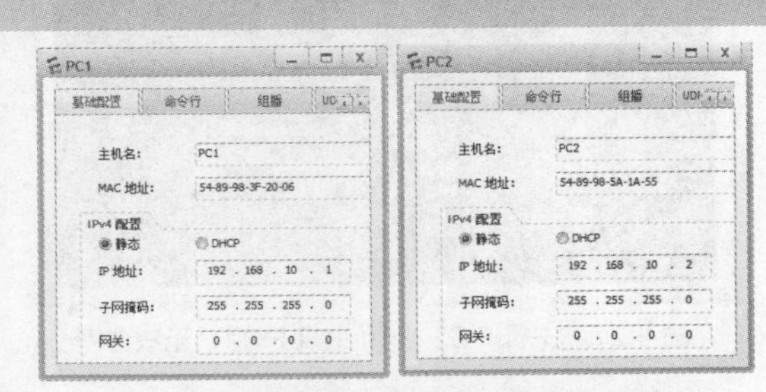

图 4.26　主机 PC1 与主机 PC2 的 IP 地址

（4）显示交换机 LSW1、LSW2 的配置信息，以交换机 LSW1 为例，主要相关实例代码如下。

```
[LSW1]display current-configuration
#
sysname LSW1
#
vlan batch 100 200
#
interfaceGigabitEthernet0/0/1
 port link-type access
 port default vlan 100
#
interfaceGigabitEthernet0/0/2
 port link-type access
 port default vlan 200
#
interfaceGigabitEthernet0/0/24
 port link-type trunk
 port trunk allow-pass vlan 2 to 4094
#
interface NULL0
#
user-interface con 0
user-interfacevty 0 4
#
return
[LSW1]
```

（5）在主机间相互访问，测试相关结果。

主机 PC1 与主机 PC2 分别属于 VLAN 100 与 VLAN 200，它们虽然在同一台交换机 LSW1 上，但仍然无法相互访问，如图 4.27 所示。

主机PC1与主机PC3属于同一个VLAN 100，它们虽然分别在交换机LSW1与交换机LSW2上，主干链路为干道链路，但仍然可以相互访问，如图 4.28 所示。

图 4.27　主机 PC1 ping 主机 PC2，无法访问

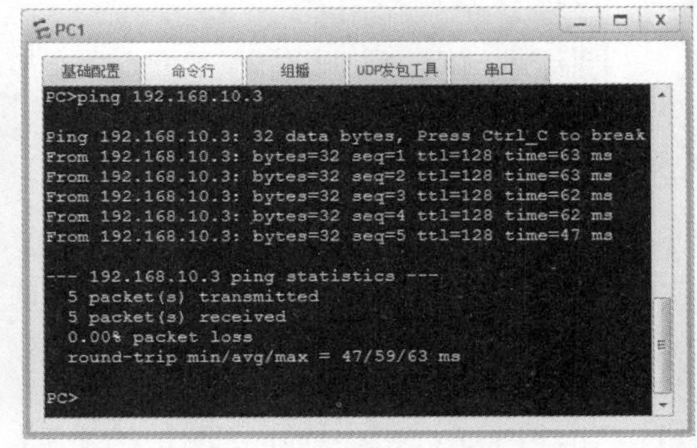

图 4.28　主机 PC1 ping 主机 PC3，可以访问

主机 PC1 与主机 PC4 分别属于 VLAN 100 与 VLAN 200，分别在交换机 LSW1 与交换机 LSW2 上，所以无法相互访问，如图 4.29 所示。

主机 PC5 与主机 PC6 同属于 VLAN 1，虽然交换机 LSW2 只允许 VLAN 100、VLAN 200 的数据通过，但默认 VLAN 1 的数据仍然可以通过，如图 4.30 所示。

```
[LSW2]int g 0/0/24                                  //简写 GE 0/0/24 端口
[LSW2-GigabitEthernet0/0/24]port link-type trunk             //设置端口类型为干道端口
[LSW2-GigabitEthernet0/0/24]port trunk allow-pass vlan 100 200
                                                    //只允许 VLAN 100、VLAN 200 的数据通过
```

```
PC>ping 192.168.10.4

Ping 192.168.10.4: 32 data bytes, Press Ctrl_C to break
From 192.168.10.1: Destination host unreachable
From 192.168.10.1: Destination host unreachable
From 192.168.10.1: Destination host unreachable
From 192.168.10.1: Destination host unreachable
From 192.168.10.1: Destination host unreachable

--- 192.168.10.4 ping statistics ---
  5 packet(s) transmitted
  0 packet(s) received
  100.00% packet loss

PC>
```

图 4.29 主机 PC1 ping 主机 PC4，无法访问

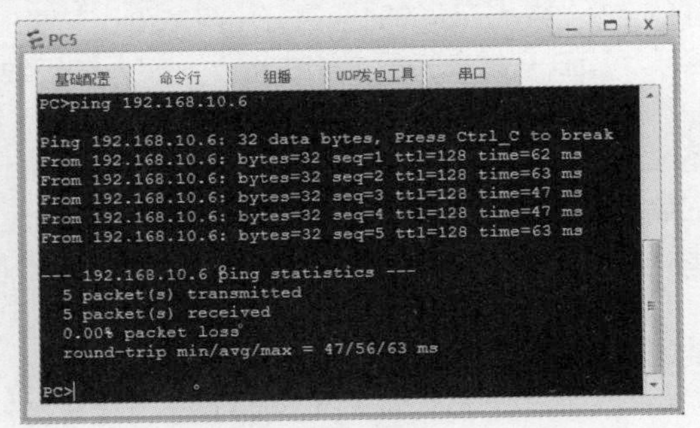

图 4.30 主机 PC5 ping 主机 PC6，可以访问

（6）如何配置才能使默认 VLAN 1 的数据不在干道链路上进行转发呢？也就是说，虽然主机 PC5 与主机 PC6 都在默认 VLAN 1 中，但它们之间不可以相互访问。

有两种方式可以实现这种效果，一种方式是在干道链路上改变本地默认 PVID，使用其他的 PVID，相关实例代码如下。

```
[LSW1]int g 0/0/24
[LSW1-GigabitEthernet0/0/24]port trunk pvid vlan 100
[LSW1-GigabitEthernet0/0/24]quit
[LSW1]
```

设置交换机 LSW1 的 GE 0/0/24 端口干道链路的 PVID 为 100 后，主机 PC5 无法访问主机 PC6，如图 4.31 所示。

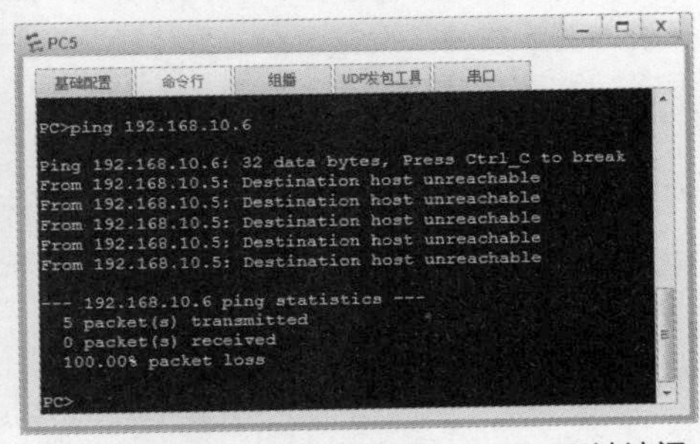

图 4.31 主机 PC5 ping 主机 PC6，无法访问

另一种方式是在干道链路上不转发默认 VLAN 1 的数据，相关实例代码如下。

```
[LSW1]int g 0/0/24
[LSW1-GigabitEthernet0/0/24]undo port trunk pvid vlan        //恢复默认 VLAN 1 的 PVID
[LSW1-GigabitEthernet0/0/24]undo port trunk allow-pass vlan 1 //拒绝 VLAN 1 数据通过
[LSW1-GigabitEthernet0/0/24]quit
[LSW1]
```

设置交换机 LSW1 的 GE 0/0/24 端口干道链路不转发默认 VLAN 1 的数据，也可以使主机 PC5 无法访问主机 PC6，测试结果如图 4.31 所示。

任务 4.2 无线局域网配置

【实训目的】

（1）掌握构建无线 AP 网络的方法。

（2）掌握构建无线路由器网络的方法。

【实训环境】

（1）准备网络跳线若干、无线 AP 设备 1 台、无线路由器 1 台。

（2）准备 Windows 10 操作系统主机 1 台、手机 1 台、笔记本电脑 1 台。

【实训内容与步骤】

（1）构建无线 AP 网络。

无线 AP 的功能是把有线网络转换为无线网络。形象地说，无线 AP 是无线网络和有线网络沟通的“桥梁”，搭建的时候最好将其放到比较高的地方，以扩大覆盖范围。无线 AP 就是一个无线交换机，接在有线交换机或路由器上，接入的无线终端和原来的网络属于同一个子网。

无线 AP 是一个无线网络的接入点，俗称“热点”。无线 AP 设备主要分为路由交换接入一体设备和纯接入点设备，路由交换接入一体设备执行接入和路由工作，纯接入点设备只负责无线客户端的接入。纯接入点设备通常作为无线网络扩展使用，与其他 AP 或主 AP 连接，以扩大无线覆盖范围，而路由交换接入一体设备一般是无线网络的核心。

无线 AP 是使用无线设备（手机及笔记本电脑等移动设备）的用户进入有线网络的接入点，主要用于家庭、大楼内部、校园内部、园区内部，以及仓库、工厂等需要无线网络的地方。其典型覆盖距离为几十米至几百米，也可以用于远距离传输，目前最远距离可以达到 30km，主要标准为 IEEE 802.11 系列标准。大多数无线 AP 还带有接入点客户端（AP Client）模式，可以与其他 AP 进行无线连接，以扩大网络的覆盖范围。无线 AP 应用于大型公司的情况比较多，公司需要大量的无线 AP 以实现大面积的网络覆盖，同时所有接入终端都属于同一个网络，也方便公司网络管理员实现网络控制和管理。无线 AP 设备如图 4.32 所示。

图 4.32　无线 AP 设备

① 在浏览器地址栏中输入无线 AP 地址，并按【Enter】键，在进入的无线 AP 设备登录界面中输入用户名和密码，登录无线 AP 设备，如图 4.33 所示。

② 添加无线网络，设置 Wi-Fi 名称，如 ssid-1，如图 4.34 所示，Wi-Fi 名称用来标识连接的无线网络。通过设置 Wi-Fi 密码，可以控制是否进入无线网络。

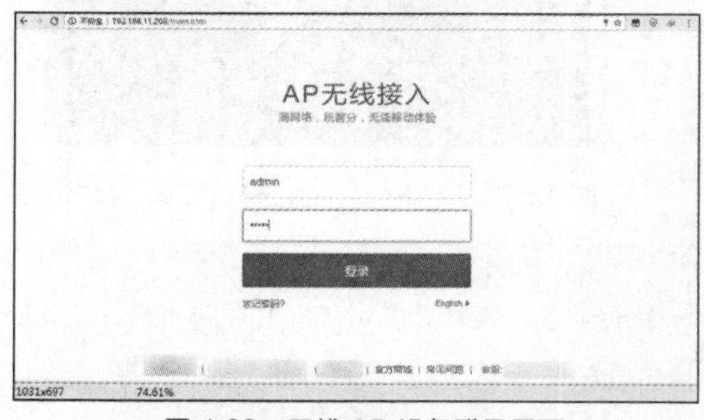

图 4.33　无线 AP 设备登录界面

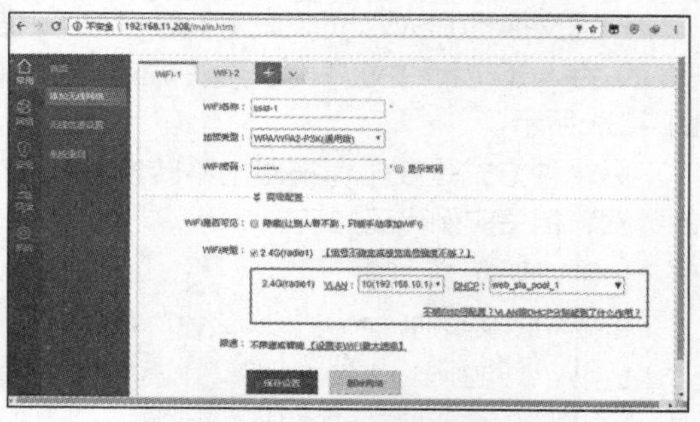

图 4.34　设置 Wi-Fi 名称与密码

③ 配置 DHCP 服务器，进行相应设置，如设置地址池名称、地址范围、默认网关、DNS 等，如图 4.35 所示，以及配置 DHCP 地址池，如图 4.36 所示。

④ 进行无线 AP 外网配置，设置管理 VLAN、管理 IP 地址、默认网关地址，选择 AP 工作模式，如图 4.37 所示。

⑤ 保存配置结果，重启无线 AP 设备。在笔记本电脑、手机中搜索 Wi-Fi 名称，如 ssid-1，输入密码即可使用无线进行上网。

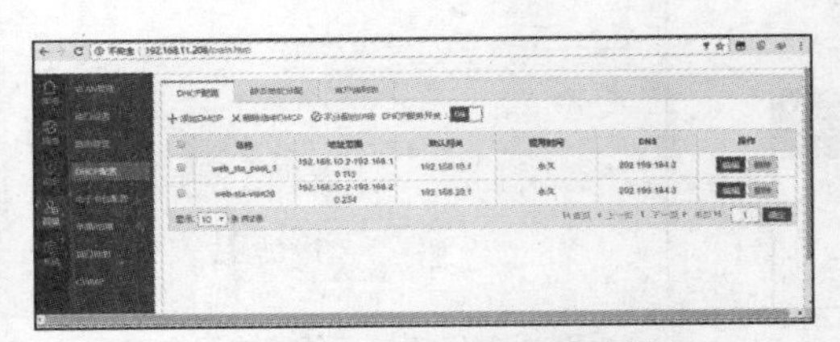

图 4.35　配置 DHCP 服务器

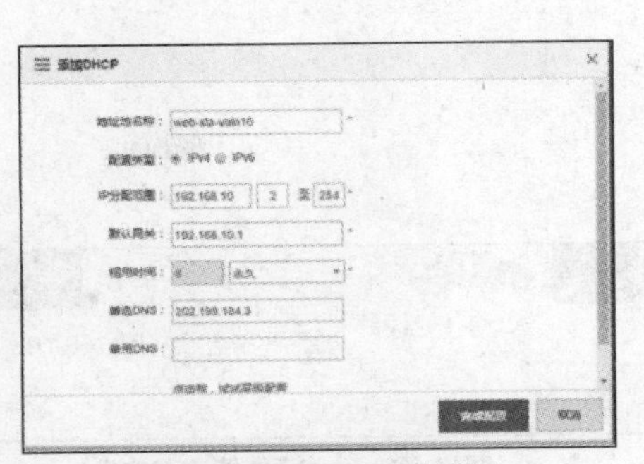

图 4.36　配置 DHCP 地址池

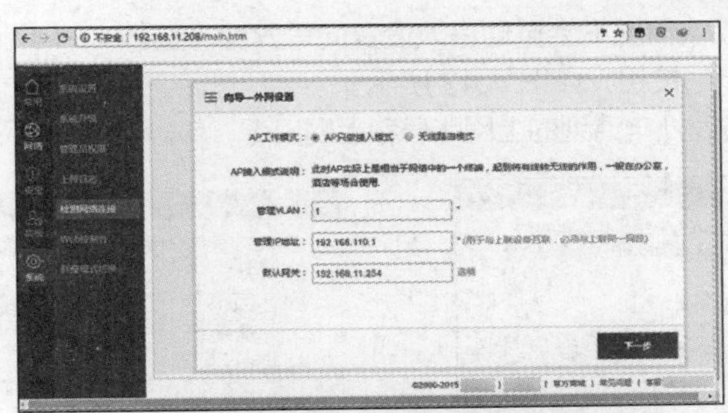

图 4.37　无线 AP 外网配置

（2）构建无线路由器网络。

无线路由器就是一个带路由功能的无线 AP 设备，接在 ADSL 上，可通过路由器功能实现自动拨号接入网络，并通过无线功能建立一个独立的无线办公网络。

无线路由器一般应用于家庭和小型办公网络，这种情况一般覆盖面积不大，使用者也不多，只需要一个无线 AP 设备即可。无线路由器可以实现 ADSL 网络的接入，同时将信号转换为无线信号。与购买一台路由器加一个无线 AP 设备相比，无线路由器是一个更为实惠和方便的选择。

无线 AP 设备不能与 ADSL Modem 相连，要用交换机、集线器或路由器作为中介。而无线路由器带有宽带拨号功能，可以直接与 ADSL Modem 相连，可自动拨号上网，以实现无线覆盖，如图 4.38 所示。

① 无线路由器的外观基本上大同小异，但“Reset”按钮的位置不一定一致。无线路由器的各个接口和按钮如图 4.39 所示。

图 4.38　无线路由器

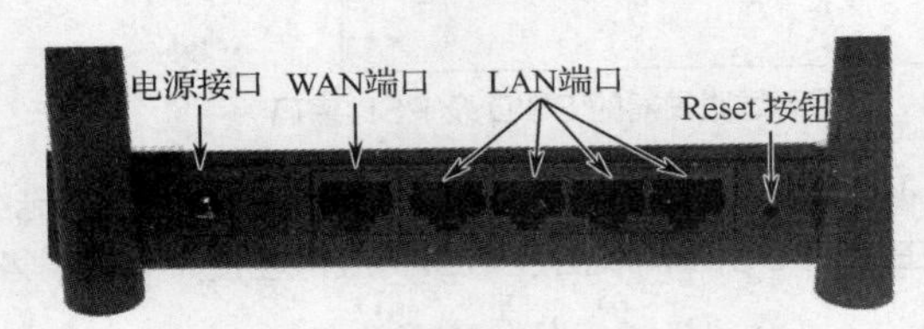

图 4.39　无线路由器的各个接口和按钮

② 无线路由器参数设置。用网线将无线路由器和计算机连接起来，也可以直接使用无线搜索连接，但建议新手使用网线直接连接。连接好之后，在浏览器地址栏中输入“192.168.1.1”，如图 4.40 所示，并按【Enter】键，进入无线路由器管理界面。初次进入无线路由器管理界面时，为了保障设备安全，可能需要设置管理路由器的密码，请根据界面提示进行设置，如图 4.41 所示。

图 4.40　输入无线路由器的地址

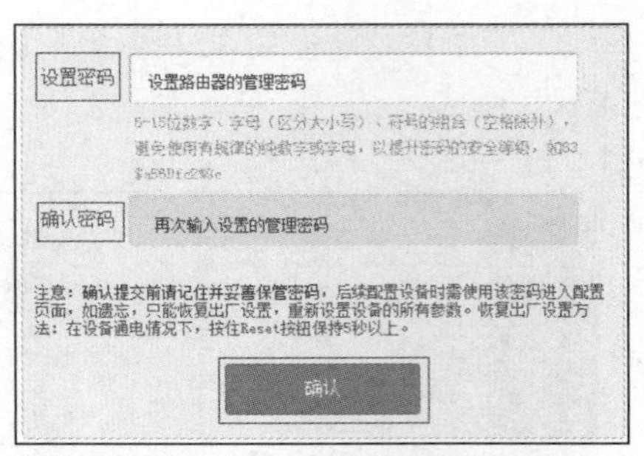

图 4.41　设置无线路由器的密码

（3）登录成功后，默认情况下会自动进入设置向导界面，选择“PPPoE（ADSL 虚拟拨号）”单选按钮，单击“下一步”按钮，如图 4.42 所示。

（4）输入从网络服务商处申请到的上网账号和上网口令，单击“下一步”按钮，如图 4.43 所示。

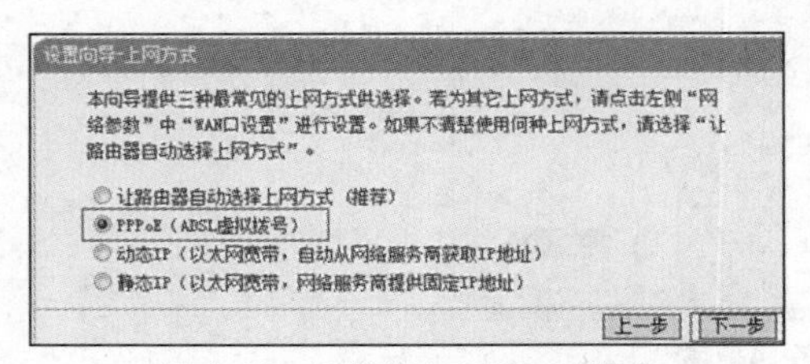

图 4.42　无线路由 PPPoE 模式

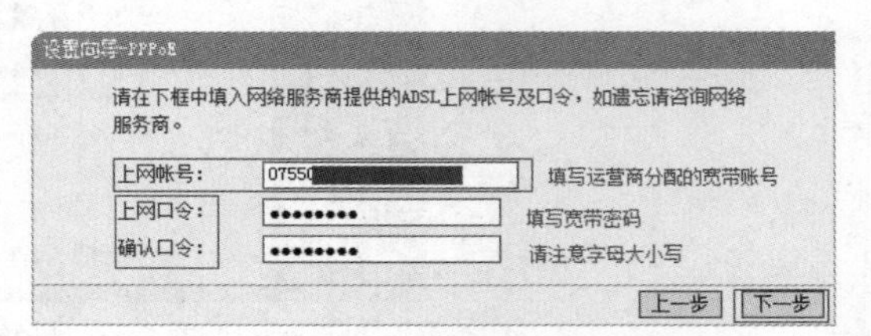

图 4.43　输入上网账号和上网口令

（5）重启无线路由器，进入无线设置界面，设置 SSID，这一项默认为路由器的型号。这只是在搜索的时候显示的设备名称，可以根据喜好更改，以方便搜索使用。其余选项可以使用系统默认设置，无须更改，但是在“无线安全选项”选项组中必须设置密码，设置完成后单击“下一步”按钮，如图 4.44 所示。

（6）打开的“设置向导”对话框如图 4.45 所示，在其中单击“完成”按钮，无线路由器的设置完成，重启路由器即可。

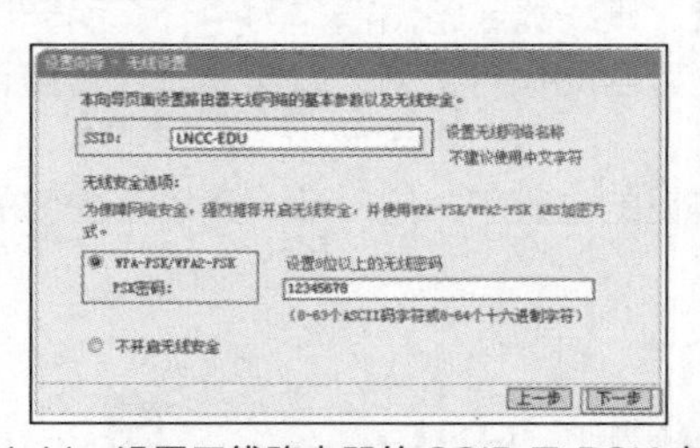

图 4.44　设置无线路由器的 SSID 及 PSK 密码

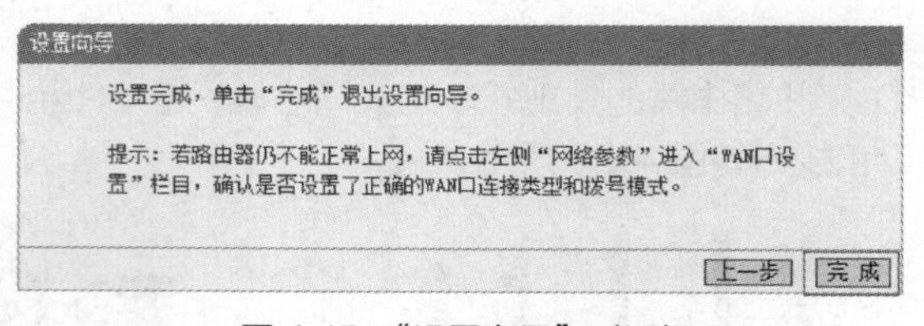

图 4.45　“设置向导”对话框

（7）搜索无线信号连接上网。在无线设备上搜索无线信号，找到无线路由器的 SSID，双击该 SSID 进行连接，如图 4.46 所示。

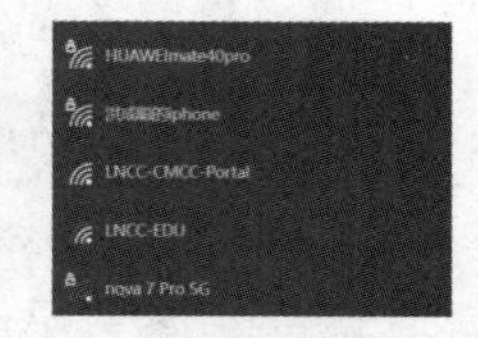

图 4.46　搜索无线信号连接上网

【模块小结】

本模块讲解了局域网概述、局域网的模型与标准、局域网的关键技术、以太网组网技术、虚拟局域网技术以及无线局域网技术等相关知识；详细讲解了介质访问控制方法等相关知识，并且讨论了局域网参考模型、局域网的标准等。

本模块最后通过技能实践使学生进一步掌握虚拟局域网的配置方法、无线局域网的配置方法，以提高学生动手解决实际问题的能力。

【模块练习】

1. 选择题

（1）定义了 CSMA/CD 总线介质访问控制方法及物理层规范的是（　　）。

A. IEEE 802.1　　B. IEEE 802.2　　C. IEEE 802.3　　D. IEEE 802.4

（2）定义了无线局域网标准的是（　　）。

A. IEEE 802.8　　B. IEEE 802.9　　C. IEEE 802.10　　D. IEEE 802.11

（3）在共享式以太网中，采用的介质访问控制方法是（　　）。

A. CSMA/CD　　B. 令牌环方法　　C. 时间片方法　　D. 令牌总线方法

（4）根据 IP 地址获取物理地址的协议是（　　）。

A. DNS　　B. ARP　　C. RARP　　D. DHCP

（5）10BASE-T 标准中使用 5 类 UTP 时，最大传输距离为（　　）。

A. 100m　　B. 185m　　C. 300m　　D. 500m

（6）在逻辑结构上属于总线型，在物理结构上可以看作星形的局域网是（　　）。

A. 令牌环网　　B. 广域网　　C. 以太网　　D. Internet

（7）【多选】划分 VLAN 的优点有（　　）。

A. 限制广播域　　B. 网络管理简单

C. 灵活划分虚拟工作组　　D. 提高网络安全性

（8）【多选】VLAN 的划分方式有（　　）。

A. 基于端口划分　　B. 基于 MAC 地址划分

C. 基于 IP 子网划分　　D. 基于协议划分

（9）【多选】交换机端口类型有（　　）。

A. Access Port　　B. Trunk Port　　C. Hybrid Port　　D. Shutdown Port

（10）【多选】WLAN 技术的优势有（　　）。

A. 具有灵活性和移动性　　B. 安装便捷

C. 易于进行网络规划和调整　　D. 故障定位容易

2. 简答题

（1）简述局域网的特点。

（2）简述局域网的基本组成。

（3）简述局域网参考模型。

（4）简述局域网拓扑结构。

（5）简述载波监听多路访问/冲突检测方法。

（6）简述什么是 VLAN 以及 VLAN 的优点。

（7）简述交换机的端口类型。

（8）简述 WLAN 技术的优势。

模块5 网络互联技术

05

【情景导入】

随着计算机网络技术和通信技术的不断发展，以及计算机网络的普及应用，单一网络环境已经不能满足社会对信息网络的要求，需要一个将多个计算机网络互联在一起的更大的网络，以实现更广泛的资源共享和信息交流。当我们使用E-mail进行通信、通过电子商务平台购买商品时，有没有想过网络是怎么实现通信的呢？又是如何保证信息正确传输的呢？

Internet的巨大成功以及人们对接入Internet的热情都充分证明了计算机网络互联的重要性。网络互联的核心是网络之间的硬件连接和网间互联协议，掌握网络互联的基础知识是深入学习网络应用技术的前提。本模块主要讲解网络互联的基本概念、网络互联的类型与层次以及网络互联设备的功能等相关知识。

【学习目标】

【知识目标】

- 理解网络互联的基本概念、类型和层次。
- 掌握网络互联设备的功能及其特点。
- 掌握网络互联设备的工作原理。

【技能目标】

- 掌握静态路由配置的方法。
- 掌握动态路由协议RIP、OSPF协议的配置方法。

【素质目标】

- 培养自我学习的能力和习惯。
- 培养工匠精神，要求做事严谨、精益求精、着眼细节、爱岗敬业。

【知识导览】

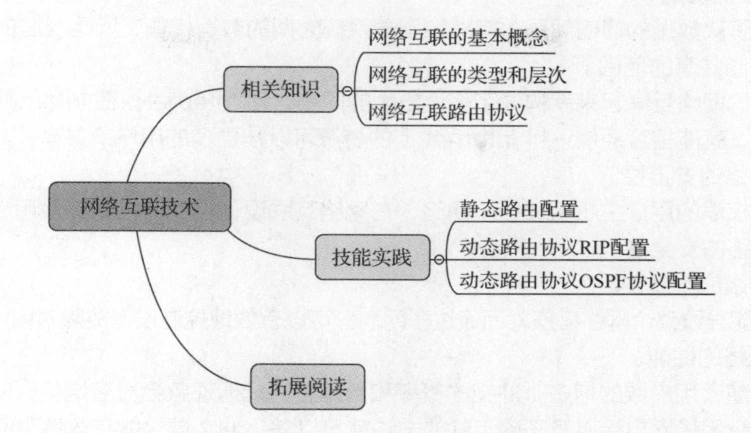

【相关知识】

5.1 网络互联的基本概念

随着计算机应用技术和通信技术的飞速发展，计算机网络得到了广泛的应用，各种网络技术丰富多彩，网络互联技术是过去 20 年中最为成功的网络技术之一。

5.1.1 网络互联简介

网络互联涉及的概念很多，为了深刻理解网络互联的内涵和外延，下面对网络互联的概念进行解释。

1. 网络互联的定义

网络互联是指将分布在不同地理位置、使用不同数据链路层协议的单个网络通过网络互联设备进行连接，使之成为一个更大规模的互联网络系统，以实现更大范围的数据通信和资源共享。

网络互联的目的是使处于不同网络的用户间能够相互通信和相互交流，以实现更大范围的数据通信和资源共享。

2. 网络互联发展的动力

网络互联发展的动力主要基于以下几个方面。

（1）计算机网、公用数据网、ISDN、ATM 网、FDDI 网等技术已获得长足进步。

（2）个人计算机、多媒体、高性能工作站、超级计算机、光计算机发展得十分迅速。

（3）应用信息系统的应用范围日益拓宽，要求联网的用户数量与日俱增，且对网络的服务类型和功能的要求日益增加。

（4）组建国家网和全球通信网将是人类走向信息化社会的重要标志。

这些都有力地推动了网络互联技术的兴起和蓬勃发展。网络互联的目的是满足日益增长的用户需求，实现信息的高速化、多元化和智能化，在更大范围内实现通信、分布式处理和资源共享。“信息高速公路”建设的目的也正是如此。一个国家的“信息高速公路”可将不同部门、不同地区、不同行业的信息网互联起来，实现国内信息资源共享，形成国家信息基础设施。进而，不同国家的“信息高速公路”的互联将可实现世界范围内的信息资源共享，便于人们及时交流和共用自然科学、人文和社会科学等领域的最新信息及成果，为促进人类文明的繁荣发展提供强有力的帮助和支撑。

3. 网络互联的优点

网络互联能解决数据的通信问题，完成端到端系统之间的数据传输，网络互联的优点如下。

（1）扩大资源共享的范围。

将多个计算机网络互联起来就构成了一个更大的网络，即 Internet。在 Internet 上的用户只要遵循相同的协议，就能相互通信，且 Internet 上的资源可以被更多的用户所共享。

（2）提高网络的安全性。

将具有相同权限的用户主机组成一个网络，在网络互联设备上严格控制其他用户对该网络的访问，从而提高网络的安全性。

（3）提高网络的可靠性。

设备故障可能导致整个网络瘫痪，而通过子网划分可以有效地控制设备故障对网络的影响范围。

（4）提高网络的性能。

总线型网络随着用户数的增多，冲突的概率和数据发送延迟现象会显著增多，网络性能也会随之降低。但如果采用子网自治以及子网互联的方法就可以缩小冲突域，能有效提高网络性能。

（5）降低联网的成本。

当同一地区的多台主机希望接入另一地区的某个网络时，一般会采用主机先行联网（构成局域网），再通过网络互联技术和其他网络连接的方法，这样可以大大降低联网成本。

5.1.2 网络互联的要求

互联在一起的网络要进行通信，会遇到许多问题，如不同的寻址方式、不同的分组限制、不同的访问控制机制、不同的网络连接方式、不同的超时控制、不同的路由选择技术、不同的服务等。网络互联除了要为不同子网之间的通信提供路径选择和数据交换功能之外，还应采取措施屏蔽或者容纳这些差异，力求在不修改互联的各网络原有结构和协议的基础上，利用网络互联设备协调和适配各个网络的差异，因此，网络互联应满足如下几方面的要求。

（1）在网络之间提供数据传输的链路。至少需要一条物理的链路，具有介质访问控制、逻辑链路控制等功能。

（2）在不同网络中的用户进程之间提供数据的差错控制、流量控制和路由选择等服务。

（3）提供会计功能，记录各种网络和网络连接器的使用情况，并保留状态信息。

（4）尽量不改变各个网络的硬件、软件和通信协议，以减少对各个网络的影响。

（5）尽量减少对各个网络内部的数据通信的时延、吞吐率等性能的影响。

（6）尽量减低成本。网络互联的通常做法是，在网络之间设置一种称为网间连接器的专门装置。因此，上述互联的基本要求也是设计网间连接器所必须满足的基本要求。

扫码看拓展阅读 5-1

另外，网络互联还应考虑虚拟网络的划分、不同子网的差错恢复机制对全网的影响、不同子网的用户接入限制以及通过互联设备对网络的流量进行控制等问题。在网络互联时，尽量避免为提高网络之间的传输性能而影响各个子网内部的传输功能和传输性能。从应用的角度看，用户需要访问的资源主要集中在子网内部，一般而言，网络之间的信息传输量远小于网络内部的信息传输量。

5.2 网络互联的类型和层次

目前，计算机网络可以分为局域网、城域网与广域网 3 种。因此，网络互联的类型主要有局域网-局域网互联、局域网-广域网互联、局域网-广域网-局域网互联和广域网-广域网互联等。

5.2.1 网络互联的类型

网络互联的类型主要有以下几种。

1. 局域网-局域网（LAN-LAN）互联

一般来说，在局域网的建网初期，网络的节点较少，相应的数据通信量也较小。随着业务的发展，节点的数目不断增加，当一个网络段上的通信量达到极限时，网络的通信效率就会急剧下降。为了解决这种问题，可以采取增设网段、划分子网的方法，但无论什么方法都会涉及两个或多个 LAN 之间的互联问题，局域网-局域网互联示意如图 5.1 所示。根据局域网使用的协议不同，局域网-局域网互联可以分为以下两类。

（1）同构网的互联。

同构网的互联是指协议相同的局域网之间的互联，例如，两个以太网之间的互联，两个令牌环网之间的互联。同种局域网之间的互联比较简单，常用的设备有集线器、中继器、交换机、网桥等。

（2）异构网的互联。

异构网的互联是指协议不同的局域网之间的互联，例如，以太网和令牌环网之间的互联。执行异构网之间的互联必须实现协议转换。因此，连接使用的设备必须支持要进行互联的网络所使用的协议。异构网的互联可使用路由器、网桥等设备。

2. 局域网-广域网（LAN-WAN）互联

局域网-局域网互联可解决一个小区域范围内相邻几个楼层或楼群之间及在一个组织机构内部的网络互联。局域网-广域网互联则可扩大数据通信网络的连通范围，使不同单位或机构的局域网接入范围更大的网络体系，其扩大的范围可以超越城市、国界或洲界，从而形成世界范围的数据通信网络。局域网-广域网互联示意如图 5.2 所示。

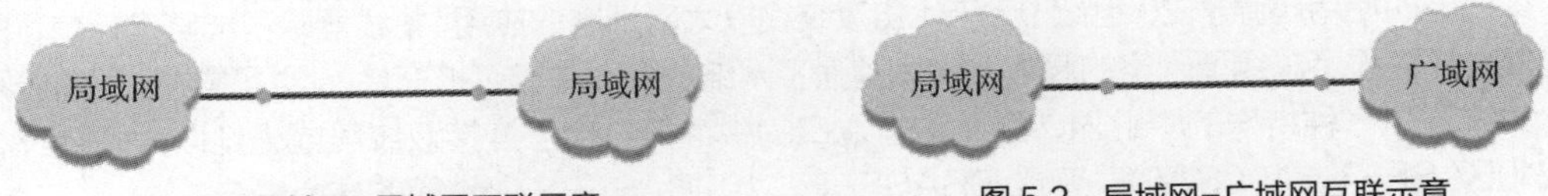

图 5.1　局域网-局域网互联示意

图 5.2　局域网-广域网互联示意

3. 局域网-广域网-局域网（LAN-WAN-LAN）互联

局域网-广域网-局域网互联可以使分布在不同地理位置的两个局域网通过广域网实现互联，达到远程登录局域网的目的，如图 5.3 所示。

4. 广域网-广域网（WAN-WAN）互联

广域网与广域网互联一般在政府的电信部门或国际组织间进行，它主要是将不同地区的网络互联起来以构成更大规模的网络，如图 5.4 所示。

图 5.3　局域网-广域网-局域网互联示意

图 5.4　广域网-广域网互联示意

5.2.2 网络互联的层次

网络互联的逻辑构成着重从概念和功能上对网络结构进行分析、描述。其逻辑构成实质上与计算机网络完全类同，也可以分为3层。

（1）传输管理层。其功能是负责将构成网际报文的信息正确无误地从源主机传输到目标主机。

（2）服务管理层。其功能是实现网际进程间的通信，并提供网际数据收集、文件传输、远程作业录入、情报检索等服务项目。

（3）应用层。其功能因用户程序而异。

网络中的设备分为物理层互联设备、数据链路层互联设备、网络层互联设备和高层互联设备，下面分别介绍各层设备的功能。

1. 物理层互联设备

物理层的互联如图5.5所示，主要解决的问题是在不同的电缆段间复制位信号。物理层互联的主要设备是中继器、集线器。

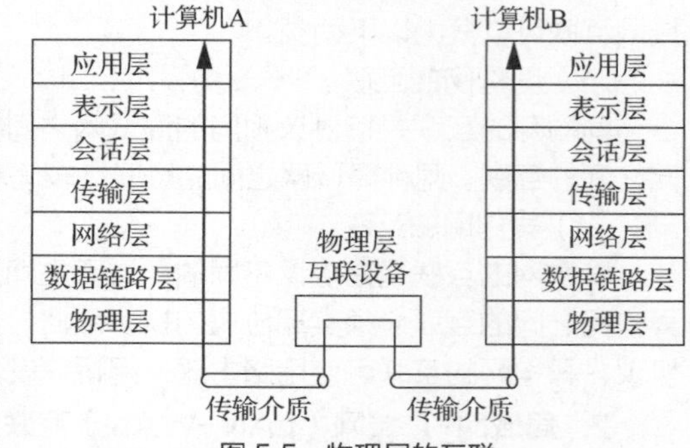

图5.5 物理层的互联

（1）中继器。

中继器常用于两个网络节点之间物理信号的双向转发。中继器在物理层互联中起到的作用是对一个网段传输的数据信号进行放大和整形，并发送到另一个网段上，克服信号经过长距离传输引起的衰减，支持远距离的通信。

一般情况下，中继器的两端连接的是相同的传输介质，但有的中继器也可以完成不同传输介质的转接工作。以太网中通常利用中继器扩展总线的电缆长度，标准细缆以太网的每段长度最大为185m，最多可有5段，因此，增加中继器后，最大网络电缆长度可提高到925m。一般来说，中继器两端的网络部分是网段，而不是子网。

（2）集线器。

集线器的使用起源于20世纪90年代初双绞线以太网标准的应用。集线器除了能够进行信号的转发之外，还克服了总线型网络的局限，大大增强了网络的可靠性和可扩充性，因而得到了迅速普及。

集线器是一种特殊的中继器，是一种多端口的中继器，用于连接双绞线或光纤以太网系统，是组成I0BASE-T、100BASE-T或I0BASE-F、100BASE-F以太网的核心设备。

集线器可分为无源集线器、有源集线器和智能集线器。

无源集线器只负责将多段传输介质连在一起，而不对信号本身做任何处理。有源集线器和无源集线器相似，但它还具有放大信号、延伸网段的作用。智能集线器除了具有有源集线器的全部功能外，还可将网络的很多功能集成到集线器中。

2. 数据链路层互联设备

数据链路层的互联如图5.6所示，主要用于在不同的网络间存储和转发数据帧。数据链路层互联的主要设备是网桥、交换机。

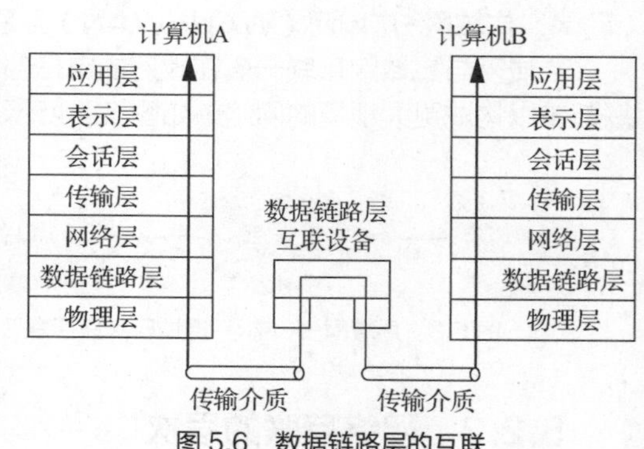

图5.6 数据链路层的互联

（1）网桥。

网桥工作在OSI参考模型中的第二层，即数据链路层，是实现局域网之间互联的设备。它将两个以上独立的物理网络连接在一起，构成一个单个的逻辑局域网络，网桥的功能是完成数据帧的转发，主要目的是在连接的网络间提供透明的通信。

网桥以接收、存储、地址过滤与转发的方式实现两个互联网络之间的通信，以此来达到减少局域网中的通信量，提高整个网络系统性能的目的，并实现大范围局域网的互联。网桥连接的两个局域网可以基于同一种标准，也可以基于不同类型的标准，并且这些网络使用的传输介质可以不同。网桥要对其接收到的数据进行处理，并要传输网络中所有的广播信号，因而增加了时延，降低了网络性能。

和中继器相比较，网桥的主要特点可以归纳如下。

① 网桥可实现不同结构、不同类型局域网的互联，并在不同的局域网之间提供转换功能。而中继器只能实现同类局域网的互联。

② 网桥不受定时特性的限制，可互联范围较大的网络。而中继器受 MAC 定时特性的限制，一般只能连接 5 个网段的以太网，且不能超过一定距离。

③ 网桥具有隔离错误信息、保证网络安全的作用。而中继器只能作为数字信号的整形放大器，并不具备检错、纠错功能。

④ 利用网桥可以增加网络中工作站的数目，因为网桥虽然只占一个工作站地址，却可以将另一个网络中的许多工作站连接在一起。利用中继器互联的以太网，随着用户数量的增加，总线冲突增大，网络的性能会大大降低。

（2）交换机。

交换机是局域网中常用的网络连接设备之一，工作在 OSI 参考模型中的第二层，它可以为接入交换机的任意两个网络节点提供独享的电信号通路。

1993 年，局域网交换设备出现，1994 年，国内掀起了交换网络技术的热潮。其实，交换机是一种具有简化、低价、高性能和高端口密集特点的交换产品，体现了复杂交换技术在 OSI 参考模型的第二层操作。与桥接器一样，交换机按每一个包中的 MAC 地址相对简单地决策信息转发。而这种决策转发一般不考虑包中隐藏的更深的其他信息。与桥接器不同的是，交换机转发延迟很小，操作接近单个局域网性能，远远超过了普通桥接互联网网络之间的转发性能。

类似于传统的桥接器，交换机提供了许多网络互联功能。交换机能经济地将网络分成小的冲突网域，为每个工作站提供更大的带宽。协议的透明性使得交换机在软件配置简单的情况下可直接安装在多协议网络中；交换机使用现有的电缆、中继器、集线器和工作站的网卡，不必做高层的硬件升级；交换机对工作站是透明的，这样管理起来开销低廉，简化了网络节点的增加、移动和网络变化的操作。

3. 网络层互联设备

网络层的互联如图 5.7 所示，主要解决的问题是在不同的网络间存储和转发分组。网络层互联的主要设备是路由器。

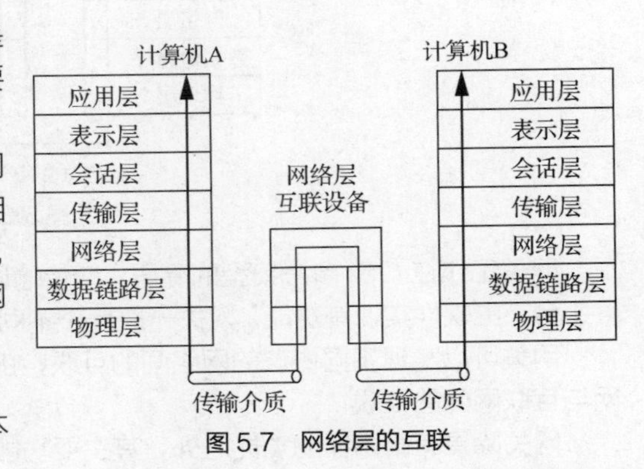

图 5.7 网络层的互联

路由器工作在 OSI 参考模型的网络层，属于网络层的一种互联设备。如果两个网络的网络层协议相同，则路由器主要解决路由选择问题；如果协议不同，则路由器主要解决协议转换问题。一般来说，异种网络互联与多个子网互联都是采用路由器来完成的。

（1）路由器的功能。

路由器是互联网的主要设备，它具有如下基本功能。

① 连接功能。路由器不但可以连接不同的局域网，还可以连接不同类型的网络（如城域网或广域网），具有不同速率的链路或子网接口。

② 网络地址判断、最佳路由选择和数据处理功能。为经过路由器的每个数据报寻找一条最佳传输路径，并将该数据报有效地传输到目的站点。使用选择最佳路径的策略时，路由算法是路由器的

关键，路由器为每一种网络层协议建立路由表，并对其加以维护。每个路由器中都保存着一张路由表，路由表中保存着子网的标志信息、网络中路由器的个数以及下一个路由器的地址等内容，供路由选择时使用。路由表一般可分为静态路由表和动态路由表两种，路由器除了要完成路由选择外，还要完成数据报的转发。当一个路由器收到一个数据报后，它将根据数据报中的目标 IP 地址查找路由表，并将此数据报送往对应端口。依次重复，直至数据报到达目的地。

③ 控制管理。由于路由器工作在网络层，因此可以了解更多的高层信息，可以通过软件协议本身的流量控制功能控制数据转发的流量，以解决拥塞问题。路由器的另一个重要功能是充当数据报的过滤器，它将来自其他网络的不需要的数据报阻挡在网络之外，从而有效地减少了网络之间的通信量，提高了网络的利用率。

（2）路由器是一种智能型的设备，它的特点如下。

① 路由器用于在网络层上实现多个网络的互联。

② 路由器能决定数据传输的最佳路径。

③ 路由器要求节点在网络层以上的各层中使用相同或兼容的协议。

（3）路由表的相关概念。

① 静态（Static）路由表。由系统管理员事先设置好的固定路由表称为静态路由表，一般是在系统安装时就根据网络的配置情况预先设定的，它不会随未来网络结构的改变而改变。

② 动态（Dynamic）路由表。动态路由表是路由器根据网络系统的运行情况而自动调整形成的路由表。路由器根据路由协议（Routing Protocol）提供的功能，自动学习和记忆网络运行情况，在需要时自动计算出数据传输的最佳路径。

4. 高层互联设备

传输层及以上各层协议不同的网络之间的互联属于高层互联，如图 5.8 所示。实现高层互联的主要设备是网关。

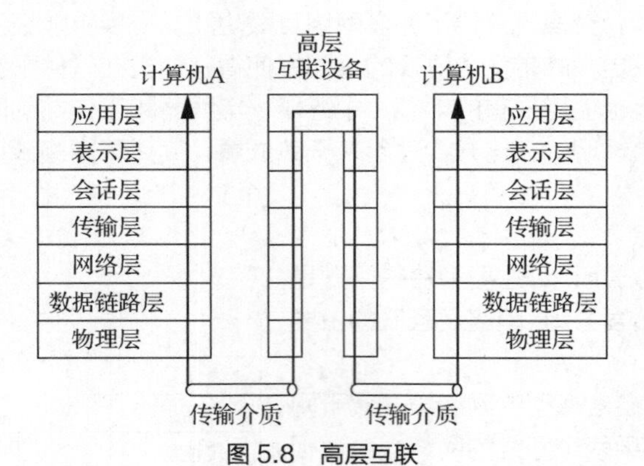

图 5.8　高层互联

网关工作在 OSI 参考模型的高层，即传输层到应用层，它既可是一个专用设备，也可以作为硬件平台，由软件实现其功能。网关一般用于不同类型、不同协议、差别较大的网络系统之间的互联。

网关可以实现不同协议的网络间的互联，包括不同操作系统的网络间的互联，也可以实现局域网与互联网间的互联。

网关除具有路由器的功能之外，其主要功能是实现异种网之间传输层以上的协议转换，它相当于语言交流中的翻译。网关的协议转换总针对某种特殊的应用协议或者有限的特殊应用。

（1）网关的使用。

网关用于以下几种场合的异构网络互联。

① 异构型局域网的互联，如专用交换网与遵循 IEEE 802 标准的局域网的互联。

② 局域网与广域网的互联。

③ 广域网与广域网的互联。

④ 局域网与主机的互联（当主机的操作系统与网络操作系统不兼容时，可以通过网关连接）。

（2）网关的分类。

按照不同的分类标准，网关也可分为很多种。目前，网关主要有 3 种：协议网关、应用网关、安全网关。

扫码看拓展阅读 5-2

① 协议网关：通常在使用不同协议的网络区域间完成协议转换。

② 应用网关：在应用层连接两部分应用程序的网关，是在使用不同数据格式间翻译数据的系统。

③ 安全网关：各种技术的融合，具有重要且独特的保护作用，工作范围从协议级过滤到十分复杂的应用级过滤。

5.3 网络互联路由协议

路由器判定到达目的地的最佳路径时，主要依靠路由选择算法来实现。路由协议实际上是指实现路由选择算法的协议，常见的路由协议有静态路由协议、路由信息协议（Routing Information Protocol，RIP）、开放最短通路优先（Open Shortest Path First，OSPF）协议等。

5.3.1 路由协议选择

路由是指把数据从源节点转发到目标节点的过程，即根据数据报的目标地址对其进行定向并转发到另一个节点的过程。一般来说，网络中路由的数据至少会经过一个或多个中间节点，路由转发如图 5.9 所示。例如，主机 PC1 与 PC4 进行通信，数据从主机 PC1 发出，经由路由器 AR1、AR2、AR3 传输到主机 PC4 上。路由通常与桥接进行对比，它们的主要区别在于桥接发生在 OSI 参考模型的第二层（数据链路层），而路由发生在第三层（网络层）。这一区别使它们在传输信息的过程中使用不同的信息，从而以不同的方式来完成各自的任务。

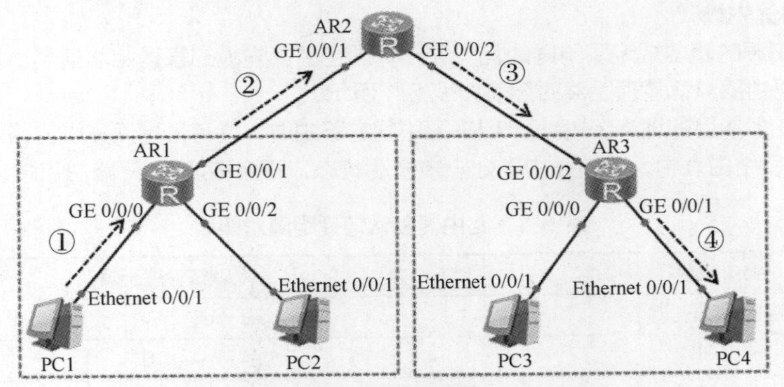

图 5.9　路由转发

1. 路由信息的生成

路由信息的生成方式总共有 3 种：设备自动发现、手动配置、通过动态路由协议生成。

（1）直连路由（Direct Routing）：设备自动发现的路由信息。

在网络设备启动后，当设备端口的状态为 Up 时，设备就会自动发现与自己的端口直接相连的网络的路由。某一网络与某台设备直接相连（直连），是指这个网络与此设备的某个端口直接相连。

当路由器端口配置了正确的 IP 地址，并且端口处于 Up 状态时，路由器将自动生成一条通过该端口去往直连网段的路由。直连路由的 Protocol 属性为 Direct，其 Cost 值总为 0。

（2）静态路由（Static Routing）：手动配置的路由信息。

静态路由是由网络管理员在路由器上手动配置的固定路由。静态路由允许对路由的行为进行精确控制，其特点是单向网络流量少及配置简单。静态路由是在路由器中设置的固定路由，除非网络管理员干预，否则静态路由不会发生变化。静态路由不能对网络的改变做出反应，一般用于规模不大、拓扑结构固定的网络。静态路由的优点是简单、高效、可靠。在所有的路由中，静态路由的优先级最高，当动态路由与静态路由发生冲突时，以静态路由为准。静态路由的明显缺点是不具备自适应性。随着网络规模的扩大，网络管理员的维护工作量将增大，容易出错，不能实时变化。静态路由的 Protocol 属性为 Static，其 Cost 值可以人为设定。

（3）动态路由（Dynamic Routing）：网络设备通过运行动态路由协议而得到的路由信息。

动态路由减少了管理任务，网络设备可以自动发现与自己相连的网络的路由。动态路由网络中的路由器之间根据实时网络拓扑变化相互传输路由信息，再利用收到的路由信息选择相应的协议进行计算，并更新路由表。动态路由比较适用于大型网络。

一台路由器可以同时运行多种路由协议，而每种路由协议都会存在专门的路由表来存放该协议下发现的路由表项，最后通过一些优先筛选法，将某些路由协议的路由表中的某些路由表项加入 IP 路由表，而路由器最终会根据 IP 路由表来进行 IP 报文的转发。

2. 默认路由

默认路由：目的地/掩码为 0.0.0.0/0 的路由。

（1）动态默认路由：默认路由是由路由协议产生的。

（2）静态默认路由：默认路由是手动配置的。

默认路由是一种非常特殊的路由，任何一个待发送或待转发的 IP 报文都可以和默认路由匹配。

计算机或路由器的 IP 路由表中可能存在默认路由，也可能不存在。若网络设备的 IP 路由表中存在默认路由，当一个待发送或待转发的 IP 报文不能匹配 IP 路由表中的任何非默认路由时，它会根据默认路由来进行发送或转发；若网络设备的 IP 路由表中不存在默认路由，当一个待发送或待转发的 IP 报文不能匹配 IP 路由表中的任何路由时，它就会将该 IP 报文直接丢弃。

3. 路由的优先级

（1）不同来源的路由规定了不同的优先级，并规定了优先级的管理距离值越小，对应路由的优先级就越高。路由器默认管理距离对照表如表 5.1 所示。

（2）当存在多条目的地/掩码相同，但来源不同的路由时，具有最高优先级的路由会成为最优路由，而被加入 IP 路由表中；其他路由则处于未激活状态，不会被加入 IP 路由表中。

表 5.1　路由器默认管理距离对照表

路由来源	默认管理距离值
直连路由（DIRECT）	0
OSPF	10
IS-IS	15
静态路由（STATIC）	60
RIP	100
OSPF ASE	150
OSPF NSSA	150
不可达路由（UNKNOWN）	255

4. 路由的开销

（1）一条路由的开销：到达这条路由的目的地/掩码需要付出的代价；当同一种路由协议发现多条路由可以到达同一目的地/掩码时，将优先选择开销最小的路由，即只把开销最小的路由加入本协议的路由表中。

（2）不同的路由协议对开销的具体定义是不同的，例如，RIP 只将“跳数”（Metric）作为开销。跳数是指到达目的地/掩码需要经过的路由器的个数。

（3）等价路由：同一种路由协议发现的两条可以到达同一目的地/掩码的，且开销相等的路由。

（4）负载分担：如果两条等价路由都被加入路由器的路由表中，那么在进行流量转发的时候，一部分流量会根据第一条路由进行转发，另一部分流量会根据第二条路由进行转发。

当一台路由器同时运行了多种路由协议，并且对于同一目的地/掩码，每一种路由协议都发现了一条或多条路由时，每一种路由协议都会根据开销的比较情况在自己发现的若干条路由中确定出最优路由，并将最优路由加入本协议的路由表中。此后，不同的路由协议确定出的最优路由之间会进行路由优先级的比较，优先级最高的路由才能成为去往目的地/掩码的路由，并被加入该路由器的 IP 路由表中。如果该路由上还存在去往目的地/掩码的直连路由或静态路由，则会在进行优先级比较的时候将它们考虑进去，以选出优先级最高的路由并加入 IP 路由表。

5.3.2 RIP

RIP 是一种内部网关协议（Internal Gateway Protocol，IGP），也是一种动态路由选择协议，用于自治系统（Autonomous System，AS）内的路由信息的传输。RIP 基于距离矢量算法（Distance Vector Algorithms，DVA），使用跳数来衡量到达目标地址的路由距离。使用这种协议的路由器只关心自己周围的世界，只与自己相邻的路由器交换信息，并将范围限制在 15 跳之内，即如果大于等于 16 跳就认为网络不可达。

RIP 应用于 OSI 参考模型的应用层，各厂家定义的管理距离（优先级）有所不同，例如，华为设备定义的优先级是 100，思科设备定义的优先级是 120，它在带宽、配置和管理方面的要求较低，主要适用于规模较小的网络，运行 RIP 的网络如图 5.10 所示。RIP 中定义的相关参数比较少，它既不支持 VLSM 和无类别域间路由（Classless Inter-Domain Routing，CIDR），也不支持认证功能。

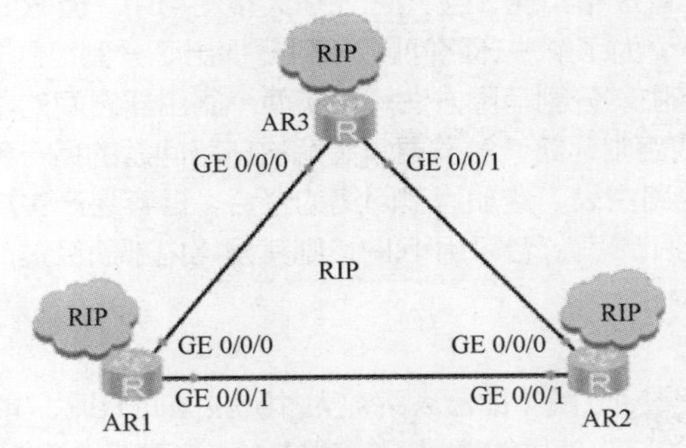

图 5.10　运行 RIP 的网络

1. 工作原理

路由器启动时，路由表中只会包含直连路由。运行 RIP 之后，路由器会发送 Request 报文，以请求邻居路由器的 RIP 路由。运行 RIP 的邻居路由器收到该 Request 报文后，会根据自己的路由表生成 Response 报文进行回复。路由器在收到 Response 报文后，会将相应的路由添加到自己的路由表中。

RIP 网络稳定以后，每个路由器都会周期性地向邻居路由器通告自己的整张路由表中的路由信息（以 RIP 应答的方式广播出去），默认周期为 30s，邻居路由器会根据收到的路由信息刷新自己的路由表。针对某一条路由信息，如果 180s 以后都没有接收到新的关于它的路由信息，那么将其标记为失效，即将其跳数值标记为 16，在接下来的 120s 内，如果仍然没有收到关于它的更新信息，则该条失效信息会被删除。更新 RIP 路由表如图 5.11 所示。

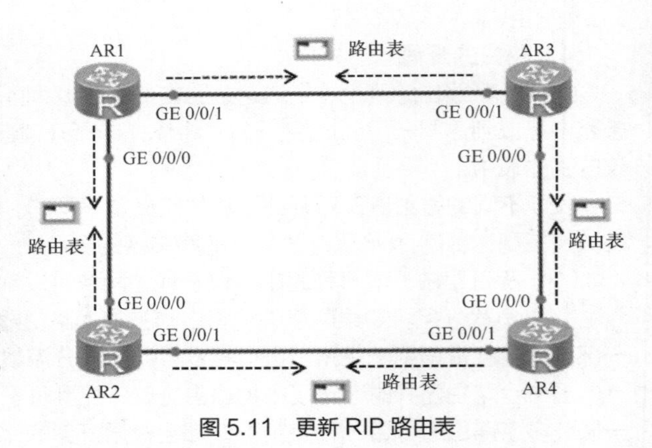

图 5.11　更新 RIP 路由表

2. RIP 版本

RIP 分为 3 个版本：RIPv1、RIPv2 和 RIPng。前两者用于 IPv4，RIPng 用于 IPv6。

（1）RIPv1 为有类别路由协议，不支持 VLSM 和 CIDR；RIPv1 以广播形式发送路由信息，目标 IP 地址为广播地址 255.255.255.255；不支持认证；RIPv1 通过 UDP 交换路由信息，端口号为 520。

一个 RIPv1 路由更新消息中最多可包含 25 个路由表项，每个路由表项都携带了目标网络的地址和度量值。整个 RIP 报文应不超过 504 字节，如果超过该字节，则需要发送多个 RIPv1 报文。

（2）RIPv2 为无类别路由协议，支持 VLSM，支持路由聚合与 CIDR；支持以广播或组播（224.0.0.9）方式发送报文；支持明文认证和 MD5 密文认证。RIPv2 在 RIPv1 的基础上进行了扩展，但 RIPv2 的报文格式仍然与 RIPv1 类似。

RIPv1 提出得较早，其有许多缺陷。为了改善 RIPv1 的不足，在 RFC 1388 文件中提出了改进的 RIPv2，并在 RFC 1723 和 RFC 2453 文件中进行了修订。RIPv2 定义了一套有效的改进方案，新的 RIPv2 支持子网路由选择，支持 CIDR，支持组播，并提供了认证机制。

随着 OSPF 和中间系统到中间系统（Intermediate System to Intermediate System，IS-IS）协议的出现，许多人认为 RIP 已经过时了。事实上，RIP 也有自己的优点。对于小型网络，RIP 所占带宽开销小，易于配置、管理和实现，且 RIP 还在大量使用中。但 RIP 也有明显的不足，即当有多个网络时会出现环路问题。为了解决环路问题，IETF 提出了分割范围方法，即路由器不可以通过它得知路由的端口去宣告路由。分割范围方法解决了两个路由器之间的路由环路问题，但不能防止 3 个或 3 个以上路由器形成路由环路。触发更新是解决环路问题的另一种方法，它要求路由器在链路发生变化时立即传输它的路由表，这加速了网络的聚合，但容易产生广播泛滥。总之，环路问题的解决需要消耗一定的时间和带宽。若采用 RIP，则其网络内部所经过的链路数不能超过 15 跳，这使得 RIP 不适用于大型网络。

3. RIP 的局限性

（1）由于链路数不能超过 15 跳（即最大跳数为 15），因此 RIP 只能应用于小型网络。

RIP 中规定，一条有效的路由信息的度量不能超过 15，这就使得该协议不能应用于大型的网络，应该说正是因为设计者考虑到该协议只适用于小型网络，所以才进行了这一限制。对于跳数值为 16 的目标网络，RIP 会认为其不可到达。

（2）收敛速度慢。

在实际应用时，RIP 很容易出现“计数到无穷大”的现象，这使得路由收敛速度很慢，在网络拓扑结构变化很久以后，路由信息才能稳定下来。

（3）根据跳数选择的路由不一定是最优路由。

RIP 以跳数（即报文经过的路由器个数）为衡量标准，并以此来选择路由，这一操作缺乏合理性，因为没有考虑网络时延、可靠性、线路负载等因素对传输质量和速度的影响。

4. RIPv1 与 RIPv2 的区别

RIPv1 路由更新使用的是广播方式。RIPv2 使用组播的方式向其他设备宣告 RIPv2 的路由器发出更新报文，它使用的组播地址是保留的 D 类地址 224.0.0.9。使用组播方式的好处在于：本地网络中和 RIP 路由选择无关的设备不需要再花费时间对路由器广播的更新报文进行解析。

RIPv2 不是一个新的协议，它只是在 RIPv1 的基础上增加了一些扩展特性，以适用于现代网络的路由选择环境。这些扩展特性有：每个路由条目都携带自己的子网掩码；路由选择更新具有认证功能；每个路由条目都携带下一跳地址和外部路由标志；以组播方式进行路由更新。其中最重要的一项是路由更新条目增加了子网掩码的字段，因此 RIP 可以使用 VLSM。

RIPv1 和 RIPv2 的主要区别如下。

（1）RIPv1 是有类别的路由协议，RIPv2 是无类别的路由协议。

（2）RIPv1 不支持 VLSM，RIPv2 支持 VLSM。

（3）RIPv1 没有认证的功能，RIPv2 支持认证功能，并且有明文和 MD5 两种认证方式。

（4）RIPv1 没有手动汇总的功能，RIPv2 可以在关闭自动汇总的前提下进行手动汇总。

（5）RIPv1 是广播更新，RIPv2 是组播更新。

（6）RIPv1 路由没有标记的功能，RIPv2 可以对路由进行标记，用于过滤和制定策略。

（7）RIPv1 发送的 Update 包中最多可以携带 25 条路由，而 RIPv2 在有认证的情况下最多只能携带 24 条路由。

（8）RIPv1 发送的 Update 包中没有 next-hop 属性，而 RIPv2 有 next-hop 属性，可以用于路由更新的重定。

5. RIP 防止路由环路机制

当网络发生故障时，RIP 网络有可能会产生路由环路，为此，解决路由环路问题的方法就出现了，可以通过定义最大值、水平分割、“路由中毒”“毒化逆转”、使用抑制计时器、触发更新等技术来避免路由环路的产生。

（1）定义最大值。

距离矢量路由算法可以通过 IP 报头中的生存时间自纠错，但路由环路问题可能会首先要求无穷计数。为了避免时延问题，距离矢量协议定义了一个最大值，这个数值是指最大的度量值（最大值为 16），如跳数。也就是说，路由更新信息可以向不可到达的网络路由中的路由器发送 15 次，一旦达到最大值 16，就视为网络不可到达，存在故障，将不再接收访问该网络的任何路由更新信息。

（2）水平分割。

另一种消除路由环路并加快网络收敛速度的方法是通过水平分割技术实现的。其规则就是不向原始路由更新来的方向再次发送路由更新信息（单向更新、单向反馈）。如图 5.12 所示，AR1 从 AR2 学习到的 192.168.100.0/24 网络的路由不会再从 AR1 的接收端口重新通告给 AR2，由此避免了路由环路的产生。

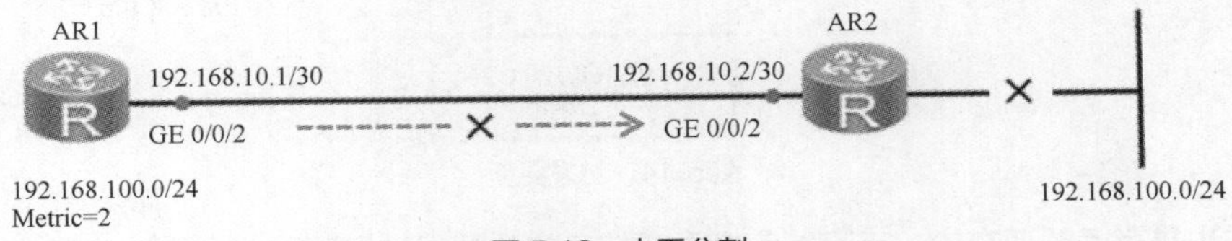

图 5.12　水平分割

（3）路由中毒（也称为“路由毒化”）。

定义最大值可从一定程度上解决路由环路问题，但并不彻底，可以看到，在达到最大值之前，路由环路还是存在的。路由中毒可以彻底解决这个问题，其原理如下：网络中有路由器 AR1、AR2 和 AR3，当网络 192.168.100.0/24 出现故障无法访问的时候，路由器 AR3 便向邻居路由器发送相关路由更新信息，并将其度量值标为无穷大，告诉它们网络 192.168.100.0/24 不可到达；路由器 AR2 收到“毒化消息”后将该链路路由表项标记为无穷大，表示该路径已经失效，并向邻居 AR1 路由器通告；依次“毒化”各个路由器，告诉邻居路由器 192.168.100.0/24 这个网络已经失效，不再接收更新信息，从而避免了路由环路的产生，如图 5.13 所示。

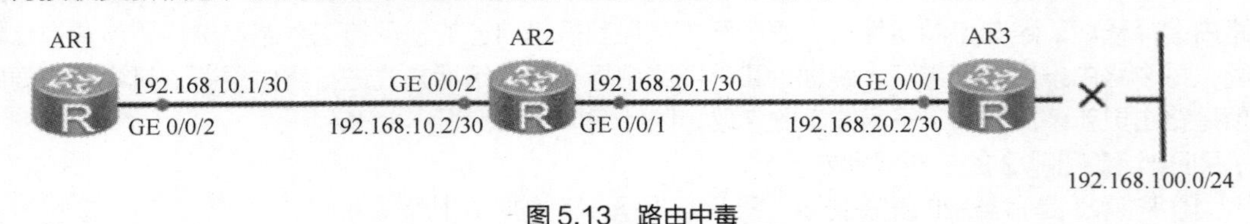

图 5.13　路由中毒

（4）毒化逆转（也称为“反向中毒”）。

结合上面的例子，当路由器 AR2 看到到达网络 192.168.100.0/24 的度量值为无穷大的时候，就发送一条毒化逆转的更新信息给 AR3 路由器，说明 192.168.100.0/24 这个网络不可到达。这是超越水平分割的一个特例，这样可以保证所有的路由器都接收到毒化的路由信息，因此可以避免路由环路产生。

（5）使用抑制计时器（即控制更新时间）。

抑制计时器用于阻止定期更新的信息在不恰当的时间内重置一个已经坏掉的路由。抑制计时器告诉路由器把可能影响路由的任何改变暂时保持一段时间，抑制时间通常比更新信息发送到整个网络的时间要长。当路由器从邻居路由器接收到以前能够访问的网络现在不能访问的更新信息后，就将该路由标记为不可访问，并启动一个抑制计时器，如果再次收到邻居路由器发送来的更新信息中包含一个比原来路由具有更好度量值的路由，则将该路由标记为可以访问，并取消抑制计时器。如果在抑制计时器超时之前从不同邻居路由器收到的更新信息包含的度量值比以前的更差，则更新信息将被忽略，这样可以有更多的时间让更新信息传遍整个网络。

（6）触发更新。

默认情况下，一台 RIP 路由器每 30s 会发送一次路由表更新信息给邻居路由器。而触发更新就是立刻发送路由更新信息，以响应某些变化。检测到网络故障的路由器会立即发送一条更新信息给邻居路由器，并依次产生触发更新来通知它们的邻居路由器，使整个网络中的路由器可以在最短的时间内收到更新信息，从而快速了解整个网络的变化。当路由器 AR2 接收到的目标网络的度量值为 16 时，产生触发更新，AR2 通告 AR1 网络 192.168.100.0/24 不可达，如图 5.14 所示。

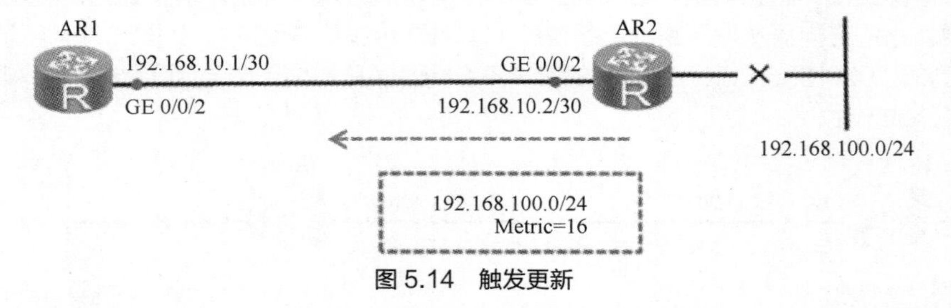

图 5.14　触发更新

但这样也是有问题存在的，有可能包含更新信息的数据报被某些网络中的链路丢失或损坏，其他路由器未能及时收到触发更新，因此就产生了结合抑制的触发更新。抑制规则要求一旦路由无效，在抑制时间内，到达同一目的地的有同样或更差度量值的路由将会被忽略，这样触发更新将有时间传遍整个网络，从而避免已经损坏的路由重新插入已经收到触发更新的邻居路由器中，也就解决了路由环路的问题。

5.3.3 OSPF 协议

OSPF 协议是目前广泛使用的一种动态路由协议，它属于链路状态路由协议，具有路由变化收敛速度快、无路由环路、支持 VLSM 和汇总、层次区域划分等优点。在网络中使用 OSPF 协议后，大部分路由将由 OSPF 协议自行计算和生成，无须网络管理员手动配置。当网络拓扑发生变化时，此协议可以自动计算、更正路由，极大地方便了网络管理。RIP 是一种基于距离矢量算法的路由协议，存在收敛速度慢、易产生路由环路、可扩展性差等问题，目前已逐渐被 OSPF 协议所取代。

1. OSPF 路由概述

OSPF 协议是一种链路状态协议。每个路由器负责发现、维护与邻居路由器的关系，会描述已知的邻居列表和链路状态更新（Link State Update，LSU）报文，通过可靠的泛洪机制及与 AS 内其他路由器的周期性交互，学习到整个 AS 的网络拓扑结构，并通过 AS 边界的路由器注入其他 AS 的路由信息以得到整个网络的路由信息。每隔一个特定时间或当链路状态发生变化时，重新生成链路状态广播（Link State Advertisement，LSA）数据报，路由器通过泛洪机制将新 LSA 通告出去，以便实现路由实时更新。

OSPF 协议是一种内部网关协议，用于在单一 AS 内决策路由，它是基本链路状态的路由协议。链路状态是指路由器端口或链路的参数，这些参数是端口物理条件，包括端口是 Up 还是 Down 状态、端口的 IP 地址、分配给端口的子网掩码、端口所连接的网络及路由器进行网络连接的相关费用。OSPF 路由器与其他路由器交换信息，但交换的不是路由而是链路状态，OSPF 路由器不是告知其他路由器可以到达哪些网络及距离是多少，而是告知它们的网络链路状态、这些端口所连接的网络及使用这些端口的费用。各个路由器都有其自身的链路状态，称为本地链路状态，这些本地链路状态在 OSPF 路由域内传播，直到所有的 OSPF 路由器都有完整而等同的链路状态数据库为止。一旦每个路由器都接收到所有的链路状态，每个路由器就可以构造一棵“树”，以它们自己为根，而分支表示到 AS 中所有网络距离最短的或费用最低的路由。

OSPF 协议通常将规模较大的网络划分成多个 OSPF 区域，要求路由器与同一区域内的路由器交换链路状态，并要求在区域边界路由器上交换区域内的汇总链路状态，这样不但可以减少传播的信息量，还可使最短路径计算强度减小。在划分区域时，必须要有一个骨干区域（区域 0），其他非 0 或非骨干区域与骨干区域必须要有物理或者逻辑连接。当有物理连接时，必须有一个路由器的一个端口在骨干区域，而另一个端口在非骨干区域。当非骨干区域不可能物理连接到骨干区域时，必须定义一个逻辑或虚拟链路。虚拟链路由两个端点和一个传输区来定义，其中一个端点是路由器端口，属于骨干区域的一部分，另一个端点也是路由器端口，但在与骨干区域没有物理连接的非骨干区域中；传输区是一个区域，介于骨干区域与非骨干区域之间。

OSPF 协议的协议号为 89，采用组播方式进行 OSPF 包交换，组播地址为 224.0.0.5（全部 OSPF 路由器）和 224.0.0.6（指定路由器）。

2. OSPF 协议的特点

（1）无环路。OSPF 协议是一种基于链路状态的路由协议，它从设计上就保证了无路由环路。OSPF 支持区域的划分，区域内部的路由器使用最短路径优先（Snortest Path First，SPF）算法保证了区域内部无环路。OSPF 协议还利用区域间的连接规则保证了区域之间无路由环路。

（2）收敛速度快。OSPF 协议支持触发更新，能够快速检测并通告 AS 内的拓扑变化。

（3）扩展性好。OSPF 协议可以解决网络扩容带来的问题。当网络中路由器越来越多，路由信息流量急剧增长的时候，OSPF 协议可以将每个 AS 划分为多个区域，并限制每个区域的范围。OSPF 协议的分区域的特点使得其特别适用于大中型网络。

（4）提供认证功能。OSPF 路由器之间的报文可以配置成必须经过认证才能进行交换。

（5）具有更高的优先级和可信度。在 RIP 中，路由的管理距离值是 100，而 OSPF 协议具有更高的优先级和可信度，其管理距离值为 10。

3. OSPF 协议的工作原理

（1）邻居（Neighbor）与邻接状态关系，如图 5.15 所示。邻居和邻接关系建立的过程如下。

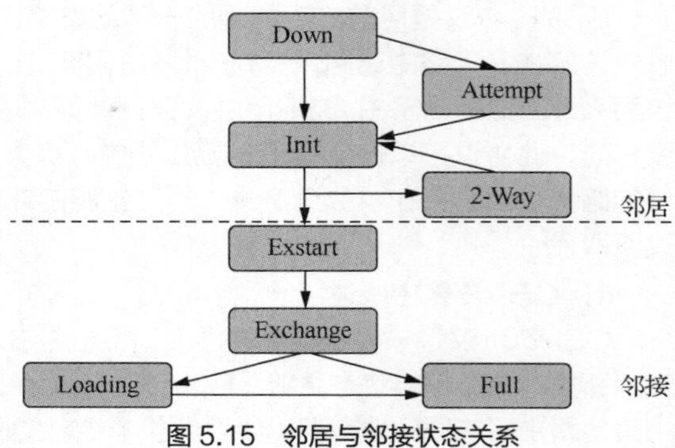

图 5.15　邻居与邻接状态关系

① Down：这是邻居的初始状态，表示没有在邻居失效时间间隔内收到来自邻居路由器的 Hello 数据报。

② Attempt：此状态只在非广播-多路访问（Non-Broadcast Multiple Access，NBMA）网络中存在，表示没有收到邻居的任何信息，但是已经周期性地向邻居发送报文，发送间隔为 HelloInterval；如果在 RouterDeadInterval 间隔内未收到邻居的 Hello 报文，则转为 Down 状态。

③ Init：在此状态下，路由器已经从邻居处收到了 Hello 报文，但是自己不在所收到的 Hello 报文的邻居列表中，尚未与邻居建立双向通信关系。

④ 2-Way：在此状态下，双向通信已经建立，但是没有与邻居建立邻接关系，这是建立邻接关系以前的最高级状态。

⑤ Exstart：这是形成邻接关系的第一个状态，邻居状态变成此状态以后，路由器开始向邻居发送数据库描述（Database Description，DD）报文；主从关系是在此状态下形成的，初始 DD 序列号也是在此状态下决定的，在此状态下发送的 DD 报文不包含链路状态描述。

⑥ Exchange：此状态下路由器相互发送包含链路状态信息摘要的 DD 报文，以描述本地链路状态数据库（Link State Database，LSDB）的内容。

⑦ Loading：相互发送 LSR 报文请求 LSA，发送 LSU 报文通告 LSA。

⑧ Full：路由器的 LSDB 已经同步。

Router ID 是一个 32 位的值，它唯一标识了 AS 内的路由器，管理员可以为每台运行 OSPF 协议的路由器手动配置一个 Router ID。如果未手动配置，则设备会按照以下规则自动选择 Router ID：如果设备存在多个逻辑端口地址，则路由器使用逻辑端口中最大的 IP 地址作为 Router ID；如果没有配置逻辑端口，则路由器使用物理端口中最大的 IP 地址作为 Router ID。在为一台运行 OSPF 协议的路由器配置新的 Router ID 后，可以在路由器上通过重置 OSPF 进程来更新 Router ID。通常建议手动配置 Router ID，以防止 Router ID 因为端口地址的变化而改变。

运行 OSPF 协议的路由器之间需要交换链路状态信息和路由信息，在交换这些信息之前，路由器之间需要建立邻接关系。

① 邻居：OSPF 路由器启动后，便会通过 OSPF 端口向外发送 Hello 报文来发现邻居。收到 Hello 报文的 OSPF 路由器会检查报文中定义的一些参数，如果双方的参数一致，则会彼此形成邻居关系，状态到达 2-Way 即可称为建立了邻居关系。

② 邻接：形成邻居关系的双方不一定都能形成邻接关系，这要根据网络类型而定；只有当双方成功交换 DD 报文，并同步 LSDB 后，才能形成真正意义上的邻接关系。

（2）OSPF 协议的工作原理。

OSPF 协议要求每台运行 OSPF 的路由器都了解整个网络的链路状态信息，这样才能计算出到达目的地的最优路径。OSPF 协议的收敛过程从 LSA 泛洪开始，LSA 中包含了路由器已知的端口 IP 地址、掩码、开销和网络类型等信息。收到 LSA 的路由器都可以根据 LSA 提供的信息建立自己的 LSDB，并在 LSDB 的基础上使用 SPF 算法进行运算，建立起到达每个网络的“最短路径树”。最后，通过最短路径树得出到达目标网络的最优路由，并将其加入 IP 路由表。OSPF 协议的工作原理如图 5.16 所示。

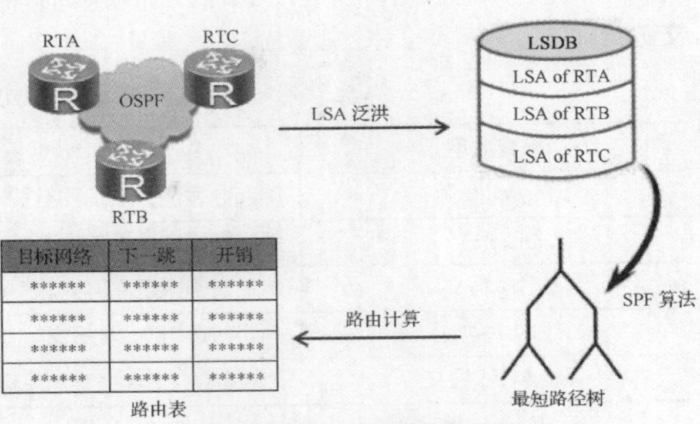

图 5.16　OSPF 协议的工作原理

4. OSPF 协议的开销

OSPF 协议基于端口带宽计算开销，计算公式如下：端口开销=带宽参考值÷带宽。带宽参考值可配置，默认为 100Mbit/s。因此，一个 64kbit/s 端口的开销为 1562，一个 E1 端口（2.048 Mbit/s）的开销约为 48。

命令“bandwidth-reference”可以用来调整带宽参考值，从而改变端口开销，带宽参考值越大，得到的开销越准确。在支持 10Gbit/s 的情况下，推荐将带宽参考值提高到 10000Mbit/s 来分别为 1 Gbit/s、10 Gbit/s 和 100Mbit/s 的链路提供 1、10 和 100 的开销。注意，配置带宽参考值时，需要在整个 OSPF 网络中统一进行调整。

另外，还可以通过“ospf cost”命令来手动为一个端口调整开销，开销值的范围是 1～65535，默认值为 1。

5. OSPF 路由区域报文类型

OSPF 协议报文信息用来保证路由器之间可互相传播各种信息，OSPF 协议报文共有 5 种报文类型，如表 5.2 所示。任意一种报文都需要加上 OSPF 协议的报头，最后封装在 IP 中传输。一个 OSPF 协议报文的最大长度为 1500 字节，OSPF 协议报头格式如图 5.17 所示。OSPF 协议直接运行在 IP 之上，使用 IP 号 89。

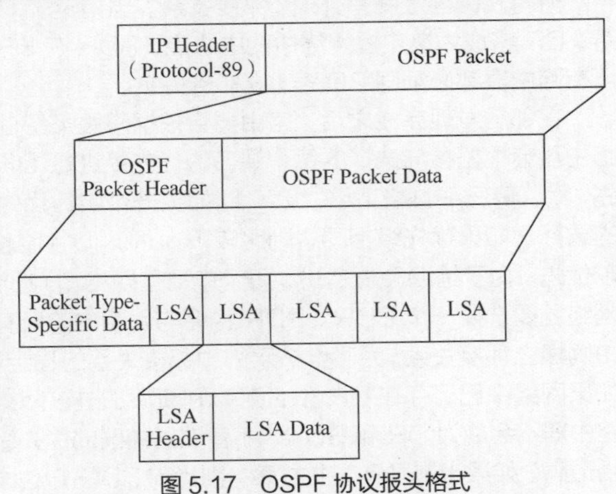

图 5.17　OSPF 协议报头格式

（1）Hello 报文：常用的一种报文，用于发现、维护邻居关系，并在广播和 NBMA 类型的网络中选择指定路由器（Designated Router，DR）和备份指定路由器（Backup Designated Router，BDR）。

（2）DD 报文：两台路由器进行 LSDB 同步时，用 DD 报文来描述自己的 LSDB；DD 报文的内容包括 LSDB 中每一条 LSA 报文的头部（LSA 报文的头部可以唯一标识 LSA 报文）；LSA 报文头部只占一条 LSA 报文的整个数据量的小部分，这样可以减少路由器之间的协议报文流量。

（3）链路状态请求（Link State Request，LSR）报文：两台路由器互相交换 DD 报文之后，知道对端的路由器有哪些 LSA 报文是本地 LSDB 缺少的，这时需要发送 LSR 报文向对方请求缺少的 LSA 报文。LSR 报文中只包含了所需要的 LSA 报文的摘要信息。

（4）LSU 报文：用来向对端路由器发送所需要的 LSA 报文。

（5）链路状态确认（Link State Acknowledgment，LSACK）报文：用来对接收到的 LSU 报文进行确认。

表 5.2 OSPF 协议报文的类型

报文类型	功能描述
Hello 报文	周期性发送，发现和维护 OSPF 邻居关系
DD 报文	邻居间同步数据库内容
LSR 报文	向对方请求所需要的 LSA 报文
LSU 报文	向对方通告 LSA 报文
LSACK 报文	对收到的 LSA 报文信息进行确认

6. DR 与 BDR 选择

每一个含有至少两个路由器的广播型网络和 NBMA 网络中都有一个 DR 和 BDR。DR 和 BDR 可以减少邻接关系的数量，从而减少链路状态信息及路由信息的交换次数，这样可以节省带宽，缓解路由器处理的压力。

一个既不是 DR 也不是 BDR 的路由器，只与 DR 和 BDR 形成邻接关系并交换链路状态信息及路由信息，这样就大大减少了大型广播型网络和 NBMA 网络中的邻接关系的数量。在没有 DR 的广播网络中，邻接关系的数量可以根据公式 $n(n-1)\div2$ 计算得出，n 代表运行 OSPF 协议的路由器端口的数量。

所有路由器之间有 10 个邻接关系。当指定了 DR 后，所有的路由器都会与 DR 建立起邻接关系，DR 将成为该广播网络中的中心点。BDR 在 DR 发生故障时接管其业务，一个广播型网络中的所有路由器都必须同 BDR 建立邻接关系。

在邻居发现完成之后，路由器会根据网段类型进行 DR 选择。在广播型网络和 NBMA 网络中，路由器会根据参与选择的每个端口的优先级进行 DR 选择。优先级的取值为 0～255，值越大越优先。默认情况下，端口优先级为 1。如果一个端口优先级为 0，那么该端口将不会参与 DR 或者 BDR 的选择。如果优先级相同，则比较 Router ID，值越大越优先。为了给 DR 做备份，每个广播型网络和 NBMA 网络还要选择一个 BDR。BDR 也会与网络中的所有路由器建立邻接关系。为了维护网络中邻接关系的稳定性，如果网络中已经存在 DR 和 BDR，则新添加进该网络的路由器不会成为 DR 和 BDR，不管该路由器的优先级是否最高。如果当前 DR 发生故障，则当前 BDR 自动成为新的 DR，在网络中重新选择 BDR；如果当前 BDR 发生故障，则 DR 不变，重新选择 BDR，DR 与 BDR 选择如图 5.18 所示。这种选择机制的目的是保持邻接关系的稳定性，使拓扑结构的改变对邻接关系的影响尽量小。

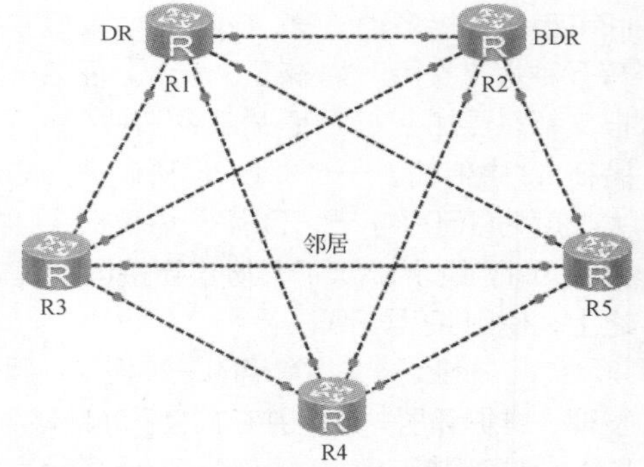

图 5.18 DR 与 BDR 选择

7. OSPF 区域划分

OSPF 协议支持将一组网段组合在一起，这样的一个组合称为一个区域，划分 OSPF 区域可以缩小路由器的 LSDB 规模，减少网络流量。区域内的详细拓扑信息不向其他区域发送，区域间传输的是抽象的路由信息，而不是详细的描述拓扑结构的链路状态信息。每个区域都有自己的 LSDB，不同区域的 LSDB 是不同的。路由器会为每一个自己连接到的区域维护一个单独的 LSDB。由于详细的链路状态信息不会被发布到区域以外，因此 LSDB 的规模被大大缩小了。

Area 0 为骨干区域，为了避免产生区域间路由环路，非骨干区域之间不允许直接相互发布路由信息。因此，每个区域都必须连接到骨干区域，OSPF 区域划分如图 5.19 所示。

运行在区域之间的路由器叫作区域边界路由器（Area Border Router，ABR），它包含所有相连区域的 LSDB。自治系统边界路由器（Autonomous System Boundary Router，ASBR）是指和其他 AS 中的路由器交换路由信息的路由器，这种路由器会向整个 AS 通告 AS 外部路由信息。

在规模较小的公司网络中，可以把所有的路由器都划分到同一个区域中，同一个 OSPF 区域的路由器中的 LSDB 是完全一致的。OSPF 区域号可以手动配置，为了便于将来的网络扩展，推荐将该区域号设置为 0，即骨干区域。

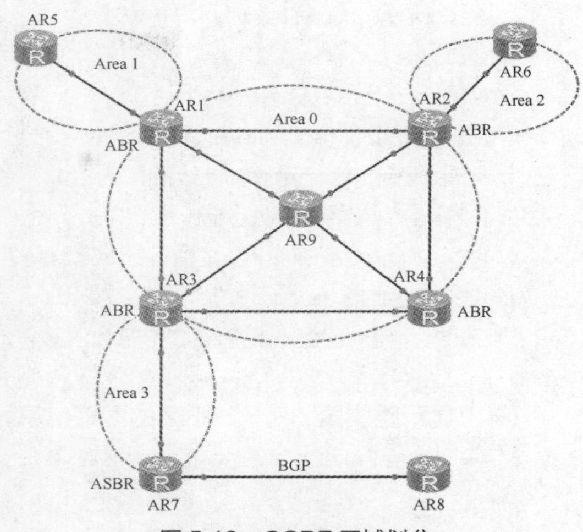

图 5.19　OSPF 区域划分

【技能实践】

任务 5.1　静态路由配置

V5-1　静态路由配置

【实训目的】

（1）理解静态路由原理。

（2）掌握静态路由的配置方法。

【实训环境】

（1）准备华为 eNSP 模拟软件。

（2）准备设计网络拓扑结构。

【实训内容与步骤】

（1）配置静态路由，相关端口与 IP 地址配置如图 5.20 所示，进行网络拓扑连接。

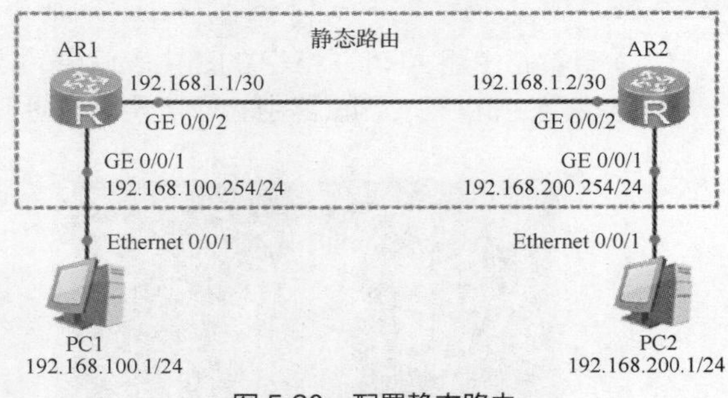

图 5.20　配置静态路由

（2）配置路由器 AR1，相关实例代码如下。

```
<Huawei>system-view
[Huawei]sysname AR1
[AR1]interfaceGigabitEthernet 0/0/1
[AR1-GigabitEthernet0/0/1]ip address 192.168.100.254 24
[AR1-GigabitEthernet0/0/1]quit
[AR1]interfaceGigabitEthernet 0/0/2
[AR1-GigabitEthernet0/0/2]ip address 192.168.1.1 30
[AR1-GigabitEthernet0/0/2]quit
[AR1]ip route-static 192.168.200.0 255.255.255.0 192.168.1.2   //静态路由
//设置静态路由、目标地址、子网掩码、下一跳地址
[AR1]quit
```

（3）配置路由器 AR2，相关实例代码如下。

```
<Huawei>system-view
[Huawei]sysname AR2
[AR2]interfaceGigabitEthernet 0/0/1
[AR2-GigabitEthernet0/0/1]ip address 192.168.200.254 24
[AR2-GigabitEthernet0/0/1]quit
[AR2]interfaceGigabitEthernet 0/0/2
[AR2-GigabitEthernet0/0/2]ip address 192.168.1.2 30
[AR2-GigabitEthernet0/0/2]quit
[AR2]ip route-static 192.168.100.0 255.255.255.0 192.168.1.1    //静态路由
[AR2]quit
```

（4）显示路由器 AR1、AR2 的配置信息，以路由器 AR1 为例，其主要相关实例代码如下。

```
<AR1>display current-configuration
#
sysname AR1
#
interfaceGigabitEthernet0/0/1
 ip address 192.168.100.254 255.255.255.0
#
interfaceGigabitEthernet0/0/2
 ip address 192.168.1.1 255.255.255.252
#
ip route-static 192.168.200.0 255.255.255.0 192.168.1.2
#
return
<AR1>
```

（5）查看路由器 AR1、AR2 的路由表信息，以路由器 AR1 为例，如图 5.21 所示。

（6）使用主机 PC1 测试路由验证结果，如图 5.22 所示。

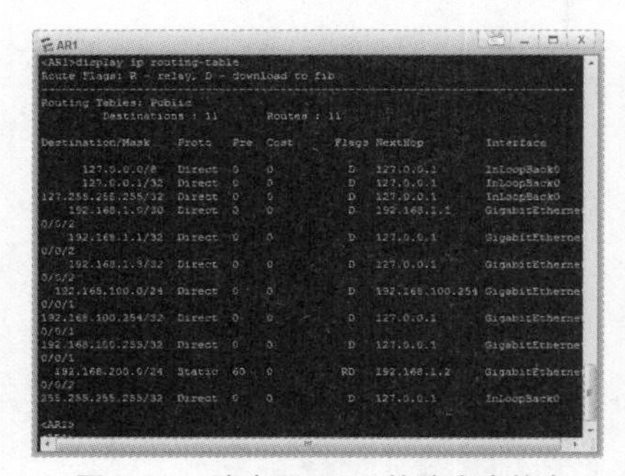

图 5.21　路由器 AR1 的路由表信息

图 5.22　使用主机 PC1 测试路由验证结果

任务 5.2　动态路由协议 RIP 配置

【实训目的】

（1）理解动态路由原理。

（2）掌握动态路由协议 RIP 的配置方法。

【实训环境】

（1）准备华为 eNSP 模拟软件。

（2）准备设计网络拓扑结构。

V5-2　动态路由协议 RIP 配置

V5-3　动态路由协议 RIP 配置-结果测试

【实训内容与步骤】

（1）配置 RIP 路由，相关端口与 IP 地址配置如图 5.23 所示，进行网络拓扑连接。

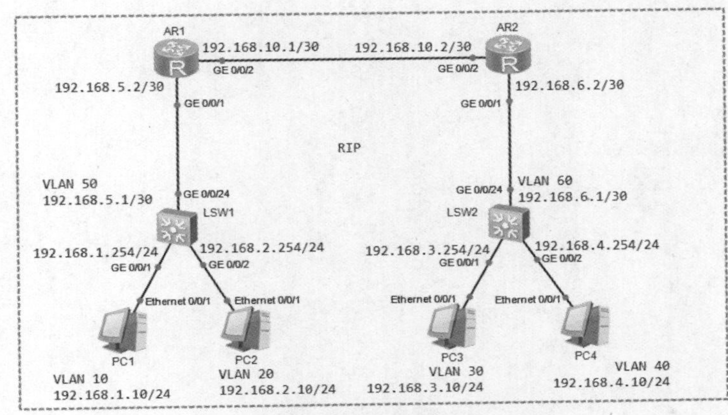

图 5.23　配置 RIP 路由

（2）配置路由器 AR1，相关实例代码如下。

```
<Huawei>system-view
[Huawei]sysnameAR1
[AR1]interfaceGigabitEthernet 0/0/1
[AR1-GigabitEthernet0/0/1] ip address 192.168.5.2 30
[AR1-GigabitEthernet0/0/1]quit
[AR1]interfaceGigabitEthernet 0/0/2
[AR1-GigabitEthernet0/0/2] ip address 192.168.10.1 30
[AR1-GigabitEthernet0/0/2]quit
[AR1]rip                                    //配置 RIP
[AR1-rip-1]version 2                        //配置 v2 版本
[AR1-rip-1]network 192.168.5.0              //路由宣告
[AR1-rip-1]network 192.168.10.0
[AR1-rip-1]quit
[AR1]
```

（3）配置路由器 AR2，相关实例代码如下。

```
<Huawei>system-view
[Huawei]sysname AR2
[AR2]interfaceGigabitEthernet 0/0/1
[AR2-GigabitEthernet0/0/1] ip address 192.168.6.2 30
[AR2-GigabitEthernet0/0/1]quit
[AR2]interfaceGigabitEthernet 0/0/2
[AR2-GigabitEthernet0/0/2] ip address 192.168.10.2 30
[AR2-GigabitEthernet0/0/2]quit
```

```
[AR2]rip                                          //配置 RIP
[AR2-rip-1]version 2                              //配置 v2 版本
[AR2-rip-1]network 192.168.6.0                    //路由通告
[AR2-rip-1]network 192.168.10.0
[AR2-rip-1]quit
[AR2]
```

（4）显示路由器 AR1、AR2 的配置信息，以路由器 AR1 为例，其主要相关实例代码如下。

```
<AR1>display current-configuration
#
sysname AR1
#
interfaceGigabitEthernet0/0/1
 ip address 192.168.5.2 255.255.255.252
#
interfaceGigabitEthernet0/0/2
 ip address 192.168.10.1 255.255.255.252
#
rip 1
 network 192.168.5.0
 network 192.168.10.0
#
return
<AR1>
```

（5）配置交换机 LSW1，相关实例代码如下。

```
<Huawei>system-view
[Huawei]sysname LSW1
[LSW1]vlan batch 10 20 30 40 50 60
[LSW1]interfaceVlanif 10
[LSW1-Vlanif10]ip address 192.168.1.254 24
[LSW1-Vlanif10]quit
[LSW1]interfaceVlanif 20
[LSW1-Vlanif20]ip address 192.168.2.254 24
[LSW1-Vlanif20]quit
[LSW1]interfaceVlanif 50
[LSW1-Vlanif50]ip address 192.168.5.1 30
[LSW1-Vlanif50]quit
[LSW1]interfaceGigabitEthernet 0/0/24
[LSW1-GigabitEthernet0/0/24]port link-type access
[LSW1-GigabitEthernet0/0/24]port default vlan 50
[LSW1-GigabitEthernet0/0/24]quit
[LSW1]interfaceGigabitEthernet 0/0/1
[LSW1-GigabitEthernet0/0/1]port link-type access
[LSW1-GigabitEthernet0/0/1]port default vlan 10
[LSW1]interfaceGigabitEthernet 0/0/2
[LSW1-GigabitEthernet0/0/2]port link-type access
```

```
[LSW1-GigabitEthernet0/0/2]port default vlan 20
[LSW1-GigabitEthernet0/0/2]quit
[LSW1]rip
[LSW1-rip-1]version 2
[LSW1-rip-1]network 192.168.1.0
[LSW1-rip-1]network 192.168.2.0
[LSW1-rip-1]network 192.168.5.0
[LSW1-rip-1]quit
[LSW1]
```

（6）配置交换机 LSW2，相关实例代码如下。

```
<Huawei>system-view
[Huawei]sysname LSW2
[LSW2]vlan batch 10 20 30 40 50 60
[LSW2]interfaceVlanif 30
[LSW2-Vlanif30]ip address 192.168.3.254 24
[LSW2-Vlanif30]quit
[LSW2]interfaceVlanif 40
[LSW2-Vlanif40]ip address 192.168.4.254 24
[LSW2-Vlanif40]quit
[LSW2]interfaceVlanif 60
[LSW2-Vlanif60]ip address 192.168.6.1 30
[LSW2-Vlanif60]quit
[LSW2]interfaceGigabitEthernet 0/0/24
[LSW2-GigabitEthernet0/0/24]port link-type access
[LSW2-GigabitEthernet0/0/24]port default vlan 60
[LSW2-GigabitEthernet0/0/24]quit
[LSW2]interfaceGigabitEthernet 0/0/1
[LSW2-GigabitEthernet0/0/1]port link-type access
[LSW2-GigabitEthernet0/0/1]port default vlan 30
[LSW2]interfaceGigabitEthernet 0/0/2
[LSW2-GigabitEthernet0/0/2]port link-type access
[LSW2-GigabitEthernet0/0/2]port default vlan 40
[LSW2-GigabitEthernet0/0/2]quit
[LSW2]rip
[LSW2-rip-1]version 2
[LSW2-rip-1]network 192.168.3.0
[LSW2-rip-1]network 192.168.4.0
[LSW2-rip-1]network 192.168.6.0
[LSW2-rip-1]quit
[LSW2]
```

（7）显示交换机 LSW1、LSW2 的配置信息，以交换机 LSW1 为例，其主要相关实例代码如下。

```
<LSW1>display current-configuration
#
sysname LSW1
#
```

```
vlan batch 10 20 30 40 50 60
#
interfaceVlanif10
 ip address 192.168.1.254 255.255.255.0
#
interfaceVlanif20
 ip address 192.168.2.254 255.255.255.0
#
interfaceVlanif50
 ip address 192.168.5.1 255.255.255.252
#
interface MEth0/0/1
#
interfaceGigabitEthernet0/0/1
 port link-type access
 port default vlan 10
#
interfaceGigabitEthernet0/0/2
 port link-type access
 port default vlan 20
#
interfaceGigabitEthernet0/0/24
 port link-type access
 port default vlan 50
#
rip 1
 network 192.168.1.0
 network 192.168.2.0
 network 192.168.5.0
#
return
<LSW1>
```

（8）查看路由器 AR1 的路由表信息，执行“display ip routing-table”命令，如图 5.24 所示。

（9）测试主机 PC1 的连通性，主机 PC1 访问主机 PC3 和主机 PC4，如图 5.25 所示。

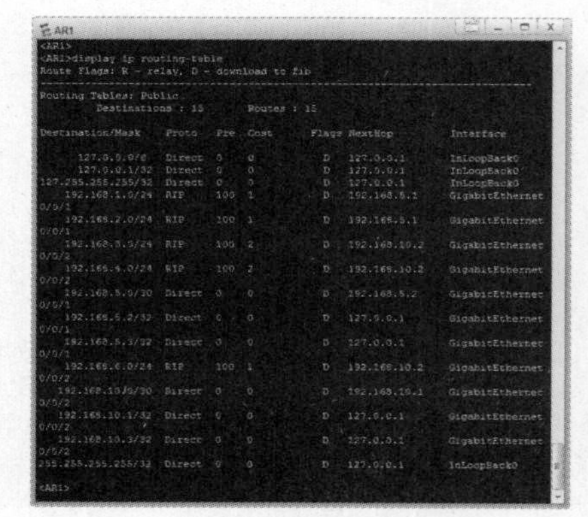

图 5.24　查看路由器 AR1 的路由表信息

图 5.25　测试主机 PC1 的连通性

任务 5.3 动态路由协议 OSPF 协议配置

V5-4 动态路由协议 OSPF 协议配置

V5-5 动态路由协议 OSPF 协议配置-结果测试

【实训目的】

（1）理解动态路由原理。

（2）掌握动态路由协议 OSPF 协议的配置方法。

【实训环境】

（1）准备华为 eNSP 模拟软件。

（2）准备设计网络拓扑结构。

【实训内容与步骤】

（1）配置多区域 OSPF 路由，相关端口与 IP 地址配置如图 5.26 所示，进行网络拓扑连接。配置路由器 AR1 和路由器 AR2，使得路由器 AR1 为 DR，路由器 AR2 为 BDR，并且使得路由器 AR1 和路由器 AR2 为骨干区域 Area 0，其他区域为非骨干区域。

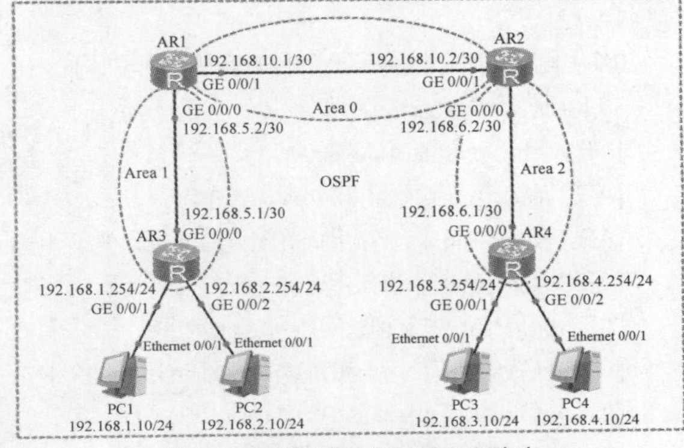

图 5.26 配置多区域 OSPF 路由

（2）配置路由器 AR1，相关实例代码如下。

```
<Huawei>system-view
[Huawei]sysname AR1
[AR1]interfaceGigabitEthernet 0/0/0
[AR1-GigabitEthernet0/0/0]ip address 192.168.5.2 30
[AR1-GigabitEthernet0/0/0]quit
[AR1]interfaceGigabitEthernet 0/0/1
[AR1-GigabitEthernet0/0/1]ip address 192.168.10.1 30
[AR1-GigabitEthernet0/0/1]quit
[AR1]ospf router-id 10.10.10.10                          //配置 RID
[AR1-ospf-1]area 0                                       //配置骨干区域
[AR1-ospf-1-area-0.0.0.0]network 192.168.10.0 0.0.0.3   //宣告网段
[AR1-ospf-1-area-0.0.0.0]quit
[AR1-ospf-1]area 1                                       //配置非骨干区域
[AR1-ospf-1-area-0.0.0.1]network 192.168.5.0 0.0.0.3    //通告网段
[AR1-ospf-1-area-0.0.0.1]quit
[AR1-ospf-1]quit
[AR1]
```

（3）配置路由器 AR2，相关实例代码如下。

```
<Huawei>system-view
[Huawei]sysname AR2
[AR2]interfaceGigabitEthernet 0/0/0
[AR2-GigabitEthernet0/0/0]ip address 192.168.6.2 30
[AR2-GigabitEthernet0/0/0]quit
[AR2]interfaceGigabitEthernet 0/0/1
[AR2-GigabitEthernet0/0/1]ip address 192.168.10.2 30
[AR2-GigabitEthernet0/0/1]quit
```

```
[AR2]ospf router-id 9.9.9.9
[AR2-ospf-1]area 0
[AR2-ospf-1-area-0.0.0.0]network 192.168.10.0 0.0.0.3
[AR2-ospf-1-area-0.0.0.0]quit
[AR2-ospf-1]area 2
[AR2-ospf-1-area-0.0.0.2]network 192.168.6.0 0.0.0.3
[AR2-ospf-1-area-0.0.0.2]quit
[AR2-ospf-1]quit
[AR2]
```

（4）配置路由器 AR3，相关实例代码如下。

```
<Huawei>system-view
[Huawei]sysname AR3
[AR3]interfaceGigabitEthernet 0/0/0
[AR3-GigabitEthernet0/0/0]ip address 192.168.5.1 30
[AR3-GigabitEthernet0/0/0]quit
[AR3]interfaceGigabitEthernet 0/0/1
[AR3-GigabitEthernet0/0/1]ip address 192.168.1.254 24
[AR3-GigabitEthernet0/0/1]quit
[AR3]interfaceGigabitEthernet 0/0/2
[AR3-GigabitEthernet0/0/2]ip address 192.168.2.254 24
[AR3-GigabitEthernet0/0/2]quit
[AR3]ospf router-id 8.8.8.8
[AR3-ospf-1]area 1
[AR3-ospf-1-area-0.0.0.1]network 192.168.1.0 0.0.0.255
[AR3-ospf-1-area-0.0.0.1]network 192.168.2.0 0.0.0.255
[AR3-ospf-1-area-0.0.0.1]network 192.168.5.0 0.0.0.3
[AR3-ospf-1-area-0.0.0.1]quit
[AR3-ospf-1]quit
[AR3]
```

（5）配置路由器 AR4，相关实例代码如下。

```
<Huawei>system-view
[Huawei]sysname AR4
[AR4]interfaceGigabitEthernet 0/0/0
[AR4-GigabitEthernet0/0/0]ip address 192.168.6.1 30
[AR4-GigabitEthernet0/0/0]quit
[AR4]interfaceGigabitEthernet 0/0/1
[AR4-GigabitEthernet0/0/1]ip address 192.168.3.254 24
[AR4-GigabitEthernet0/0/1]quit
[AR4]interfaceGigabitEthernet 0/0/2
[AR4-GigabitEthernet0/0/2]ip address 192.168.4.254 24
[AR4-GigabitEthernet0/0/2]quit
[AR4]ospf router-id 7.7.7.7
[AR4-ospf-1]area 2
```

```
[AR4-ospf-1-area-0.0.0.2]network 192.168.3.0 0.0.0.255
[AR4-ospf-1-area-0.0.0.2]network 192.168.4.0 0.0.0.255
[AR4-ospf-1-area-0.0.0.2]network 192.168.6.0 0.0.0.3
[AR4-ospf-1-area-0.0.0.2]quit
[AR4-ospf-1]quit
[AR4]
```

（6）显示路由器 AR1、AR2、AR3、AR4 的配置信息，以路由器 AR1 为例，其主要相关实例代码如下。

```
<AR1>display current-configuration
#
 sysname AR1
#
interfaceGigabitEthernet0/0/0
 ip address 192.168.5.2 255.255.255.252
#
interfaceGigabitEthernet0/0/1
 ip address 192.168.10.1 255.255.255.252
#
interfaceGigabitEthernet0/0/2
#
ospf 1 router-id 10.10.10.10
 area 0.0.0.0
  network 192.168.10.0 0.0.0.3
 area 0.0.0.1
  network 192.168.5.0 0.0.0.3
#
return
<AR1>
```

（7）查看路由器 AR1、AR2、AR3、AR4 的路由表信息，以路由器 AR1 为例，执行“display ip routing-table”命令进行查看，如图 5.27 所示。

（8）测试主机 PC2 的连通性，主机 PC2 访问主机 PC3 和主机 PC4，如图 5.28 所示。

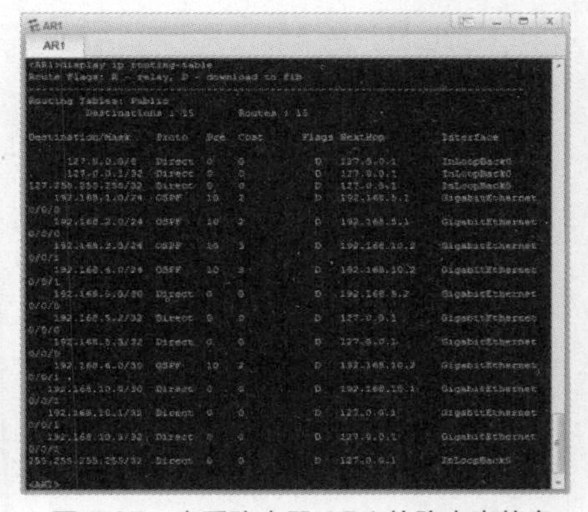

图 5.27　查看路由器 AR1 的路由表信息

图 5.28　测试主机 PC2 的连通性

【模块小结】

本模块讲解了网络互联的基本概念、网络互联的类型和层次，以及网络互联路由协议等相关知识，并且讨论了网络互联的层次之间的关系。

本模块最后通过技能实训使学生进一步掌握静态路由配置方法、RIP与OSPF协议的配置方法。

【模块练习】

1. 选择题

（1）中继器处于（　　）。

A. 物理层　　B. 数据链路层　　C. 网络层　　D. 高层

（2）网桥处于（　　）。

A. 物理层　　B. 数据链路层　　C. 网络层　　D. 高层

（3）交换机处于（　　）。

A. 物理层　　B. 数据链路层　　C. 网络层　　D. 高层

（4）路由器处于（　　）。

A. 物理层　　B. 数据链路层　　C. 网络层　　D. 高层

（5）网关处于（　　）。

A. 物理层　　B. 数据链路层　　C. 网络层　　D. 高层

（6）RIP网络中允许的最大跳数为（　　）。

A. 8　　B. 12　　C. 15　　D. 16

（7）路由表中的0.0.0.0代表的是（　　）。

A. 直接路由　　B. RIP　　C. OSPF协议　　D. 默认路由

（8）OSPF协议的协议号为（　　）。

A. 68　　B. 69　　C. 88　　D. 89

（9）中继器的作用就是将信号（　　），使其传播得更远。

A. 缩小　　B. 滤波　　C. 整形和放大　　D. 压缩

（10）【多选】网络互联的优点有（　　）。

A. 扩大资源共享的范围　　B. 提高网络的安全性

C. 提高网络的可靠性　　D. 提高网络的性能

（11）【多选】网络互联的类型主要有（　　）。

A. LAN-LAN　　B. LAN-WAN

C. LAN-WAN-LAN　　D. WAN-WAN

（12）【多选】OSPF协议的特点有（　　）。

A. 收敛速度快　　B. 扩展性好

C. 提供认证功能　　D. 具有更高的优先级和可信度

2. 简答题

（1）简述网络互联的定义及其发展的动力。

（2）简述网络互联的优点、层次及类型。

（3）简述路由信息协议。

（4）简述开放式最短路径优先协议。

模块6 广域网技术

06

【情景导入】

随着网络技术的广泛应用，网络的应用范围不断地扩大，网络间互联的需求越来越强烈，这促进了广域网技术的飞速发展，那么不同地理位置的用户接入广域网的方式是否一样呢？广域网的接入技术究竟又有哪些呢？当移动用户或远程用户通过拨号方式远程访问公司或企业内部专用网络的时候，采用传统的远程访问方式不但通信费用比较高，而且通信的安全性得不到保证，在内部专用网络中的计算机间进行数据传输时，怎么才能保证通信的安全性呢？当内部网络使用私有IP地址时，用户又如何访问Internet呢？其中使用了什么技术呢？

本模块主要讲述广域网技术的相关基础理论知识，包括广域网的组成及特点、广域网接入技术、虚拟专用网技术以及网络地址转换技术等。

【学习目标】

【知识目标】

- 理解广域网的组成及其特点。
- 理解广域网接入技术及其特点。
- 了解虚拟专用网技术。

【技能目标】

- 掌握HDLC配置方法。
- 掌握网络地址转换配置方法。

【素质目标】

- 培养工匠精神，要求做事严谨、精益求精、着眼细节、爱岗敬业。
- 树立团队互助、进取合作的意识。

【知识导览】

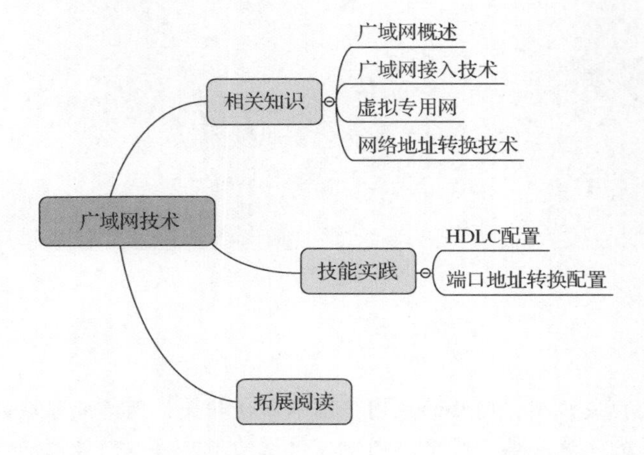

【相关知识】

6.1 广域网概述

广域网也称远程网（Long Haul Network），通常跨接很大的物理范围，所覆盖的范围从几十千米到几千千米。它能连接多个城市或国家，或横跨几个洲，并能提供远距离通信，形成国际性的远程网络。

广域网是一种跨地区的数据通信网络，使用电信运营商提供的设备作为信息传输平台。广域网是由许多交换机组成的，交换机之间采用点到点线路连接。几乎所有的点到点通信方式都可以用来建立广域网，包括通过租用线路、光纤、微波、卫星信道等介质进行的通信。而广域网交换机实际上就是一台计算机，有处理器和输入输出设备进行数据报的收发处理。

6.1.1 广域网提供的服务及其特点

广域网所提供的服务有两大类：无连接的网络服务和面向连接的网络服务。这两类服务的具体实现就是通常所谓的数据报服务和虚电路服务。

1. 数据报服务

数据报服务是无连接服务，它不需要连接建立，可直接进行数据传输，也不需要连接拆除。数据报服务的特点如下：主机只要想发送数据就可以随时发送。每个分组可独立地选择路由。这样先发送出去的分组不一定先到达目标主机，也就是说，数据报不能保证将分组按发送顺序交付给目标站点。

2. 虚电路服务

虚电路服务是面向连接的服务，它的主要特点是具有连接建立、数据传输、连接拆除 3 个阶段。在虚电路建立好后，就好像在两个主机之间建立了一对穿过网络的“数字管道”。所有发送的分组都按发送的先后顺序进入管道，并按照先进先出的原则沿着管道传输到目标主机。这样到达目标站点的分组不会因网络出现拥塞而丢失，且这些分组到达目标站点的顺序与发送的顺序一致，因此虚电路对通信的服务质量有比较好的保证。

数据报与虚电路的对比如表 6.1 所示。

表 6.1　数据报与虚电路的对比

比较内容	数据报	虚电路
建立连接	不需要	必须有
分组顺序	无序（无发送顺序）	有序（有发送顺序）
路由选择	每个分组独立选择路由	所有分组均按同一路由发送，只对呼叫请求分组进行路由选择
目标地址	每个分组都有目标站点的全部地址	仅在连接建立阶段使用，每个分组使用短的虚电路号
差错处理	由主机负责	由通信子网负责
流量控制	由主机负责	由通信子网负责
出现故障	出现故障的路由器可能会丢失分组，一些路由可能会发生变化	所有出现故障的路由器的虚电路均不能工作

6.1.2　广域网的基本组成与结构

广域网一般由主计算机（主机）、终端、通信处理机和通信设备等网络单元经通信线路连接组成。

1. 主机

主机是指计算机网络中承担数据处理的计算机系统。主机应具有完善的管理（实时或交互分时）能力的硬件和操作系统，并具有相应的接口。

2. 终端

终端是网络中用量大、分布广的设备，直接面对用户，能实现人机对话，并可通过它与网络进行联系。终端类型很多，如键盘显示器、智能终端、会话型终端、图形终端等。

3. 通信处理机

通信处理机也称通信控制处理机或前端处理机，是主机与通信线路单元之间连接的计算机，负责通信控制和通信处理工作。

4. 通信设备

通信设备是数据传输设备，包括集中器、信号变换器（调制解调器）、多路复用器、交换机、路由器等。集中器主要用于将多台工作站集中起来连接到主干线上；信号变换器用于提供不同信号之间的变换，不同传输介质采用不同类型的信号变换器。当用电话线作为传输线时，电话线只能传输模拟信号，但主机和终端输出的是数字信号，因此，在通信线路与主机、通信处理机和终端之间均需接入模拟信号和数字信号相互转换的变换器。

5. 通信线路

通信线路用来连接上述组成部分。按数据信号的传输速率不同，可将通信线路分为高速、中低速和低速 3 种。一般而言，终端与计算机、通信处理机及集中器之间采用低速通信线路；各计算机之间，包括主机与通信处理机之间及通信处理机之间采用高速通信线路。通信线路可采用电缆、光纤等有线传输介质，也可采用微波、通信卫星等无线传输介质。

6.1.3　广域网数据链路层协议

串行链路普遍用于广域网，串行链路中定义了两种数据传输方式：异步传输和同步传输。

异步传输是以字节为单位来传输数据的，并需要采用额外的起始位和停止位来标记每个字节的开始和结束。起始位为二进制数 0，停止位为二进制数 1。在这种传输方式下，起始位和停止位在发送数据中占据相当大的比例，每个字节的发送都需要额外的开销。

同步传输是以帧为单位来传输数据的，在通信时需要使用实时时钟来同步本端和对端设备的通信。数据通信设备（Data Communication Equipment, DCE）提供了一个用于同步 DCE 和数据终端设备（Data Terminal Equipment，DTE）之间数据传输的时钟信号。DTE 通常使用 DCE 产生的时钟信号。

1. 点到点协议

点到点协议（Point to Point Protocol，PPP）为在点到点连接上传输多协议数据报提供了一种标准方法。PPP 最初是为两个对等节点之间的 IP 流量传输提供一种封装协议而设计的，是面向字符类型的协议。这种链路可提供全双工操作，并按照顺序传输数据报，通过拨号或专线方式建立点到点连接发送数据，使其成为各种主机、网桥和路由器之间简单连接的一种共通的解决方案。

（1）PPP 组件。PPP 包含两个协议：链路控制协议（Link Control Protocol，LCP）和网络控制协议（Network Control Protocol，NCP）。

为了适应多种多样的链路类型，PPP 定义了 LCP。LCP 可以自动检测链路环境，如是否存在环路；还可以协商链路参数，如最大数据报长度、使用何种认证协议等。与其他数据链路层协议相比，PPP 的一个重要特点是可以提供认证功能，链路两端可以协商使用何种认证协议来实施认证过程，只有认证成功之后才会建立连接。

PPP 定义了一组 NCP，每一个 NCP 都对应了一种网络层协议，用于协商网络层地址等参数，如 IPCP 用于协商控制 IP，IPXCP 用于协商控制 IPX 等。

（2）PPP 帧格式。PPP 采用了与 HDLC 协议类似的帧格式，如图 6.1 所示。

① 标志字段用于标识一个物理帧的起始和结束，该字节为二进制序列 01111110（0x7E）。

② PPP 帧的地址字段和 HDLC 帧的地址字段有差异，PPP 帧的地址字段字节固定为 11111111（0xFF），是一个广播地址。

③ 控制字段默认为 00000011（0x03），表示为无序号帧。

④ 协议字段用来说明 PPP 封装的协议报文类型，典型的字段值如下：0xC021，代表 LCP 报文；0xC023，代表 PAP 报文；0xC223，代表 CHAP 报文。

⑤ 信息字段包含协议字段中指定协议的数据报。其中，数据字段的默认最大长度（不包括协议字段）称为最大接收单元（Maximum Receive Unit，MRU），MRU 的默认值为 1500B。

⑥ 校验字段是 16 位的校验和，用于检查 PPP 帧的完整性。

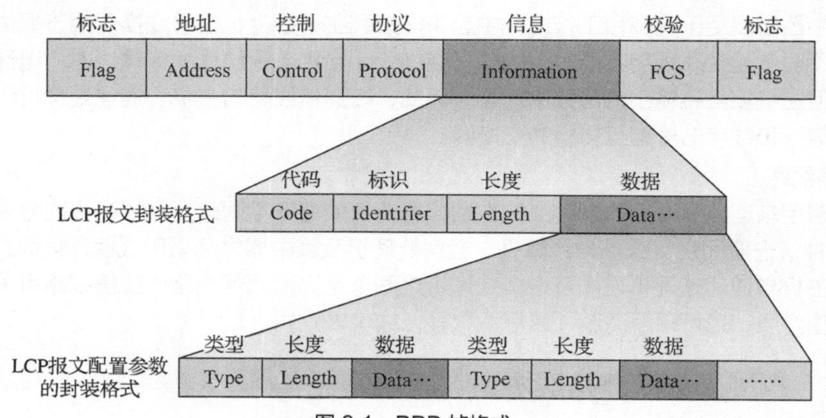

图 6.1 PPP 帧格式

如果协议字段被设为 0xC021，则说明通信双方正通过 LCP 报文进行 PPP 链路的协商和建立，LCP 报文有以下参数。

① Code 字段主要用来标识 LCP 报文的类型。典型的报文类型有：配置信息报文

（Configure-Packets，0x01）、配置成功信息报文（Configure-Ack，0x02）、终止请求报文（Terminate-Request，0x05）。

② Identifier 字段为 1 字节，用来匹配请求和响应。

③ Length 字段的值就是该 LCP 报文的总字节数据。

④ Data 字段承载了各种 TLV（Type/Length/Value）参数，用于协商配置选项，包括 MRU、认证协议等。

（3）PPP 具有以下功能和特点。

① PPP 具有动态分配 IP 地址的能力，允许在连接时协商 IP 地址。

② PPP 支持多种网络协议，如 TCP/IP、NetBEUI 协议、NWLink 协议等。

③ PPP 具有错误检测能力，但不具备纠错能力，所以 PPP 是不可靠传输协议。

④ PPP 无重传的机制，网络开销小，传输速度快。

⑤ PPP 具有身份认证功能。

⑥ PPP 可以用于多种类型的物理介质，包括串口线、电话线、移动电话和光纤（如 SDH），PPP 也可用于 Internet 接入。

2. 高级数据链路控制协议

高级数据链路控制（High-level Data Link Control，HDLC）协议是一组用于在网络节点间传输数据的协议，它是由 ISO 颁布的一种具有高可靠性、高效率的数据链路控制规程，其特点是各项数据和控制信息都以位为单位，采用帧的格式传输。

在 HDLC 协议中，数据被组成一个个单元（称为帧）再通过网络发送，并由接收端确认收到。HDLC 协议也用于管理数据流和数据发送的间隔时间。HDLC 协议是数据链路层中使用得最广泛的协议之一，数据链路层是 OSI 参考模型中的第二层；第一层是物理层，负责产生与收发物理电子信号；第三层是网络层，其功能包括通过访问路由表来确定路由。在传输数据时，网络层的数据帧中包含了源节点与目标节点的网络地址，在数据链路层通过 HDLC 协议对网络层的数据帧进行封装，增加数据链路控制信息。

按照 ISO 的标准，HDLC 协议是基于 IBM 的同步数据链路控制（Synchronous Data Link Control，SDLC）协议的，SDLC 协议被广泛用于 IBM 的大型机环境中。在 HDLC 协议中，使用 SDLC 协议的被称为普通响应模式（Normal Response Mode，NRM）。在 NRM 中，基站（通常是大型机）通过专线在多路或多点网络中发送数据给本地或远程的二级站。这种网络并不是人们平时所说的那种，它是一种非公众的封闭网络，网络间采取半双工模式通信。

（1）HDLC 协议的特点。

① 透明传输。HDLC 协议对任意位组合的数据均能实现透明传输。“透明”是一个很重要的术语，它表示某一个实际存在的事物看起来好像不存在一样。透明传输表示经实际电路传输后的数据信息没有发生变化。对所传输的数据信息来说，由于这个电路并没有对其产生什么影响，因此可以说数据信息“看不见”这个电路，或者可以说这个电路对该数据信息来说是透明的。任意组合的数据信息都可以在这个电路上传输。

② 可靠性高。所有帧均采用了循环冗余校验（Cyclic Redundancy Check，CRC），在 HDLC 协议中，差错控制的范围是除 F 标志外的整个帧，而基本型传输控制规程中不包括前缀和部分控制字符。另外，HDLC 协议对 I 帧进行编号传输，有效地防止了帧的重收和漏收。

③ 传输效率高。它使用全双工模式通信，遵循面向位的通信规则，同步数据控制协议；HDLC 协议中额外的开销位少，允许高效的差错控制和流量控制。

④ 适应性强。HDLC 协议不依赖于任何一种字符编码集，它能适应各种类型的工作站和链路。

⑤ 结构灵活。在 HDLC 协议中，传输控制功能和处理功能分离，层次清楚，应用非常灵活。

（2）HDLC 帧格式。

完整的 HDLC 帧由标志字段（F）、地址字段（A）、控制字段（C）、信息字段（I）、FCS 字段等组成。

① 标志字段为 01111110，可以用于标志帧的开始与结束，也可以作为帧与帧之间的填充字符。

② 地址字段携带的是地址信息。

③ 控制字段用于构成各种命令及响应，以便对链路进行监视与控制。发送端利用控制字段来通知接收端执行约定的操作；相反，接收端将该字段作为对命令的响应，并报告已经完成的操作或状态的变化。

④ 信息字段可以包含任意长度的二进制数，其上限由 FCS 字段或通信节点的缓存容量决定，目前使用得较多的是 1000～2000 位，而下限可以是 0，即无信息字段。监控帧中不能有信息字段。

⑤ FCS 字段可以使用 16 位 CRC 对两个标志字段之间的内容进行校验。

HDLC 协议有 3 种类型的帧，其格式如图 6.2 所示。

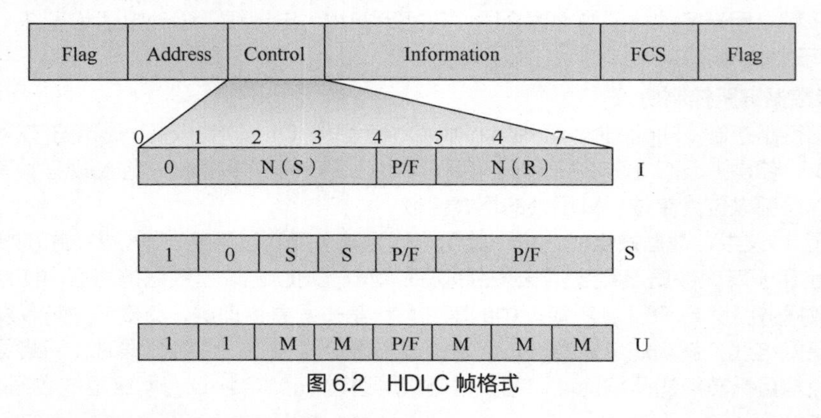

图 6.2 HDLC 帧格式

① 信息帧用于传输有效信息或数据，通常简称为 I 帧。

② 监控帧用于差错控制和流量控制，通常简称为 S 帧。S 帧的标志是控制字段前两位为 10。S 帧不带信息字段，只有 6 字节，即 48 位。

③ 无编号帧简称为 U 帧，U 帧用于提供链路的建立、拆除及多种控制功能。

6.2 广域网接入技术

广域网技术主要位于 OSI 参考模型的低 3 层，分别是物理层、数据链路层和网络层。常见的广域网技术包括 ISDN 接入技术、ADSL 接入技术、DDN 接入技术、电缆调制解调器接入技术、光纤接入技术和无线接入技术等。

6.2.1 ISDN 接入技术

ISDN 是一个数字电话网络国际标准，是一种典型的电路交换网络系统。在国际电信联盟（International Telecommunication Union，ITU）的建议中，ISDN 是一种在数字电话网的基础上发展起来的通信网络。ISDN 能够支持多种业务，包括电话业务和非电话业务。

1. ISDN 的结构

ISDN 有 2 种信道，即 B 和 D：B 信道用于数据和语音信息，D 信道用于信号和控制（也能用于数据），每种信道都有一个不同的数据传输速率。

（1）B 信道。

B 信道的传输速率为 64kbit/s，它是基本的用户信道，只要所要求的数据传输速率不超过 64kbit/s，就可以用全双工的模式传输任何数字信息。

（2）D 信道。

D 信道根据用户的需要不同，数据传输速率可以是 16kbit/s 或者 64kbit/s。ISDN 将控制信息单独划分为一个信道，即 D 信道，主要用于传输控制信息，也可用于低速率的数据传输和告警及遥感传输的应用等。

2. ISDN 数字用户接口类型

ISDN 数字用户接口目前可分为两种类型：基本速率接口（Basic Rate Interface，BRI）和主速率接口（Primary Rate Interface，PRI）。

每种类型适用于不同用户的需求层次。每种类型都包括一个 D 信道和若干个 B 信道。

（1）基本速率接口。基本速率接口规范了包含两个 B 信道和一个 16kbit/s 的 D 信道（2B+D）的数字管道，即 2B+D。两个 B 信道的传输速率都是 64kbit/s，总共是 144kbit/s。

（2）主速率接口。主速率接口提供的信道情况，由很多的 B 信道和一个带宽为 64kbit/s 的 D 信道组成，B 信道的数量取决于不同的国家。

ISDN 有 2 种访问方式：基本速率接口由 2 个带宽 64kbit/s 的 B 信道和一个带宽 16kbit/s 的 D 信道组成。3 个信道设计成 2B+D。

北美和日本采用 23B+1D，总位速率为 1.544Mbit/s。

欧洲和澳大利亚采用 30B+D，总位速率为 2.048Mbit/s。

3. ISDN 的业务

ISDN 向用户提供了 3 种业务，即承载业务、用户终端业务和补充业务。承载业务提供基本传输功能和电信功能；用户终端业务包含网络提供的通信能力和终端本身所具有的通信能力；补充业务用于变更或补充以上两种基本业务。利用补充业务可以提供许多高级功能，给通信带来很大的方便。但补充业务不能单独提供给用户，它必须随基本通信业务一起提供。

世界上的电信发达国家通过几年的 ISDN 实践，总结出发展 ISDN 的最重要的一条经验就是要开发 ISDN 的应用，并让用户了解这些应用。ISDN 的应用范围非常广泛，主要的应用领域有局域网、多点屏幕共享、视频、语音/数据综合、文件交换、远端通信、图像、多媒体文件的存取、基于计算机的主叫用户号码标识等。

6.2.2 ADSL 接入技术

ADSL 是 x 数字用户线路（Digital Subscriber Line，xDSL）服务中非常流行的一种。

1. ADSL 简介

1989 年于贝尔实验室诞生的 ADSL 是“xDSL 家族”中的一员，被誉为“现代信息高速公路上的快车”。它因其下行速率高、频带宽、性能强等特点而深受广大客户的喜爱，成为继 Modem、ISDN 之后的又一种全新的更快捷、更高效的接入方式。它是运行在原有普通电话线上的一种新的高速宽带技术。鉴于 ADSL 的上下行传输速率，在 ADSL 的高速数据通信和交互视频的功能中，数据通信功能可以用于 Internet/Intranet 的访问、公寓式办公楼（Small Office Home Office，SOHO）、远程教育或专用的网络应用等，也可用于交互视频，包括需要高速网络视频通信的视频点播（Video On Demand，VOD）、电影、游戏等。

ADSL 是一种通过标准双绞电话线给家庭、办公室用户提供宽带数据服务的技术，并能使电话与数据业务互不干扰，传输距离可达 3～5km。

ADSL 宽带业务同时为用户提供了 3 条信息通道：一条是传输速率为 1.5～9Mbit/s 的高速下

行通道，用于用户下载信息；一条是传输速率为 640kbit/s～1Mbit/s 的中速双工通道，用于用户上传输出信息；还有一条是普通的老式电话服务通道，用于普通电话服务。

ADSL 目前已经被广泛地应用在家庭网络中，ADSL 上网无须拨号，并可同时连接多个设备，包括 ADSL Modem、普通电话机和个人计算机等。

2. ADSL 的特点

ADSL 是目前 xDSL 技术中最为成熟，也是最常用的一种接入技术，它一般具有如下特点。

（1）ADSL 在一条电话线上同时提供了电话和高速数据服务，电话与数据服务互不影响。

（2）ADSL 提供了高速数据通信能力，其数据传输速率远高于拨号上网，很好地满足了交互式多媒体应用的需求。

（3）ADSL 提供了灵活的接入方式，可支持专线方式与虚拟拨号方式。

（4）ADSL 可提供多种服务。ADSL 专线可选择不同的接入速率（如 512kbit/s、2Mbit/s），用户可灵活选择 VOD 服务；ADSL 接入网还可与 ATM 网配合，为用户提供组建 VPN 及远程局域网互联的能力。

3. PPP 与 PPPoE

PPP 是目前广域网中应用最广泛的协议之一，其优点在于简单、具备用户认证能力、可以解决 IP 地址分配等。家庭拨号上网就是通过 PPP 在用户端和互联网服务提供商（Internet Service Provider，ISP）的接入服务器之间建立通信线路来实现访问 Internet 的。

利用以太网资源，在以太网上运行 PPP 来进行用户认证接入的方式称为 PPPoE（PPP over Ethernet），它是 PPP 与其他的协议共同派生出的符合宽带接入要求的新的协议。

PPPoE 既保护了用户方的以太网资源，又满足了 ADSL 的接入要求，是目前 ADSL 接入方式中应用最广泛的技术标准。

6.2.3 DDN 接入技术

数字数据网（Digital Data Network，DDN）是以数字交叉连接为核心技术，集合数据通信、数字通信、光纤通信等技术，利用数字信道传输数据信号的一种数据接入业务网络。它的传输介质有光纤、数字微波、卫星信道及用户端可用的普通电缆和双绞线。

DDN 可为用户提供专用的中高速数字数据传输信道，以便用户用它来组织自己的计算机通信网，也可以传输压缩的数字语音或传真信号。

1. DDN 的特点

DDN 的特点如下。

（1）采用半永久性电路连接方式，采用同步时分复用技术，不具备交换功能。

（2）可为用户提供点到点的数字专用线路；可利用光缆、数字微波、卫星信道，用户端可用普通电缆和双绞线。

（3）网络对用户透明，支持任何协议，不受约束，只要通信双方自行约定了通信协议就能在 DDN 中进行数据通信。

（4）适用于频繁的大数据量通信，传输速率可达 155Mbit/s。

2. DDN 的组成

DDN 以硬件为主，对应 OSI 参考模型的低 3 层，主要由以下 4 部分组成。

（1）本地传输系统，由用户设备和用户环路组成。

（2）DDN 节点，其功能主要有复用和交叉连接。

（3）局间传输及同步系统，由局间传输和同步时钟组成。

（4）网络管理系统，其功能有用户接入管理，网络资源的调度和路由管理，网络状态的监控，网络故障的诊断，报警与处理，网络运行数据的收集与统计，计费信息的收集与报告，等等。

3. DDN 提供的网络业务

DDN 提供的网络业务分为专业电路、帧中继和压缩语音/G3 传真、虚拟专用网等。DDN 的主要业务是向用户提供中高速率传输、高质量的点到点和点到多点数字专用电路（简称专用电路）；在专用电路的基础上，通过引入帧中继模块（Frame Relay Module，FRM），提供永久虚电路（Permanent Virtual Circuit，PVC）连接方式的帧中继业务；通过在用户入网处引入语音服务模块（Voice Service Module，VSM）提供压缩语音/G3 传真业务，可看作在专用电路业务基础上的增值业务。压缩语音/G3 传真业务可由网络增值，也可由用户增值。

6.2.4 电缆调制解调器接入技术

电缆调制解调器（Cable Modem，CM）是一种允许用户通过有线电视网进行高速数据接入（如接入 Internet）的设备，它发挥了有线电视同轴电缆的带宽优势，利用一条电视信道高速传输数据，很适合用来提供宽带业务。

电缆调制解调器和普通的拨号上网的调制解调器类似，都是通过对数据信号进行调制或解调来传输数据的。但电缆调制解调器属于共享介质系统，它是利用有线电视网的一小部分传输频带来进行数据的调制和解调的。因而，用户在上网的同时，也可以收看电视和使用电话。

电缆调制解调器集普通调制解调器功能、桥接加解密功能、网卡及以太网集线器功能等于一体。当数据信号通过混合光纤同轴电缆（Hybrid Fiber Coaxi，HFC）传至用户家中时，电缆调制解调器将数字信号传输到 PC。反过来，电缆调制解调器接收 PC 传来的数字信号，处理后再将其传输到有线电视网中。

1. 电缆调制解调器的主要特点

电缆调制解调器的主要特点如下。

（1）传输速率快，费用低。电缆调制解调器上行数据传输速率为 31.2kbit/s～10Mbit/s，下行数据传输速率为 3～38Mbit/s，从网上下载信息的速度至少是现有的电话调制解调器的 1000 倍，另外，电缆调制解调器在单位时间内获得的信息量比其他方式的要多得多。

（2）传输距离远。从理论上讲，电缆调制解调器没有距离限制，它可以覆盖的地域很广。

（3）具有较强的抗干扰能力。电缆调制解调器的入户连接介质是同轴电缆，它的结构优于电话线，对信号具有相当强的屏蔽作用，不易受外界干扰。

（4）即插即用、安装方便。电缆调制解调器支持即插即用，安装起来十分方便，且接入 Internet 不需要拨号。即使每天 24 小时都连在网上，但只要不发送或接收数据就不会占用任何网络和系统资源。

（5）共享网络带宽。电缆调制解调器用户是共享带宽的，当有多个电缆调制解调器用户同时接入 Internet 时，数据带宽由这些用户均分，传输速率也会相应降低，这是电缆调制解调器的最大缺点。

2. 电缆调制解调器的组成

电缆调制解调器不仅包含调制解调部分，还包括射频信号接收调谐、加密解密和协议适配等部分，它还可能是一个桥接器、路由器、网络控制器或集线器。

使用电缆调制解调器无须拨号上网，也不占用电话线，便可永久连接。通过电缆调制解调器，用户可在有线电视网络内实现国际互联网的访问、IP 电话、视频会议、视频点播、远程教育等功能。一个电缆调制解调器要在两个不同的方向上接收和发送数据，它把上行的数字信号转换成射频模拟信号，类似的电视信号在有线电视网中传输。在下行方向上，电缆调制解调器把射频模拟信号转换为数字信号，以便计算机处理。

6.2.5 光纤接入技术

光纤接入是指局端与用户之间完全以光纤作为传输介质，采用的具体接入技术可以不同，光纤接入网（Optical Access Network，OAN）主要的传输介质是光纤，可实现接入网的信息传输功能。由于光纤具有大容量、保密性好、抗干扰能力强、重量轻等诸多优点，因此光纤在接入网中的广泛应用成为一种必然。光纤接入技术实际上是一种在接入网中全部或部分采用光纤传输介质，构成光纤用户环路（或称光纤接入网），实现用户高性能宽带接入的方案。

OAN 是一点对多点的光纤传输系统。根据接入网室外传输设施中是否含有有源设备，OAN 又可分为有源光网络（Active Optical Network，AON）和无源光网络（Passive Optical Network，PON）。

有源光网络是指：从局端设备到用户分配单元之间采用有源光纤传输设备，即光电传输设备、有源光器件以及光纤等。无源光网络是指：光传输端采用无源器件，实现点到多点拓扑的光纤接入。目前 OAN 几乎都是 PON，PON 是 OAN 的发展趋势。PON 初期投资少，维护简单，易于扩展，结构灵活，但要求采用性能好、带宽高的光器件。

1. OAN 的特点

（1）带宽高。可以高速接入 Internet、ATM 网以及电信宽带 IP 网的各种应用系统，从而享用宽带网提供的各种宽带业务。

（2）网络的可升级性能好。OAN 易于通过技术升级成倍扩大带宽，因此，OAN 可以满足近期各种信息的传输需求。以这一网络为基础，可以构建面向各种业务和应用的信息传输系统。

（3）接入简单、费用少。用户端只需一块网卡，即可高速接入 Internet，可以实现 100Mbit/s 到桌面的接入，且上网费用不高。

（4）双向传输。电信网本身的特点决定了这种接入技术的交互性较好，特别是在向用户提供双向实时业务方面具有明显优势。

扫码看拓展阅读6-1

2. 光纤接入的形式

光纤接入的形式主要有光纤到大楼（Fiber To The Building，FTTB）、光纤到路边（Fiber To The Curb，FTTC）、光纤到户（Fiber To The Home，FTTH）、光纤到小区（Fiber To The Zone，FTTZ）、光纤到办公室（Fiber To The Office，FTTO）等，其中 FTTH 将是未来宽带接入网的发展趋势。

6.2.6 无线接入技术

当前，在信息传输领域中正出现一种新的趋势，即无线网络和 Internet 的结合，伴随着这种趋势的全新联网方式，无线接入技术正悄然走入人们的视线。所谓无线接入，是指从交换节点到用户终端之间，部分或全部采用了无线手段的一种接入技术。在遇到洪水、地震、台风等自然灾害时，无线接入系统还可作为有线通信网的临时应急系统，快速提供基本业务服务。无线接入技术如图 6.3 所示。

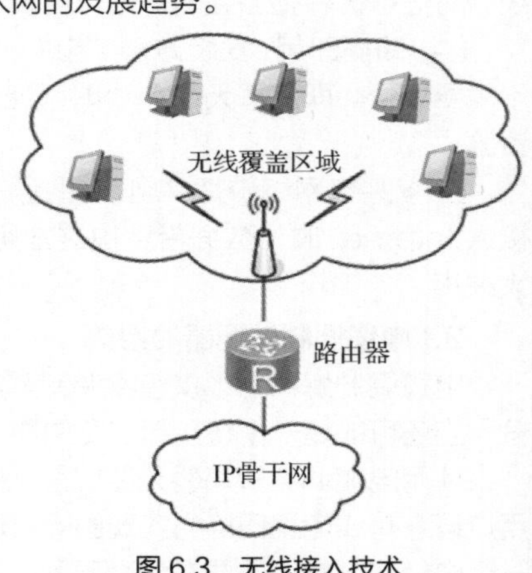

图 6.3　无线接入技术

使用无线接入技术，人们可以在任何时候，从任何地方接入 Internet 或 Intranet，完成自己想做的事情（如读取电子邮件、查询和下载工作当中所需要的重要数据等）。它已经成为人们从事商务活动最为理想的技术。

1. 无线接入的特点

无线接入的特点如下。

（1）无线接入无须专门进行管道线路的铺设，为一些光缆或电缆无法铺设的区域提供了业务接入的可能，缩短了工程项目的时间，节约了管道线路的投资。

（2）随着接入技术的发展，无线接入设备可以同时解决数据及语音等多种业务的接入。

（3）可根据区域的业务量的增减灵活调整带宽。

（4）可方便地进行业务迁移、扩容，在临时搭建业务点的应用中优势更加明显。

2. 无线接入方式

无线接入方式大致可分为两种：一种是局端设备之间通过无线方式互联，相当于中继器；另一种是用户终端采用无线接入方式接入局端设备。

3. 无线接入技术类型

无线接入 Internet 所采用的技术，是在向用户提供传统电信业务的无线本地环路（Wireless Local Loop，WLL）技术基础上发展、建立起来的。传统无线本地环路系统所使用的频带，从几百兆赫兹到几十兆赫兹不等，主要类型有以下几种。

（1）模拟蜂窝标准，如 AMPS、NMT、TACS 制式。

（2）数据蜂窝标准，如 GSM、DCS41800、D-AMPS、PDC、CDMA（IS-95）。

（3）数字无绳类，如 DECT、PHS、PACS。

（4）点到多点微波、卫星通信、宽带 CDMA 等专用技术。

4. 无线数据通信的分类

无线接入技术可分为两种：一种为移动接入无线数据通信技术，包括蜂窝数字分组数据、电路交换蜂窝、分组无线传输（个人通信业务）；另一种为固定接入无线数据通信技术，包括微波、扩频微波、卫星、无线光传输和特高频（Ultra High Frequency，UHF）。

（1）移动接入无线数据通信技术。

移动接入无线数据通信技术比较注重时效性，要求在移动的过程中完成数据信息的存取。这种类型的数据通信技术包括蜂窝数字分组数据、电路交换蜂窝、通用分组无线传输技术（General Packet Radio Service，GPRS）等。

扫码看拓展阅读 6-2

（2）固定接入无线数据通信技术。

固定接入无线数据通信技术是用户上网浏览及传输大量数据时的必然选择。与移动接入相比，固定接入成本较低。

6.3 虚拟专用网

虚拟专用网（Virtual Private Network，VPN）是指在公用网络中建立专用网络，进行加密通信，在企业网络中有广泛应用。VPN 网关通过对数据包的加密和数据包目标地址的转换实现远程访问。VPN 可通过服务器、硬件和软件等多种方式实现。

6.3.1 虚拟专用网概述

VPN 可以让企业远程客户利用现有公用网的物理链路在需要的时候安全地与企业内部网络进行互访。它是专用网络的延伸，包含了类似 Internet 的共享或公共网络连接。两台计算机之间可通过 VPN 以模拟点到点专用连接的方式借助共享或公共网络发送数据。

1. VPN 简介

VPN 属于远程访问技术，简单地说就是利用公用网络架设的专用网络。例如，某公司员工出差到外地，他想访问企业内网的服务器资源，这种访问就属于远程访问。

在传统的企业网络配置中，要进行远程访问使用的方法是租用数字数据网专线，这样的通信方案必然会导致高昂的网络通信和维护费用。对于移动用户（移动办公人员）与远程个人用户而言，一般会通过拨号线路进入企业的局域网，但这样必然带来安全上的隐患。

让外地员工访问内网资源，利用 VPN 的解决方法就是在内网中架设一台 VPN 服务器。外地员工在当地连上互联网后，可通过互联网连接 VPN 服务器，并通过 VPN 服务器进入企业内网。为了保证数据安全，VPN 服务器和客户机之间的通信数据都进行了加密处理。有了数据加密，就可以认为数据在一条专用的数据链路上进行安全传输，就如同专门架设了一个专用网络一样，但实际上 VPN 使用的是互联网中的公用链路，因此 VPN 实质上就是利用加密技术在公网中封装出一个“数据通信隧道”。有了 VPN，用户无论是在外地出差还是在家中办公，只要能接入互联网就能利用 VPN 访问内网资源，这就是 VPN 在企业中应用得如此广泛的原因。

2. VPN 的功能

VPN 的功能是在公用网络中建立专用网络，进行加密通信。VPN 网关通过对数据报进行加密和对数据报目标地址进行转换实现远程访问。VPN 可通过服务器、硬件、软件等多种方式实现。

3. VPN 的实现方式

VPN 的实现有多种方式，常用的有以下 4 种。

（1）VPN 服务器。在大型局域网中，可以通过在网络中心搭建 VPN 服务器的方法实现 VPN。

（2）软件 VPN。可以通过专用的软件实现 VPN。

（3）硬件 VPN。可以通过专用的硬件实现 VPN。

（4）集成 VPN。某些硬件设备，如路由器、防火墙等，都含有 VPN 功能。一般拥有 VPN 功能的硬件设备比没有这一功能的要贵。

4. VPN 的优缺点

（1）VPN 的优点。

① VPN 能够让移动员工、远程员工、商务合作伙伴和其他人利用本地可用的高速宽带网（如 DSL、有线电视或者 Wi-Fi 网络）连接到企业网络。此外，高速宽带网连接提供一种效率高的连接远程办公室的方法。

② 设计良好的宽带 VPN 是模块化的和可升级的。VPN 能够让用户使用一种很容易设置的互联网基础设施，让新的用户迅速和轻松地添加到这个网络。

③ VPN 能提供高水平的安全性，使用高级的加密和身份识别协议保护数据以避免受到窥探，阻止“数据窃贼”和其他非授权用户接触这种数据。

④ 完全控制，VPN 使用户可以利用 ISP 的设施和服务，同时完全掌握着自己网络的控制权。用户只利用 ISP 提供的网络资源，其他的安全设置、网络管理变化可由自己管理。在企业内部也可以自己建立 VPN。

（2）VPN 的缺点。

① 企业不能直接控制基于互联网的 VPN 的可靠性和性能。企业必须依靠提供 VPN 的 ISP 保证服务的运行。这个因素使得企业与 ISP 签署一个服务级协议非常重要，企业要与 ISP 签署一个保证各种性能指标的协议。

② 企业创建和部署 VPN 线路并不容易。这种技术需要高水平地理解网络和安全问题，需要认真地规划和配置。

③ 不同厂商的 VPN 产品和解决方案总是不兼容的，因为许多厂商不愿意或者不能遵守 VPN 技术标准，因此，混合使用不同厂商的产品可能会出现技术问题。此外，使用一家供应商的设备可能会提高成本。

④ 当使用无线设备时，VPN 有安全风险。在接入点之间漫游特别容易出现问题。当用户在接入点之间漫游的时候，任何使用高级加密技术的解决方案都可能被攻破。

6.3.2 VPN 分类

根据不同的划分标准，VPN 可以划分为不同类型。

1. 按 VPN 的协议分类

VPN 的隧道协议主要有 3 种，即 PPTP、L2TP 和 IPSec，其中 PPTP 和 L2TP 工作在 OSI 参考模型的第二层，又称二层隧道协议，IPSec 是第三层隧道协议。

2. 按 VPN 的应用分类

按 VPN 的应用可将其分为如下 3 类。

（1）Access VPN（远程接入 VPN）：客户端到网关，使用公网作为骨干网在设备之间传输 VPN 数据流量。

（2）Intranet VPN（内联网 VPN）：网关到网关，通过公司网络连接到子公司的资源。

（3）Extranet VPN（外联网 VPN）：与合作伙伴企业网构成 Extranet，将一个公司与另一个公司的资源进行连接。

3. 按所用的设备类型进行分类

网络设备提供商针对不同客户的需求，开发出了不同的 VPN 网络设备，主要为交换机、路由器和防火墙式 VPN。

（1）路由器式 VPN：部署较容易，只要在路由器上添加 VPN 服务即可。

（2）交换机式 VPN：主要应用于连接用户较少的情形。

（3）防火墙式 VPN：绝大部分的防火墙产品都支持 VPN 功能，都是为了防止第三方非法入侵的设备，均起到了保护内部网络不受入侵的作用。

4. 按照实现原理划分

（1）重叠 VPN：需要用户自己建立端节点之间的 VPN 链路，主要包括 GRE、L2TP、IPSec 等众多技术。

（2）对等 VPN：由网络运营商在骨干网中完成 VPN 通道的建立，主要包括 MPLS、VPN 技术。

6.4 网络地址转换技术

随着网络技术的发展、接入 Internet 的计算机数量不断增加，Internet 中空闲的 IP 地址越来越少，IP 地址资源越来越紧张。事实上，除了中国教育和科研计算机网外，一般用户几乎申请不到整段的 C 类 IP 地址。在其他 ISP 那里，即使是拥有几百台计算机的大型局域网用户，当其申请 IP 地址时，所分配到的 IP 地址也不过只有几个或十几个。显然，这么少的 IP 地址根本无法满足网络用户的需求，于是产生了网络地址转换（Network Address Translation，NAT）技术，目前 NAT 技术有限地解决了此问题，使得私有网络可以访问外网。虽然 NAT 技术可以借助某些代理服务器来实现，但考虑到运算成本和网络性能，很多时候是在路由器上实现的。

6.4.1 NAT 概述

NAT 技术是 1994 年被提出来的。简单来说，它是把内部私有 IP 地址翻译成合法有效的网络公有 IP 地址的技术，通过 NAT 技术接入外网如图 6.4 所示。若专用网内部的一些主机本来已经分配到了本地 IP 地址（仅在本专用网内使用的专用地址），但现在又想和 Internet 中的主机通信（并不需要加密），可使用 NAT 技术，这种技术需要在专用网连接到 Internet 的路由器上安装 NAT 软件。装有 NAT 软件的路由器叫作 NAT 路由器，它至少有一个有效的外部全球 IP 地址。所有使用本地 IP 地址的主机在和外界通信时，都要在 NAT 路由器上将其本地 IP 地址转换成全球 IP 地址，这样才能和 Internet 连接。

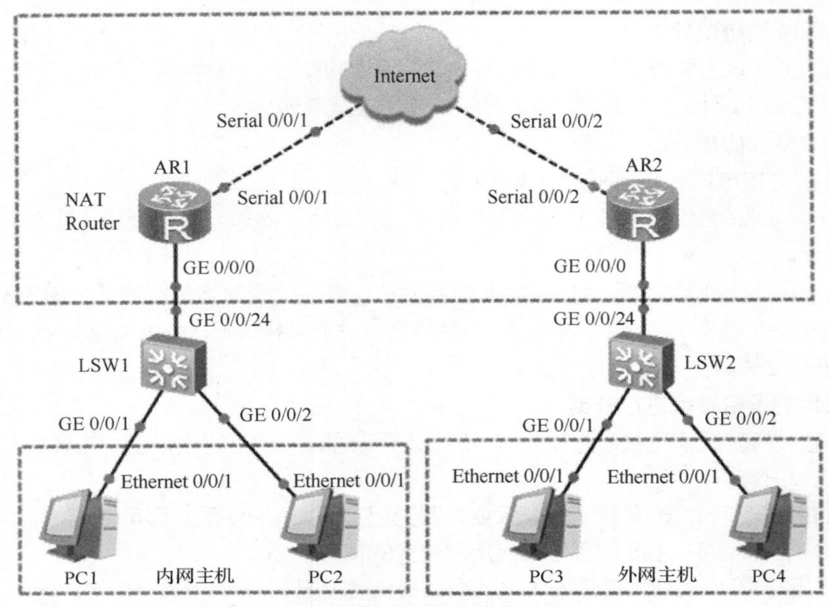

图 6.4　通过 NAT 技术接入外网

1. NAT 技术的作用及其优缺点

NAT 技术不仅能解决 IP 地址不足的问题，还能有效地避免来自外部网络的攻击，隐藏并保护内部网络的计算机。

（1）作用：通过将内部网络的私有 IP 地址翻译成全球唯一的公有 IP 地址，使内部网络可以连接到互联网等外部网络中。

（2）优点：节省公共合法 IP 地址，处理地址重叠，增强灵活性与安全性。

（3）缺点：延迟增加；增加配置和维护的复杂性；不支持某些应用，但可以通过静态 NAT 映射来避免。

要真正了解 NAT 技术就必须先了解现在 IP 地址的使用情况，私有 IP 地址是指内部网络或主机的 IP 地址，公有 IP 地址是指 Internet 中全球唯一的 IP 地址。RFC 1918 为私有网络预留出了 3 类 IP 地址，如下所示。

A 类 IP 地址：10.0.0.0～10.255.255.255。

B 类 IP 地址：172.16.0.0～172.31.255.255。

C 类 IP 地址：192.168.0.0～192.168.255.255。

上述 3 类地址不会在 Internet 中被分配，因此可以不必向 ISP 或注册中心申请并可在公司或企业内部自由使用。

2. NAT 术语

内部本地地址（Inside Local Address）：内部网络中的设备在内部的 IP 地址，即分配给内部网络中主机的 IP 地址；这种地址通常来自 RFC 1918 指定的私有地址空间，即内部主机的实际地址。

内部全局地址（Inside Global Address）：内部网络中的设备在外部的 IP 地址，内部全局 IP 地址对外代表一个或多个内部 IP 地址；这种地址来自全局唯一的地址空间，通常是 ISP 提供的，即内部主机经 NAT 转换后去往外部的地址。

外部本地地址（Outside Local Address）：外部网络中的设备在内部的 IP 地址，即在内部网络中看到的外部主机的 IP 地址；它通常来自 RFC 1918 定义的私有地址空间，即外部主机由 NAT 设备转换后的地址。

外部全局地址（Outside Global Address）：外部网络中的设备在外部的 IP 地址，即外部网络中的主机 IP 地址；它通常来自全局可路由的地址空间，即外部主机的真实地址。内部网络与外部网络如图 6.5 所示。

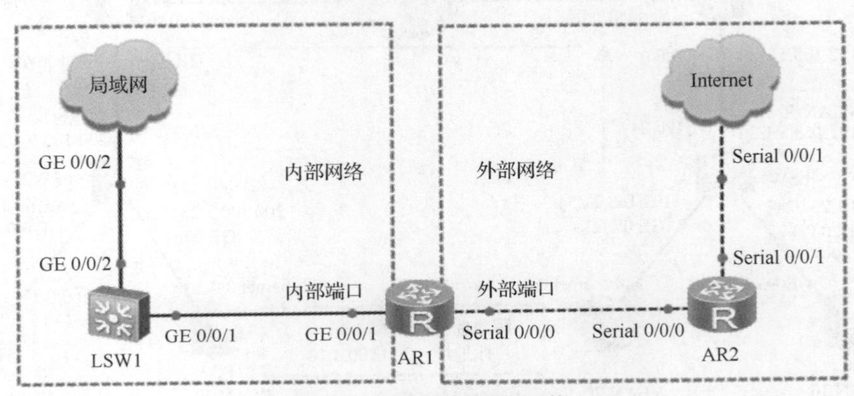

图 6.5　内部网络与外部网络

6.4.2　静态 NAT

NAT 的实现方式有 3 种，即静态 NAT、动态 NAT 和端口地址转换。下面讲解一下静态 NAT。

1. 静态 NAT

静态 NAT 是指将内部网络的私有 IP 地址转换为公有 IP 地址。其 IP 地址对是一对一且一成不变的，某个私有 IP 地址只能转换为某个公有 IP 地址。借助静态 NAT，可以实现外部网络对内部网络中某些特定设备（如服务器）的访问。

2. 静态 NAT 的工作过程

静态 NAT 的转换条目需要预先手动配置，建立内部本地地址和内部全局地址的一对一永久对应关系，即将一个内部本地地址和一个内部全局地址进行绑定。借助静态 NAT，可以隐藏内部服务器的地址信息，提高网络安全性。

例如，当内部主机 PC1 访问外部主机 PC3 的资源时，内部主机静态 NAT 访问过程如图 6.6 所示。

（1）主机 PC1 以私有 IP 地址 192.168.1.10 为源地址向主机 PC3 发送报文，路由器 AR1 在接收到主机 PC1 发来的报文时，检查 NAT 转换表，若该地址配置有静态 NAT 映射，则进入下一步；若没有配置静态 NAT 映射，则转换不成功。

（2）当路由器 AR1 配置有静态 NAT 映射时，把源地址（192.168.1.10）替换成对应的转换地址（202.199.184.10），经转换后，数据报的源地址变为 202.199.184.10，并转发该数据报。

（3）当主机 PC3（200.100.3.10）接收到数据报后，将向源地址 202.199.184.10 发送响应报文，静态 NAT 响应过程如图 6.7 所示。

（4）当路由器 AR1 接收到内部全局地址的数据报时，将以内部全局地址 202.199.184.10 为关键字查找 NAT 转换表，再将数据报的目标地址转换成 192.168.1.10，同时转发给主机 PC1。

（5）主机 PC1 接收到响应报文，继续保持会话，直至会话结束。

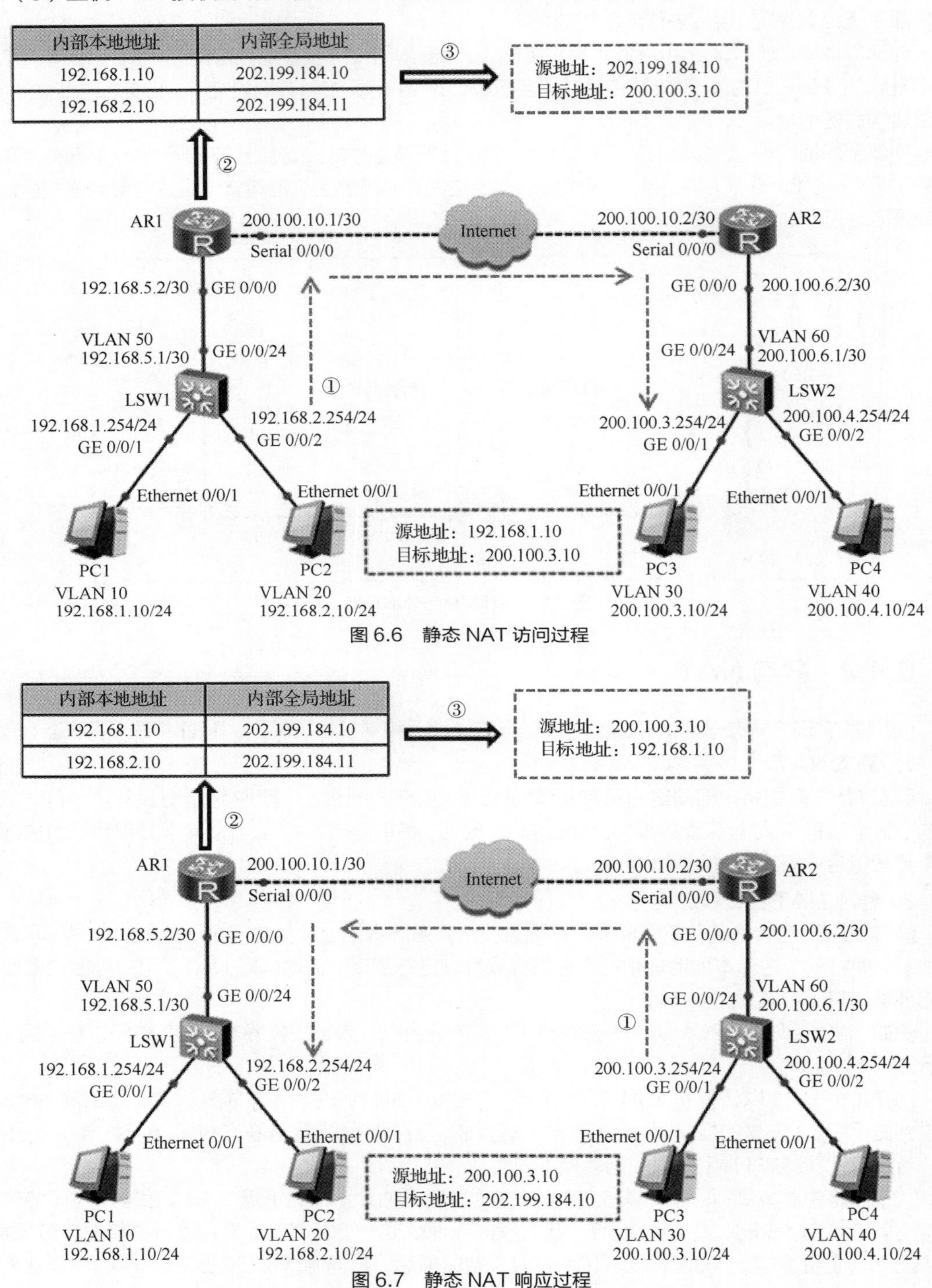

图 6.6　静态 NAT 访问过程

图 6.7　静态 NAT 响应过程

6.4.3 动态 NAT

下面讲解一下动态 NAT。

1. 动态 NAT

动态 NAT 是指将内部网络的私有 IP 地址转换为公有 IP 地址时，IP 地址是不确定的，所有被授权访问 Internet 的私有 IP 地址都可随机转换为任何指定的合法 IP 地址。也就是说，只要指定哪些内部地址可以进行转换，以及用哪些合法地址作为外部地址，就可以进行动态 NAT。动态 NAT 可以使用多个合法外部地址集，当 ISP 提供的合法 IP 地址略少于网络内部的计算机数量时，可以采用动态转换的方式。

静态 NAT 是在路由器上手动配置内部本地地址与内部全局地址一对一地进行转换映射，配置完成后，该全局地址不允许其他主机使用，这在一定程度上造成了 IP 地址资源的浪费。动态 NAT 也是将内部本地地址与内部全局地址一对一地进行转换映射，但是动态 NAT 是从内部全局地址池中动态选择一个未被使用的地址对内部本地地址进行转换映射的。动态地址转换条目是动态创建的，无须预先手动创建。

2. 动态 NAT 工作过程

动态 NAT 在路由器中建立一个地址池来放置可用的内部全局地址，当有内部本地地址需要转换时，会查询地址池，取出内部全局地址建立地址映射关系，实现动态 NAT 地址转换。当转换完成后，释放该映射关系，将这个内部全局地址返回地址池中，以供其他用户使用。

当内部主机 PC1 访问外部主机 PC3 的资源时，内部主机动态 NAT 访问过程如图 6.8 所示。

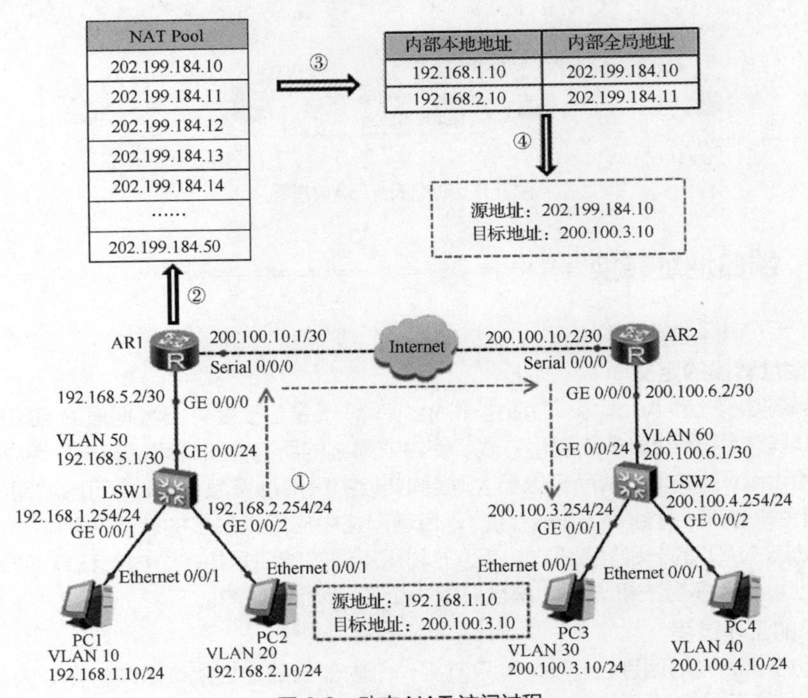

图 6.8 动态 NAT 访问过程

（1）主机 PC1 以私有 IP 地址 192.168.1.10 为源地址向主机 PC3 发送报文，路由器 AR1 在接收到主机 PC1 发来的报文时，检查 NAT 地址池，发现需要对该报文的源地址进行转换，并从路由器 AR1 的地址池中选择一个未被使用的全局地址 202.199.184.10 用于转换。

（2）路由器AR1将内部本地地址192.168.1.10转换成对应的转换地址202.199.184.10，经转换后，数据报的源地址变为202.199.184.10，转发该数据报，并创建一个动态NAT表项。

（3）当主机PC3收到报文后，使用200.100.3.10作为源地址，以内部全局地址202.199.184.10作为目标地址来进行应答，动态NAT响应过程如图6.9所示。

（4）当路由器AR1接收到内部全局地址的数据报时，将以内部全局地址202.199.184.10为关键字查找NAT转换表，再将数据报的目标地址转换成192.168.1.10，同时转发给主机PC1。

（5）主机PC1接收到响应报文，继续保持会话，直至会话结束。

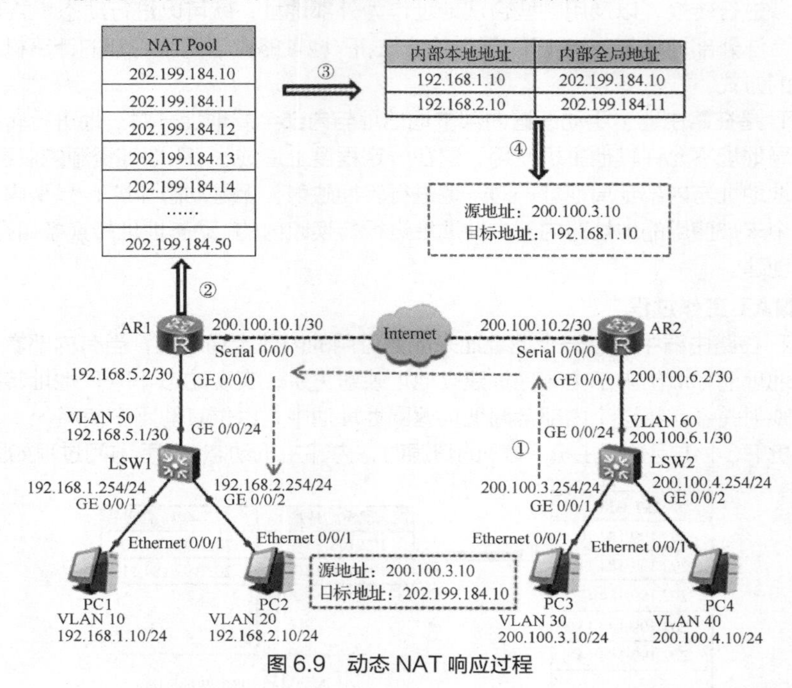

图6.9　动态NAT响应过程

6.4.4　端口地址转换

下面讲解一下端口地址转换。

1. 端口地址转换的定义

端口地址转换（Port Address Translation，PAT）是指改变外出数据报的源端口并进行端口转换。端口地址转换采用端口多路复用方式，使内部网络的所有主机均可共享一个合法的外部IP地址以实现对Internet的访问，从而可以最大限度地节约IP地址资源，同时，可隐藏网络内部的所有主机，有效避免来自Internet的攻击。因此，目前网络中应用得最多的就是PAT。

PAT是动态NAT的一种实现形式，PAT利用不同的端口号将多个内部私有IP地址转换为一个外部IP地址，实现多台主机访问外网且只用一个IP地址的目的。

2. PAT的工作过程

PAT和动态NAT的区别在于PAT只需要一个内部全局地址就可以映射多个内部本地地址，通过端口号来区分不同的主机。与动态NAT一样，PAT的地址池中也存放了很多内部全局地址，转换时从地址池中获取一个内部全局地址，在转换表中建立内部本地地址及端口号与内部全局地址及端口号的映射关系。

当内部主机PC1访问外部主机PC3的资源时，内部主机PAT访问过程如图6.10所示。

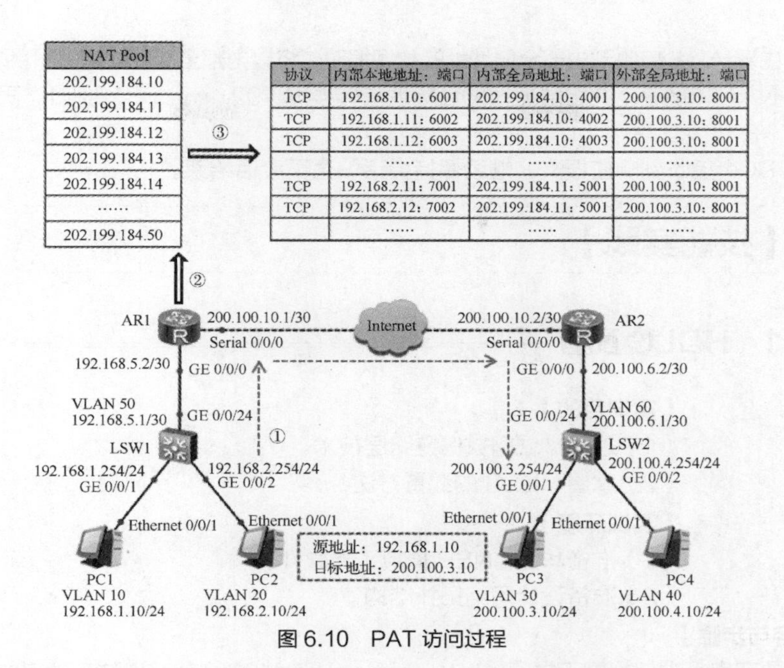

图 6.10　PAT 访问过程

（1）主机 PC1 以私有 IP 地址 192.168.1.10 为源地址且端口号为 6001，向主机 PC3 发送报文，路由器 AR1 在接收到主机 PC1 发来的报文时，检查 NAT 地址池，发现需要对该报文的源地址进行转换，并从路由器 AR1 的地址池中选择一个未被使用的端口号为 4001 的全局地址 202.199.184.10 用于转换。

（2）路由器 AR1 将内部本地地址 192.168.10.10:6001 替换成对应的转换地址 202.199.184.10:4001，经转换后，数据报的源地址变为 202.199.184.10:4001，转发该数据报，并创建一个动态 NAT 表项。

（3）当主机 PC3 收到报文后，使用 200.100.3.10 作为源地址且端口号为 8001，并以内部全局地址 202.199.184.10:4001 作为目标地址来进行应答，PAT 响应过程如图 6.11 所示。

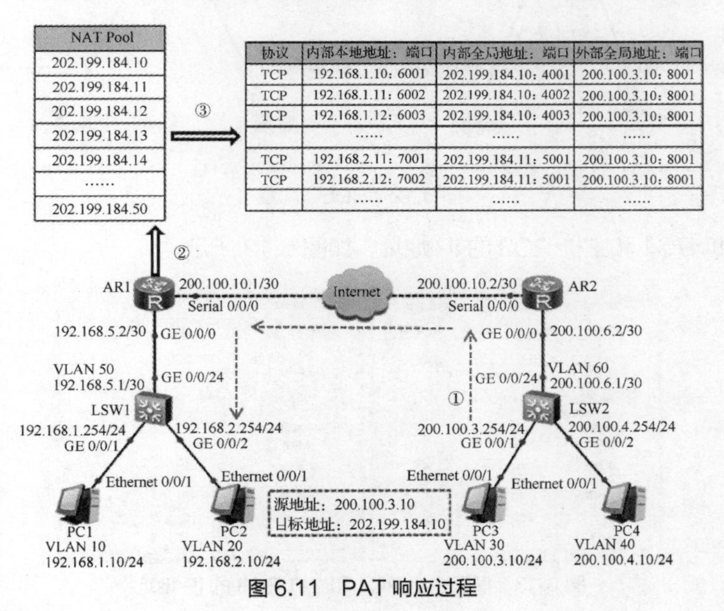

图 6.11　PAT 响应过程

（4）当路由器 AR1 接收到内部全局地址的数据报时，将以内部全局地址 202.199.184.10:4001 为关键字查找 NAT 转换表，并将数据报的目标地址转换成 192.168.1.10:6001，同时转发给主机 PC1。

（5）主机 PC1 接收到响应报文，继续保持会话，直至会话结束。

【技能实践】

任务 6.1 HDLC 配置

V6-1 HDLC 配置

【实训目的】

（1）理解广域网数据链路层技术。

（2）掌握 HDLC 的配置方法。

【实训环境】

（1）准备华为 eNSP 模拟工具软件。

（2）准备设计网络拓扑结构。

【实训内容与步骤】

用户只需要在串行端口视图下执行“link-protocol hdlc”命令就可以使用端口的 HDLC 协议。华为设备的串行端口上默认运行 PPP。用户必须在串行链路两端的端口上配置相同的链路协议才能使双方通信。

（1）进行 HDLC 配置，相关端口与 IP 地址配置如图 6.12 所示，进行网络拓扑连接。

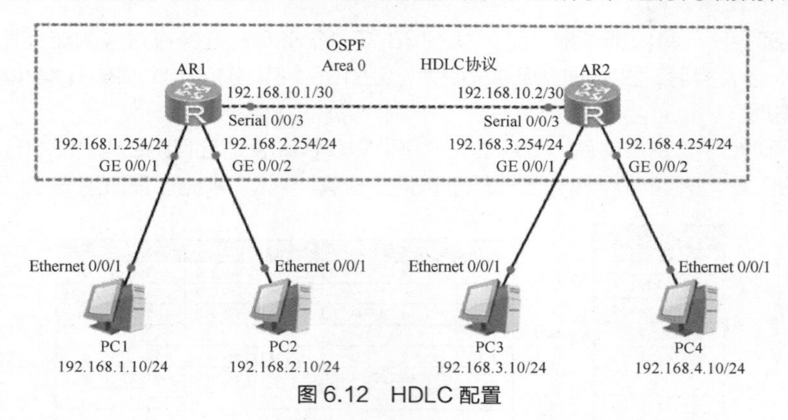

图 6.12 HDLC 配置

（2）配置主机 PC1 和主机 PC3 的 IP 地址，如图 6.13 所示。

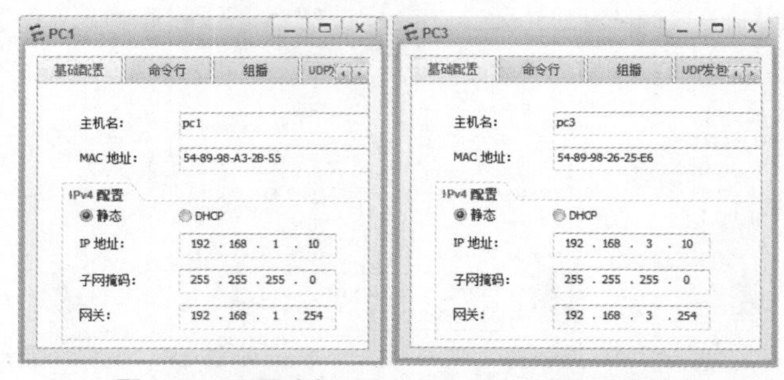

图 6.13 配置主机 PC1 和主机 PC3 的 IP 地址

（3）配置路由器 AR1，相关实例代码如下。

```
<Huawei>system-view
[Huawei]sysname AR1
[AR1]interfaceGigabitEthernet 0/0/1
[AR1-GigabitEthernet0/0/1]ip address 192.168.1.254 24
[AR1-GigabitEthernet0/0/1]quit
[AR1]interfaceGigabitEthernet 0/0/2
[AR1-GigabitEthernet0/0/2]ip address 192.168.2.254 24
[AR1-GigabitEthernet0/0/2]quit
[AR1]interface Serial 0/0/3
[AR1-Serial0/0/3]ip address 192.168.10.1 30
[AR1-Serial0/0/3]link-protocol hdlc                //封装 HDLC 协议
[AR1-Serial0/0/3]quit
[AR1]router id 1.1.1.1
[AR1]ospf1
[AR1-ospf-1]area 0
[AR1-ospf-1-area-0.0.0.0]network 192.168.1.0 0.0.0.255
[AR1-ospf-1-area-0.0.0.0]network 192.168.2.0 0.0.0.255
[AR1-ospf-1-area-0.0.0.0]network 192.168.10.0 0.0.0.3
[AR1-ospf-1-area-0.0.0.0]quit
[AR1-ospf-1]quit
[AR1]
```

（4）配置路由器 AR2，相关实例代码如下。

```
<Huawei>system-view
[Huawei]sysname AR2
[AR2]interfaceGigabitEthernet 0/0/1
[AR2-GigabitEthernet0/0/1]ip address 192.168.3.254 24
[AR2-GigabitEthernet0/0/1]quit
[AR2]interfaceGigabitEthernet 0/0/2
[AR2-GigabitEthernet0/0/2]ip address 192.168.4.254 24
[AR2-GigabitEthernet0/0/2]quit
[AR2]interface Serial 0/0/3
[AR2-Serial0/0/3]ip address 192.168.10.2 30
[AR2-Serial0/0/3]link-protocol hdlc                //封装 HDLC 协议
[AR2-Serial0/0/3]quit
[AR2]router id 2.2.2.2
[AR2]ospf1
[AR2-ospf-1]area 0
[AR2-ospf-1-area-0.0.0.0]network 192.168.3.0 0.0.0.255
[AR2-ospf-1-area-0.0.0.0]network 192.168.4.0 0.0.0.255
[AR2-ospf-1-area-0.0.0.0]network 192.168.10.0 0.0.0.3
[AR2-ospf-1-area-0.0.0.0]quit
[AR2-ospf-1]quit
```

```
[AR2]
```

（5）显示路由器 AR1、AR2 的配置信息，以路由器 AR1 为例，其主要相关实例代码如下。

```
<AR1>display current-configuration
#
sysname AR1
#
router id 1.1.1.1
#
interface Serial0/0/2
 link-protocol ppp
#
interface Serial0/0/3
 link-protocol hdlc
 ip address 192.168.10.1 255.255.255.252
#
interfaceGigabitEthernet0/0/0
#
interfaceGigabitEthernet0/0/1
 ip address 192.168.1.254 255.255.255.0
#
interfaceGigabitEthernet0/0/2
 ip address 192.168.2.254 255.255.255.0
#
interfaceGigabitEthernet0/0/3
#
ospf 1
 area 0.0.0.0
  network 192.168.1.0 0.0.0.255
  network 192.168.2.0 0.0.0.255
  network 192.168.10.0 0.0.0.3
#
return
<AR1>
```

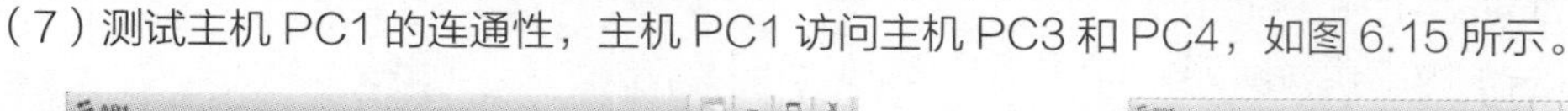

（6）显示路由器 AR1 的端口 IP 信息，执行“display ip interface brief”命令，如图 6.14 所示。

（7）测试主机 PC1 的连通性，主机 PC1 访问主机 PC3 和 PC4，如图 6.15 所示。

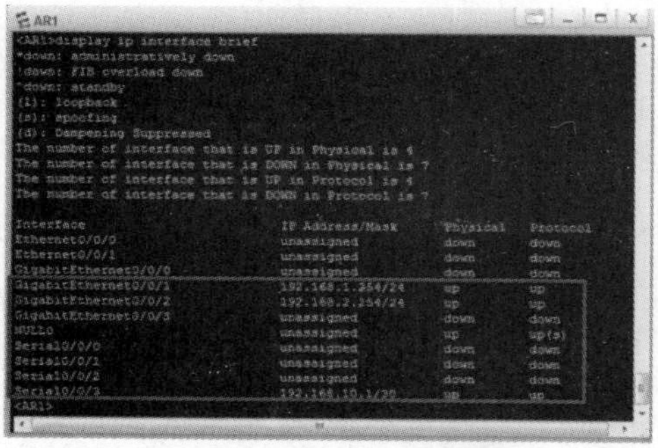

图 6.14　显示路由器 AR1 的端口 IP 信息

图 6.15　测试主机 PC1 的连通性

任务 6.2 端口地址转换配置

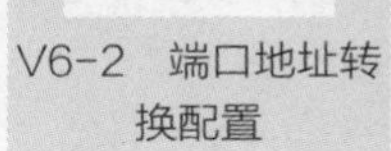

V6-2 端口地址转换配置

V6-3 端口地址转换配置-结果测试

【实训目的】

（1）理解 NAT 技术应用。

（2）掌握端口地址转换配置的方法。

【实训环境】

（1）准备华为 eNSP 模拟工具软件。

（2）准备设计网络拓扑结构。

【实训内容与步骤】

（1）配置 PAT，相关端口与 IP 地址配置如图 6.16 所示，进行网络拓扑连接。

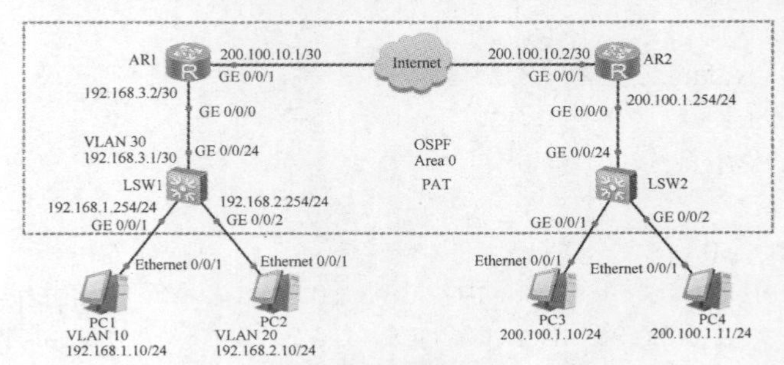

图 6.16 配置 PAT

（2）配置主机 PC2 和主机 PC4 的 IP 地址，如图 6.17 所示。

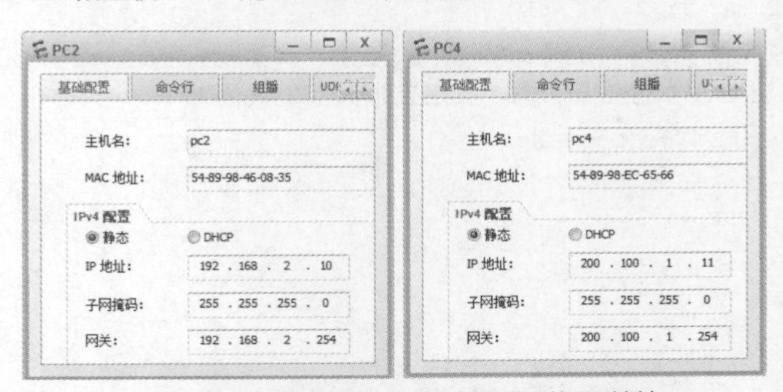

图 6.17 配置主机 PC2 和主机 PC4 的 IP 地址

（3）配置交换机 LSW1，相关实例代码如下。

```
<Huawei>system-view
[Huawei]sysname LSW1
[LSW1]vlan batch 10 20 30
[LSW1]interfaceGigabitEthernet 0/0/1
[LSW1-GigabitEthernet0/0/1]port link-type access
[LSW1-GigabitEthernet0/0/1]port default vlan 10
[LSW1-GigabitEthernet0/0/1]quit
[LSW1]interfaceGigabitEthernet 0/0/2
[LSW1-GigabitEthernet0/0/2]port link-type access
[LSW1-GigabitEthernet0/0/2]port default vlan 20
```

```
[LSW1-GigabitEthernet0/0/2]quit
[LSW1]interfaceGigabitEthernet 0/0/24
[LSW1-GigabitEthernet0/0/24]port link-type access
[LSW1-GigabitEthernet0/0/24]port default vlan 30
[LSW1-GigabitEthernet0/0/24]quit
[LSW1]interfaceVlanif 10
[LSW1-Vlanif10]ip address 192.168.1.254 24
[LSW1-Vlanif10]quit
[LSW1]interfaceVlanif 20
[LSW1-Vlanif20]ip address 192.168.2.254 24
[LSW1-Vlanif20]quit
[LSW1]interfaceVlanif 30
[LSW1-Vlanif30]ip address 192.168.3.1 30
[LSW1-Vlanif30]quit
[LSW1]router id 1.1.1.1
[LSW1]ospf 1
[LSW1-ospf-1]area 0
[LSW1-ospf-1-area-0.0.0.0]network 192.168.3.0 0.0.0.3          //路由通告
[LSW1-ospf-1-area-0.0.0.0]network 192.168.1.0 0.0.0.255        //路由通告
[LSW1-ospf-1-area-0.0.0.0]network 192.168.2.0 0.0.0.255        //路由通告
[LSW1-ospf-1-area-0.0.0.0]quit
[LSW1-ospf-1]quit
[LSW1]
```

（4）显示交换机 LSW1 的配置信息，其主要相关实例代码如下。

```
<LSW1>display current-configuration
#
sysname LSW1
#
router id 1.1.1.1
#
vlan batch 10 20 30
#
interfaceVlanif10
 ip address 192.168.1.254 255.255.255.0
#
interfaceVlanif20
 ip address 192.168.2.254 255.255.255.0
#
interfaceVlanif30
 ip address 192.168.3.1 255.255.255.252
#
interfaceGigabitEthernet0/0/1
 port link-type access
```

```
 port default vlan 10
#
interfaceGigabitEthernet0/0/2
 port link-type access
 port default vlan 20
#
interfaceGigabitEthernet0/0/24
 port link-type access
 port default vlan 30
#
ospf 1
 area 0.0.0.0
  network 192.168.1.0 0.0.0.255
  network 192.168.2.0 0.0.0.255
  network 192.168.3.0 0.0.0.3
#
return
<LSW1>
```

（5）配置路由器 AR1，相关实例代码如下。

```
<Huawei>system-view
Enter system view, return user view with Ctrl+Z.
[Huawei]sysname AR1
[AR1]interfaceGigabitEthernet 0/0/0
[AR1-GigabitEthernet0/0/0]ip address 192.168.3.2 30
[AR1-GigabitEthernet0/0/0]quit
[AR1]interfaceGigabitEthernet 0/0/1
[AR1-GigabitEthernet0/0/1]ip address 200.100.10.1 30
[AR1-GigabitEthernet0/0/1]quit
[AR1]router id 2.2.2.2
[AR1]ospf 1
[AR1-ospf-1]area 0
[AR1-ospf-1-area-0.0.0.0]network 192.168.3.0 0.0.0.3          //路由通告
[AR1-ospf-1-area-0.0.0.0]network 200.100.10.0 0.0.0.3         //路由通告
[AR1-ospf-1-area-0.0.0.0]quit
[AR1-ospf-1]quit
[AR1]nat address-group 1 202.199.184.10 202.199.184.15        //为 VLAN 10 分配全局地址
[AR1]nat address-group 2 202.199.184.20 202.199.184.25        //为 VLAN 20 分配全局地址
[AR1]acl number 3021                                          //定义扩展访问列表 3021
[AR1-acl-adv-3021]rule 1 permit ip source 192.168.1.0 0.0.0.255   //允许 VLAN 10 数据通过
[AR1-acl-adv-3021]quit
[AR1]acl number 3022                                          //定义扩展访问列表 3022
[AR1-acl-adv-3022]rule 2 permit ip source 192.168.2.0 0.0.0.255   //允许 VLAN 20 数据通过
[AR1-acl-adv-3022]quit
```

```
[AR1]interfaceGigabitEthernet 0/0/1
[AR1-GigabitEthernet0/0/1]nat outbound 3021 address-group 1
                                        //配置 PAT 映射 VLAN 10
 [AR1-GigabitEthernet0/0/1]nat outbound 3022 address-group 2
                                        //配置 PAT 映射 VLAN 20
[AR1-GigabitEthernet0/0/1]quit
[AR1]
```

（6）配置路由器 AR2，相关实例代码如下。

```
<Huawei>system-view
[Huawei]sysname AR2                                     //配置路由器名称
[AR2]interfaceGigabitEthernet 0/0/0
[AR2-GigabitEthernet0/0/0] ip address 200.100.1.254 24   //配置端口 IP 地址
[AR2-GigabitEthernet0/0/0]quit
[AR2]interfaceGigabitEthernet 0/0/1
[AR2-GigabitEthernet0/0/1] ip address 200.100.10.2 30    //配置端口 IP 地址
[AR2-GigabitEthernet0/0/1]quit
[AR2]router id 3.3.3.3
[AR2]ospf 1
[AR2-ospf-1]area 0
[AR2-ospf-1-area-0.0.0.0]network 200.100.1.0 0.0.0.255   //路由通告
[AR2-ospf-1-area-0.0.0.0]network 200.100.10.0 0.0.0.3    //路由通告
[AR2-ospf-1-area-0.0.0.0]quit
[AR2-ospf-1]quit
[AR2] ip route-static 202.199.184.0 255.255.255.0 200.100.10.1
      //配置静态路由，即配置到达 NAT 转换后的内部全局地址 202.199.184.0 网段的路由
[AR2]
```

（7）显示路由器 AR1、AR2 的配置信息，以路由器 AR1 为例，其主要相关实例代码如下。

```
<AR1>display current-configuration
#
 sysname AR1
#
router id 2.2.2.2
#
acl number 3021
 rule 5 permit ip source 192.168.1.0 0.0.0.255
acl number 3022
 rule 5 permit ip source 192.168.2.0 0.0.0.255
#
 nat address-group 1 202.199.184.10 202.199.184.15
 nat address-group 2 202.199.184.20 202.199.184.25
#
interfaceGigabitEthernet0/0/0
 ip address 192.168.3.2 255.255.255.252
```

```
#
interfaceGigabitEthernet0/0/1
 ip address 200.100.10.1 255.255.255.252
 nat outbound 3021 address-group 1
 nat outbound 3022 address-group 2
#
ospf 1
 area 0.0.0.0
  network 192.168.3.0 0.0.0.3
  network 200.100.10.0 0.0.0.3
#
return
<AR1>
```

（8）验证主机 PC2 的连通性，主机 PC2 访问主机 PC4，如图 6.18 所示。

（9）在主机 PC1 持续访问主机 PC3 时，执行“display nat session all verbose”命令，查看路由器 AR1 的配置信息，如图 6.19 所示。

```
PC>ping 192.168.2.254

Ping 192.168.2.254: 32 data bytes, Press Ctrl_C to break
From 192.168.2.254: bytes=32 seq=1 ttl=255 time=16 ms
From 192.168.2.254: bytes=32 seq=2 ttl=255 time=31 ms
From 192.168.2.254: bytes=32 seq=3 ttl=255 time=15 ms
From 192.168.2.254: bytes=32 seq=4 ttl=255 time=31 ms
From 192.168.2.254: bytes=32 seq=5 ttl=255 time=31 ms

--- 192.168.2.254 ping statistics ---
  5 packet(s) transmitted
  5 packet(s) received
  0.00% packet loss
  round-trip min/avg/max = 15/24/31 ms

PC>ping 200.100.1.11

Ping 200.100.1.11: 32 data bytes, Press Ctrl_C to break
From 200.100.1.11: bytes=32 seq=1 ttl=125 time=47 ms
From 200.100.1.11: bytes=32 seq=2 ttl=125 time=94 ms
From 200.100.1.11: bytes=32 seq=3 ttl=125 time=63 ms
From 200.100.1.11: bytes=32 seq=4 ttl=125 time=94 ms
From 200.100.1.11: bytes=32 seq=5 ttl=125 time=78 ms

--- 200.100.1.11 ping statistics ---
  5 packet(s) transmitted
  5 packet(s) received
  0.00% packet loss
  round-trip min/avg/max = 47/75/94 ms

PC>
```

图 6.18　验证主机 PC2 的连通性

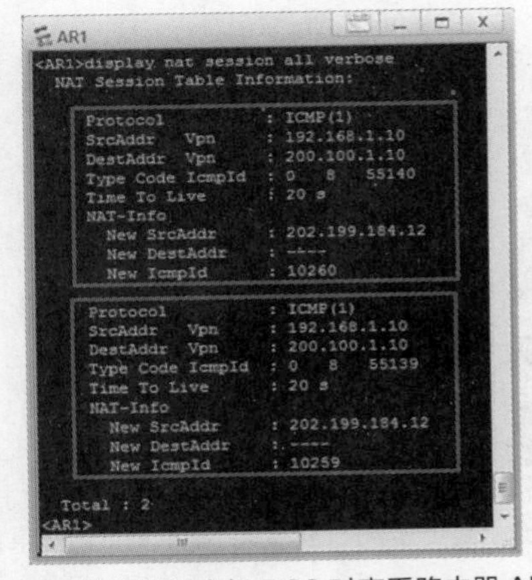

图 6.19　主机 PC1 持续访问主机 PC3 时查看路由器 AR1 的配置信息

VLAN 10 中的主机地址被动态转换成 202.199.184.10 至 202.199.184.15 之间网段的地址 202.199.184.12，New IcmpId 端口号为 10260、10259，显示 NAT 映射表项的个数为 2。

注意　**NAT 会话控制中使用 ICMP 的 IDENTIFY ID 作为端口识别条件，所以 ICMP 本身没有端口，但是它在 NAT 的会话中是有端口信息的。**

（10）在主机 PC2 持续访问主机 PC4 时，执行“display nat session all verbose”命令，查看路由器 AR1 的配置信息，如图 6.20 所示。

VLAN 10 中的主机地址被动态转换成 202.199.184.20 至 202.199.184.25 之间网段的地址 202.199.184.20，New IcmpId 端口号为 10246、10245，显示 NAT 映射表项的个数为 2。

（11）查看路由器 AR1 的动态 NAT 地址类型信息，执行“display nat outbound”命令，如图 6.21 所示，可以看出 NAT 地址类型为 PAT。

（12）查看路由器 AR1 的动态 NAT 地址组信息，执行“display nat address-group”命令，

如图 6.22 所示。

（13）显示路由器 AR1 和 AR2、交换机 LSW1 的路由表信息，以路由器 AR2 为例，执行“display ip routing-table”命令，如图 6.23 所示。

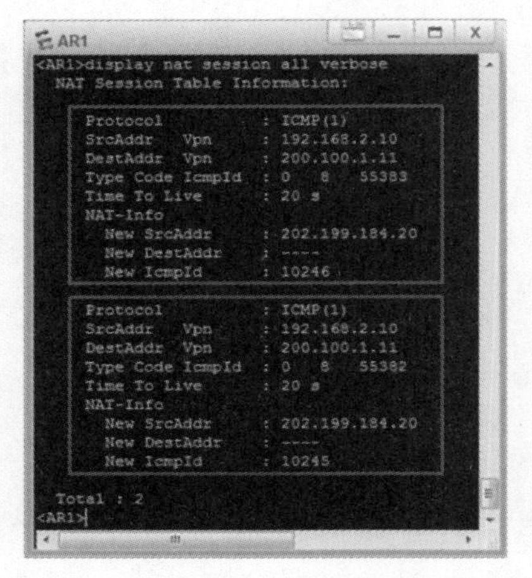

图 6.20　在主机 PC2 持续访问 PC4 时查看路由器 AR1 的配置信息

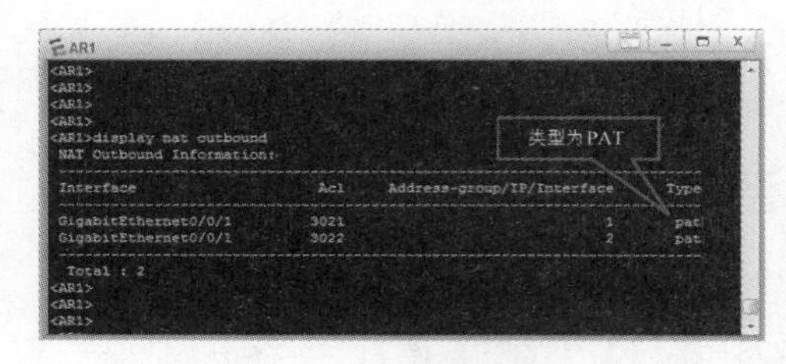

图 6.21　查看路由器 AR1 的动态 NAT 地址类型信息

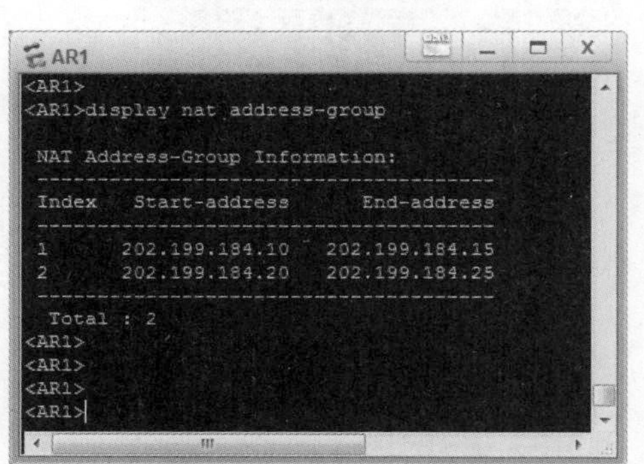

图 6.22　查看路由器 AR1 的动态 NAT 地址组信息

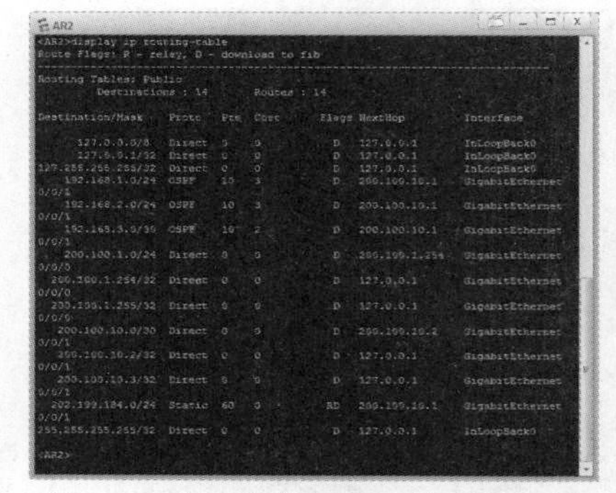

图 6.23　显示路由器 AR2 的路由表信息

【模块小结】

本模块讲解了广域网概述、广域网接入技术、虚拟专用网以及网络地址转换技术等相关知识，详细讲解了光纤接入技术、无线接入技术等相关知识，并讨论了 NAT 转换方式。

本模块最后通过技能实践使学生进一步掌握 HDLC 的配置方法、PAT 的配置方法。

【模块练习】

1. 选择题

（1）某公司要维护自己公共的 Web 服务器，需要隐藏 Web 服务器的地址信息，应该为该 Web 服务器（　　）。

A. 配置静态类型的 NAT　　B. 配置动态类型的 NAT

C. 配置 PAT 类型的 NAT　　D. 无须配置 NAT

（2）将内部地址的多台主机映射成一个 IP 地址的是（　　）类型的 NAT。

A. 静态　　B. 动态　　C. PAT　　D. 无须配置 NAT

（3）使用 ADSL 拨号上网，需要在用户端安装的协议是（　　）。

A. PPP　　B. SLIP　　C. PPTP　　D. PPPoE

（4）ADSL 是一种宽带接入技术，这种技术使用的传输介质是（　　）。

A. CATV 电缆　　B. 电话线　　C. 基带同轴电缆　　D. 无线通信网

（5）下面有关虚电路服务的描述错误的是（　　）。

A. 必须有连接的建立　　B. 总是按发送顺序到达目的站点

C. 端到端的流量由通信子网负责　　D. 端到端的差错处理由主机负责

（6）HDLC 协议是面向（　　）的数据链路层控制协议。

A. 帧　　B. 比特　　C. 字节　　D. 字符

2. 简答题

（1）简述广域网提供的服务及其特点。

（2）简述广域网的基本组成与结构。

（3）简述广域网数据链路层协议。

（4）简述广域网接入技术。

（5）简述虚拟专用网分类。

（6）简述网络地址转换技术。

模块7 Internet基础与应用

07

【情景导入】

人们常说“上网”一词，那么究竟“上网”指的是哪个网？人们上网又可以做些什么呢？Internet究竟为我们提供了什么样的服务？它又是如何实现的呢？

计算机网络已经越来越深入人们的生活，特别是Internet发展十分迅速。21世纪是一个计算机与网络的时代，在这个时代中，信息的交流、获取和利用成为个人成长与社会发展、经济增长及社会进步的基本要素，对每个人来说，这既是机遇，又是挑战。本模块主要讲述Internet的基本概念、Internet的发展、Internet应用以及相关理论知识。

【学习目标】

【知识目标】

- 了解Internet的基本概念及发展过程。
- 掌握Internet的特点及组成。
- 掌握浏览器的使用方法和技巧。
- 了解Internet带来的一系列社会问题。

【技能目标】

- 掌握RIPng的配置方法。
- 掌握OSPFv3的配置方法。

【素质目标】

- 培养自我学习的能力和习惯。
- 树立学生团队互助、进取合作的意识。

【知识导览】

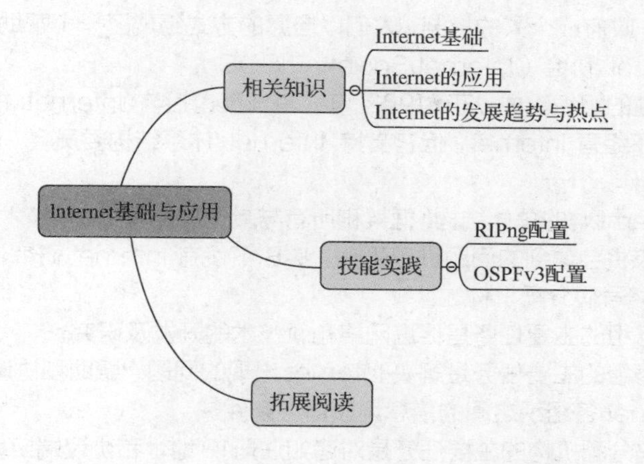

【相关知识】

7.1 Internet 基础

Internet 是一组全球信息资源的汇总。有一种粗略的说法，认为 Internet 是由许多子网（小的网络）互联而成的逻辑网，每个子网中连接着若干台计算机（主机）。Internet 以相互交流信息资源为目的，基于一些共同的协议，并通过许多路由器和公共互联网而形成，它是信息资源的集合。

7.1.1 Internet 概述

Internet 是由成千上万个不同类型、不同规模的计算机网络和主机组成的覆盖世界的巨型网络，它是全球最大的、最有影响的计算机信息资源网。这些资源以电子文件的形式，在线分布在世界各地的成千上万台计算机上。与此同时，Internet 中开发了许多应用系统，供接入 Internet 的用户使用，Internet 中的用户可以方便地交换信息、共享资源。Internet 也可以认为是由各种网络组成的网络，它是使用 TCP/IP 进行通信的数据网络集体。Internet 是一个广域网，不专门为某个人或组织所拥有及控制，人人都可以参与，人人都可以加入。

从通信的角度来看，Internet 是一个理想的信息交流媒体。利用 Internet 的 E-mail，能够快捷、安全、高效地传输文字、声音、图像及各种各样的信息。通过 Internet 可以拨打国际长途电话（IP 电话），召开在线视频会议。从获得信息的角度来看，Internet 是一个庞大的信息资源库。例如，网络中有上千个书库，遍布全球各地，有上万种期刊，还有政府、学校和企业等机构的详细信息等。从娱乐休闲的角度来看，Internet 是一个花样众多的“娱乐厅”，网络中有很多专门的视频站点和广播站点，人们可以尽情欣赏全球各地的风景名胜、感受风土人情；网上微信、QQ 等更是大家聊天交流的好地方。从经商的角度来看，人们利用 Internet 足不出户就可以得到各种免费的经济信息，还可以将生意做到海外。无论是股票证券信息，还是商品信息，在网上都有实时跟踪数据，通过网络还可以召开新产品发布会、进行广告推销等。Internet 已经是近几年来最活跃的领域和最热门的话题之一，而且发展势头迅猛。

7.1.2　Internet 的管理机构

Internet 不受某一政府或个人的控制，人们以自愿的方式组成了一个帮助和引导 Internet 发展的最高组织，即 Internet 协会（Internet Society，ISOC）。

该协会是非营利性的组织，成立于 1992 年，其成员包括与 Internet 相连的各组织与个人。Internet 协会本身并不经营 Internet，但它支持 Internet 体系结构委员会（Internet Architecture Board，IAB）开展工作。

IAB 负责定义 Internet 的总体结构（框架和所有与其连接的网络）和技术上的管理，对 Internet 存在的技术问题及未来将会遇到的问题进行研究。IAB 下设有 Internet 研究任务组、Internet 工程任务组和 Internet 网络号码分配机构。

Internet 研究任务组的主要任务是促进网络和新技术的开发及研究。

Internet 工程任务组的主要任务是解决 Internet 出现的问题，帮助和协调 Internet 的改革并进行技术操作，为 Internet 各组织之间的信息沟通提供条件。

Internet 网络号码分配机构的主要任务是对诸如注册 IP 地址和协议端口地址等 Internet 方案进行控制。

Internet 的运行管理可分为两部分：网络信息中心（InterNIC）和网络操作中心（InterNOC）。网络信息中心负责 IP 地址分配、域名注册、技术咨询、技术资料的维护与提供等。网络操作中心负责监控网络的运行情况及网络通信量的收集与统计。

7.1.3　使用浏览器访问 Internet

当今市场上，浏览器软件类型繁多，竞争激烈，但任何一款好的浏览器都应具有：文本和图形的显示速度快的特点、支持超文本标识语言的增强功能、集成 Internet 的所有服务功能、广泛的搜索功能、友好易用的操作界面等。

目前知名的浏览器有 IE、360 浏览器、谷歌浏览器、火狐浏览器等。

1. IE 的打开与关闭

要使用 IE 访问网页，用户应先打开 IE。

（1）打开浏览器。要打开 IE，可以执行以下操作。

① 双击桌面上的“Internet explore”图标，如图 7.1 所示。

② 单击任务栏中的“Internet explore”图标，如图 7.2 所示。

③ 单击“开始”按钮，选择“Internet explore”选项。

进行以上操作均可打开 IE，打开后的 IE 如图 7.3 所示。

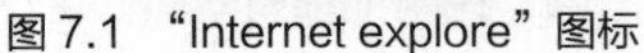

图 7.1　“Internet explore”图标

图 7.2　任务栏中的“Internet explore”图标

（2）关闭浏览器。要关闭 IE，只需在浏览器窗口中执行如下操作即可。

① 单击窗口右上角的“关闭”按钮。

② 按【Alt+F4】组合键。

图 7.3　打开后的 IE

2. 使用 IE 浏览网页

使用 IE 浏览网页时，首先应该知道该网页的网址，即统一资源定位符（Uniform Resource Locator，URL），但是如何知道自己所浏览网页的网址呢？用户可以使用搜索引擎，只需提供一些搜索关键字，就能通过搜索引擎找到与关键字相关的内容。

常用的搜索引擎的网址如表 7.1 所示。

表 7.1　常用的搜索引擎的网址

搜索引擎	网址
百度搜索引擎	www.baidu.com
谷歌搜索引擎	www.google.cn
腾讯搜索引擎	www.soso.com
搜狗搜索引擎	www.sogou.com

打开 IE，单击浏览器窗口右上角的“设置”按钮，选择“关于 Internet Explorer”选项，如图 7.4 所示，打开“关于 Internet Explorer”对话框，可以查看 IE 的版本，如图 7.5 所示。

选择“Internet 选项”选项，打开“Internet 选项”对话框，如图 7.6 所示，在主页中输入相应的网址，如 www.lncc.edu.cn，再次打开 IE 时，默认进入相应的主页，如图 7.7 所示。

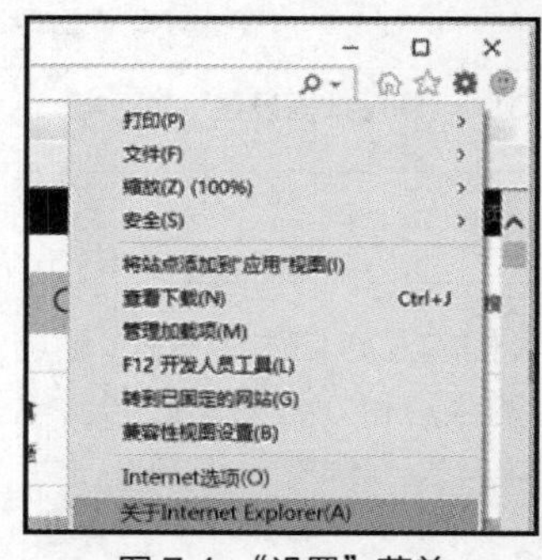

图 7.4　“设置”菜单

图 7.5　“关于 Internet Explorer”对话框

在“Internet 选项”对话框中，可以设置“退出时删除浏览器历史记录”，单击“删除”按钮，打开“删除浏览历史记录”对话框，如图 7.8 所示，可以进行删除浏览历史记录操作；单击“设置”按钮，打开“网站数据设置”对话框，可以进行网站数据设置，如图 7.9 所示。

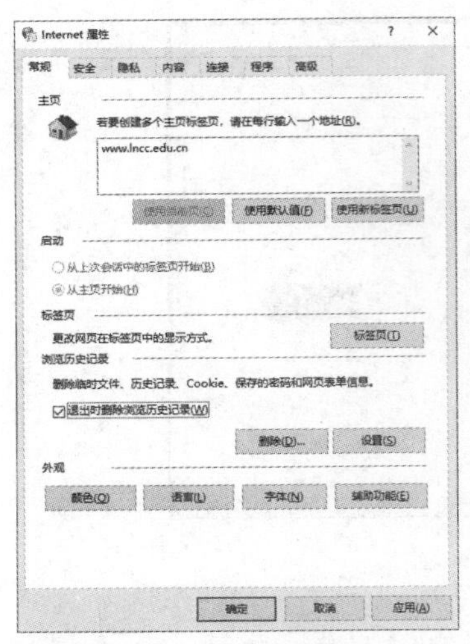

图 7.6 “Internet 选项”对话框

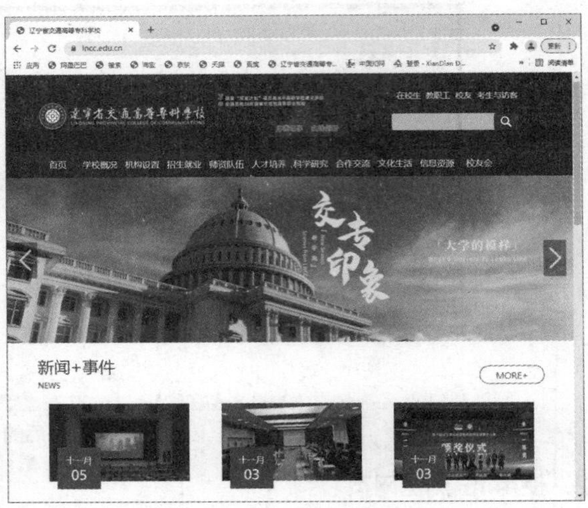

图 7.7 默认主页

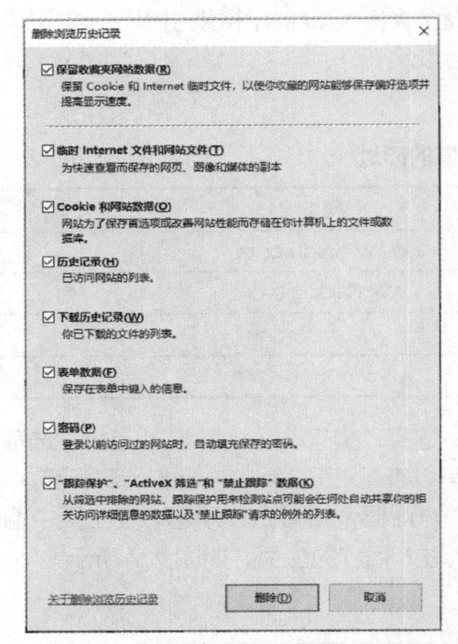

图 7.8 “删除浏览历史记录”对话框

图 7.9 “网站数据设置”对话框

7.2 Internet 的应用

Internet 已得到了广泛的普及与应用，并正在迅速地改变人们的工作和生活方式。随着 Internet 的发展，它所提供的服务将进一步增加，其中最基本、最常用的服务有 WWW 服务、电子邮件、DNS、远程登录、文件传输和电子商务等。

7.2.1 WWW 服务

万维网（World Wide Web，WWW）是 Internet 中被广泛应用的一种信息服务，它是建立在 C/S 模式之上，以 HTML 和 HTTP 为基础，能够提供面向各种 Internet 服务的、具有统一用户界面的信息浏览系统。WWW 服务器利用超文本链路来链接信息页，这些信息页既可放置在同一主机上，又可以放置在不同地理位置的不同主机上。文本链路由 URL 维持，WWW 客户端软件（WWW 浏览器，即 Web 浏览器）负责显示信息和向服务器发送请求。WWW 服务的特点在于高度的集成性，它能对各种类型的信息（如文本、图像、声音、动画、录像等）和服务（如文件传输、电子邮件等）进行无缝连接，提供生动的图形用户界面。WWW 为全世界的人们提供了查找和共享信息的手段，是人们进行动态多媒体交互的最佳方式。

随着互联网的不断发展和普及，WWW 服务早已成为人们日常生活中必不可少的组成部分，只要在浏览器的地址栏中输入一个网址，即可进入网络世界，获得几乎所有想要的资源。WWW 服务已经成为人们工作、学习、娱乐和社交等活动的重要工具，对于绝大多数的普通用户而言，WWW 几乎就是 WWW 服务的代名词。WWW 服务提供的资源多种多样，可能是简单的文本，也可能是图片、音频和视频等多媒体数据。如今，随着移动网络的迅猛发展，智能手机逐渐成为人们访问 WWW 服务的入口，不管是使用浏览器还是使用智能手机，WWW 服务的基本原理都是相同的。

1. WWW 的相关概念

（1）超文本与超链接。对于文字信息的组织，通常采用有序的排列方法。如对于一本书，读者常从书的第一页到最后一页按顺序查阅其所需要了解的知识。随着计算机技术的发展，人们不断推出新的信息组织方式，以方便人们对各种信息进行访问，超文本就是其中之一。

所谓“超文本”方式，就是指它的信息组织形式不是简单地按顺序排列，而是用由指针链接的复杂的网状交叉索引方式，对不同来源的信息进行链接。可以链接的有文本、图像、动画、声音或影像等，而这种链接关系称为“超链接”。各种信息交叉索引的关系如图 7.10 所示。

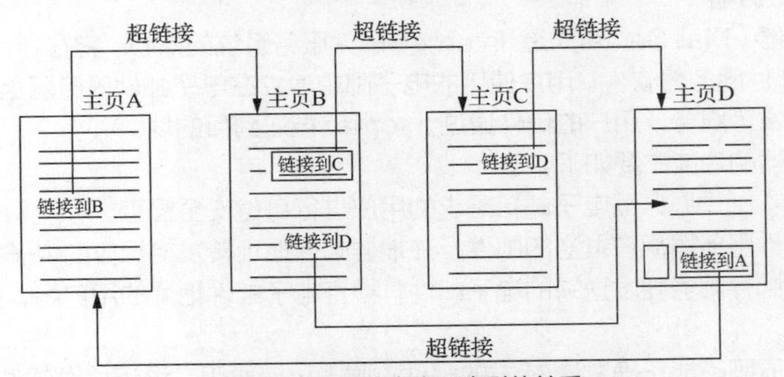

图 7.10　各种信息交叉索引的关系

（2）HTTP。HTTP 可以算是互联网的一个重要组成部分，HTTP 是 Internet 可靠地传输文本、声音、图像等各种多媒体文件所使用的协议。HTTP 是 Web 操作的基础，它能保证正确传输超文本文档，是一种最基本的客户机/服务器的访问协议。它可以使浏览器更加高效，使网络传输流量减少。

（3）URL。网页位置、网页位置的唯一名称及访问网页所需的协议，这 3 个要素共同定义了 URL。WWW 中使用 URL 来标识各种文档，并使每一个文档在整个 Internet 范围内具有唯一的 URL。URL 给网上资源的位置提供了一种抽象的识别方法，并用这种方法来给资源定位。

扫码看拓展阅读 7-1

2. WWW 的工作原理

WWW 是互联网中被广泛应用的一种信息服务，WWW 采用的是客户机/服务器模式，用于整理和存储各种 WWW 资源，并响应客户机软件的请求，把所需要的信息资源通过浏览器传输给用户。

Web 服务通常可以分为两种：静态服务和动态服务。Web 服务运行于 TCP 之上，每个网站都对应一台（或多台）Web 服务器，服务器中有各种资源，客户机相当于用户面前的浏览器。WWW 服务的工作原理并不复杂，一般可分为 4 个步骤，即连接过程、请求过程、应答过程及关闭连接。

（1）连接过程：浏览器和 Web 服务器之间建立 TCP 连接的过程。

（2）请求过程：浏览器向 Web 服务器发出资源查询请求，在浏览器中输入的 URL 表示资源在 Web 服务器中的具体位置。

（3）应答过程：Web 服务器根据 URL 把相应的资源返回给浏览器，浏览器以网页的形式把资源展示给用户。

（4）关闭连接：在应答过程完成之后，浏览器和 Web 服务器之间断开连接的过程。

浏览器和 Web 服务器之间的交互也被称为“会话”。

7.2.2 电子邮件服务

电子邮件简称 E-mail（Electronic mail），它是利用计算机网络的通信功能实现信件传输的一种技术，是 Internet 中最早出现的服务之一。

1. 电子邮件的优点

与传统通信方式相比，电子邮件具有以下优点。

（1）与传统邮件相比，传输迅速，花费更少，可达到的范围更广，且比较可靠。

（2）可以实现一对多的邮件传输，使得一位用户向多人发送通知变得很容易。

（3）可以将文字、图像、语音等多种类型的信息集成在一个邮件中传输，因此，它成为多媒体信息传输的重要手段。

2. 电子邮件服务器

电子邮件服务器（Mail Server）是 Internet 邮件服务系统的核心，它在 Internet 上充当“邮局”，运行着电子邮件服务器软件。用户使用的电子邮箱建立在电子邮件服务器上，借助它提供的邮件发送、接收、转发等服务，用户的信件通过 Internet 被送到目的地。

电子邮件服务器的功能主要如下。

（1）对有访问本邮件服务器电子邮箱需求的用户进行身份安全检查。

（2）接收本邮件服务器用户发送的邮件，并根据邮件地址转发给相应的电子邮件服务器。

（3）接收其他邮件服务器发送来的电子邮件，检查电子邮件地址的用户名，把邮件发送到指定的用户邮箱。

（4）对因某种原因不能正确发送/转发的邮件，附上出错原因，退还给发邮件的用户。

（5）允许用户将存储在电子邮件服务器用户邮箱中的信件下载到自己的计算机中。

如果想要使用电子邮件服务，则首先要拥有一个电子邮箱。电子邮箱是 Internet 中提供电子邮箱服务的机构，一般是 ISP 为用户建立的。当用户向 ISP 申请 Internet 账号时，ISP 就会在它的电子邮件服务器中建立该用户的电子邮件账号，它包括用户名与用户密码。任何人都可以将电子邮件发送到某个电子邮箱中，但只有电子邮箱的拥有者输入正确的用户名和密码后，才能看到电子邮件的内容或处理电子邮件。

3. 电子邮件地址

电子邮件与传统邮件一样，也需要一个地址。在 Internet 中，每一个使用电子邮件的用户都必须在各自的电子邮件服务器中建立一个邮箱，拥有一个全球唯一的电子邮件地址，也就是人们通常所说的电子邮箱地址。

电子邮件地址采用基于 DNS 所用的分层命名的方法，其结构为 Username@Hostname.Domain-name 或者是用户名@主机名。

其中，Username 表示用户名，代表用户在邮箱中使用的账号；@表示 at（中文“在”的意思）；Hostname 表示用户邮箱所在的电子邮件服务器的主机名；Domain-name 表示电子邮件服务器所在域名。

4. 电子邮件的相关协议

在 Internet 的电子邮件服务系统中，各种服务协议在电子邮件客户机和电子邮件服务器间架起了一座“桥梁”，使得电子邮件系统可以正常运行。

常用的电子邮件协议有 SMTP、邮局协议版本 3（Post Office Protocol-Version 3，POP3）和互联网消息访问协议（Internet Message Access Protocol，IMAP）等。

SMTP 是一种能提供可靠且有效的电子邮件传输的协议。SMTP 是建立在 FTP 文件传输服务上的一种邮件服务协议，主要用于系统之间的邮件信息传输，并提供有关来信的通知。SMTP 独立于特定的传输子系统，且只需要可靠有序的数据流信道支持。SMTP 的重要特性之一是其能跨越网络传输邮件，即“SMTP 邮件中继”。使用 SMTP 可实现相同网络处理进程之间的邮件传输，也可通过中继器或网关实现某处理进程与其他网络之间的邮件传输。

POP3 的主要任务是当用户计算机与电子邮件服务器连接通信时，将电子邮件服务器的电子邮箱中的邮件直接传输到用户的计算机中，它类似于邮局暂时保存邮件，用户可以随时取走邮件。

IMAP 是一种优于 POP 的新协议。和 POP 一样，IMAP 也能下载邮件、从服务器中删除邮件或询问是否有新邮件，但 IMAP 克服了 POP 的一些缺点。例如，它可以决定客户机请求电子邮件服务器提交所收到邮件的方式，请求电子邮件服务器只下载所选中的邮件而不是全部邮件。客户机可先阅读邮件信息的标题和发送者的名字再决定是否下载这封邮件。通过用户的客户机电子邮件程序，IMAP 可让用户在服务器中创建并管理邮件文件夹或邮箱、删除邮件、查询某封邮件的一部分或全部内容，完成这些工作时都不需要把邮件从服务器下载到用户的个人计算机中。

5. 电子邮件系统的工作原理

电子邮件服务基于客户机/服务器结构，它通过“存储-转发”方式为用户传输信件。电子邮件系统的工作原理如图 7.11 所示。发送端将写好的邮件发送给自己的邮件服务器；发送端的电子邮件服务器接收用户送来的邮件，并根据收件人的地址将邮件发送到对方的电子邮件服务器中；接收端的电子邮件服务器接收其他服务器发来的邮件，根据收件人地址将邮件分发到相应的电子邮箱中；最后接收端可以在任何时间或地点从自己的电子邮件服务器中读取邮件，并对它们进行处理。发送端将电子邮件发出后，通过路径到达接收端，这个过程可能非常复杂，但是不需要用户介入，一切都是在 Internet 中自动完成的。

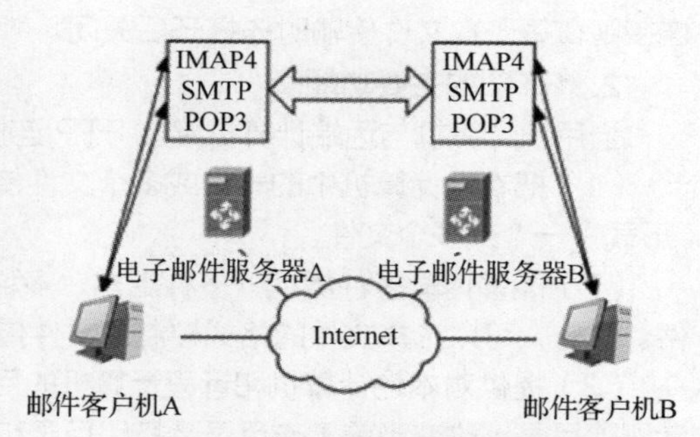

图 7.11 电子邮件系统的工作原理

7.2.3 文件传输服务

互联网中除了有丰富的网页供用户浏览外，还有大量的共享软件、免费程序、影像资料、图片、文字、动画等多种不同功能、不同形式、不同格式的文件供用户使用，利用 FTP，用户可以将远程主机中的这些文件下载（Download）到自己的计算机中，也可以将本机的文件上传（Upload）到远程主机中。

FTP 是用于在网络中进行文件传输的一套标准协议，它工作在 OSI 参考模型的第七层，TCP/IP 模型的第四层，即应用层，使用 TCP 而不是 UDP 进行传输。客户机在和服务器建立连接前要经过一个“三次握手”的过程，保证客户机与服务器之间的连接是可靠的，而且是面向连接的，为数据传输提供可靠保证。

FTP 允许用户以文件操作（如文件的增、删、改、查、传输等）的方式与另一主机相互通信。

然而，用户并不真正登录到自己想要存取信息的计算机上而成为完全用户，可用 FTP 程序访问远程资源，实现用户往返传输文件、目录管理以及访问电子邮件等，即使双方计算机可能配有不同的操作系统和文件存储方式。

1. FTP 的工作过程

FTP 服务系统采用典型的客户机/服务器工作模式。提供 FTP 服务的计算机称为 FTP 服务器，用户的本地计算机称为客户机。FTP 的工作过程如图 7.12 所示。

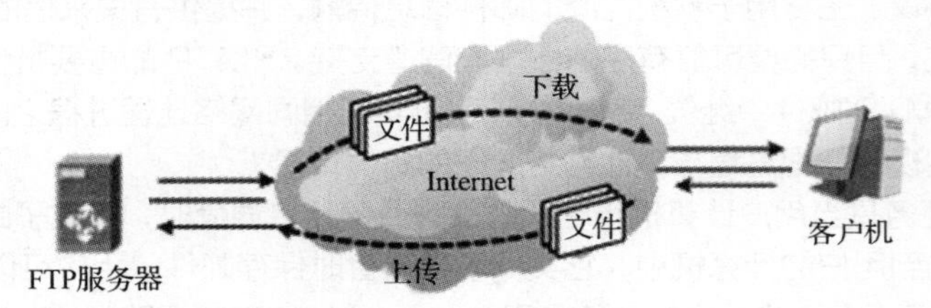

图 7.12　FTP 的工作过程

开发任何基于 FTP 的客户端软件都必须遵循 FTP 的工作原理，FTP 的独特优势（也是与其他客户服务器程序最大的不同点）在于它在两台通信的主机之间使用了两条 TCP 连接。其中一条是数据连接，用于数据传输；另一条是控制连接，用于传输控制信息（命令和响应）。这种将命令和数据分开传输的思想大大提高了 FTP 的效率，而其他客户服务器应用程序一般只有一条 TCP 连接。客户机有 3 个构件：用户接口、客户控制进程和客户数据传输进程。服务器有 2 个构件：服务器控制进程和服务器数据传输进程。在整个交互的 FTP 会话中，控制连接始终是处于连接状态的，数据连接则在每一次文件传输时先打开后关闭。

2. FTP 的主要功能

当用户计算机与远端计算机建立 FTP 连接后，就可以进行文件传输了，FTP 的主要功能如下。

（1）把本地计算机中的一个或多个文件传输（上传）到远程计算机中，或从远程计算机中获取（下载）一个或多个文件。

（2）能够传输多种类型、多种结构、多种格式的文件。例如，文本文件（ASCII）或二进制文件。此外，可以选择文件的格式控制及文件传输的模式等。

（3）提供对本地计算机和远程计算机的目录操作功能，可在本地计算机或远程计算机中建立或者删除目录、改变当前工作目录及打印目录和文件的列表等。

（4）对文件进行改名、删除、显示文件内容等。

3. 匿名 FTP

默认状态下，FTP 站点允许匿名访问，FTP 服务器接受对该资源的所有请求，并且不提示用户输入用户名或密码。如果站点中存储了重要的或敏感的信息，只允许授权用户访问，则应禁止匿名用户访问。

使用 FTP 时必须先登录，在远程主机中获得相应的权限以后，方可下载或上传文件。也就是说，要想同某一台计算机传输文件，就必须具有这一台计算机的适当授权。换言之，除非有用户 ID 和口令，否则无法传输文件。这种情况违背了 Internet 的开放性，Internet 中的 FTP 主机何止千万台，不可能要求每个用户在每一台主机上都拥有账号。匿名 FTP 就是为解决这个问题而产生的。

匿名 FTP 是这样一种机制：用户可通过它连接到远程主机上，并下载文件，而无须成为其注册用户。系统管理员建立了一个特殊的用户 ID，名为 anonymous，Internet 中的任何人在任何地方都可使用该用户 ID。

通过 FTP 程序连接匿名 FTP 主机的方式同连接普通 FTP 主机的方式差不多，只是在要求提供用户标识 ID 时必须输入 anonymous，该用户 ID 的口令可以是任意的字符串。习惯上，用户常以自己的 E-mail 地址作为口令，以便系统维护程序能够记录下来谁在存取这些文件。

7.2.4 DNS 服务

DNS 是对域名和与之相对应的 IP 地址进行转换的服务器。DNS 中保存了一张域名和与之相对应的 IP 地址的表，用以解析消息的域名。域名是 Internet 中某一台计算机或计算机组的名称，用于在数据传输时标识计算机的电子方位（有时也指地理位置）。域名是由一串用点分隔的名称组成的，通常包含组织名，且始终包括两三个字母的后缀，以指明组织的类型或该域名所在的国家或地区。

1. 主机名和域名

IP 地址是主机的身份标识，但是对于人类来说，记住大量的诸如 192.168.10.79 的 IP 地址太难了。相对而言，主机名一般具有一定的含义，比较容易记忆，因此，如果计算机能够提供某种工具，使人们可以方便地根据主机名获得 IP 地址，那么这个工具会备受青睐。在网络发展的早期，一种简单的实现方法就是把域名和 IP 地址的对应关系保存在一个文件中，计算机利用这个文件进行域名解析。

这种方式实现起来很简单，但是它有一个非常大的缺点，即内容更新不灵活，每台主机都需要配置这样的文件并及时更新内容，否则就得不到最新的域名信息，因此它只适用于一些规模小的网络。随着网络规模的不断扩大，用单一文件实现域名解析的方法显然不再适用，取而代之的是基于分布式数据库的 DNS，DNS 将域名解析的功能分散到不同层级的 DNS 服务器中，这些 DNS 服务器协同工作，提供可靠、灵活的域名解析服务。

这里以日常生活中的常见例子进行介绍：公路上的汽车都有唯一的车牌号，如果有人说自己的车牌号码是“80H80”，那么我们无法知道这个号码属于哪座城市，因为不同的城市都可以分配这个号码。现在假设这个号码属于辽宁省沈阳市，而沈阳市在辽宁省的城市代码是“A”，现在把城市代码和车牌号码组合在一起，即“A80H80”，是不是就可以确定这个车牌号码的属地了呢？答案还是不可以。因为其他的省份也有代码是“A”的城市，需要把辽宁省的简称“辽”加入进去，即“辽A80H80”，这样才能确定车牌号码的属地。

在这个例子中，辽宁省代表一个地址区域，表示一个命名空间，这个命名空间的名称是“辽”。辽宁省的各个城市也有自己的命名空间，如“辽 A”表示沈阳市，“辽 B”表示大连市，在各个城市的命名空间中才能给汽车分配车牌号码。在 DNS 中，域名空间就是“辽”或“辽 A”这样的命名空间，而主机名就是实际的车牌号码。

与车牌号码的命名空间一样，DNS 的域名空间也是分级的，在 DNS 域名空间中，最上面一层被称为“根域”，用“.”表示。从根域开始向下依次划分为顶级域、二级域等各级子域，最下面一级是主机。子域和主机的名称分别称为域名和主机名，域名又有相对域名和绝对域名之分，就像 Linux 操作系统中的相对路径和绝对路径一样。如果从下向上将主机名及各级子域的所有绝对域名组合在一起，用“.”分隔，就构成了主机的完全限定域名（Fully Qualified Domain Name，FQDN）。例如，辽宁省交通高等专科学校的 Web 服务器的主机名为“www”，域名为“lncc.edu.cn”，那么其 FQDN 就是“www.lncc.edu.cn”，通过 FQDN 可以唯一地确定互联网中的一台主机。

2. DNS 的工作原理

DNS 服务器提供了域名解析服务，那么是不是所有的域名都可以交给一台 DNS 服务器来解析呢？这显然是不现实的，因为互联网中有不计其数的域名，且域名的数量还在不断增长。一种可行的方法是把域名空间划分成若干区域进行独立管理，区域是连续的域名空间，每个区域都由特定的 DNS 服务器管理，一台 DNS 服务器可以管理多个区域，每个区域都在单独的区域文件中保存域名解析数据。

在 DNS 域名空间结构中，根域位于最顶层，管理根域的 DNS 服务器称为根域服务器，顶级域位于根域的下一层，常见的顶级域名有用于商业机构的“.com”，用于教育机构的“.edu”，用于各种组织包括非营利组织的“.org”，用于政府部门的“.gov”，用于网络组织的“.net”，用于医生、律师、会计师等专业人员的“.pro”，以及代表国家或地区的顶级域名，如中国“.cn”和日本“.jp”等。顶级域服务器负责管理顶级域名的解析，在顶级域服务器下面还有二级域服务器等，假如现在把解析“www.lncc.edu.cn”的任务交给根域服务器，根域服务器并不会直接返回这个主机名的 IP 地址，因为根域服务器只知道各个顶级域服务器的地址，并把解析“.cn”顶级域名的权限“授权”给其中一台顶级域服务器（假设是服务器 A）。如果根域服务器收到的请求中包括“.cn”顶级域服务器的地址，则这个过程会一直持续下去，直到最后一台负责处理“.lncc.edu.cn”的服务器直接返回“www.lncc.edu.cn”的 IP 地址。在这个过程中，DNS 把域名的解析权限层层向下授权给下一级 DNS 服务器，这种基于授权的域名解析就是 DNS 的分级管理机制，又称区域委派。

全球共有 13 台根域服务器，这 13 台根域服务器的名称分别为 A～M，10 台放置在美国，另外 3 台分别放置在英国、瑞典和日本。其中，1 台为主根服务器，放置在美国，其余 12 台均为辅根服务器，9 台放置在美国，1 台放置在英国，1 台放置在瑞典，1 台放置在日本。所有根域服务器均由互联网域名与号码分配机构统一管理。这 13 台根域服务器可以指挥类似火狐浏览器或 IE 等的 Web 浏览器和电子邮件程序控制互联网通信。

下面来学习 DNS 的查询过程。

（1）当用户在浏览器地址栏中输入 www.163.com 并按【Enter】键访问该网站时，操作系统会先检查自己本地的 hosts 文件中是否有这个网址映射关系，如果有，则调用这个映射，完成域名解析。

（2）如果 hosts 文件中没有这个网址的映射关系，则查找本地 DNS 解析器缓存，查看其中是否有其网址映射关系，如果有，则直接返回，完成域名解析。

（3）如果 hosts 文件与本地 DNS 解析器缓存中都没有相应的网址映射关系，则查找 TCP/IP 参数中设置的首选 DNS 服务器（称为本地 DNS 服务器），此服务器收到查询时，如果要查询的域名包含在本地配置区域文件中，则返回解析结果给客户机，完成域名解析，此解析具有权威性。

（4）如果要查询的域名未由本地 DNS 服务器区域解析，但该服务器已缓存了此网址的映射关系，则调用这个映射，完成域名解析，此解析不具有权威性。

（5）如果本地 DNS 服务器的本地区域文件和缓存解析都失效，则根据本地 DNS 服务器的设置（是否设置转发器）进行查询。

① 如果未使用转发模式，则本地 DNS 服务器会把请求发送到 13 台根域服务器，根域服务器收到请求后会判断这个域名（.com）是谁来授权管理的，并会返回一个负责该顶级域服务器的 IP 地址。本地 DNS 服务器收到 IP 信息后，会联系负责.com 域的服务器。负责.com 域的服务器收到请求后，如果自己无法解析，则会发送到一个管理.com 域的下一级 DNS 服务器的 IP 地址（163.com）给本地 DNS 服务器。当本地 DNS 服务器收到这个地址后，就会查找 163.com 域服务器，重复上面的过程进行查询，直至找到 www.163.com 主机。

② 如果使用的是转发模式，则此 DNS 服务器会把请求转发到上一级 DNS 服务器，由上一级 DNS 服务器进行解析，如果上一级 DNS 服务器无法解析，则查找根域服务器或把请求转发到上上级 DNS 服务器，直到完成解析。不管本地 DNS 服务器使用的是转发还是根提示，最后都要将结果返回给本地 DNS 服务器，由此 DNS 服务器再返回给客户机。

3. DNS 服务器的类型

按照配置和功能的不同，DNS 服务器可分为不同的类型，常见的 DNS 服务器有以下 4 种。

（1）主 DNS 服务器。

它对所管理区域的域名解析提供最权威和最精确的响应，是所管理区域域名信息的初始来源。搭建主 DNS 服务器需要准备全套的配置文件，包括主配置文件、正向解析区域文件、反向解析区域文件、高速缓存初始化文件和回送文件等。正向解析是指从域名到 IP 地址的解析，反向解析正好相反。

（2）从 DNS 服务器。

它从主 DNS 服务器中获得完整的域名信息备份，可以对外提供权威和精确的域名解析服务，可以减轻主 DNS 服务器的查询负载。从 DNS 服务器包含的域名信息和主 DNS 服务器的完全相同，它是主 DNS 服务器的备份，提供的是冗余的域名解析服务。

（3）高速缓存 DNS 服务器。

它将从其他 DNS 服务器处获得的域名信息保存在自己的高速缓存中，并利用这些信息为用户提供域名解析服务。高速缓存 DNS 服务器的信息都具有时效性，过期之后便不再可用。高速缓存 DNS 服务器不是权威服务器。

（4）转发 DNS 服务器。

它在对外提供域名解析服务时，优先从本地缓存中进行查找，如果本地缓存没有匹配的数据，则会向其他 DNS 服务器转发域名解析请求，并将从其他 DNS 服务器中获得的结果保存在自己的缓存中。转发 DNS 服务器的特点是可以向其他 DNS 服务器转发自己无法完成的解析请求任务。

7.2.5 远程登录服务

远程登录是最主要的 Internet 应用之一，也是最早的 Internet 应用之一，默认端口号为 23。

1. 远程登录的概念及意义

远程登录允许 Internet 用户从其本地计算机登录到远程服务器，一旦建立连接并登录到远程服务器，用户就可以向其输入数据、运行软件，就像直接登录到该服务器一样，可以做任何相关授权操作。

Internet 远程登录服务的主要作用如下。

（1）允许用户与在远程计算机中运行的程序进行交互。

（2）可以执行远程计算机中的任何应用程序，并且能屏蔽不同型号计算机之间的差异。

（3）用户可以利用个人计算机去完成许多只有大型计算机才能完成的任务。

2. 远程登录基本工作原理

与其他 Internet 服务一样，远程登录服务系统采用的也是客户机/服务器工作模式，主要由远程登录服务器、用户终端和远程登录通信协议组成。

在用户要登录的远程主机中必须运行远程登录服务软件；在用户的本地计算机中需要运行远程登录客户软件，用户只能通过远程登录客户软件进行远程访问。

远程登录服务软件与客户软件协同工作，在远程登录（Telnet）通信协议的协调指挥下，完成远程登录功能。远程登录基本工作原理如图 7.13 所示。

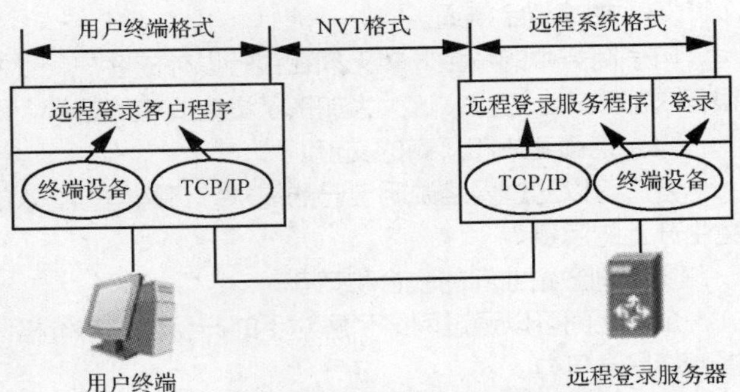

图 7.13 远程登录基本工作原理

3. 远程登录的使用

使用远程登录的条件是用户本身的计算机或向用户提供 Internet 访问的计算机是否支持“Telnet”命令。用户进行远程登录时，在远程计算机中应该具有自己的账户，包括用户名与密码。远程计算机提供公共的账户，供没有账户的用户使用。

用户在使用“telnet”命令进行远程登录时，首先应在“telnet”命令中给出对方计算机的主机名或 IP 地址（如 telnet 192.168.1.100），再根据对方系统的提示，输入用户名和密码进行远程访问。

Internet 有很多信息服务机构提供开放式的远程登录服务。登录到这样的计算机时，不需要事先设置账户，使用公开的用户名就可以进入系统。这样用户就可以使用“telnet”命令，使自己的计算机暂时成为远程计算机的一个仿真终端。一旦用户成功地实现了远程登录，用户就可以像远程主机的本地终端一样进行工作，并可以使用远程主机对外开放的全部资源，如程序、操作系统、应用软件及信息资料等。

7.2.6 电子商务服务

电子商务诞生于 20 世纪 60 年代，发展于 20 世纪 90 年代，是一种商务活动的新形式，是以现代信息技术手段进行商品交易的过程，其内容主要包括电子方式和商贸活动两个方面。

当今的电子商务主要是指电子数据交换，它可以通过传统的电话、传真等方式来完成，更主要的是它建立在 Internet 技术的基础上。

电子商务主要涵盖了 3 个方面的内容：一是政府贸易管理的电子化，即采用网络技术实现数据和资料的处理、传输及存储；二是企业级电子商务，即企业间利用计算机技术和网络技术实现和供应商、用户之间的商务活动；三是电子购物，即企业通过网络为个人提供服务及进行其他商业行为。

电子商务产生和发展的重要条件体现在计算机的广泛应用、网络的普及和成熟、信用卡的普及和应用、电子安全交易协议的制定以及政府的支持和推动等多个方面。

1. 电子商务的特点

电子商务与传统商业方式相比，具有以下特点。

（1）精简流通环节。

电子商务不需要批发商、专卖店和商场，客户可通过网络直接从厂家订购商品。

（2）节省购物时间，增加客户选择余地。

电子商务通过网络为具有各种消费需求的用户提供广泛的选择余地，可以使用户足不出户便能购买到令他们满意的商品。

（3）加速资金流通。

电子商务中的资金周转无须在银行以外的客户、批发商、商场等之间进行，可直接通过网络在银行内部账户上进行，这大大加快了资金周转的速度，同时减少了商业纠纷。

（4）增强客户和厂商的交流。

客户可以通过网络说明自己的需求，订购自己喜欢的产品，厂商可以很快地了解用户需求，避免生产上的浪费。

（5）刺激企业间的联合和竞争。

企业之间可以通过网络了解对手的产品性能与价格以及销售量等信息，从而促进企业改进技术，提高产品竞争力。

2. 电子商务的内容

电子商务不仅使企业拥有了一个商机无限的网络发展空间，还有助于提高企业的竞争力，并能为广大消费者提供更多的消费选择，其主要内容如下。

（1）虚拟银行。

虚拟银行是现代银行业的发展方向，指引着未来银行的发展。利用 Internet 这个开放式网络来开展银行业务具有广阔的前景，将导致一场深刻的“银行革命”。在虚拟银行电子空间中，可以允许银行客户和金融客户根据需要随时在虚拟银行中漫游，并随时使用银行提供的各种服务，包括使用信用卡网上购物、个人贷款、电子货币结算以及投资业务咨询等。

（2）网上购物。

网上购物就是通过互联网检索商品信息，通过电子订购单发出购物请求，填上私人支付账号或信用卡的号码，厂商通过邮寄的方式发货，或通过快递公司送货上门。国内网上购物的一般付款方式是款到发货（直接银行转账，在线汇款）和货到付款等。

（3）网络广告。

网络广告就是在网络中做的广告，是通过网络广告投放平台来利用网站上的广告横幅、文本链接、多媒体的方法，在互联网中刊登或发布广告，通过网络传输到互联网用户的一种高科技广告运作方式。与传统的四大传播媒体（报纸、杂志、电视、广播）广告及近来备受青睐的户外广告相比，网络广告具有得天独厚的优势，是实施现代营销媒体战略的重要部分。网络广告是主要的网络营销方法之一，在网络营销方法体系中具有举足轻重的地位，事实上，多种网络营销方法也都可以理解为网络广告的具体表现形式，并不仅限于放置在网页上的各种规格的广告。电子邮件广告、搜索引擎关键词广告、搜索固定排名等都可以理解为网络广告的表现形式。

扫码看拓展阅读 7-2

无论以什么形式出现，网络广告所具有的本质是相同的：网络广告的本质是向互联网用户传输营销信息，合理利用用户注意力资源。Internet 是一个全新的广告媒体，宣传速度快、效果理想，是中小企业宣传自己的很好的途径，对于广泛开展国际业务的公司来说更是如此。

7.3 Internet 的发展趋势与热点

创新是 Internet 不变的主题，融合再创新是 Internet 不变的旋律。Internet 今后的发展趋势体现在以下几个方面。

1. 业务应用趋向人性化

未来的 Internet 产业将围绕“以人为本”的宗旨来发展，不管如何创新，其目的都是让用户获得更大的便利。未来网站的经营模式也将逐渐朝着“以人为本”的方式过渡，这样可使网站自身和网络用户“双赢”。

2. 操作技术趋向简捷化

“以人为本”的趋势要求 Internet 界面对用户应充分体现“所见即所得”，减少使用 Internet 的复杂度。它的各项技术（如信息搜索技术等）将会向简捷化的方向发展，人们使用 Internet 将更加简捷。

3. 基础平台趋向融合化

将网络中承载的各种业务能力集合在一起称为融合，融合多种应用是大势所趋，这种融合的实现不仅要体现在业务上，还要体现在基础设施和边缘行业上。

当前研究的首要热点是如何实现基础设施的融合，另一热点是业务融合中如何在产业链上正确定位。怎样为基于网络的产业环境定位，以及各行各业今后如何紧密配合、协同工作是 Internet 发展面临的又一大挑战。

4. 网站服务趋向多样化

网站是 Internet 企业的载体，也是企业获取利润的主要来源。网站今后的建设和运营模式会趋向门户与专业并重的多元化，以满足用户的个性化需求。

【技能实践】

任务 7.1　RIPng 配置

V7-1　RIPng 配置

【实训目的】

（1）理解 RIPng 路由协议。

（2）掌握 RIPng 的配置方法。

【实训环境】

（1）准备华为 eNSP 模拟工具软件。

（2）准备设计网络拓扑结构。

【实训内容与步骤】

RIPng 是为 IPv6 网络设计的距离矢量路由协议。与早期的 IPv4 版本的 RIP 类似，RIPng 同样遵循距离矢量原则。RIPng 保留了 RIP 的多个主要特性，例如，RIPng 规定每一跳的开销度量值也为 1，最大跳数也为 15，RIPng 通过 UDP 的 521 端口发送和接收路由信息。

RIPng 与 RIP 最主要的区别在于，RIPng 使用 IPv6 组播地址 FF02::9 作为目标地址来传输路由，更新报文，而 RIPv2 使用的是组播地址 224.0.0.9。IPv4 一般采用公网地址或私网地址作为路由条目的下一跳地址，而 IPv6 通常采用链路本地地址作为路由条目的下一跳地址。

（1）配置 RIPng，相关端口与 IP 地址配置如图 7.14 所示，进行网络拓扑连接。路由器 AR1 和路由器 AR2 的 loopback 1 端口使用的是全球单播地址。路由器 AR1 和路由器 AR2 的物理端口在使用 RIPng 传输路由信息时，路由条目的下一跳地址只能是链路本地地址。例如，如果路由器 AR1 收到的路由条目的下一跳地址为 2001::2/64，则 AR1 会认为目标地址为 2026::1/64 的网络地址可达。

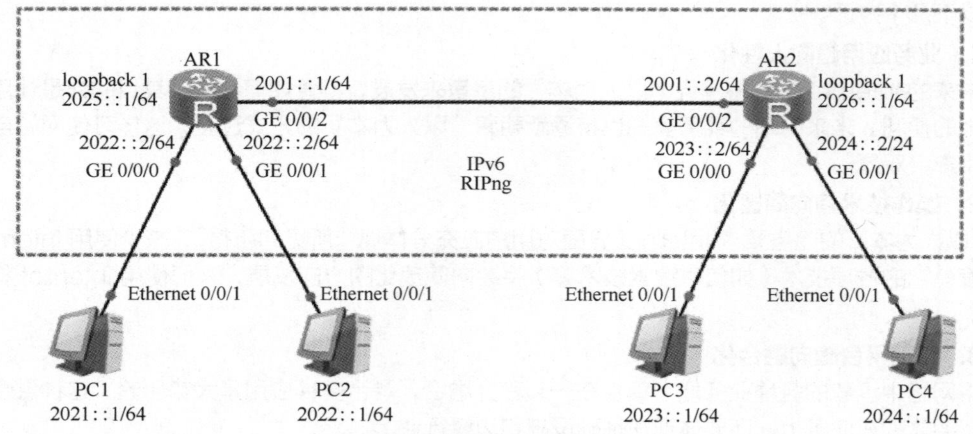

图 7.14　配置 RIPng

（2）配置主机 PC1 和主机 PC3 的 IPv6 地址，如图 7.15 所示。

图 7.15　配置主机 PC1 和主机 PC3 的 IPv6 地址

（3）配置路由器 AR1，相关实例代码如下。

```
<Huawei>system-view
Enter system view, return user view with Ctrl+Z.
[Huawei]sysname AR1
[AR1]ipv6                    //使用 IPv6 功能，默认不使用该功能
[AR1]interfaceGigabitEthernet 0/0/0
[AR1-GigabitEthernet0/0/0]ipv6 enable
[AR1-GigabitEthernet0/0/0]ipv6 address 2021::264        //配置 IPv6 地址
[AR1-GigabitEthernet0/0/0]ripng 1 enable                //配置 RIPng
[AR1-GigabitEthernet0/0/1]quit
[AR1]interfaceGigabitEthernet 0/0/1
[AR1-GigabitEthernet0/0/1]ipv6   enable
[AR1-GigabitEthernet0/0/1]ipv6 address 2022::264        //配置 IPv6 地址
[AR1-GigabitEthernet0/0/1]ripng 1 enable                //配置 RIPng
[AR1-GigabitEthernet0/0/1]quit
[AR1]interfaceGigabitEthernet 0/0/2
[AR1-GigabitEthernet0/0/2]ipv6   enable
[AR1-GigabitEthernet0/0/2]ipv6 address 2001::164        //配置 IPv6 地址
[AR1-GigabitEthernet0/0/2]ripng 1 enable                //配置 RIPng
[AR1-GigabitEthernet0/0/2]quit
[AR1]interfaceLoopBack1
[AR1-LoopBack1]ipv6 enable
[AR1-LoopBack1]ipv6 address 2025::1 64
[AR1-LoopBack1]ripng 1 enable
[AR1-LoopBack1]quit
[AR1]
```

“ipv6 enable”命令用来在路由器端口上使用 IPv6，使得端口能够接收和转发 IPv6 报文。端口的 IPv6 功能默认是未使用的。

“ipv6 address auto link-local”命令用来为端口配置自动生成的链路本地地址。

“ripng process-id enable”命令用来使用一个端口的 RIPng。进程 ID 可以是 1～65535 中的任意值。默认情况下，端口未使用 RIPng。

（4）配置路由器 AR2，相关实例代码如下。

```
<Huawei>system-view
Enter system view, return user view with Ctrl+Z.
[Huawei]sysname AR2
[AR2]ipv6                    //使用 IPv6 功能，默认不使用该功能
[AR2]interfaceGigabitEthernet 0/0/0
[AR2-GigabitEthernet0/0/0]ipv6 enable
[AR2-GigabitEthernet0/0/0]ipv6 address 2023::2 64        //配置 IPv6 地址
[AR2-GigabitEthernet0/0/0]ripng 1 enable                 //配置 RIPng
[AR2-GigabitEthernet0/0/1]quit
[AR2]interfaceGigabitEthernet 0/0/1
[AR2-GigabitEthernet0/0/1]ipv6   enable
[AR2-GigabitEthernet0/0/1]ipv6 address 2024::2 64        //配置 IPv6 地址
[AR2-GigabitEthernet0/0/1]ripng 1 enable                 //配置 RIPng
[AR2-GigabitEthernet0/0/1]quit
[AR2]interfaceGigabitEthernet 0/0/2
[AR2-GigabitEthernet0/0/2]ipv6   enable
[AR2-GigabitEthernet0/0/2]ipv6 address 2001::2 64        //配置 IPv6 地址
[AR2-GigabitEthernet0/0/2]ripng 1 enable                 //配置 RIPng
[AR2-GigabitEthernet0/0/2]quit
[AR2]interfaceLoopBack1
[AR2-LoopBack1]ipv6 enable
[AR2-LoopBack1]ipv6 address 2026::1 64
[AR2-LoopBack1]ripng 1 enable
[AR2-LoopBack1]quit
[AR2]
```

（5）显示路由器 AR1、AR2 的配置信息，以路由器 AR1 为例，其主要相关实例代码如下。

```
<AR1>display current-configuration
 sysname AR1
#
ipv6
#
interfaceGigabitEthernet0/0/0
 ipv6 enable
 ipv6 address 2021::2/64
 ripng 1 enable
#
interfaceGigabitEthernet0/0/1
 ipv6 enable
 ipv6 address 2022::2/64
 ripng 1 enable
```

```
#
interfaceGigabitEthernet0/0/2
 ipv6 enable
 ipv6 address 2001::1/64
 ripng 1 enable
#
interfaceLoopBack1
 ipv6 enable
 ipv6 address 2025::1/64
#
ripng 1
#
user-interface con 0
 authentication-mode password
user-interfacevty 0 4
user-interfacevty 16 20
#
wlan ac
#
return
<AR1>
```

（6）显示路由器 AR1、AR2 的 RIPng 路由信息，以路由器 AR1 为例，如图 7.16 所示。

执行“display ripng”命令，可以查看 RIPng 进程实例及该实例的相关参数和统计信息。从显示信息中可以看出，RIPng 的优先级是 100，路由信息的更新周期是 30s；Number of routes in database 字段显示为 5，表明 RIPng 数据库中路由的条数为 5；Total number of routes in ADV DB is 字段显示为 5，表明 RIPng 正常工作并发送了 5 条路由更新信息。

（7）验证相关测试结果，主机 PC1 访问主机 PC3 和主机 PC4，如图 7.17 所示。

```
AR1
<AR1>display ripng
Public vpn-instance
    RIPng process : 1
       Preference      : 100
       Checkzero       : Enabled
       Default-cost    : 0
       Maximum number of balanced paths : 8
       Update time    : 30 sec      Age time     : 180 sec
       Garbage-collect time : 120 sec
       Number of periodic updates sent : 127
       Number of trigger updates sent   : 6
       Number of routes in database     : 5
       Number of interfaces enabled     : 3
       Total number of routes : 2
       Total number of routes in ADV DB is : 5

  Total count for 1 process :
       Number of routes in database : 5
       Number of interfaces enabled : 3
       Number of routes sendable in a periodic update : 15
       Number of routes sent in last periodic update : 13
<AR1>
```

图 7.16　显示路由器 AR1 的 RIPng 路由信息

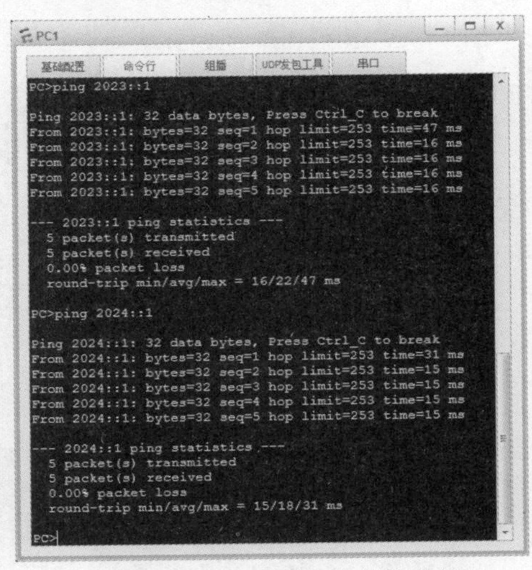

图 7.17　主机 PC1 验证相关测试结果

任务 7.2　OSPFv3 配置

V7-2　OSPFv3 配置

【实训目的】

（1）理解 OSPFv3 路由协议。

（2）掌握 OSPFv3 的配置方法。

【实训环境】

（1）准备华为 eNSP 模拟工具软件。

（2）准备设计网络拓扑结构。

【实训内容与步骤】

OSPFv3 是运行在 IPv6 网络中的 OSPF 协议。运行 OSPFv3 协议的路由器使用物理端口的链路本地单播地址为源地址来发送 OSPF 报文。路由器将学习相同链路上与之相连的其他路由器的链路本地地址，并在报文转发的过程中将这些地址当作下一跳地址使用，IPv6 中使用组播地址 FF02::5 来表示 All Routers，而 OSPFv2 中使用的是组播地址 224.0.0.5。需要注意的是，OSPFv3 和 OSPFv2 互不兼容。

路由器 ID 在 OSPFv3 中也是用于标识路由器的。与 OSPFv2 的路由器 ID 不同，OSPFv3 的路由器 ID 必须手动配置；如果没有手动配置路由器 ID，则 OSPFv3 将无法正常运行。OSPFv3 在广播型网络和 NBMA 网络中选择 DR 及 BDR 的过程与 OSPFv2 相似。IPv6 中使用组播地址 FF02::6 表示 All Routers，而在 OSPFv2 中使用的是组播地址 224.0.0.6。

OSPFv3 是基于链路的而不是基于网段的。在配置 OSPFv3 时，不需要考虑路由器的端口是否配置在同一网段，只要路由器的端口连接在同一链路上，就可以不配置 IPv6 全局地址而直接建立联系。这一变化影响了 OSPFv3 报文的接收、Hello 报文的内容及 LSA 报文的内容。

OSPFv3 直接使用 IPv6 的扩展头部（AH 和 ESP）来实现认证及安全处理，不再需要自身来完成认证。

（1）配置 OSPFv3，相关端口与 IP 地址配置如图 7.18 所示，进行网络拓扑连接。

（2）配置主机 PC2 和主机 PC4 的 IPv6 地址，如图 7.19 所示。

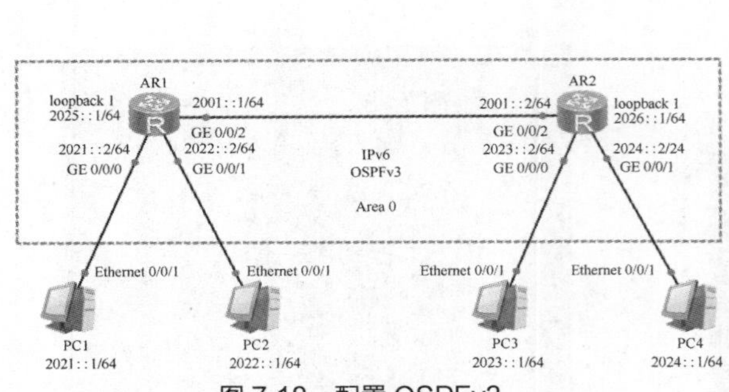

图 7.18　配置 OSPFv3

图 7.19　配置主机 PC2 和主机 PC4 的 IPv6 地址

（3）配置路由器 AR1，相关实例代码如下。

```
<Huawei>system-view
Enter system view, return user view with Ctrl+Z.
[Huawei]sysname AR1
[AR1]ipv6
```

```
[AR1]ospfv3
[AR1-ospfv3-1]router-id 1.1.1.1                    //必须配置路由器 ID，否则无法通信
[AR1-ospfv3-1]quit
[AR1]interfaceGigabitEthernet 0/0/0
[AR1-GigabitEthernet0/0/0]ipv6 enable
[AR1-GigabitEthernet0/0/0]ipv6 address 2021::2 64
[AR1-GigabitEthernet0/0/0]ospfv3 1 area 0          //配置 OSPFv3 路由协议
[AR1-GigabitEthernet0/0/0]quit
[AR1]interfaceGigabitEthernet 0/0/1
[AR1-GigabitEthernet0/0/1]ipv6 enable
[AR1-GigabitEthernet0/0/1]ipv6 address 2022::2 64
[AR1-GigabitEthernet0/0/1]ospfv3 1 area 0
[AR1-GigabitEthernet0/0/1]quit
[AR1]interfaceGigabitEthernet 0/0/2
[AR1-GigabitEthernet0/0/2]ipv6 enable
[AR1-GigabitEthernet0/0/2]ipv6 address 2001::1 64
[AR1-GigabitEthernet0/0/2]ospfv3 1 area 0
[AR1]interfaceloopback 1
[AR1-LoopBack1]ipv6 enable
[AR1-LoopBack1]ipv6 address 2025::1 64
[AR1-LoopBack1]ospfv3 1 area 0
[AR1-LoopBack1]quit
[AR1]
```

（4）配置路由器 AR2，相关实例代码如下。

```
<Huawei>system-view
Enter system view, return user view with Ctrl+Z.
[Huawei]sysname AR2
[AR2]ipv6
[AR2]ospfv3
[AR2-ospfv3-1]router-id 2.2.2.2                //必须配置路由器 ID，否则无法通信
[AR2-ospfv3-1]quit
[AR2]interfaceGigabitEthernet 0/0/0
[AR2-GigabitEthernet0/0/0]ipv6 enable
[AR2-GigabitEthernet0/0/0]ipv6 address 2023::2 64
[AR2-GigabitEthernet0/0/0]ospfv3 1 area 0
[AR2-GigabitEthernet0/0/0]quit
[AR2]interfaceGigabitEthernet 0/0/1
[AR2-GigabitEthernet0/0/1]ipv6 enable
[AR2-GigabitEthernet0/0/1]ipv6 address 2024::2 64
[AR2-GigabitEthernet0/0/1]ospfv3 1 area 0
[AR2-GigabitEthernet0/0/1]quit
[AR2]interfaceGigabitEthernet 0/0/2
[AR2-GigabitEthernet0/0/2]ipv6 enable
```

```
[AR2-GigabitEthernet0/0/2]ipv6 address 2001::2 64
[AR2-GigabitEthernet0/0/2]ospfv3 1 area 0
[AR2]interfaceloopback 1
[AR2-LoopBack1]ipv6 enable
[AR2-LoopBack1]ipv6 address 2026::1 64
[AR2-LoopBack1]ospfv3 1 area 0
[AR2-LoopBack1]quit
[AR2]
```

（5）显示路由器 AR1、AR2 的配置信息，以路由器 AR1 为例，其主要相关实例代码如下。

```
<AR1>display current-configuration
#
 sysname AR1
#
ipv6
#
ospfv3 1
 router-id 1.1.1.1
#
interfaceGigabitEthernet0/0/0
 ipv6 enable
 ipv6 address 2021::2/64
 ospfv3 1 area 0.0.0.0
#
interfaceGigabitEthernet0/0/1
 ipv6 enable
 ipv6 address 2022::2/64
 ospfv3 1 area 0.0.0.0
#
interfaceGigabitEthernet0/0/2
 ipv6 enable
 ipv6 address 2001::1/64
 ospfv3 1 area 0.0.0.0
#
interface NULL0
#
interfaceLoopBack1
 ipv6 enable
 ipv6 address 2025::1/64
 ospfv3 1 area 0.0.0.0
#
return
<AR1>
```

（6）显示路由器 AR1、AR2 的 OSPFv3 路由信息，以路由器 AR1 为例，如图 7.20 所示。

在邻居路由器上完成 OSPFv3 配置后，执行“display ospfv3”命令可以验证 OSPFv3 配置及查看相关参数。从显示信息中可以看到正在运行的 OSPFv3 进程为 1，Router ID 为 1.1.1.1，Number of FULL neighbors 字段值为 1。

（7）验证相关测试结果，主机 PC2 访问主机 PC3 和主机 PC4，如图 7.21 所示。

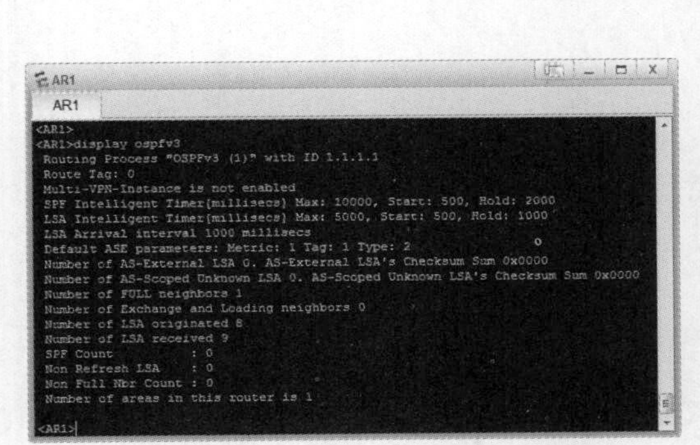

图 7.20　显示路由器 AR1 的 OSPFv3 路由信息

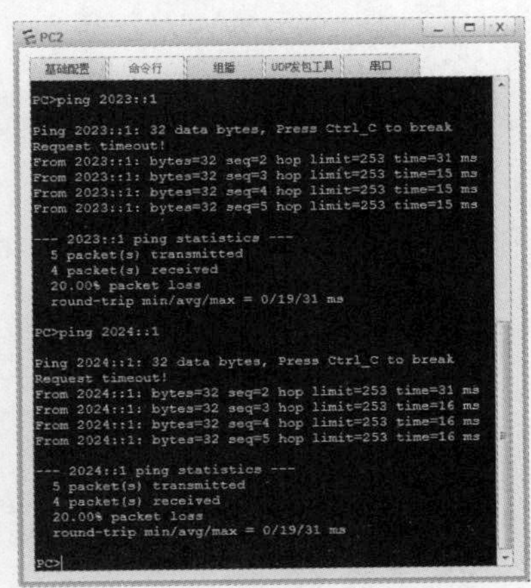

图 7.21　主机 PC2 验证相关测试结果

【模块小结】

本模块讲解了 Internet 的基础知识、Internet 的应用，以及 Internet 应用的发展趋势与热点等相关知识，详细讲解了 DNS 服务等相关知识，并且讨论了电子商务服务的发展情况。

本模块最后通过技能实践使学生进一步掌握 RIPng 的配置方法、OSPFv3 的配置方法。

【模块练习】

1. 选择题

（1）Internet 主要使用的传输协议是（　　）。

A. POP3　　B. TCP/IP　　C. IPC　　D. NetBIOS

（2）教育部门的域名是（　　）。

A. com　　B. org　　C. net　　D. edu

（3）Telnet 默认使用的端口号是（　　）。

A. 20　　B. 21　　C. 23　　D. 25

（4）在我国 Internet 又称为（　　）。

A. 因特网　　B. 物联网　　C. 企业网　　D. 通信网

（5）www.lncc.edu.cn 不是 IP 地址，而是（　　）。

A. 硬件编号　　B. 软件编号　　C. 域名　　D. 密码

（6）人们将文件从 FTP 服务器传输到客户机的过程称为（　　）。

A. 上传　　B. 下载　　C. 浏览　　D. 邮寄

（7）WWW 服务使用的协议是（　　）。

A. HTTP　　B. IP　　C. Telnet　　D. FTP

（8）IP 地址能够唯一确定 Internet 上的每台计算机与每个用户的（　　）。

A. 时间　　B. 费用　　C. 软件　　D. 位置

2. 简答题

（1）简述什么是 Internet。

（2）简述什么是 WWW 服务。

（3）简述什么是电子邮件服务。

（4）简述什么是文件传输服务。

（5）简述什么是 DNS 服务。

（6）简述什么是远程登录服务。

（7）简述什么是电子商务服务。

（8）简述 Internet 应用的发展趋势及其特点。

模块8 网络操作系统

08

【情景导入】

计算机已经进入人们的工作生活当中。你知道计算机是由什么管理的吗？选择网络操作系统的原则又是什么呢？网络操作系统能实现哪些方面的功能呢？

计算机操作系统是控制和管理计算机硬件及软件资源、合理组织计算机工作流程并方便用户使用的程序集合，是最靠近硬件的底层软件。网络操作系统是网络用户和计算机网络的接口，用于管理计算机的硬件和软件资源，如网卡、网络打印机、大容量外存等，为用户提供文件共享、打印共享等各种网络服务以及WWW服务、电子邮件服务、文件传输服务、DNS服务等。早期的网络操作系统功能比较简单，仅能提供基本的数据通信、文件和打印服务以及一些安全特征。随着网络技术的不断发展，现代网络操作系统的功能不断扩展，其性能也得到了幅度提高，并出现了多种具有代表性的高性能的网络操作系统，如今的网络操作系统市场可谓是“百花齐放，百家争鸣”，Linux网络操作系统更是得到了长足的发展。本模块主要讲述网络操作系统的定义及其特点、网络操作系统的发展历程、网络操作系统的功能、Linux网络操作系统的安装与使用等。

【学习目标】

【知识目标】

- 掌握网络操作系统的定义、基本特点和基本功能。
- 了解网络操作系统的发展历程。

【技能目标】

- 掌握虚拟机与Linux网络操作系统的安装方法。
- 掌握Ubuntu网络操作系统的基本操作方法。

【素质目标】

- 培养学生自我学习的能力、习惯和爱好。
- 培养学生实践动手能力，能解决工作中的实际问题，树立爱岗敬业精神。

【知识导览】

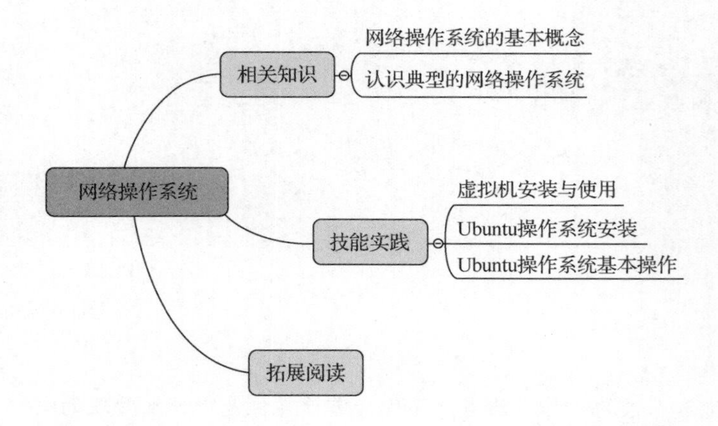

【相关知识】

8.1 网络操作系统的基本概念

网络操作系统是一种能代替操作系统的软件程序，是网络的“心脏”和“灵魂”，是向网络计算机提供服务的特殊的操作系统。主机通过网络进行数据和信息发布时，分为服务器及客户端（Client）。服务器的主要功能是管理服务器和网络中的各种资源及网络设备共用，加以统一合并控管流量，避免瘫痪，而客户端有能接收服务器所传输的数据来加以运用的功能，好让客户端可以搜索到所需的资源。

8.1.1 网络操作系统简介

操作系统（Operating System，OS）是计算机软件系统的重要组成部分，它是计算机与用户之间的接口，单机的操作系统主要有以下基本特点。

（1）由一些程序模块组成，用于管理和控制计算机系统中的硬件及软件资源。

（2）能合理地组织计算机的工作流程，以便有效地利用这些资源为用户提供一个功能强、使用方便的工作环境。

（3）只为本地用户服务，不能满足网络环境的要求。

为了实现上述功能，程序设计员需要在操作系统中建立各种进程，编制不同的功能模块，按层次结构将功能模块有机地组织起来，以实现处理器管理、作业管理、存储管理、文件管理和设备管理等功能。但是单机操作系统只能为本地用户使用本机资源提供服务，不能满足开放网络环境的要求。如果用户的计算机已经连接到一个局域网中，但是没有安装网络操作系统，那么这台计算机不可能提供任何网络服务功能。对于联网的计算机系统，不仅要为使用本地资源和网络资源的用户提供服务，还要为远程网络用户提供资源服务。因此，网络操作系统的基本任务是屏蔽本地资源的差异性，为用户提供各种基本网络服务功能，完成网络共享系统资源的管理，并提供网络操作系统的服务等。

1．网络操作系统的定义

网络操作系统（Network Operating System，NOS）是使网络中各计算机能够方便而有效地共享网络资源，并为网络用户提供共享资源管理服务和其他网络服务的各种软件与协议的集合。

网络操作系统与一般单机操作系统的不同在于提供的服务有差别。一般来说，网络操作系统偏重于将“与网络活动相关的特性”加以优化，即经过网络来管理诸如共享数据文件、软件应用和外部设备之类的资源。单机操作系统则偏重于优化用户与系统的接口，以及在其上面运行的各种应用程序。因此，网络操作系统实质上是管理整个网络资源的一种程序。网络操作系统管理的资源有工作站访问的文件系统、在网络操作系统中运行的各种共享应用程序、共享网络设备的输入输出信息、网络操作系统进程间的服务调度等。

2．网络操作系统的特点

网络操作系统除了具有一般操作系统的特性外，还具有自己的特点，典型的网络操作系统一般具有如下特点。

（1）支持多任务多用户管理。要求网络操作系统在同一时间能够处理多个应用程序，每个应用程序在不同的内存空间运行。网络操作系统应能同时支持多个用户对网络的访问。在多用户环境下，网络操作系统给应用程序以及数据文件提供足够的、标准化的保护。网络操作系统能够支持多用户共享网络资源，包括磁盘处理、打印机处理、网络通信处理等面向用户的处理程序和多用户的系统核心调和程序。

（2）支持大内存。要求网络操作系统支持较大的物理内存，以便应用程序能够更好地运行。

（3）支持对称多处理。要求网络操作系统支持多个 CPU 以减少事务处理时间，提高操作系统性能。

（4）支持网络负载平衡。要求网络操作系统能够与其他计算机构成一个虚拟系统，满足多用户访问的需要。

（5）支持远程网络管理。要求网络操作系统能够支持用户通过 Internet 进行远程管理和维护，如 Windows Server 2022 操作系统的终端服务。

（6）与硬件系统无关。网络操作系统可以在不同的网络硬件上运行。以网络中最常用的联网设备网卡来说，一般网络操作系统会支持多种类型的网卡，如 D-Link、Intel、3Com 以及其他厂家的以太网卡或令牌环网卡等。不同的硬件设备可以构成不同的拓扑结构，如总线型、环形、网状，网络操作系统应独立于这些拓扑结构。

（7）安全和存取控制。网络操作系统可对用户资源进行控制，并提供控制用户对网络访问的方式。

（8）图形用户界面。网络操作系统可提供给用户丰富的界面功能，具有多种网络控制方式。

（9）互操作性。这是网络工业的一种潮流，允许多种网络操作系统厂商的产品共享相同的网络电缆系统，并且彼此可以连通访问。

（10）目录服务。这是一种以单一逻辑的方式访问可能位于全球范围内的所有网络服务和资源的技术。无论用户身在何处，只需要通过一次登录就可以访问网络服务和资源。

（11）高可靠性。网络操作系统是运行在网络核心设备（如服务器）上的管理网络并提供服务的关键软件，它必须能够保证系统全天不间断地工作。如果由于某些情况系统总是崩溃或停止服务，则用户是无法忍受的，因此，网络操作系统必须具有高可靠性。

（12）安全性。为了保证系统和系统资源的安全性，网络操作系统往往集成了用户权限管理、资源管理等功能。例如，为每种资源都定义自己的存取控制表，定义各个用户对某资源的存取权限，且使用用户安全标识符进行区别。

（13）容错性。网络操作系统能提供多级系统容错能力，包括日志式的容错特征列表、可恢复文件系统、磁盘镜像、磁盘扇区备用以及对不间断电源（Uninterruptible Power Supply，UPS）的支持。强大的容错性是系统可靠运行的保障。

（14）可移植性和伸缩性。网络操作系统一般支持众多的硬件产品，不仅支持 Intel 系列的处理器，还可运行于精简指令集计算机。网络操作系统可以轻松地移植到不同的硬件平台上。网络操作系统往往还支持多处理器技术，如支持的处理器个数从 1 到 32 个不等或者更多，这使得网络操作系统具有很好的伸缩性。

（15）开放性、兼容性、支持 Internet 标准。Internet 已经成为网络的一个总称，网络的范围与专用性的界限越来越模糊，专用网络标准与 Internet 标准日趋统一。因此，各品牌网络操作系统都集成了许多标准化服务，如 Web 服务、FTP 服务等，各种类型的网络几乎都连接到了 Internet 上，对内、对外均按 Internet 标准提供服务。只有保证系统的开放性和标准性，使系统具有良好的兼容性、迁移性、可维护性等，才能保证厂家在激烈的市场竞争中生存下去，并最大限度地保障用户的投资。

8.1.2 网络操作系统的基本功能

网络操作系统的功能通常包括处理器管理、存储器管理、设备管理和文件管理，以及为方便用户使用网络操作系统而向用户提供的接口。网络操作系统除了可提供上述资源管理功能和用户接口外，还可提供网络环境下的通信、网络资源管理、网络应用等特定功能。它能够协调网络中各种设备的动作，向用户提供尽量多的资源，包括打印机、传真机等外围设备，并确保网络中数据和设备的安全性。网络操作系统具有如下几个方面的功能。

1. 共享资源管理

网络操作系统能够对网络中的共享资源（硬件和软件）实施有效的管理，协调用户对共享资源进行使用，并保证共享资源的安全性和一致性。

2. 网络通信

网络通信是网络最基本的形式，其任务是在源主机和目标主机之间实现无差错的数据传输。为此网络操作系统采用标准的网络通信协议实现以下主要功能。

（1）建立和拆除通信线路。这是指为通信双方建立的一条暂时性的通信线路。

（2）传输控制。对传输过程中的数据进行必要的控制。

（3）路由选择。为所传输的数据选择一条适合的传输路径。

（4）流量控制。控制传输过程中的数据流量。

（5）差错控制。对传输过程中的数据进行差错检测和纠正。

网络操作系统提供的通信服务主要有工作站与工作站之间的对等通信、工作站与主机之间的通信等。

3. 网络服务

网络操作系统在前两个功能的基础上为用户提供了多种有效的网络服务，如 WWW 服务、电子邮件服务、文件传输服务、共享磁盘服务和共享打印服务。

4. 网络管理

网络管理最主要的任务是安全管理，一般通过存取控制来确保存取数据的安全性，以及通过容错技术来保证系统发生故障时数据能够安全恢复。此外，网络操作系统提供了丰富的网络管理服务工具，可以提供网络性能分析、网络状态监控、存储管理等多种管理服务，并对使用情况进行统计，以便为提高网络性能、进行网络维护和计费等提供必要的信息。

5. 互操作能力

在客户机/服务器模式的局域网环境下的互操作，是指连接在服务器上的多种客户机不仅能与服务器通信，还能以透明的方式访问服务器中的文件系统；在互联网络环境下的互操作，是指不同网络间的客户机不仅能通信，还能以透明的方式访问其他网络的文件服务器。

6. 文件服务

文件服务是网络操作系统中最重要、最基本的网络服务。文件服务器以集中的方式管理共享文件，为网络提供完整的数据、文件、目录服务。用户可以根据规定的权限建立文件和对文件进行打开、删除、读写等操作。

7. 打印服务

打印服务也是网络操作系统提供的基本网络服务。共享打印服务可以通过设置专门的打印服务器来实现，打印服务器也可以由文件服务器或工作站兼任。局域网中可以设置一台或多台共享打印机，向网络用户提供远程共享打印服务。打印服务主要实现的是用户打印请求的接收、打印格式的说明、打印队列的管理等功能。

8. 分布式服务

网络操作系统的分布式服务可将不同地理位置的网络中的资源组织在一个全局性、可复制的分布式数据库中，网络中的多个服务器均有该数据库的副本。用户在一个工作站注册便可与多个服务器进行连接。服务器资源的存放位置对于用户来说是透明的，用户可以通过简单的操作访问大型局域网中的所有资源。

8.2 认识典型的网络操作系统

网络操作系统是用于网络管理的核心软件，目前网络操作系统已经得到了广泛的应用，纵观其几十年来的发展，网络操作系统经历了由对等结构向非对等结构演变的过程。

8.2.1 网络操作系统的发展

网络操作系统的发展经历了如下几个阶段。

1. 对等结构网络操作系统

对等结构网络操作系统具有以下特点。

网络中的计算机平等地进行通信，联网计算机中的资源可相互共享。每一台计算机都负责提供自己的资源（文件、目录、应用程序、打印机等），供网络中的其他计算机使用。每一台计算机负责维护自己资源的安全性。对等结构的网络操作系统可以提供磁盘共享、打印机共享、CPU 共享、屏幕共享以及电子邮件共享等服务。

对等结构网络操作系统的优点是结构简单，网络中任意两个节点均可直接通信；缺点是每台联网计算机既是服务器又是工作站，节点承担较重的通信管理、网络资源管理和网络服务管理等工作。对于早期资源较少、处理能力有限的微型计算机来说，要同时承担多项管理任务，势必会降低网络的整体性能。因此，对等结构网络操作系统支持的网络操作系统一般规模较小。

2. 非对等结构网络操作系统

网络节点有服务器和工作站两类。服务器采用高配置、高性能的计算机，为网络工作站提供服务。而工作站一般为配置较低的 PC，为本地用户和网络用户提供资源服务。

网络操作系统的软件分为两部分：一部分运行在服务器上，另一部分运行在工作站上。运行在服务器上的软件是网络操作系统的核心部分，其性能强弱直接决定了网络服务功能的强弱。

3. 以共享硬盘为服务的网络操作系统

早期的非对等结构网络操作系统以共享硬盘服务器为基础，向工作站用户提供共享硬盘、共享打印机、电子邮件、通信等基本服务。其效率较低、安全性也很差。

4. 以共享文件服务为基础的系统

网络操作系统由文件服务器软件和工作站软件两部分组成。文件服务器具有分时系统文件管理的全部功能，并可向网络用户提供完善的数据、文件和目录服务。

扫码看拓展阅读 8-1

初期开发的基于文件服务器的网络操作系统属于变形级系统。变形级系统是在单机操作系统的基础上，通过增加网络服务功能而构成的。

后期开发的网络操作系统都属于基础级系统。基础级系统是以计算机硬件为基础，根据网络服务的特殊要求，直接利用计算机硬件与少量软件资源专门设计的网络操作系统。基础级系统具有优越的网络性能，能提供很强的网络服务功能，目前大多数局域网采用了这类系统。

8.2.2 网络操作系统的选用原则

网络操作系统对于网络的应用、性能有着至关重要的影响。选择一个合适的网络操作系统，既能实现建设网络的目标，又能省钱、省力，提高系统的效率。

网络操作系统的选择要从网络应用出发，先分析所设计的网络到底需要提供什么服务，再分析各种网络操作系统提供这些服务的性能与特点，最后确定使用何种网络操作系统。网络操作系统的选择一般遵循以下原则。

1. 标准化

网络操作系统的设计、提供的服务应符合国际标准，尽量减少使用企业专用标准，这有利于系统的升级和应用的迁移，能最大限度、最长时间地保障用户的投资。采用符合国际标准开发的网络操作系统可以保证异构网络的兼容性，即在一个网络中存在多个操作系统时，能够充分实现资源的共享和服务的互容。

2. 可靠性

网络操作系统是保证网络核心设备服务器正常运行、提供关键任务服务的软件系统。它应具有健壮、可靠、容错性高等特点，能提供不间断的服务。因此，选择技术先进、产品成熟、应用广泛的网络操作系统，可以保证其具有良好的可靠性。

3. 安全性

网络环境更加易于遭受计算机病毒的传播和“黑客”攻击，为保证网络操作系统不受到侵扰，应选择强大的、能提供各种级别安全管理的网络操作系统。各个网络操作系统都自带安全服务，例如，UNIX、Linux 网络操作系统提供了用户账号、文件系统权限和系统日志文件；NetWare 网络操作系统提供了 4 级安全系统，即登录安全、权限安全、属性安全和服务安全；Windows Server 2012/2016/2019 网络操作系统提供了用户账号管理、文件系统权限、Registry 保护、审核、性能监视等基本安全机制。

4. 网络应用服务的支持

网络操作系统应能提供全面的网络应用服务，如 WWW 服务、文件传输服务、电子邮件服务等，并能很好地支持第三方应用系统，从而保证能提供完整的网络应用。

5. 易用性

用户应选择易管理、易操作的网络操作系统，以提高管理效率，降低管理复杂性。现在有些用户对新技术十分敏感和好奇，在网络建设过程中往往忽略实际应用的要求，盲目追求新产品、新技术。计算机技术发展极快，谁也不知道下一个 10 年，计算机网络技术会发展成什么样子，谁都无法预测。面对今天越来越“火热”的网络市场，不要盲目追求新技术、新产品，一定要从自己的实际需求出发，建立一套既能真正适合当前实际应用需要，又能保证今后顺利升级的网络操作系统。

当然，网络操作系统具有许多共同点，同时各具特色，被广泛应用于各种网络环境中，并都占有一定的市场份额。网络建设者应熟悉网络操作系统的特征及优缺点，并应根据实际的应用情况以及网络使用者的水平层次来选择合适的网络操作系统。选择时最重要的还是要和自己的网络环境结合起来，一般来说，在中小型企业网络建设中，多选用 Windows Server 2012/2016/2019 网络操作系统，其比较简单易用，适合技术维护力量较薄弱的网络环境；做网站服务器和邮件服务器时多选用 Linux 网络操作系统；而在工业控制、生产企业、证券系统的环境中，多选用 Novell NetWare 网络操作系统；在安全性要求很高的情况下，如金融、银行、军事等领域及大型企业网络则推荐选用 UNIX 网络操作系统。总之，选择网络操作系统时要充分考虑其自身的可靠性、易用性、安全性及网络应用的需要。

8.2.3 常见的网络操作系统及其特点

随着计算机网络的飞速发展，市场上出现了多种网络操作系统，目前较常见的网络操作系统主要包括 UNIX、NetWare、Windows Server 2012/2016/2019，以及发展势头强劲的 Linux 等。

1. Windows NT Server

1993 年 5 月，Windows NT 3.1 与 DOS 脱离，采用了很多新技术，并具有很强的联网功能，但它对硬件资源要求较高，网络功能明显不足。

1994 年 9 月，Windows NT 3.5 对 NT 3.1 进行了改进，降低了对硬件资源的要求，增加了与 UNIX 和 NetWare 等网络操作系统的连接与集成。

1996 年 7 月，Windows NT 4.0 在网络性能、网络安全性与网络管理性以及支持 Internet 等方面有了质的飞跃。Windows NT 操作系统提供了两套软件包，分别是 Windows NT Workstation 和 Windows NT Server。

Windows NT Workstation 是 Windows NT 的工作站版本，它是功能非常强大的标准的 32 位桌面操作系统，不仅高效、易用，还可以与个人计算机保持兼容，可以满足用户的各种需要。

Windows NT Server 则是 Windows NT 的服务器版本，它为许多重要的商务应用程序提供了一切必要的服务，包括高效可靠的数据库、TBM SNA 主机连接、消息和系统管理服务等。

Windows NT Server 是一套功能强大、可靠性高并可进行扩充的网络操作系统，还结合了 Windows 操作系统的许多优点。总的来看，它的特点主要表现在以下几个方面。

（1）内置的网络功能。通常的网络操作系统在传统的操作系统之上附加网络软件，但是 Windows NT Server 把网络功能集成在了系统之中，并将其作为输入输出系统的一部分。

（2）内置的管理。网络管理员可以通过使用 Windows NT Server 内部的安全保密机制，来完成对每个文件设置不同的访问权限以及规定用户对服务器的操作权限等任务。

（3）良好的用户界面。Windows NT Server 采用全图形化的用户界面，用户可以方便地通过鼠标进行操作。

（4）组网简单、管理方便。利用 Windows NT Server 来组建和管理局域网非常简单，基本不需要学习太多的网络知识，很适合普通用户使用。

（5）开放的体系结构，支持多处理器。

2. Windows Sever 2019

Windows Sever 2019 是微软服务器操作系统的名称，并且是 Windows Server 2016 的“继任者”，是对 Windows NT Server 的进一步拓展和延伸，是迄今为止 Windows 服务器体系中最重量级的产品之一。

Windows Server 2019 拥有全新的用户界面，强大的管理工具，改进的 PowerShell 支持，以及网络、存储和虚拟化方面大量的新特性，并且其底层特意为云而设计，提供了创建私有云和公有云的基础设施。

Windows Server 2019 规划了一套完备的虚拟化平台，不仅可以应对多工作负载、多应用程序、高强度和可伸缩的架构，还可以简单、快捷地进行平台管理。另外，其在保障数据和信息的高安全性，可靠性、省电、整合方面也进行了诸多改进。

Windows Server 2019 的特点如下。

（1）超越虚拟化。Windows Server 2019 完全超越了虚拟化的概念，提供了一系列新增加和改进的技术，将云计算的潜能发挥到了最大的限度，其中最大的亮点就是私有云的创建。在 Windows Server 2019 的开发过程中，对 Hyper-V 的功能与特性进行了大幅的改进，从而能为企业组织提供动态的多租户基础架构，企业组织可在灵活的 IT 环境中部署私有云，并能动态响应不断变化的业务需求。

（2）功能强大、管理简单。Windows Server 2019 可帮助 IT 专业人员在对云进行优化的同时，提供高度可用、易于管理的多服务器平台，能更快捷、更高效地满足业务需求，并且可以通过基于软件的策略控制技术更好地管理系统，从而获得各类收益。

（3）跨越云端的应用体验。Windows Server 2019 是一套全面、可扩展，并且适应性强的 Web 与应用程序平台，能为用户提供足够的灵活性，供用户在内部、在云端、在混合式环境中构建部署应用程序，并能使用一致性的开放式工具。

（4）现代化的工作方式。Windows Server 2019 在设计上可以满足现代化工作风格的需求，帮助管理员使用智能并且高效的方法提升企业环境中的用户生产力，尤其是涉及集中化桌面的场景。

3. NetWare 操作系统

20 世纪 80 年代初，美国著名的 Novell 公司开发出了一种高性能的局域网络——Novell 网。紧接着其又推出了 NetWare 操作系统。NetWare 不仅是 Novell 网的操作系统，还是 Novell 网的核心。

1981 年，Novell 公司首次提出了 LAN 文件服务器的概念；1985 年，Advanced NetWare 1.x 发布，增加了多任务处理功能，完善了低层协议，并支持基于不同网卡的节点互联；1986 年，Advanced NetWare 2.0 扩充了虚拟内存工作方式，并且内存寻址突破 640KB；1987 年，NetWare 2.1 在 Netware 文件服务器中增加了系统容错（System Fault Tolerance，SFT）机制，包括热修复、磁盘镜像和磁盘双工等；1990 年，NetWare 3.1 在网络整体性能、系统的可靠性、网络管理和应用开发平台等方面予以增强；1993 年，NetWare 4.0 在 NetWare 3.11 的基础上增加了目录服务和磁盘文件压缩功能，具有良好的可靠性、易用性、可缩放性和灵活性；2000 年，NetWare 5.0 更大程度地支持并加强了 Internet/Intranet 以及数据库的应用与服务。

NetWare 是以文件服务器为中心的操作系统，它主要由以下 3 个部分组成。

（1）文件服务器。文件服务器实现了 NetWare 的核心协议（NCP），并提供了 NetWare 的所有核心服务。文件服务器主要负责对网络工作站的网络服务请求进行处理，并提供了运行软件和维护网络操作系统所需要的最基本的功能。

（2）工作站软件。工作站软件是指在工作站上运行的，能把工作站与网络连接起来的程序系统，它与工作站中的操作系统一起驻留在用户工作站中，建立起用户的应用环境。工作站软件的主要任务是确定来自程序或用户的请求是工作站请求还是网络请求，并做出相应的处理。

（3）低层通信协议。服务器与工作站之间的连接是通过网卡、通信软件和传输介质来实现的。NetWare 的低层通信协议包含在通信软件之中，主要为网络服务器与工作站、工作站与工作站之间建立通信连接时提供网络服务。

NetWare 的特点如下。

（1）支持多种用户类型。在 NetWare 网络中，网络用户可以分为网络管理员、组管理员、网络操作员、普通网络用户 4 类。

（2）强有力的文件系统。在 NetWare 网络中，有一个或一个以上的文件服务器。NetWare 文件系统通过目录文件结构组织文件。文件服务器对网络文件访问进行集中、高效的管理。

（3）先进的磁盘通道技术。NetWare 文件系统采用了多路硬盘处理技术和高速缓冲算法来加快硬盘通道的访问速度，有效地提高了多个站点访问服务器硬盘的响应速度。另外，NetWare 还采用了目录 Cache、目录 Hash、文件 Cache、后台写盘、多硬盘通道等硬盘访问机制来提高硬盘通道总的吞吐量。

（4）高安全性。NetWare 提供了 4 种安全保密措施：注册安全性、权限安全性、属性安全性和文件服务器安全性。这些安全措施可以单独使用，也可以混合使用。

（5）开放式的系统体系结构。NetWare 使用开放性协议技术（Open Protocol Technology，OPT），允许各种协议的结合，支持多种操作系统，使各类工作站可与公共服务器通信。

4. UNIX 操作系统

1969 年，美国贝尔实验室首先用汇编语言在 PDP-7 机器上实现了 UNIX 操作系统。不久后，UNIX 又被用 C 语言进行了重写。1976 年和 1978 年分别发布了 UNIX V.6 和 UNIX V.7，并正式向美国各个大学及研究机构提供了 UNIX 的源代码，以鼓励其对 UNIX 进行改进，从而促进了 UNIX 的迅速发展。1982 年和 1983 年又先后发布了 UNIX System III 和 UNIX System V；1984 年推出了 UNIX System V2.0；1987 年发布了 3.0 版本，分别简称为 UNIX SVR 2 和 UNIX SVR 3；1989 年发布了 UNIX SVR 4。UNIX 不是网络操作系统，但由于它能支持通信功能，并能提供一些大型服务器的操作系统的功能，因此人们通常将它作为网络操作系统来使用。

早期的 UNIX 是用于小型计算机的操作系统，以替代一些专用操作系统。在这些操作系统中，UNIX 作为一种多用户、多任务操作系统运行，应用软件和数据集中在一起。经过不断的发展，UNIX 已成为可移植的操作系统，能运行在各种计算机中，包括大型主机和巨型计算机，从而大大扩大了它的应用范围。

UNIX 的出现大大推动了计算机操作系统及软件技术的发展，UNIX 能获得如此巨大成功，可归结为它具有以下基本特点。

（1）多用户、多任务环境。UNIX 是一个多用户、多任务的操作系统，它不仅可以同时支持数十个乃至数百个用户，通过各自的联机终端同时使用一台计算机，还允许每个用户同时执行多个任务。

（2）功能强大、实现高效。UNIX 操作系统的许多功能在实现上都有其独到之处，且十分高效。其内部丰富的功能使用户能方便、快速地完成其他许多操作系统难以实现的功能。

（3）具有很好的可移植性。UNIX 是可移植性极好的操作系统，它不仅能广泛地配置在微型机、中型机、大型机等各种机器上，还能方便地将已配置了 UNIX 的机器进行联网。

（4）丰富的网络功能。各种 UNIX 版本普遍支持 TCP/IP，且 UNIX 中包括了网络文件系统软件、客户机/服务器协议软件 LAN Manager Client/Server、IPX/SPX 软件等。通过这些产品可以实现 UNIX 操作系统、UNIX 与 NetWare、Windows NT 等网络之间的互联。

（5）强大的系统管理器和进程资源管理器。UNIX 的核心系统配置和管理是由系统管理器（SAM）来实施的。利用 SAM 可以大大简化操作步骤，从而显著提高系统管理的效率。而进程资源管理器可以让系统管理员动态地将可用的 CPU 周期和内存的最少百分比分配给指定的用户群及一些进程，从而为系统管理提供额外的灵活性。

5. Linux 操作系统

回顾 Linux 的历史，可以说它是“踩着巨人的肩膀”逐步发展起来的，Linux 在很大程度上借鉴了 UNIX 操作系统的成功经验，继承并发展了 UNIX 的优良传统。由于 Linux 具有开源的特性，因此一经推出便得到了广大操作系统开发爱好者的积极响应和支持，这也是 Linux 得以迅速发展的关键因素之一。

（1）Linux 简介。

Linux 操作系统是一种类 UNIX 的操作系统，由于 UNIX 具有良好而稳定的性能，因此在计算机领域中得到了广泛应用。

由于美国电话电报公司的政策改变，在 Version 7 UNIX 推出之后，其发布了新的使用条款，将 UNIX 源代码私有化，在大学中不能再使用 UNIX 源代码。1987 年，荷兰的阿姆斯特丹自由大学计算机科学系的安德鲁・塔能鲍姆（A. Tanenbaum）教授为了能在课堂上教授学生操作系统运作的实务细节，决定在不使用任何美国电话电报公司的源代码的前提下，自行开发与 UNIX 兼容的操作系统，以避免版权上的争议。他以小型 UNIX（mini-UNIX）之意将此操作系统命名为 MINIX。MINIX 是一种基于微内核架构的类 UNIX 操作系统，除了启动的部分用汇编语言编写以外，其他大部分是用 C 语言编写的，其内核系统分为内核、内存管理及文件管理 3 部分。

MINIX 最出名的学生用户是芬兰人李纳斯・托沃兹（L. Torvalds），他在芬兰的赫尔辛基大学用 MINIX 操作系统搭建了一个新的内核与 MINIX 兼容的操作系统，1991 年 10 月 5 日，他在一台 FTP 服务器上发布了这个消息，并将此操作系统命名为 Linux，标志着 Linux 操作系统的诞生。在设计哲学上，Linux 和 MINIX 大相径庭，MINIX 在内核设计上采用了微内核的架构，但 Linux 和原始的 UNIX 相同，都采用了宏内核的架构。

Linux 操作系统增加了很多功能，被完善并发布到了互联网中，所有人都可以免费下载、使用它的源代码。Linux 的早期版本并没有考虑用户的使用，只提供了最核心的框架，使得 Linux 编程人员可以享受编制内核的乐趣，这也促成了 Linux 操作系统内核的强大与稳定。随着互联网的发展与兴起，Linux 操作系统迅速发展，许多优秀的程序员都加入了 Linux 操作系统的编写队伍，随着编程人员的扩充和完整的操作系统基本软件的出现，Linux 操作系统开发人员认识到 Linux 已经逐渐变成一个成熟的操作系统平台，1994 年 3 月，其内核 1.0 的推出，标志着 Linux 第一个版本的诞生。

Linux 一开始要求所有的源代码必须公开，且任何人均不得从 Linux 交易中获利。然而，这种纯粹的自由软件的理想对 Linux 的普及和发展是不利的，于是 Linux 开始转向通用公共许可证（General Public License，GPL）项目，成为 GNU（GNU's Not UNIX）阵营中的主要成员。GNU 项目是由理查德・斯托曼（R. Stallman）于 1984 年提出的，他建立了自由软件基金会，并提出 GNU 项目的目的是开发一种完全自由的、与 UNIX 类似但功能更强大的操作系统，以便为所有计算机用户提供一种功能齐全、性能良好的操作系统。

Linux 诞生之后发展迅速，一些机构和公司将 Linux 内核、源代码以及相关应用软件集成为一个完整的操作系统，便于用户安装和使用，从而形成了 Linux 发行版本。发行版本不仅包括完整的 Linux 操作系统，还包括文本编辑器、高级语言编译器等应用软件，以及 X-Windows 图形用户界面。Linux 在桌面应用、服务器平台、嵌入式应用等领域得到了良好发展，并形成了自己的产业环境，包括芯片制造商、硬件厂商、软件提供商等。Linux 具有完善的网络功能和较高的安全性，继承了 UNIX 操作系统卓越的稳定性表现，在全球各地的服务器平台上的市场份额不断增加。在高性能集群计算中，Linux 处于无可争议的霸主地位，在全球排名前 500 名的高性能计算机操作系统中，Linux 占了 90%以上的份额。

云计算、大数据作为一个基于开源软件的平台，大多数平台是基于 Linux 的。Linux 基金会的研究结果表明，85%以上的企业已经在使用 Linux 操作系统进行云计算、大数据平台的构建。在物联网、嵌入式系统、移动终端等市场，Linux 也占据着大的份额。在桌面操作系统领域，Windows 仍然是霸主，但是 Ubuntu、CentOS 等注重于桌面体验的发行版本的不断进步，使得 Linux 在桌面操作系统领域的市场份额逐步提升。Linux 凭借优秀的设计、不凡的性能，加上 IBM、Intel、CA、Core、Oracle 等国际知名企业的大力支持，其市场份额逐步扩大，逐渐成为主流操作系统之一。

（2）Linux 的体系结构。

Windows 系列操作系统采用微内核架构、模块化设计，将对象分为用户模式层和内核模式层。用户模式层由组件（子系统）构成，将与内核模式组件有关的必要信息与其最终用户和应用程序隔离开来。内核模式层有权访问系统数据和硬件，能直接访问内存，并在被保护的内存区域中执行应用程序。

Linux 操作系统是采用单内核模式的操作系统，内核代码结构紧凑、执行速度快。内核是 Linux 操作系统的主要组成部分，它可实现进程管理、内存管理、文件管理、设备驱动和网络管理等功能，为核外的所有程序提供运行环境。

Linux 采用分层设计，其分层结构如图 8.1 所示。它包括 4 个层次，每层只能与相邻的层通信，层间具有从上到下的依赖关系，靠上的层依赖靠下的层，但靠下的层并不依赖靠上的层，各层系统功能如下。

用户应用程序
操作系统服务
Linux内核
硬件系统

图 8.1　Linux 操作系统的分层结构

① 用户应用程序：位于整个系统的最顶层，是 Linux 操作系统中运行的应用程序的集合，常见的用户应用程序有多媒体处理应用程序、文字处理应用程序、网络应用程序等。

② 操作系统服务：位于用户应用程序与 Linux 内核之间，主要是指那些为用户提供服务且执行操作系统部分功能的程序，为应用程序提供系统内核的调用接口。窗口系统、Shell 命令解释系统、内核编程接口等就属于操作系统服务子系统，这一部分也称为系统程序。

③ Linux 内核：靠近硬件的内核，即 Linux 操作系统常驻内存部分。Linux 内核是整个操作系统的核心，由它实现对硬件的抽象和访问调度。它为上层调用提供了一个统一的虚拟机器接口，在编写上层程序的时候不需要考虑计算机使用何种类型的硬件，也不需要考虑临界资源问题。每个上层进程执行时就像是计算机中的唯一进程，独占了系统的所有内存和其他硬件资源，但实际上，系统可以同时运行多个进程，由 Linux 内核保证各进程对临界资源的安全使用。运行在内核之上的程序可分为系统程序和用户程序两大类，但它们几乎都运行在用户模式之下，内核之外的所有程序必须通过系统调用才能进入操作系统的内核。

④ 硬件系统：包含 Linux 使用的所有物理设备，如 CPU、内存、硬盘和网络设备等。

（3）Linux 的版本。

Linux 操作系统的标志是一只可爱的小企鹅，如图 8.2 所示。它寓意着开放和自由，这也是 Linux 操作系统的“灵魂”。

图 8.2　Linux 操作系统的标志

V8-1　Linux的版本

Linux 是一种诞生于网络、成长于网络且成熟于网络的操作系统，具有开源的特性，是基于 Copyleft（无版权）的软件模式进行发布的。其实，Copyleft 是与 Copyright（版权所有）相对立的新名词，这造就了 Linux 操作系统发行版本多样的格局。目前，Linux 操作系统已经有超过 300 个发行版本被开发出来，被普遍使用的有以下几个。

① RedHat Linux。

RedHat（红帽）Linux 是现在最著名的 Linux 版本之一，其不但创造了自己的品牌，而且被越来越多的用户使用。2014 年年底，RedHat 公司推出了企业版 Linux 操作系统，即 RedHat Enterprise Linux 7，简称 RHEL 7。

RHEL 7 创新地集成了 Docker 虚拟化技术，支持 XFS 文件系统，兼容微软的身份管理，其性能和兼容性相较之前版本都有了很大的改善，是一款非常优秀的操作系统。RHEL 7 的变化较大，几乎之前所有的运维自动化脚本都需要修改，但是旧版本有更大的概率存在安全漏洞或者功能缺陷，而新版本出现漏洞的概率小，即使出现漏洞，也会很快得到众多开源社区和企业的响应及修复。

② CentOS。

社区企业操作系统（Community enterprise Operating System，CentOS）是 Linux 发行版之一，它是基于 RedHat Enterprise Linux 开放源代码规定公布的源代码所编译而成的。由于出自同样的源代码，因此有些要求稳定性强的服务器用 CentOS 代替 RedHat Enterprise Linux。两者的不同之处在于，CentOS 并不包含封闭源代码软件。

CentOS 完全免费，不存在 RedHat Enterprise Linux 需要序列号的问题；CentOS 独有的 yum 命令支持在线升级，可以即时更新系统，不像 RedHat Enterprise Linux 那样需要购买支持服务；CentOS 修正了许多 RedHat Enterprise Linux 的漏洞；CentOS 在大规模的系统下也能够发挥出很好的性能，能够提供可靠稳定的运行环境。

③ Fedora。

Fedora 是由社区支持的 Fedora 项目开发并由 RedHat 公司赞助的 Linux 发行版。Fedora 包含在各种免费和开源许可下分发的软件。Fedora 是 RedHat Enterprise Linux 发行版的上游源。Fedora 作为开放的、创新的、具有前瞻性的操作系统和平台，允许任何人自由使用、修改和重新发布，它由一个强大的社群开发，无论是现在还是将来，Fedora 社群的成员都将以自己的不懈努力，提供并维护自由、开放源代码的软件和开放的标准。

④ Mandrake。

Mandrake 于 1998 年由一个推崇 Linux 的小组创立，它的目标是尽量让工作变得更简单。Mandrake 提供了一个优秀的图形用户界面，它的最新版本中包含了许多 Linux 软件包。

作为 RedHat Linux 的一个分支，Mandrake 将自己定位在桌面市场的最佳 Linux 版本上。但其也支持在服务器上安装，且效果还不错。Mandrake 的安装非常简单明了，它为初级用户设置了简单的安装选项，还为磁盘分区制作了一个适合各类用户的简单图形用户界面。其软件包的选择非常标准，并具有对软件组件和单个工具包的选项。安装完毕后，用户只需重启系统并登录即可。

⑤ Debian。

Debian 诞生于 1993 年 8 月 13 日，它的目标是提供一个稳定容错的 Linux 版本。支持 Debian 的不是某家公司，而是许多在其改进过程中投入了大量时间的开发人员，这种改进吸取了早期 Linux 的经验。

Debian 以其稳定性著称，虽然它的早期版本 Slink 有一些问题，但是其版本 Potato 已经相当稳定了。Potato 更多地使用了可插拔认证模块（Pluggable Authentication Modules，PAM），综合了一些更易于处理的需要认证的软件（如 winbind for Samba）。

Debian 的安装完全是基于文本的，对于其本身来说这不是一件坏事，但对于初级用户来说却并非这样。因为它仅使用 fdisk 作为分区工具而没有自动分区功能，所以它的磁盘分区过程对于初级用户来说非常复杂。磁盘设置完毕后，软件工具包的选择通过一个名为 dselect 的工具实现，但它不向用户提供安装基本工具组（如开发工具）的简易设置步骤，且其需要使用 anXious 工具配置 Windows。这个过程与其他版本的 Windows 配置过程类似，完成这些配置后，即可使用 Debian。

⑥ Ubuntu。

Ubuntu 是一个以桌面应用为主的 Linux 操作系统，其名称来自“ubuntu”（可译为乌班图）一词，意思是“人性”“我的存在是因为大家的存在”，这是非洲一种传统的价值观，类似于中国的“仁爱”思想。Ubuntu 基于 Debian 发行版和 Unity 桌面环境，与 Debian 的不同之处在于，其每 6 个月会发布一个新版本。Ubuntu 的目标是为一般用户提供一个最新的、同时相当稳定的主要由自由软件构建而成的操作系统。Ubuntu 具有强大的社区力量，用户可以方便地从社区获得帮助。随着云计算的流行，Ubuntu 推出了一个云计算环境搭建的解决方案，可以在其官方网站找到相关信息。

本书以 Ubuntu 的 20.04.2 版本为平台介绍 Linux 的使用方法。书中出现的各种操作，如无特别说明，均以 Ubuntu 为实现平台，所有案例都经过编者完整实现。

（4）Linux 的特性。

Linux 操作系统是目前发展最快的操作系统，这与 Linux 具有的良好特性是分不开的。它包含了 UNIX 的全部功能和特性。Linux 操作系统作为一款免费、自由、开放的操作系统，势不可当。它高效、安全、稳定，支持多种硬件平台，用户界面友好，网络功能强大，支持多任务、多用户。Linux 的主要特性如下。

V8-2　Linux 的特性

① 开放性。Linux 操作系统遵循世界标准规范，特别遵守 OSI 国际标准，凡遵守该国际标准所开发的硬件和软件都能彼此兼容，可方便地实现互联。另外，源代码开放的 Linux 是免费的，使得 Linux 的获取非常方便，且使用 Linux 可节省花销。使用者能控制源代码，即按照需求对部件进行配置，以及自定义建设系统安全设置等。

② 多用户。Linux 操作系统资源可以被不同用户使用，每个用户对自己的资源（如文件、设备）有特定的权限。

③ 多任务。使用 Linux 操作系统的计算机可同时执行多个程序，而各个程序的运行互相独立。

④ 良好的图形用户界面。Linux 操作系统为用户提供了图形用户界面。它利用鼠标、菜单、窗口、滚动条等元素，给用户呈现出一个直观、易操作、交互性强的友好的图形化界面。

⑤ 设备独立性强。Linux 操作系统将所有外部设备统一当作文件来看待，只要安装它们的驱动程序，任何用户都可以像使用文件一样操纵、使用这些设备，而不必知道它们的具体存在形式。Linux 是具有设备独立性的操作系统，它的内核具有高度适应能力。

⑥ 提供了丰富的网络功能。Linux 操作系统是在 Internet 基础上产生并发展起来的，因此，完善的内置网络是 Linux 的一大特点。Linux 操作系统支持 Internet、文件传输和远程访问等。

⑦ 可靠的安全系统。Linux 操作系统采取了许多安全措施，包括读写控制、带保护的子系统、审计跟踪、核心授权等，这为处于网络多用户环境中的用户提供了必要的安全保障。

⑧ 良好的可移植性。Linux 操作系统从一个平台转移到另一个平台时仍然能用其自身的方式运行。Linux 是一种可移植的操作系统，能够在从微型计算机到大型计算机的任何环境和任何平台上运行。

⑨ 支持多文件系统。Linux 操作系统可以把许多不同的文件系统，包括 Ext2/3、FAT32、NTFS、OS/2 等文件系统，以及网络中其他计算机共享的文件系统等，以挂载形式连接到本地主机上，它是数据备份、同步、复制的良好平台。

扫码看拓展阅读 8-2

【技能实践】

任务 8.1　虚拟机安装与使用

【实训目的】

（1）掌握 VMware Workstation 工具软件的安装过程。

（2）掌握 VMware Workstation 工具软件的使用方法。

【实训环境】

准备 VMware Workstation 工具软件。

【实训内容与步骤】

虚拟机软件有很多，本书选用 VMware Workstation 软件。VMware Workstation 是一款功能强大的桌面虚拟机软件，可以在单一桌面上同时进行不同操作，并完成开发、调试、部署等工作。

（1）下载 VMware-workstation-full-16.1.2-17966106 软件安装包，双击安装文件，进入“欢迎使用 VMware Workstation Pro 安装向导”界面，单击“下一步”按钮，如图 8.3 所示。

（2）进入“最终用户许可协议”界面，选中“我接受许可协议中的条款”复选框，单击“下一步”按钮，如图 8.4 所示。

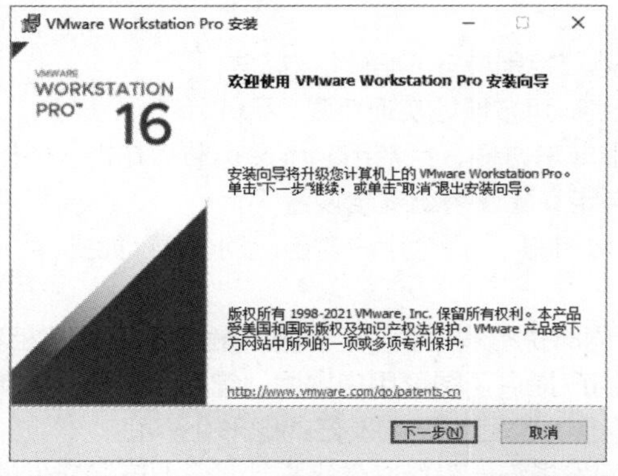

图 8.3　“欢迎使用 VMware Workstation Pro 安装向导”界面

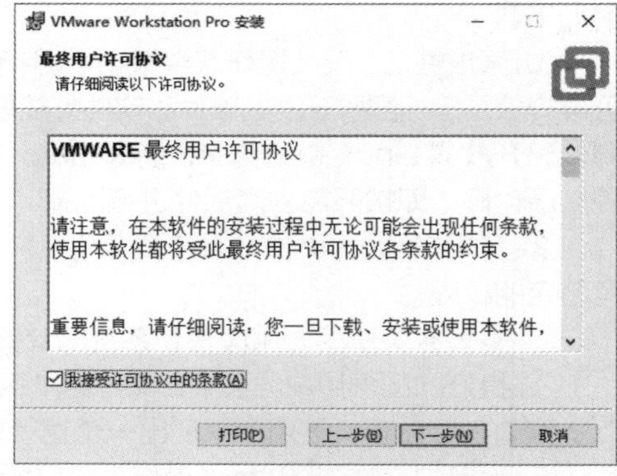

图 8.4　“最终用户许可协议”界面

（3）进入“自定义安装”界面，选中“将 VMware Workstation 控制台工具添加到系统 PATH”复选框，单击“下一步”按钮，如图 8.5 所示。

（4）进入“用户体验设置”界面，保留默认设置，单击“下一步”按钮，如图 8.6 所示。

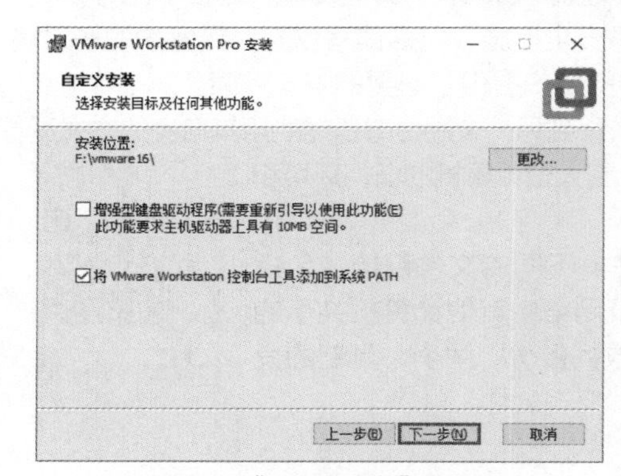

图 8.5　“自定义安装”界面

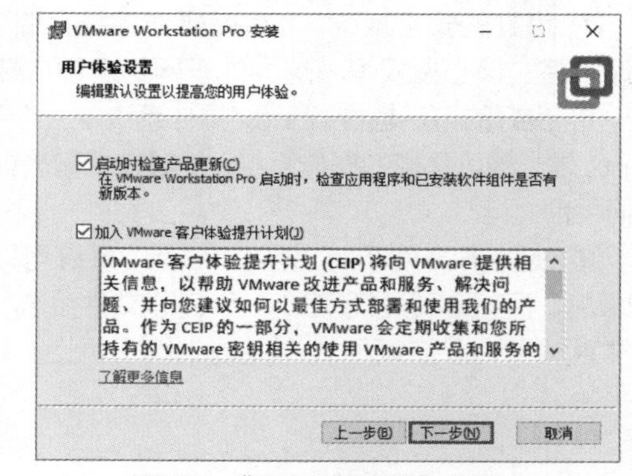

图 8.6　“用户体验设置”界面

（5）进入“快捷方式”界面，保留默认设置，单击“下一步”按钮，如图 8.7 所示。

（6）进入“安装 VMware Workstation Pro”界面，单击“安装”按钮，开始安装该软件，如图 8.8 所示。

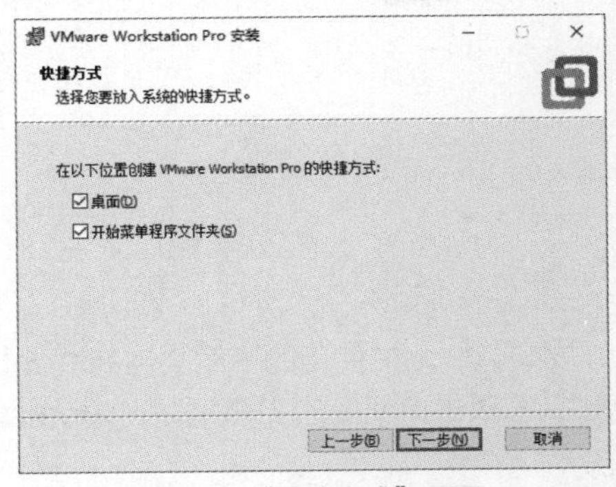

图 8.7 “快捷方式”界面

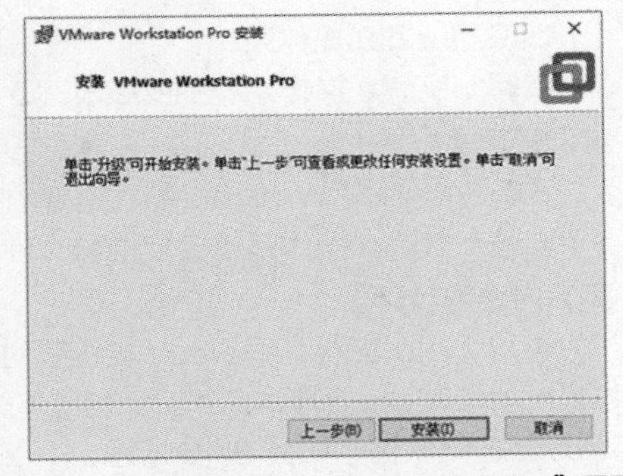

图 8.8 “安装 VMware Workstation Pro”界面

（7）进入“正在安装 VMware Workstation Pro”界面，如图 8.9 所示。

（8）安装结束后，进入“VMware Workstation Pro 安装向导已完成”界面，单击“许可证”按钮，如图 8.10 所示。

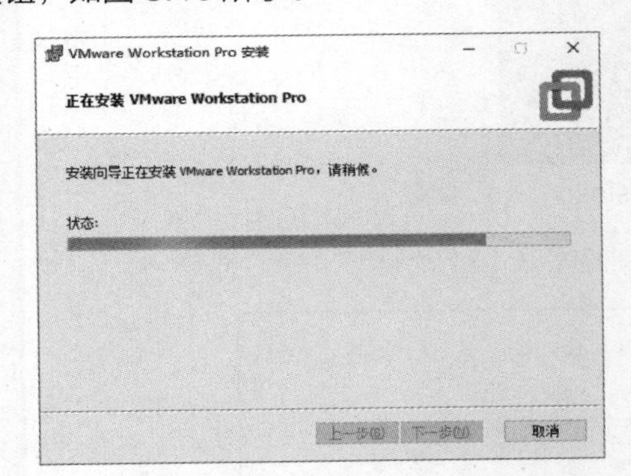

图 8.9 “正在安装 VMware Workstation Pro”界面

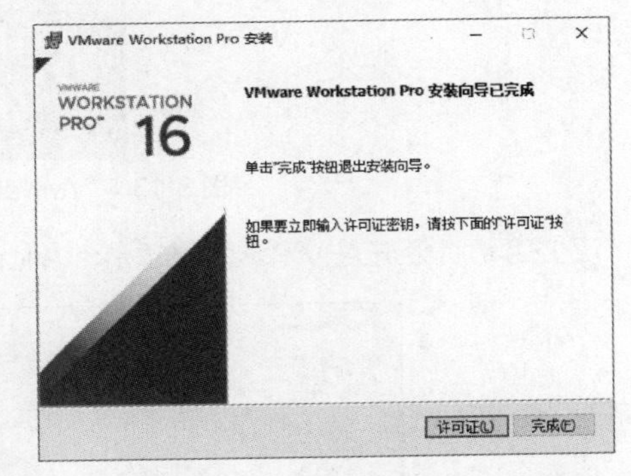

图 8.10 “VMware Workstation Pro 安装向导已完成”界面

（9）进入“输入许可证密钥”界面，输入许可证密钥，进行注册认证，如图 8.11 所示。

（10）在“输入许可证密钥”界面中，单击“输入”按钮，完成注册认证，打开重新启动系统提示对话框，如图 8.12 所示，单击“是”按钮，完成 VMware Workstation Pro 的安装。

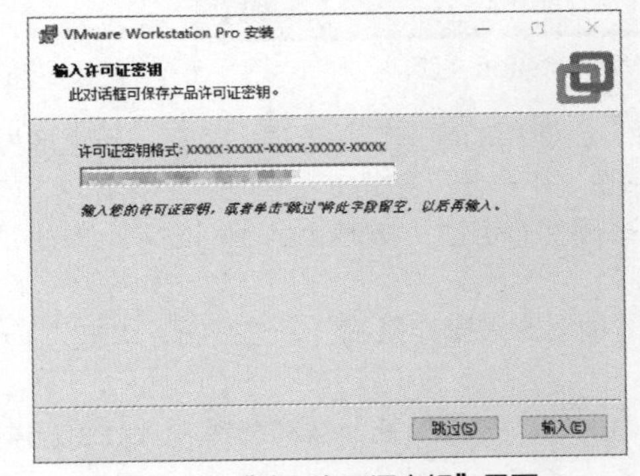

图 8.11 “输入许可证密钥”界面

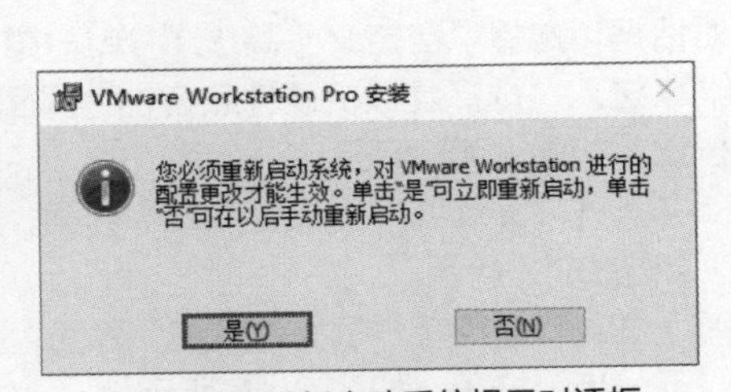

图 8.12 重新启动系统提示对话框

任务 8.2 Ubuntu 操作系统安装

【实训目的】

（1）认识 Ubuntu 操作系统。

（2）掌握 Ubuntu 操作系统的安装过程。

【实训环境】

（1）准备 VMware Workstation 工具软件。

（2）准备 Ubuntu 操作系统安装镜像文件。

【实训内容与步骤】

（1）从 Ubuntu 官网下载 Linux 发行版的 Ubuntu 安装包，本书使用的下载文件为“ubuntu-20.04.2.0-desktop-amd64.iso”，当前版本为 20.04.2.0。双击桌面上的“VMware Workstation Pro”图标，打开软件，如图 8.13 所示。

图 8.13 “VMware Workstation Pro”图标

（2）启动后会进入 VMware Workstation 主页，如图 8.14 所示。

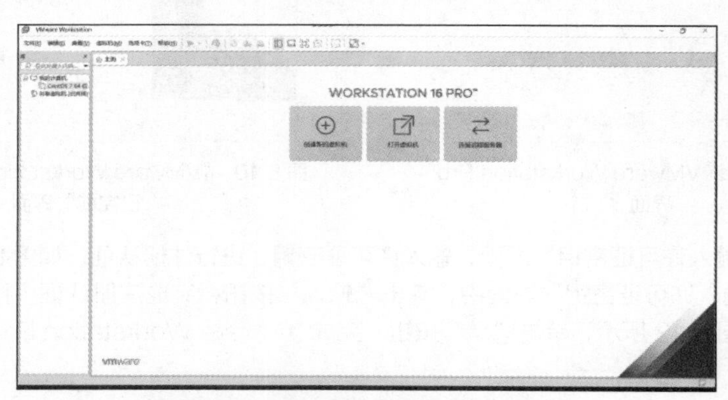

图 8.14 VMware Workstation 主页

（3）在 VMware Workstation 主页中，选择“创建新的虚拟机”选项，打开“新建虚拟机向导”对话框，选择“自定义（高级）”单选按钮，单击“下一步”按钮，如图 8.15 所示。

（4）进入“选择虚拟机硬件兼容性”界面，选择硬件兼容性“workstation 16.x”，单击“下一步”按钮，如图 8.16 所示。

（5）进入“安装客户机操作系统”界面，选中“稍后安装操作系统”单选按钮，单击“下一步”按钮，如图 8.17 所示。

（6）进入“选择客户机操作系统”界面，选中“Linux”单选按钮，版本选择“Ubuntu 64 位”，单击“下一步”按钮，如图 8.18 所示。

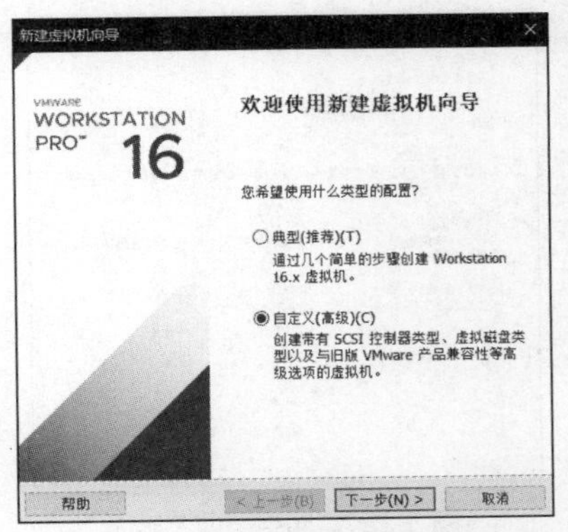

图 8.15 “新建虚拟机向导”对话框

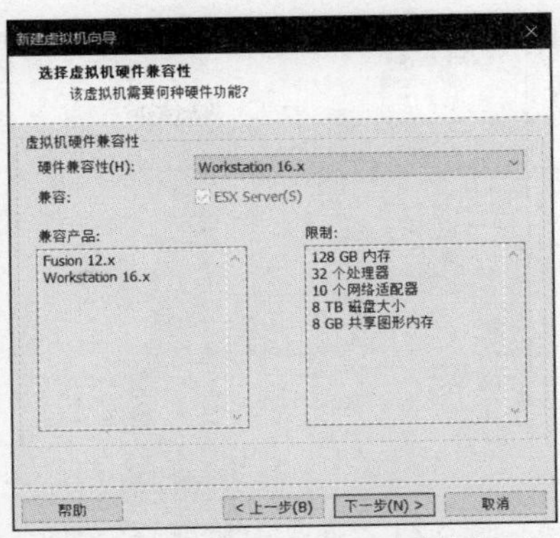

图 8.16 “选择虚拟机硬件兼容性”界面

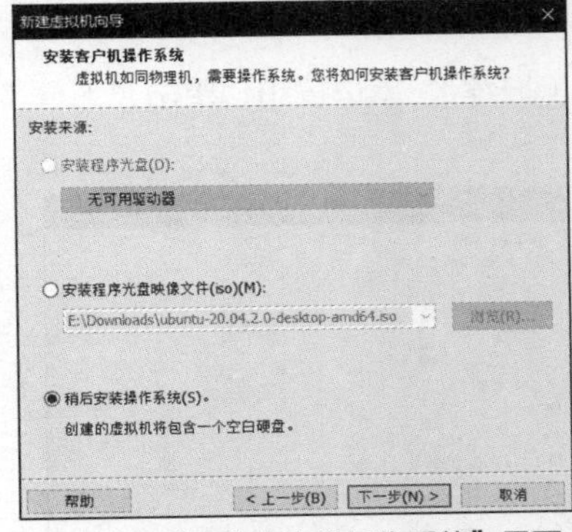

图 8.17 “安装客户机操作系统”界面

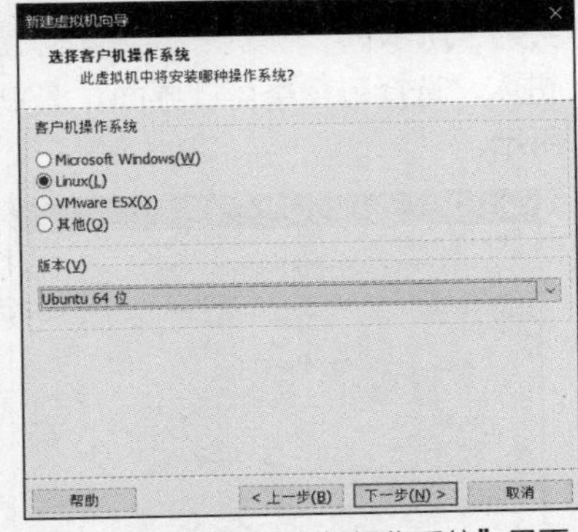

图 8.18 “选择客户机操作系统”界面

（7）进入“命名虚拟机”界面，输入虚拟机名称以及设置虚拟机安装位置，单击“下一步”按钮，如图 8.19 所示。

（8）进入“处理器配置”界面，设置处理器数量以及每个处理器的内核数量，单击“下一步”按钮，如图 8.20 所示。

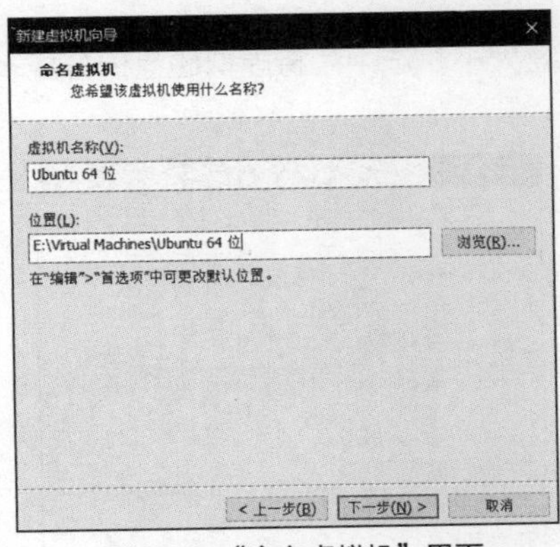

图 8.19 “命名虚拟机”界面

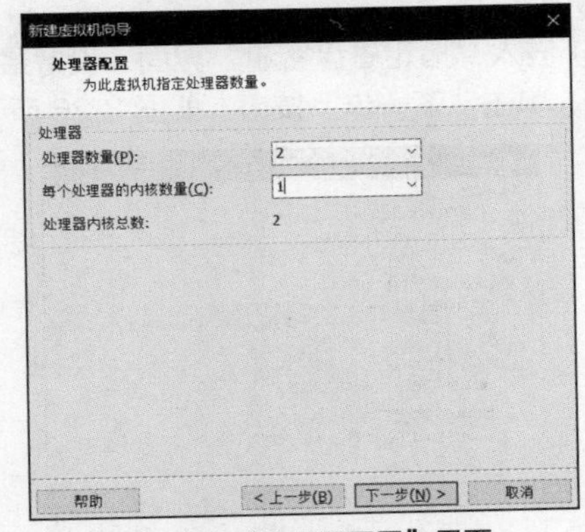

图 8.20 “处理器配置”界面

（9）进入“此虚拟机的内存”界面，设置此虚拟机的内存，单击“下一步”按钮，如图 8.21 所示。

（10）进入“网络类型”界面，选中“使用网络地址转换（NAT）”单选按钮，单击“下一步”按钮，如图 8.22 所示。

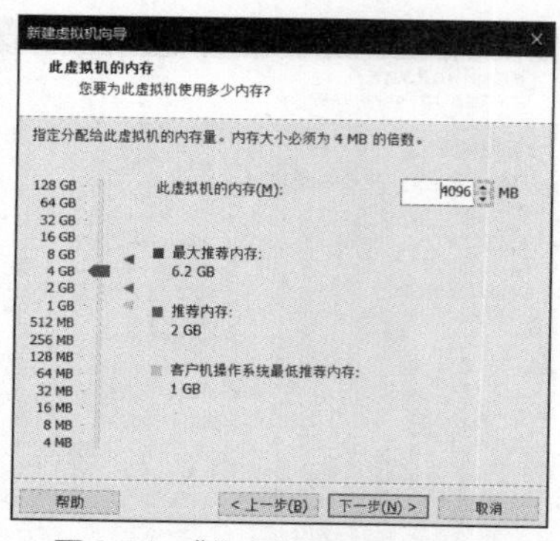

图 8.21 “此虚拟机的内存”界面

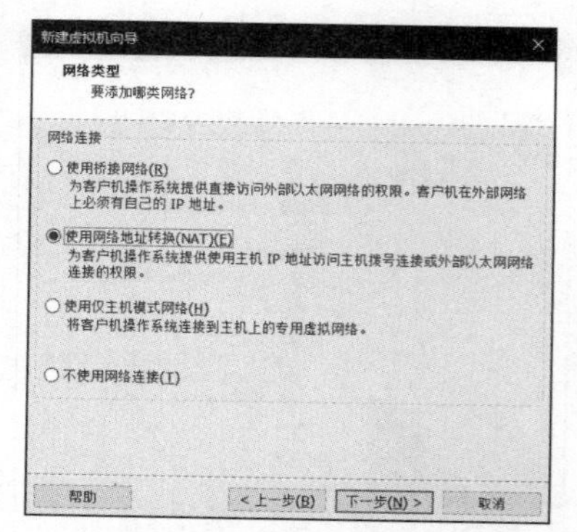

图 8.22 “网络类型”界面

（11）进入“选择 I/O 控制器类型”界面，选中“LSI Logic（推荐）”单选按钮，单击“下一步”按钮，如图 8.23 所示。

（12）进入“选择磁盘类型”界面，选中“SCSI（推荐）”单选按钮，单击“下一步”按钮，如图 8.24 所示。

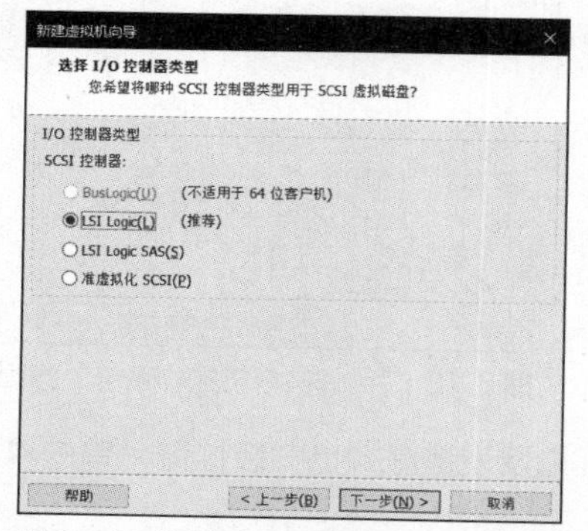

图 8.23 “选择 I/O 控制器类型”界面

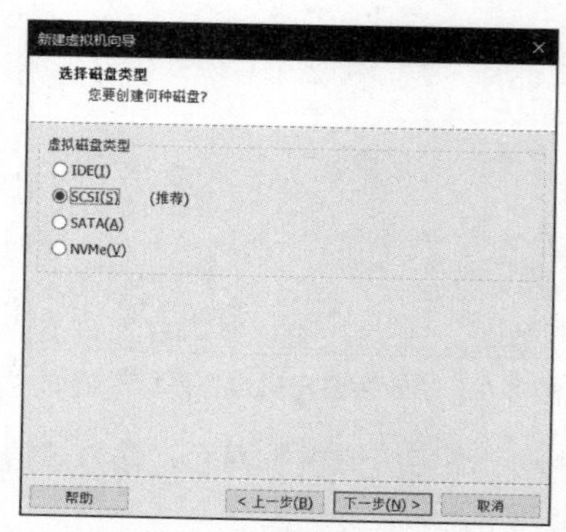

图 8.24 “选择磁盘类型”界面

（13）进入“选择磁盘”界面，选中“创建新虚拟磁盘”单选按钮，单击“下一步”按钮，如图 8.25 所示。

（14）进入“指定磁盘容量”界面，设置最大磁盘大小，选中“将虚拟磁盘拆分成多个文件”单选按钮，单击“下一步”按钮，如图 8.26 所示。

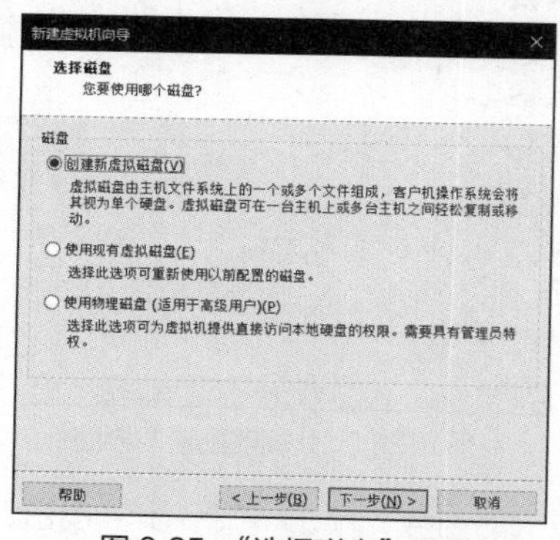

图 8.25 “选择磁盘”界面

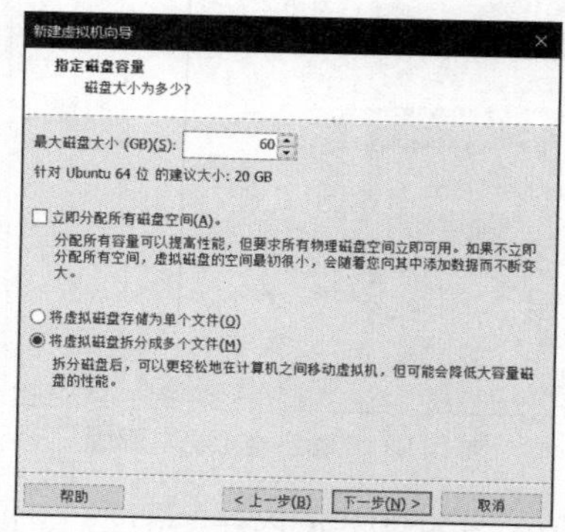

图 8.26 “指定磁盘容量”界面

（15）进入“指定磁盘文件”界面，设置磁盘文件名称 ，单击“下一步”按钮，如图 8.27 所示。

（16）进入“已准备好创建虚拟机”界面，单击“自定义硬件”按钮，如图 8.28 所示。

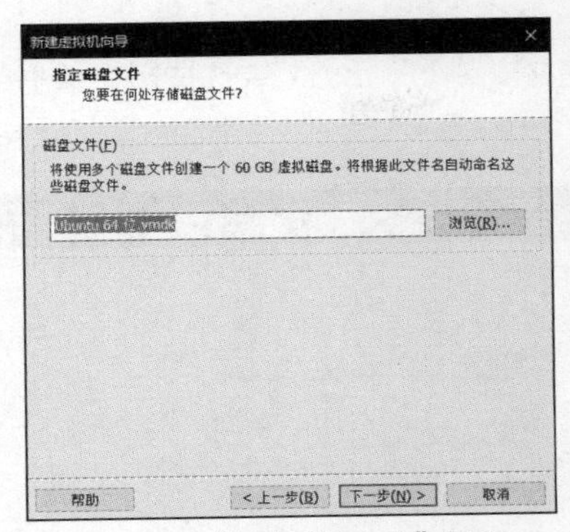

图 8.27 “指定磁盘文件”界面

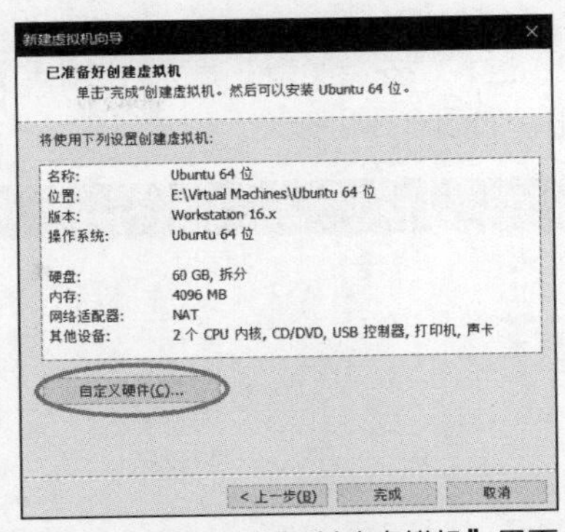

图 8.28 “已准备好创建虚拟机”界面

（17）打开“硬件”对话框，选择“新 CD/DVD（STAT）正在使用文件...”选项，在右侧的“连接”列下选择“使用 ISO 映像文件”选项，单击“浏览”按钮，设置 ISO 映像文件的目录，单击“关闭”按钮，如图 8.29 所示。

（18）返回“已准备好创建虚拟机”界面，单击“完成”按钮，返回虚拟机启动界面，如图 8.30 所示。

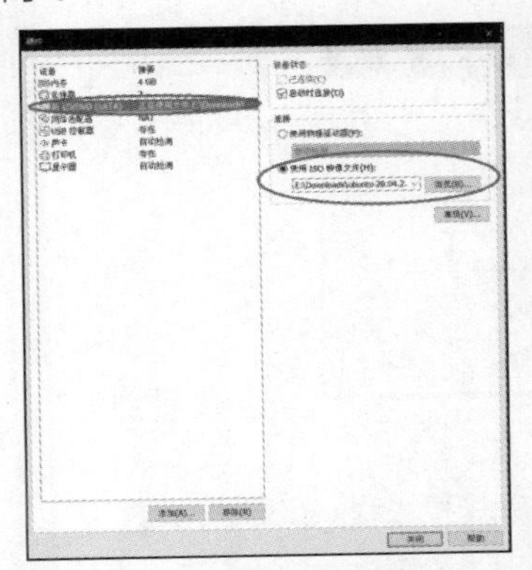

图 8.29 “硬件”对话框

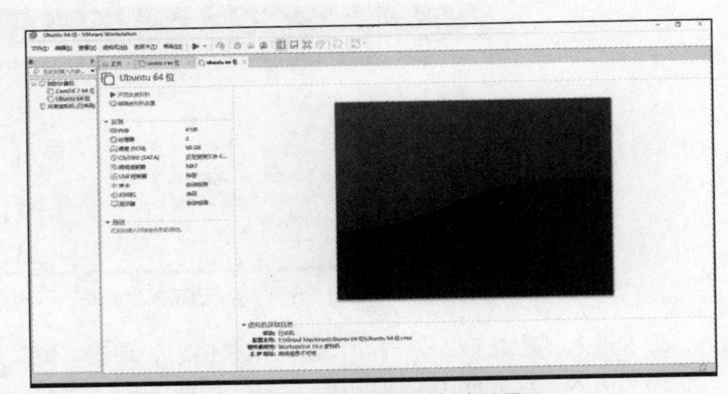

图 8.30 虚拟机启动界面

（19）在虚拟机启动界面中，选择“开启此虚拟机”选项，安装 Ubuntu 操作系统，在左侧选择语言类型，这里选择“中文（简体）”选项，如图 8.31 所示。

（20）在欢迎界面中，选择“安装 Ubuntu”选项，进入“键盘布局”界面，选择“Chinese”选项，单击“继续”按钮，如图 8.32 所示。

图 8.31 选择语言类型

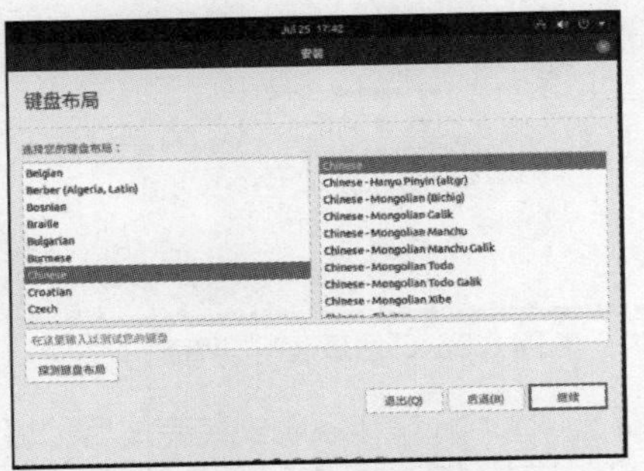

图 8.32 “键盘布局”界面

（21）进入“更新和其他软件”界面，选择“正常安装”选项，单击“继续”按钮，如图 8.33 所示。

（22）进入“安装类型”界面，选中“清除整个磁盘并安装 Ubuntu”单选按钮，单击“现在安装”按钮，如图 8.34 所示。

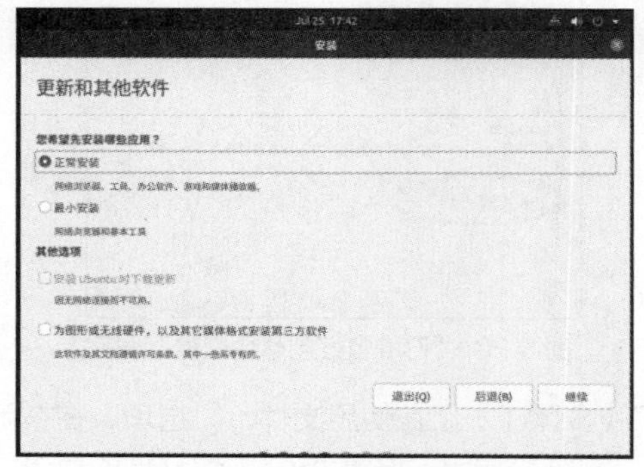

图 8.33 “更新和其他软件”界面

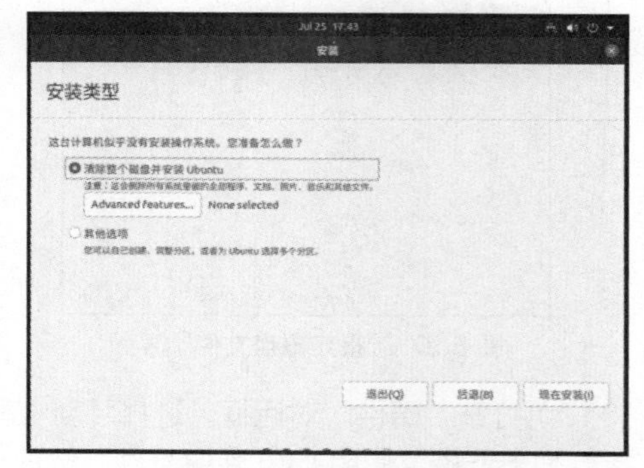

图 8.34 “安装类型”界面

（23）打开“将改动写入磁盘吗？”对话框，单击“继续”按钮，如图 8.35 所示。

（24）进入“您在的地方”界面，单击“继续”按钮，选择所在区域。

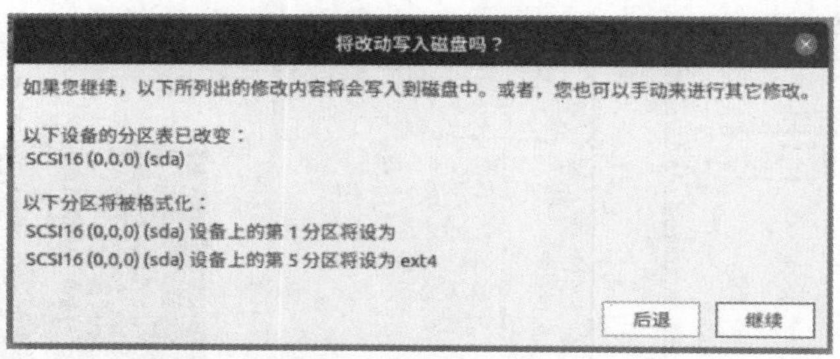

图 8.35 “将改动写入磁盘吗？”对话框

（25）进入“您是谁？”界面，输入相关信息，单击“继续”按钮，如图 8.36 所示。

（26）进入“欢迎使用 Ubuntu”界面，如图 8.37 所示。

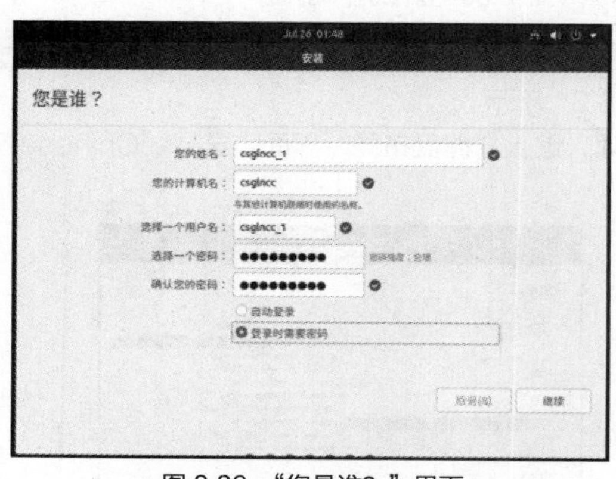

图 8.36 “您是谁？”界面

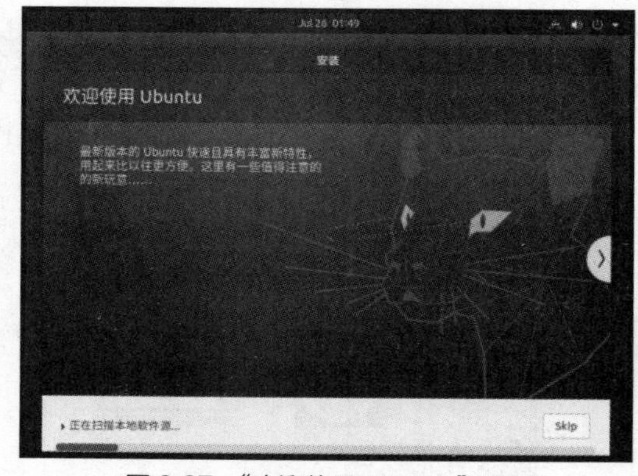

图 8.37 “欢迎使用 Ubuntu”界面

（27）Ubuntu 操作系统安装完成后，提示需要重新启动计算机，如图 8.38 所示。

（28）单击“现在重启”按钮，重新启动计算机，如图 8.39 所示。

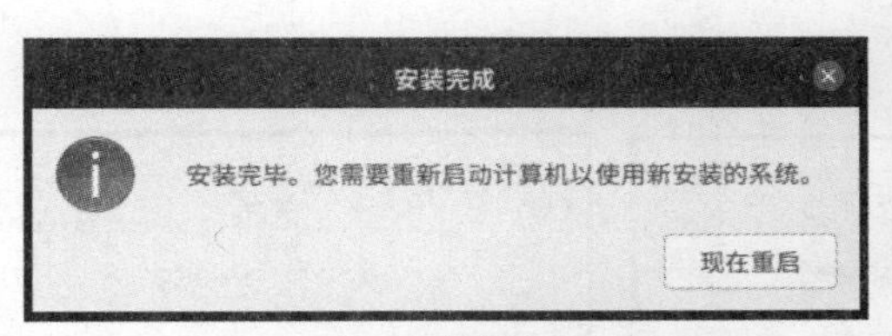

图 8.38　提示需要重新启动计算机

图 8.39　重新启动计算机

任务 8.3　Ubuntu 操作系统基本操作

【实训目的】

（1）认识 Ubuntu 操作系统。

（2）掌握 Ubuntu 操作系统的基本操作。

【实训环境】

（1）准备 VMware Workstation 环境。

（2）准备 Ubuntu 操作系统环境。

【实训内容与步骤】

使用 Ubuntu 操作系统之前用户必须登录，此后才能使用操作系统中的各种资源，登录的目的就是使系统能够识别出当前的用户身份，当用户访问资源时可以判断该用户是否具有相应的访问权限。登录 Ubuntu 操作系统是使用该操作系统的第一步。用户应该首先拥有一个操作系统的账户，作为登录凭证，再进行其他相关操作。

（1）系统登录、注销与关机。初次使用 Ubuntu 操作系统时，无法使用 root（超级管理员）登录系统。其他 Linux 操作系统发行版本一般在安装过程中就可以设置 root 密码，用户可以直接以 root 账户登录，或者使用“su”命令转换到 root 超级用户身份。但 Ubuntu 操作系统默认安装时并没有使用 root 账户登录，也没有启用 root 账户，而是让安装系统时设置的第一个用户通过 sudo 命令获得超级用户的所有权限。在图形界面中执行系统配置管理操作时，会提示输入管理员密码，这类似于 Windows 中的用户账户控制。

首次登录 Ubuntu 操作系统时，选择用户并输入密码进行登录，界面中会显示 Ubuntu 的新特性，登录 Ubuntu 操作系统桌面环境如图 8.40 所示。

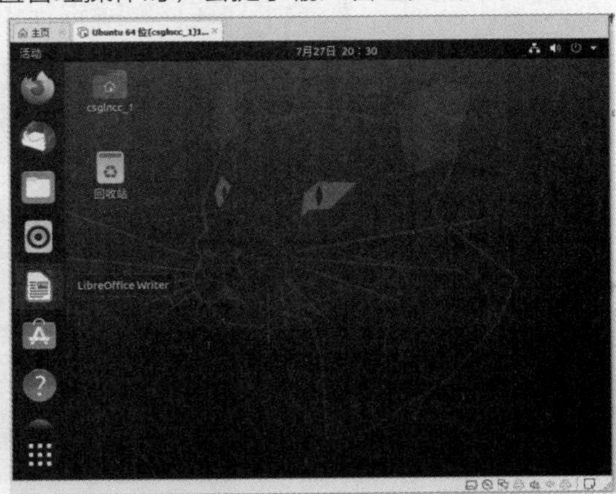

图 8.40　登录 Ubuntu 操作系统桌面环境

注销就是退出某个用户的会话，是登录操作的反向操作。注销会结束当前用户的所有进程，但是不会关闭操作系统，也不影响操作系统中其他用户的工作。注销当前登录用户的目的是以其他用户身份登录系统。单击窗口右上角任一图标弹出状态菜单，如图 8.41 所示，再单击“关机/注销”右侧的▸箭头。选择“注销”选项，进入注销界面，如图 8.42 所示。选择“关机”选项，进入关机界面，如图 8.43 所示。

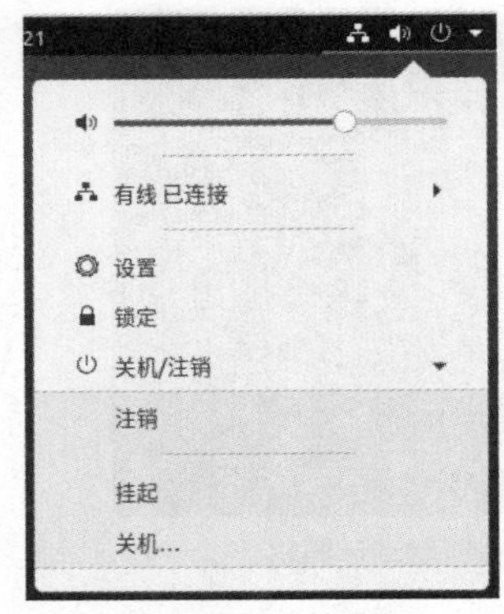

图 8.41　状态菜单

图 8.42　注销界面

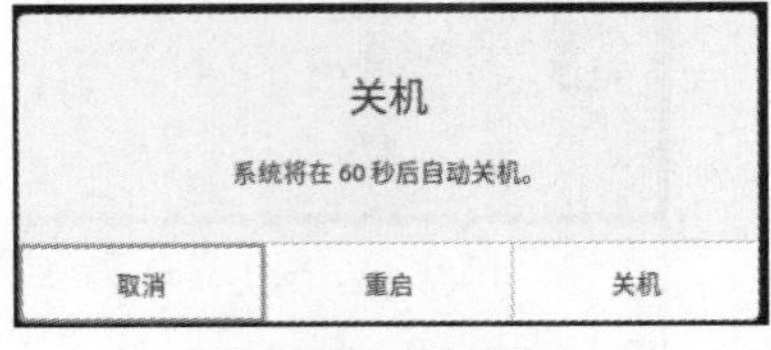

图 8.43　关机界面

（2）活动概览视图。要想熟悉 Ubuntu 操作系统桌面环境基本操作，首先要了解活动概览视图。Ubuntu 操作系统默认处于普通视图，单击屏幕左上角的“活动”按钮或者按【Windows】（窗口）键，可在普通视图和活动概览视图之间切换。如图 8.44 所示，活动概览视图是一种全屏模式，可提供从一个活动切换到另一个活动的多种途径。它会显示所有已打开的预览，以及收藏的应用程序和正在运行的应用程序的图标。另外，它还集成了搜索与浏览功能。

处于活动概览视图时，顶部面板上的左上角的“活动”按钮自动加上下画线。在视图的左边可以看到 Dash 浮动面板，它就是一个收藏夹，用于放置常用的程序和当前正在运行的程序，单击其中的图标可以打开相应的程序，如果程序已经运行了，则其会高亮显示，单击图标会显示最近使用的窗口。也可以从 Dash 浮动面板中拖动图标到视图中，或者手动将其拖动到右边的任一工作区。

切换到活动概览视图时桌面显示的是窗口概览视图，显示当前工作区中所有窗口的实时缩略图，其中只有一个是处于活动状态的窗口。每个窗口代表一个运行的图形界面应用程序。其上部有一个搜索框，可用于查找主目录中的应用程序、设置和文件。工作区选择器位于活动概览视图右侧，可用于切换不同的工作区。

（3）启动应用程序。启动应用程序的方法有很多，方法列举如下。

① 从 Dash 浮动面板中选择要运行的应用程序。对于经常使用的程序，可以将它添加到 Dash 浮动面板中。常用应用程序即使没有处于运行状态，也会位于该面板中，以便用户快速访问。将鼠标指针移动到 Dash 浮动面板的图标上并单击鼠标右键，会弹出一个快捷菜单，如图 8.45 所示，允许选择所有窗口，或者新建窗口，或者进行从收藏夹中移除、退出等操作。

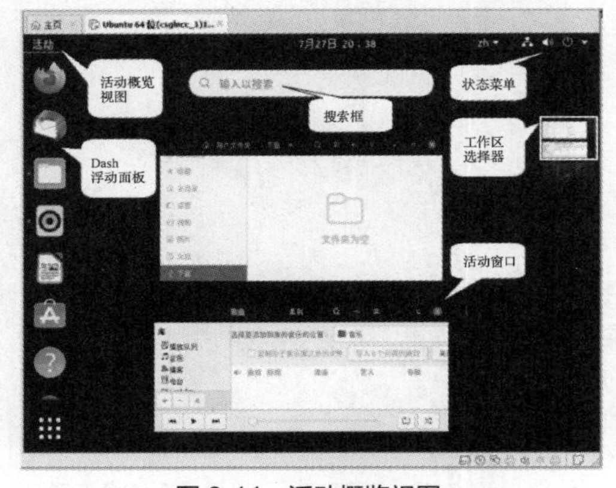

图 8.44　活动概览视图

图 8.45　快捷菜单

② 单击 Dash 浮动面板底部的“网格”按钮，会显示应用程序概览视图，也就是常用应用

程序列表，可以选择常用应用程序，如图 8.46 所示，也可以选择“全部”选项卡，以显示全部应用程序列表，如图 8.47 所示。单击其中要运行的任何程序，或者将一个应用程序拖动到概览视图或工作区缩略图上即可启动相应的应用程序。

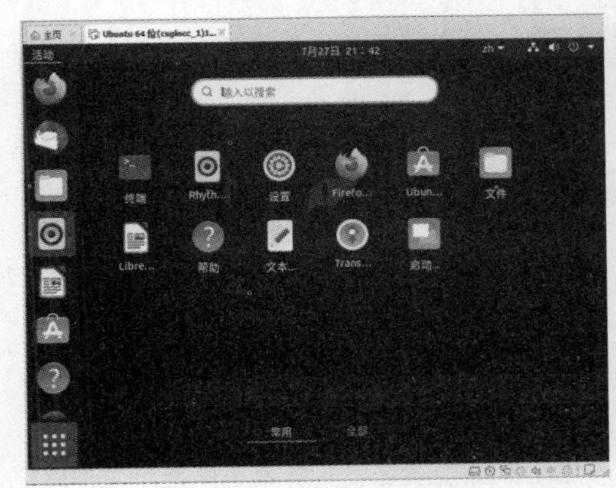

图 8.46　常用应用程序列表

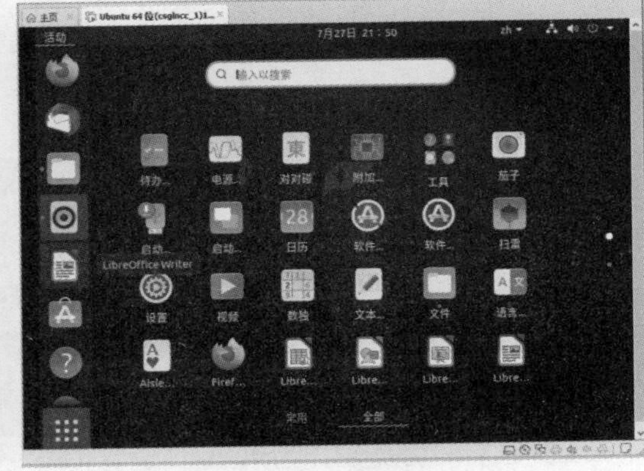

图 8.47　全部应用程序列表

③ 打开活动概览视图后，直接在搜索框内输入程序的名称，操作系统会自动搜索该应用程序，并显示相应的应用程序图标，单击该图标即可运行相应应用程序，如在搜索框内输入“Al”，即可自动搜索到应用程序 AisleRiot 接龙游戏，如图 8.48 所示。

④ 在终端窗口中执行命令来运行图形化应用程序。

（4）将应用程序添加到 Dash 面板中。进入活动概览视图，单击 Dash 面板底部的的“网格”按钮，将鼠标指针移动到要添加的应用程序上并单击鼠标右键，在弹出的快捷菜单中选择“添加到收藏夹”选项，或者直接拖动其图标到 Dash 面板中，如添加终端到 Dash 面板中，如图 8.49 所示。要从 Dash 面板中删除应用程序，将鼠标指针移动到该应用程序上并单击鼠标右键，并在弹出的快捷菜单中选择“从收藏夹中移除”选项即可。

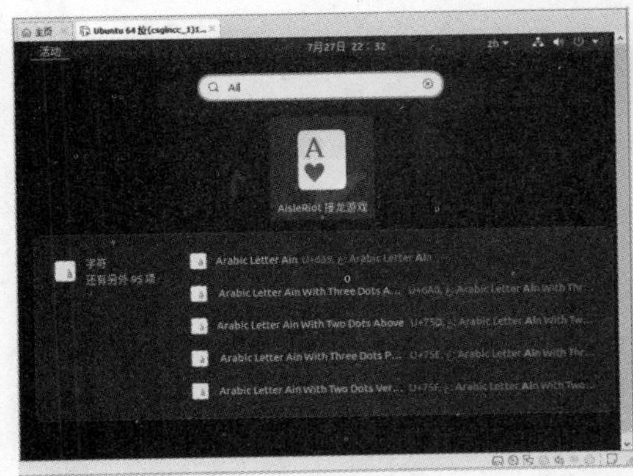

图 8.48　搜索应用程序

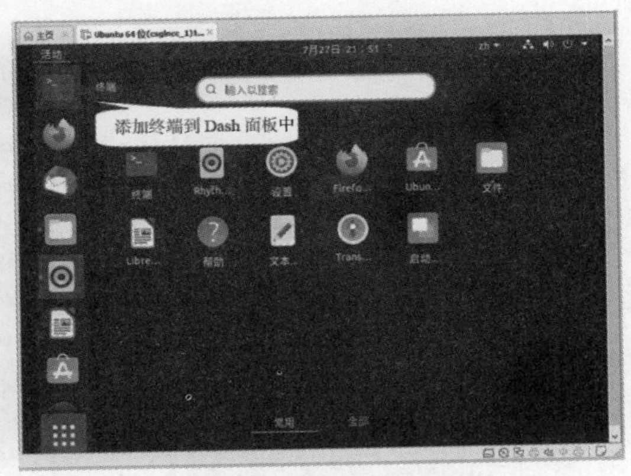

图 8.49　添加终端到 Dash 面板中

（5）窗口操作。在 Ubuntu 操作系统中运行图形化应用程序都会打开相应的窗口，如图 8.50 所示，应用程序窗口的标题栏的右上角通常提供窗口关闭、窗口最小化和窗口最大化按钮。一般窗口都会有菜单，默认菜单位于顶部面板左侧的菜单栏（要弹出下拉菜单）。窗口也可以通过拖动边缘来改变大小，同时多个窗口之间可以通过按【Alt+Tab】组合键进行切换。

（6）使用工作区。可以使用工作区将应用程序组织在一起，将应用程序放在不同的工作区中是组织和归类的一种有效的方法。

图 8.50　窗口操作

在工作区之间切换可以使用鼠标或键盘实现。进入活动概览视图之后，屏幕右侧显示工作区选择器，单击要进入的工作区，或者按【Page Up】或【Page Down】键在工作区选择器中上下切换即可。

在普通视图中启动的应用程序位于当前工作区。在活动概览视图中，可以通过以下方式使用工作区。

① 将 Dash 浮动面板中的应用程序拖动到右侧某工作区中以在该工作区中运行该程序。

② 将当前工作区中某窗口的实时缩略图拖动到右侧的某工作区中，使得该窗口切换到该工作区。

③ 在工作区选择器中，可以将一个工作区中的应用程序窗口缩略图拖动到另一个工作区中，使该应用程序切换到目标工作区中运行。

（7）用户管理。以用户身份登录系统，单击窗口右上角任一图标弹出设置菜单，如图 8.51 所示，再选择“设置”选项，在打开的“设置”窗口中，选择“用户”选项，进行用户管理，如图 8.52 所示。

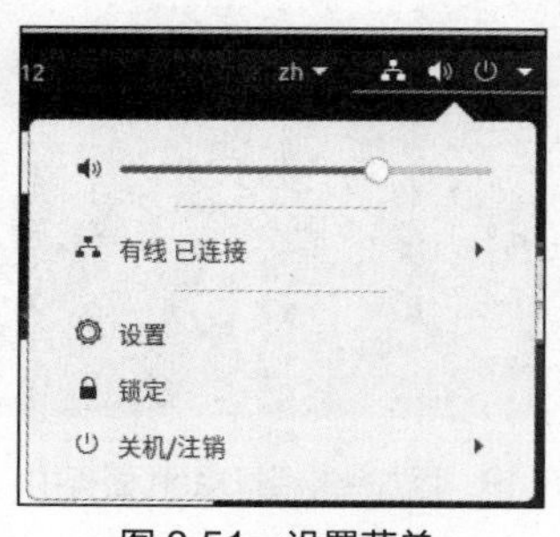

图 8.51　设置菜单

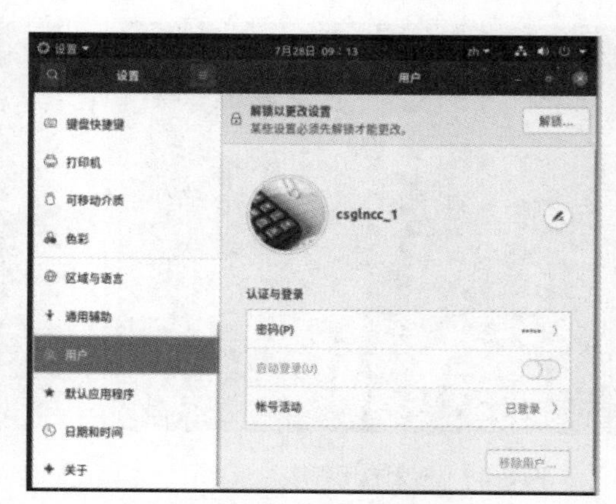

图 8.52　用户管理

添加用户需要先解锁，在“设置”窗口右上侧单击“解锁”按钮，进行认证，如图 8.53 所示，单击“认证”按钮，显示“添加用户”按钮，如图 8.54 所示。

单击“添加用户”按钮，打开“添加用户”窗口，可以添加标准用户与管理员用户。添加标准用户 user01，输入用户名和密码，如图 8.55 所示，同时添加管理员用户 admin，单击“添加”按钮，完成用户添加，如图 8.56 所示。

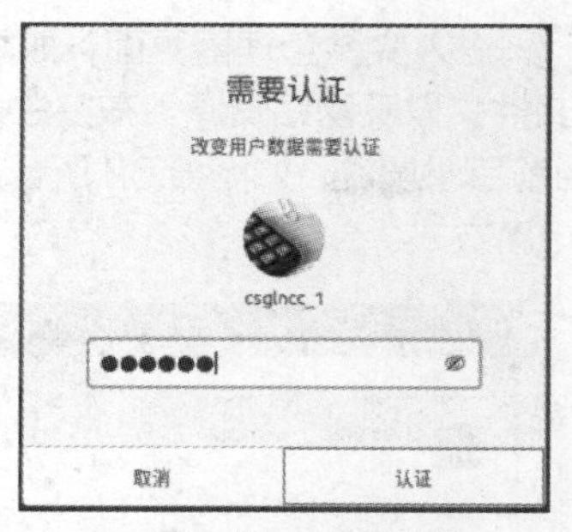

图 8.53　进行认证

图 8.54　“添加用户”按钮

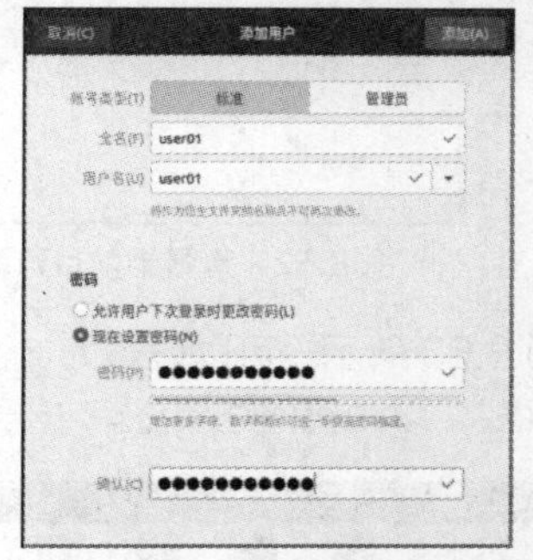
图 8.55　添加标准用户

图 8.56　完成用户添加

在用户表中，选择相应的用户，单击“移除用户”按钮，可以进行移除用户操作。移除用户时会弹出相应提示信息，如图 8.57 所示。

（8）火狐浏览器。Linux 一直将火狐浏览器作为默认的 Web 浏览器，Ubuntu 也不例外，单击 Dash 浮动面板中的火狐浏览器的图标，打开火狐浏览器，如图 8.58 所示。

图 8.57　提示信息

图 8.58　火狐浏览器

（9）Thunderbird 邮件/新闻。单击 Dash 浮动面板中的图标，进入“欢迎使用 Mozilla Thunderbird”界面，如图 8.59 所示，可以选择电子邮件，设置现有的电子邮件地址，如图 8.60 所示。

图 8.59　“欢迎使用 Mozilla Thunderbird”界面

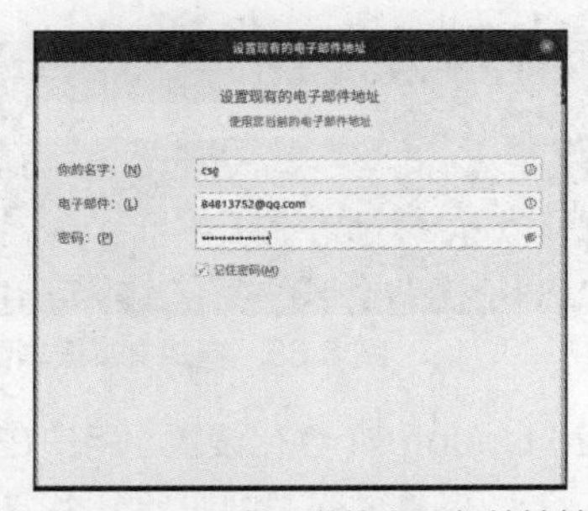

图 8.60　设置现有的电子邮件地址

（10）文件管理器。单击 Dash 浮动面板中的图标，进入文件管理器界面，如图 8.61 所示，它类似于 Windows 资源管理器，用于访问本地文件和文件夹以及网络资源。在空白处单击鼠标右键，在弹出的快捷菜单中选择“属性”选项，可以查看当前目录属性，如图 8.62 所示。各文件默认以图标方式显示，也可以切换到列表方式，还可以指定排序方式。

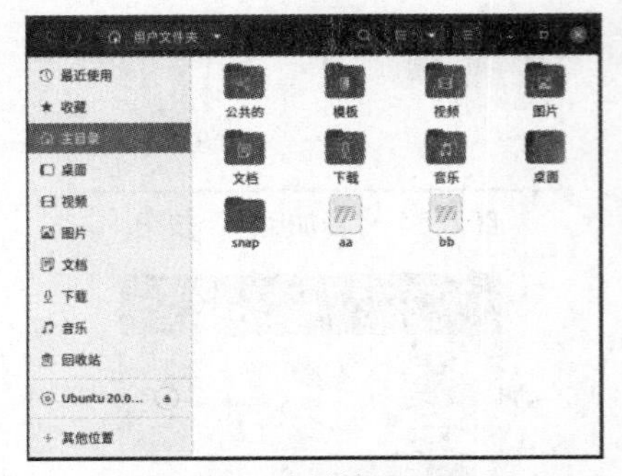

图 8.61　文件管理器界面

图 8.62　查看当前目录属性

在文件管理器界面中选择“其他位置”选项，如图 8.63 所示，可以设置为“位于本机”，以查看主机中的所有资源，如图 8.64 所示，或设置为“网络”，以浏览网络资源。

图 8.63　其他位置

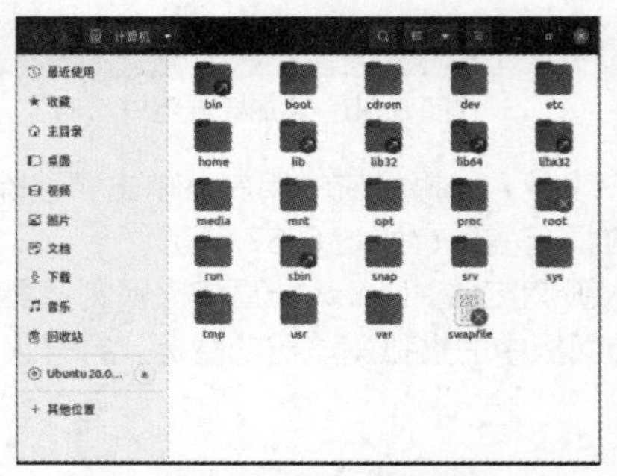

图 8.64　查看主机中的所有资源

（11）文本编辑器。Ubuntu 提供图形化文本编辑器 gedit 来查看和编辑纯文本文件。纯文本文件是包含没有应用字体或风格格式文本的普通文本文件，如系统日志或配置文件等。

可在活动概览视图下，在搜索框内输入“gedit”或“文本编辑器”查找文本编辑器，如图 8.65 所示，或者在 Dash 浮动面板中找到文本编辑器应用程序，或者在应用程序中选择“全部”选项卡，再打开文本编辑器，如图 8.66 所示。

图 8.65　查找文本编辑器

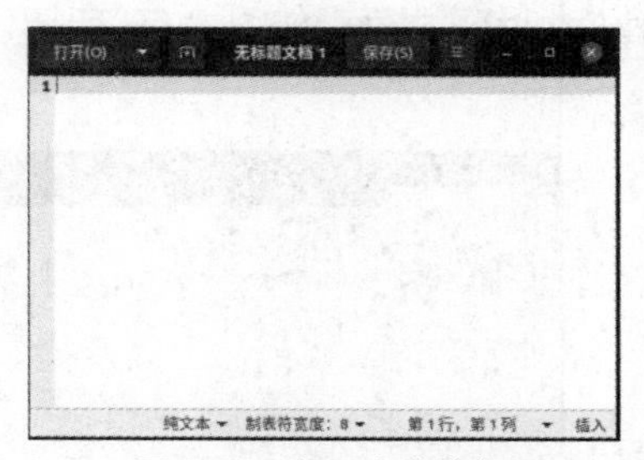

图 8.66　打开文本编辑器

（12）Ubuntu 个性化设置。用户在开始使用 Ubuntu 时，往往要根据自己的需求对桌面环境进行设置。多数设置针对当前用户，不需要用户认证，而有关系统的设置需要超级管理员权限。在状态菜单中，选择“设置”选项，或者在应用程序列表中单击“设置”图标，即可进行 Ubuntu 个性化设置，如图 8.67 所示，可以执行各类设置任务。

（13）显示器设置。默认情况下，显示器的分辨率为 800 像素×600 像素，一般无法满足实际需要，所以需要修改屏幕分辨率，选择“显示器”选项，如图 8.68 所示，选择分辨率，将其设置为 1024×768（4：3），如图 8.69 所示，之后单击“应用”按钮即可完成设置。

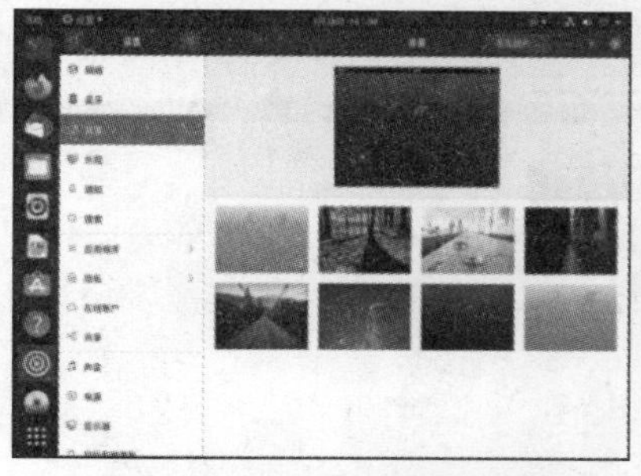

图 8.67　Ubuntu 个性化设置

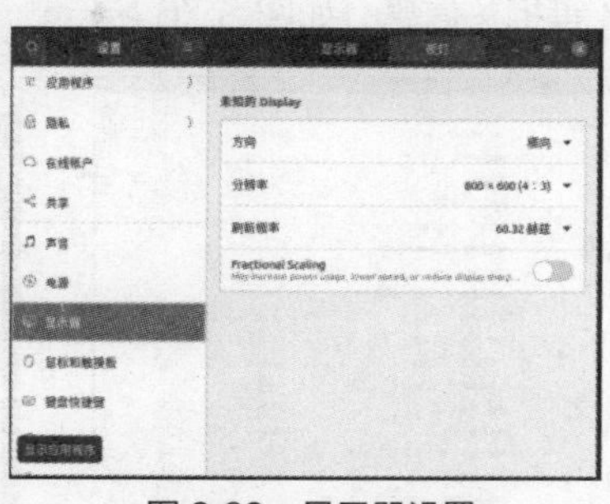

图 8.68　显示器设置

（14）背景设置。选择“背景”选项，如图 8.70 所示，选择相应的背景图片后双击鼠标左键，设置系统背景，关闭窗口，返回系统界面，如图 8.71 所示。

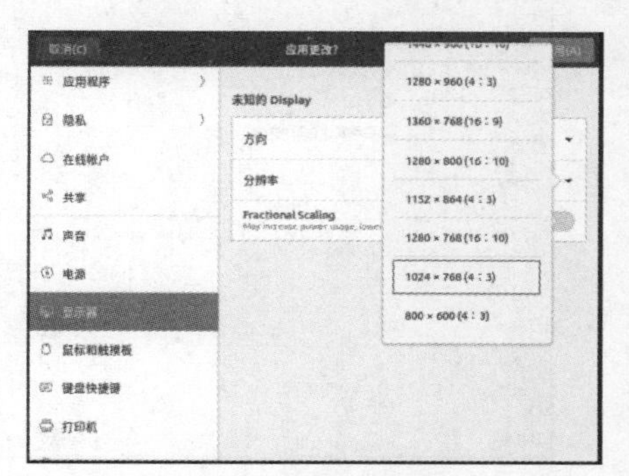

图 8.69　设置分辨率

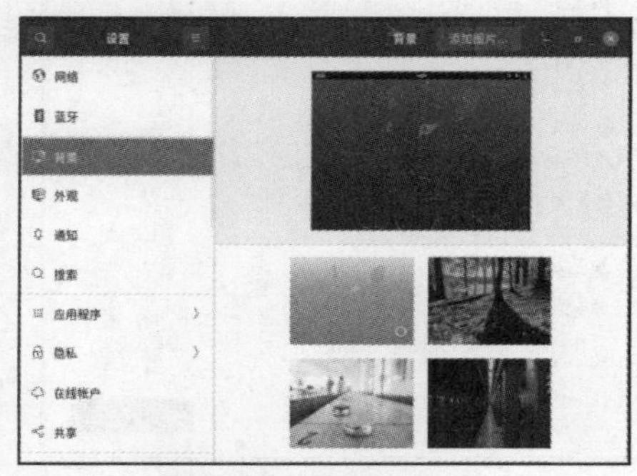

图 8.70　背景设置

（15）外观设置。选择“外观”选项，如图 8.72 所示，可以设置窗口的颜色，在 Dock 页面下，可以自动隐藏 Dock，设置图标大小、图标在屏幕上的位置等相关信息。

图 8.71　系统界面

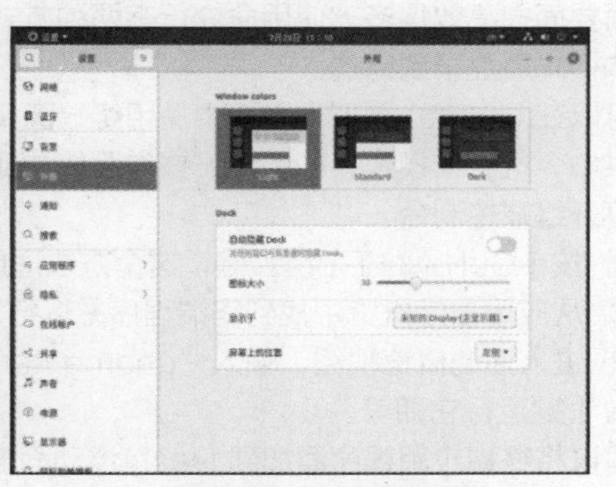

图 8.72　外观设置

（16）键盘快捷键设置。在桌面应用中经常要用到快捷键，选择“键盘快捷键”选项，如图 8.73 所示，可以查看系统默认设置的各种快捷键，根据需要进行编辑或修改。

（17）网络设置。选择“网络”选项，如图 8.74 所示，会列出已有网络接口的当前状态，默认的“有线”处于打开状态（可切换为关闭状态），单击其右侧⚙按钮，打开“有线”窗口，网络连接详细信息如图 8.75 所示，可以根据需要查看或修改该网络连接设置。默认情况下，“详细信息”选项卡中显示网络连接的详细信息。可以选择其他选项卡查看和修改相应的设置，例如，选择“IPv4”选项卡，这里将默认的“自动（自动 DHCP）”改为“手动”，并输入相应的 IP 地址、子网掩码、网关和 DNS 等相关信息，如图 8.76 所示。

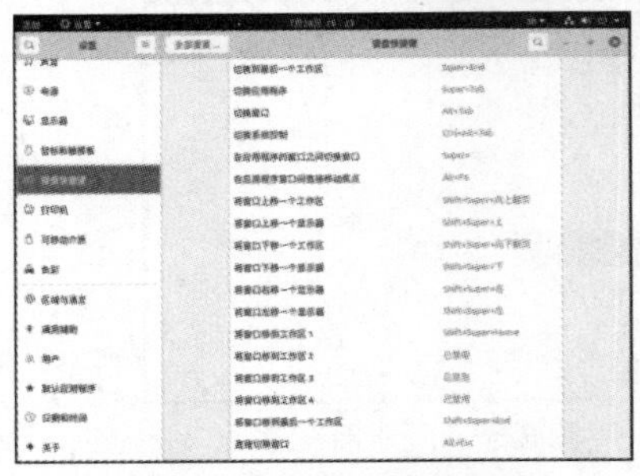
图 8.73　键盘快捷键设置

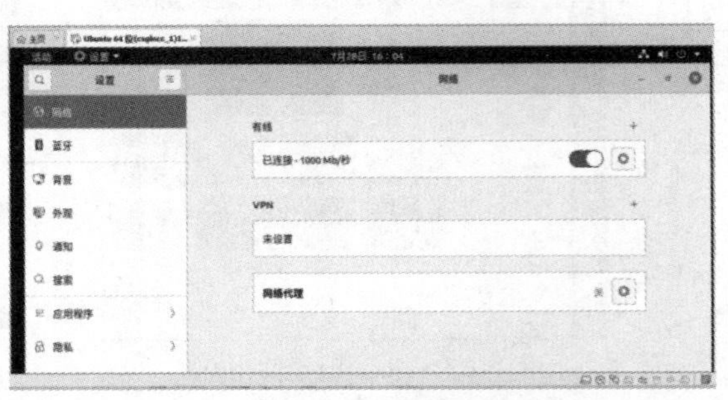

图 8.74　网络设置

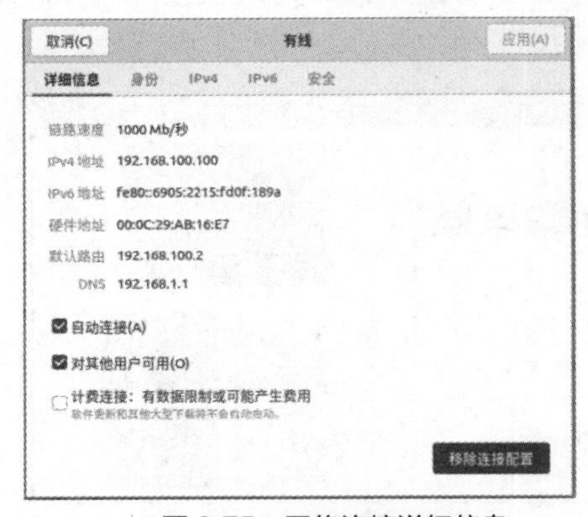

图 8.75　网络连接详细信息

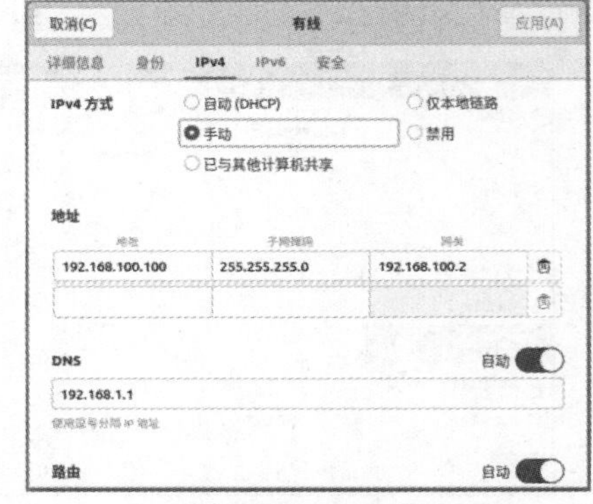

图 8.76　IPv4 设置

（18）使用仿真终端窗口。使用命令行管理 Linux 操作系统是最基本和最重要的方式。到目前为止，很多重要的任务依然必须由命令行完成，且执行相同的任务时，由命令行来完成比使用图形化界面要简捷高效得多。使用命令行有两种方式，一种是在桌面环境中使用仿真终端，另一种是进入文本模式后登录到终端。

可以在 Ubuntu 图形化界面中使用终端窗口来执行命令操作。该终端是一个终端仿真应用程序，可提供命令行工作模式，Ubuntu 操作系统快捷方式中默认是没有终端图标的，可以使用以下几种方法打开终端控制台。

① 按【Ctrl+Alt+T】组合键，这个方法适用于 Ubuntu 的各种版本。

② 从应用程序概览中找到终端程序并运行它。

③ 进入活动概览视图，输入“gnome-terminal”或“终端”就可以搜索到“终端”程序，按【Enter】键运行它即可。

建议将终端应用程序添加到 Dash 浮动面板中，以便于今后通过快捷方式运行。仿真终端控制台如图 8.77 所示，其中将显示一串提示符，它由 4 部分组成，格式如下。

```
当前用户名@主机名 当前目录　命令提示符
```

普通用户登录后，命令提示符为“$”；超级管理员 root 用户登录后，命令提示符为“#”。在命令提示符之后输入命令即可执行相应的操作，执行的结果也会显示在该窗口中。

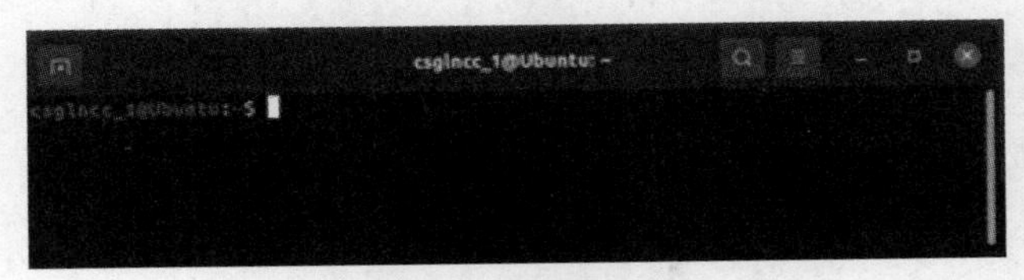

图 8.77　仿真终端控制台

【模块小结】

本模块讲解了网络操作系统的基本概念以及典型的网络操作系统等相关知识，详细讲解了网络操作系统的基本功能等相关知识，并且讨论了常见的网络操作系统的特点。

本模块最后通过技能实践使学生进一步掌握虚拟机安装与使用的方法、Ubuntu 操作系统安装的方法、Ubuntu 操作系统使用的方法。

【模块练习】

1. 选择题

（1）下列不属于网络操作系统的是（　　）。

A. Windows XP　　B. Windows NT　　C. UNIX　　D. Linux

（2）目前使用的网络操作系统都是（　　）结构的。

A. 对等　　B. 非对等　　C. 层次　　D. 非层次

（3）Novell 网是指采用（　　）操作系统的局域网。

A. UNIX　　B. Linux　　C. NetWare　　D. Windows NT

（4）【多选】网络操作系统的功能有（　　）。

A. 共享资源管理　　B. 网络通信　　C. 网络服务　　D. 网络管理

（5）【多选】网络操作系统的选用原则有（　　）。

A. 标准化　　B. 可靠性　　C. 安全性　　D. 易用性

2. 简答题

（1）简述网络操作系统的定义、特点及基本功能。

（2）简述网络操作系统的发展情况。

（3）简述网络操作系统的选用原则。

（4）简述常见的网络操作系统的特点。

模块9 计算机网络安全

09

【情景导入】

我们在建筑物中看到过类似避雷针之类的设备，它是一种建筑装饰吗？当然不是，它是一种为了安全而设立的安全设施。设立安全系统或安全设施的目的：当发生安全故障时，它们能及时派上用场；当一切正常时，它们不会影响正常工作。那么计算机网络世界中的“安全”指什么呢？又能通过什么措施来增强计算机网络的安全性呢？当网络不能正常工作时，如何检查网络出现了什么故障呢？刚刚还能正常使用的计算机，在Internet上下载一个程序后，其响应就变得很慢，不停重启，无法正常工作，这是为什么呢？

本模块主要讲述网络安全相关的基础知识，主要包括网络安全的定义、网络面临的威胁、计算机病毒的基本概念及特征与检测、数据加密技术、防火墙技术以及网络故障检测与管理。

【学习目标】

【知识目标】

- 了解网络安全的定义以及网络面临的威胁。
- 掌握计算机病毒的基本概念及特征与检测。
- 掌握防火墙技术。
- 掌握故障检测与管理方法。

【技能目标】

- 掌握端口扫描器X-Scan工具的使用方法。
- 掌握防火墙的配置方法。

【素质目标】

- 培养自我学习的能力和习惯。
- 树立团队互助、进取合作的意识。

【知识导览】

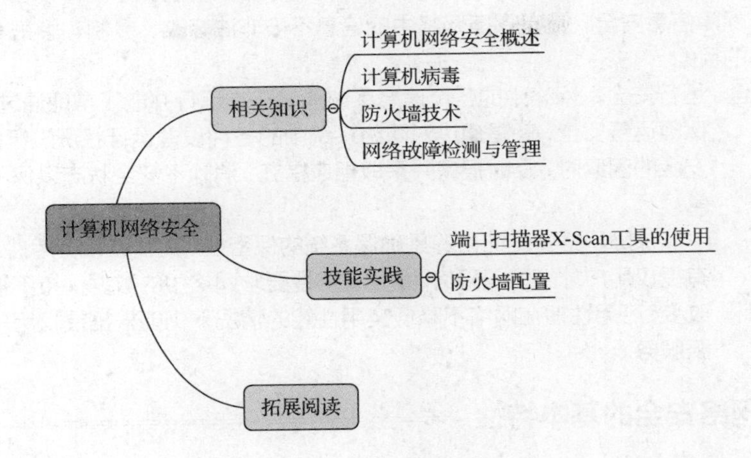

【相关知识】

9.1 计算机网络安全概述

有关计算机网络安全技术的研究始于 20 世纪 60 年代，当时，计算机系统的脆弱性已为美国政府和一些机构所认识，但是鉴于当时计算机的速度和性能，其使用的范围也不是很广，因此，有关计算机网络安全的研究一直局限在比较小的范围之内。随着网络技术的不断发展，网络应用日益增多，网络安全威胁日益严重，人们也越来越关心网络安全问题。

9.1.1 计算机网络安全的相关知识

进入 20 世纪 80 年代后，计算机的性能得到了成百上千倍的提高，其应用的范围也在不断扩大，计算机几乎遍布世界各个角落，人们利用通信网络把独立的单机系统连接起来，进行相互通信和资源共享。随之而来的计算机网络安全问题日益严峻，全世界范围内的计算机犯罪率正以每年大于 100%的速度增长，网络的“黑客”攻击事件每年也以几何倍数递增，网络的安全正面临着日益严重的威胁，网络安全问题成为信息技术中最重要的问题之一。

1. 计算机网络安全的定义

计算机网络安全是指网络系统的硬件、软件及其系统中的数据受到保护，不受偶然的或者恶意的原因而遭到破坏、更改、泄露，确保系统能连续、可靠、正常地运行，网络服务不中断。计算机网络安全从其本质上来讲就是网络中的信息安全。从广义上说，凡是涉及网络中的信息的保密性、完整性、可用性、真实性、可控性的相关技术和理论都是计算机网络安全的研究领域。

2. 计算机网络安全涉及的方面

计算机网络安全主要涉及物理安全、软件安全、信息安全和运行安全等 4 个方面。

（1）物理安全。物理安全包括硬件、存储介质和外部环境的安全。硬件是指网络中的各种设备和通信线路，如主机、路由器、服务器、工作站、交换机、电缆等；存储介质包括磁盘、光盘等；外部环境主要指计算机设备的安装场地、供电系统。保障物理安全，就是要保障这些硬件设施能够正常工作而不被损害。

（2）软件安全。软件安全是指网络软件以及各个主机、服务器、工作站等设备所运行的软件的安全。保障软件安全，就是保障网络中的各种软件能够正常运行，不被修改、破坏。

（3）信息安全。信息安全是指网络中所存储和所传输数据的安全，主要体现在信息隐蔽性和防修改的能力上。保障信息安全，就是保障网络中的信息不被非法修改、复制、解密等，这也是保障网络安全最根本的目的。

（4）运行安全。运行安全指网络中的各个信息系统能够正常运行并能正常地通过网络交流信息。保障运行安全，就是通过对网络系统中的各种设备运行状况进行监测，在发现不安全的因素时，及时报警并采取相应措施，消除不安全状态以保障网络系统的正常运行。

扫码看拓展阅读9-1

保障网络安全的目的是确保系统的保密性、完整性和可用性。保密性要求只有授权用户才能访问网络信息；完整性要求网络中的数据保持不被意外或恶意地改变；可用性指在网络不降低实用性能的情况下仍能根据授权用户的需要提供资源服务。

9.1.2 网络安全的基本特性

由于网络安全受到的威胁的多样性、复杂性及网络信息、数据的重要性，在设计网络系统时，应该努力达到安全目标。一个安全的网络应具有以下 5 个特性：保密性、完整性、可靠性、可用性和不可抵赖性。

1．保密性

保密性指防止信息泄露给非授权个人或实体。信息只为授权用户使用，保密性是信息的安全要求。保密是在可靠性和可用性的基础上，保障网络中信息安全的重要手段。对于敏感用户信息的保密，是人们研究最多的领域。网络信息会成为“黑客”、计算机犯罪人员、病毒，甚至信息战时敌方的攻击目标，已受到了人们越来越多的关注。

2．完整性

完整性也是面向信息的安全要求。它是指信息不被偶然或蓄意的删除、修改、伪造、乱序、重放、插入等操作破坏的特性。它与保密性不同，保密性是防止信息泄露给非授权的人，而完整性要求信息的内容顺序都不受破坏和修改。用户信息和网络信息都要求完整性，例如，涉及金融的用户信息，如果用户账目被修改、伪造或删除，则将带来巨大的经济损失。网络信息一旦受到破坏，严重的还会造成通信网络的瘫痪。

3．可靠性

可靠性是网络安全最基本的要求之一，是指系统在规定条件下和规定时间内完成规定功能的概率。如果网络不可靠，经常出问题，则这个网络是不安全的。目前，对于网络可靠性的研究主要偏重于硬件可靠性方面。研制高可靠性的硬件设备，采取合理的冗余备份措施是最基本的保证可靠性的对策。但实际上有许多故障和事故与软件可靠性、人员可靠性及环境可靠性有关。人员可靠性在通信网络中起着重要作用。有关资料表明，系统失效事故中很大一部分是人为因素造成的。

4．可用性

可用性是网络面向用户的基本安全要求。网络最基本的功能是向用户提供所需的信息和提供通信服务，而用户的通信要求是随机的、多方面的，有时还要求具有时效性。网络必须随时满足用户通信的要求。从某种意义上讲，可用性是可靠性的更高要求，特别是在重要场合下，特殊用户的可用性显得十分重要。为此，网络需要采用科学合理的网络拓扑结构，必要的冗余、容错和备份措施以及网络自愈技术、分配配置和负载分担、各种完善的物理安全和应急措施等，从满足用户需求出发，保证通信网络的安全。

5. 不可抵赖性

不可抵赖性也称作不可否认性，是面向通信双方（人、实体或进程）信息真实性的安全要求。它要求收发双方均不可抵赖。随着通信业务的不断扩大，电子贸易、电子金融、电子商务和办公自动化等许多信息处理过程都需要通信双方对信息内容的真实性进行认同，为此，应采用数字签名、认证、数据备份、鉴别等有效措施，以实现信息的不可抵赖性。

网络的安全不仅包括防范窃密活动，其可靠性、可用性、完整性和不可抵赖性应作为与保密性同等重要的安全目标加以实现。人们应从观念上、政策上做出必要的调整，全面规划和实施网络信息的安全策略。

扫码看拓展阅读 9-2

9.1.3 网络安全脆弱的原因

网络安全脆弱的原因是多方面的，主要涉及以下几个方面。

1. 开放性的网络环境

网络空间之所以易受攻击，是因为网络系统具有开放、快速、分散、互联、虚拟等特点。网络用户可以自由地访问任何网站，几乎不受时间和空间的限制，信息传输速度极快，因此，病毒等有害的信息可在网络中迅速扩散开来。网络基础设施和终端设备数量众多，分布广泛，各种信息系统互联互通，用户身份和位置真假难辨，构成了一个庞大而复杂的虚拟环境。此外，网络软件和协议之间存在着许多技术漏洞，让攻击者有可乘之机，这都给网络安全管理造成了巨大的困难。Internet 的广泛使用，意味着网络的攻击不仅可以来自本地的网络用户，还可以来自 Internet 上的任何一台机器，同时，网络之间使用的通信协议 TCP/IP 本身也有缺陷，这就给网络的安全带来了更大的问题。

2. 操作系统的缺陷

操作系统是计算机系统的基础软件，没有它提供的安全保护，计算机操作系统及数据的安全性都将无法得到保障。操作系统的安全性非常重要，有很多网络攻击方式都是从寻找操作系统的缺陷入手的，操作系统的主要缺陷体现在以下几个方面。

（1）操作系统模型本身的缺陷。这是操作系统设计初期就存在的，无法通过修改操作系统的源代码来弥补。

（2）操作系统程序的源代码存在错误。操作系统也是一个计算机程序，任何程序都会有错误，操作系统也不例外。

（3）操作系统程序的配置不当。许多操作系统的默认配置安全性很差，进行安全配置比较复杂，并需要一定的安全知识，许多用户并没有这方面的能力，如果没有正确地进行配置，则会造成一些操作系统的安全缺陷。

3. 应用软件的漏洞

操作系统给人们提供了一个平台，人们使用最多的还是应用软件，随着科技的发展，工作和生活对计算机的依赖性越来越大，应用软件越来越多，软件的安全性变得越来越重要。应用软件的特点是开发者众多、应用个性化、注重应用功能，现在许多网络攻击是利用应用软件的漏洞发起的。

4. 人为因素

许多公司和用户的网络安全意识薄弱，这些人为因素也影响了网络的安全性，专家们一致认为网络安全管理是“30%的技术，70%的管理”。

9.2 计算机病毒

计算机病毒（Computer Virus）指编制或者在计算机程序中插入的破坏计算机功能或破坏数据，

影响计算机正常使用且能够自我复制的计算机指令。

计算机病毒是人为制造的，有破坏性、传染性和潜伏性的，能对计算机信息或系统造成破坏的程序。它不是独立存在的，而是隐藏在其他可执行的程序之中。计算机中病毒后，轻则影响计算机运行速度，重则死机，系统被破坏，因此，病毒会给用户带来很大的损失。

9.2.1 计算机病毒的基本概念

任何病毒只要侵入系统，都会对系统及应用程序产生不同程度的影响，轻者会降低计算机的工作效率，占用系统资源，重者可导致数据丢失、系统崩溃。病毒一旦进入计算机后得到执行，就会搜索其他符合条件的环境，确定目标后再将自身复制其中，从而到达自我“繁殖”的目的。因此，传染性是判断计算机病毒的重要条件。

病毒只有在满足其特定条件时，才会对计算机产生致命的破坏，计算机“中毒”后不会马上产生反应，病毒会长期隐藏在系统中，如著名的在每逢 13 号的星期五发作的“黑色星期五”病毒。病毒一般情况下在正常硬盘或者程序中，计算机用户在其激活之前很难发现它们，其使用很高的编程技巧编写而成，是一种短小精悍的可执行程序，对计算机有着毁灭性的破坏作用。一般没有用户主动执行病毒程序，但是病毒会在其条件成熟后产生作用，如破坏程序、扰乱系统的工作等。计算机的非授权运行是计算机病毒的典型特点，其会在未经操作者许可的条件下自动运行。

1. 计算机病毒的特性

（1）隐蔽性。计算机病毒不易被发现，这是因为计算机病毒具有较强的隐蔽性，其往往以隐含在文件或程序代码中的方式存在，在普通的病毒查杀活动中，难以及时有效地查杀。病毒通常伪装成正常程序，扫描计算机病毒时难以发现。此外，一些病毒被设计成病毒修复程序，诱导用户使用，进而实现病毒植入，入侵计算机。计算机病毒的隐蔽性使得计算机处于被动状态，造成了严重的安全隐患。

（2）破坏性。病毒往往具有极大的破坏性，能够破坏数据信息，甚至造成大面积的计算机瘫痪，对计算机用户造成较大损失。例如，常见的木马、蠕虫等计算机病毒可以大范围入侵计算机，为计算机带来安全隐患。

（3）传染性。计算机病毒的一大特性是传染性，即其能够通过 U 盘、网络等途径入侵计算机。在入侵之后，往往可以实现病毒扩散，感染未感染的计算机，进而造成计算机大面积瘫痪等事故。随着网络信息技术的不断发展，在短时间之内，病毒能够实现较大范围的恶意入侵。因此，在计算机病毒的安全防御中，如何面对快速的病毒传染成为有效防御病毒的重要基础，也是构建防御体系的关键。

（4）寄生性。计算机病毒还具有寄生性。计算机病毒需要在宿主中寄生才能生存，才能更好地发挥其功能，以破坏宿主的正常机能。通常情况下，计算机病毒是在其他正常程序或数据中寄生的，在此基础上利用一定媒介实现传播。在宿主计算机实际运行过程中，一旦达到某种设置条件，计算机病毒就会被激活，随着程序的启动，计算机病毒会对宿主计算机文件进行不断修改，使其破坏作用得以发挥。

（5）可执行性。计算机病毒与其他合法程序一样，是一段可执行程序，但它不是一个完整的程序，而是寄生在其他可执行程序上的，因此享有一切程序所能得到的权限。

（6）可触发性。病毒会因某个事件或数值的出现而实施感染或进行攻击。

（7）攻击的主动性。病毒对系统的攻击是主动的，计算机系统无论采取多么严密的保护措施都不可能彻底地排除病毒对系统的攻击，而保护措施充其量是一种预防的手段而已。

（8）病毒的针对性。计算机病毒针对特定的计算机和特定的操作系统。例如，有针对 IBM PC 及其兼容机的，有针对 Apple 公司的 Macintosh 的，还有针对 UNIX 操作系统的。例如，小球病毒是针对 IBM PC 及其兼容机上的 DOS 操作系统的。

2. 计算机感染病毒后的主要症状

计算机感染病毒后的主要症状有很多，凡是计算机不正常都有可能与病毒有关。计算机感染上病毒后，如果病毒没有发作，则是很难觉察到的。但病毒发作时很容易从以下症状中感觉出来：计算机工作会很不正常；莫名其妙的死机；突然重新启动或无法启动；程序不能运行；磁盘坏簇莫名其妙的增多；磁盘空间变小；系统启动变慢；数据和程序丢失；出现异常的声音、音乐或出现一些无意义的画面和问候语等；正常的外设使用异常，如打印出现问题、键盘输入的字符与屏幕显示的不一致等。

9.2.2 计算机病毒的检测与防治

众所周知，一个计算机系统要想知道其是否感染病毒，首先要进行检测，然后才是防治。具体的检测方法不外乎两种：自动检测和人工检测。

自动检测由成熟的检测软件（杀毒软件）来自动完成，无须进行太多的人工干预，但是由于现在新病毒出现快、变种多，有时候无法及时更新病毒库，所以需要用户能够根据计算机出现的异常情况进行检测，即人工检测。感染病毒的计算机系统内部会发生某些变化，并在一定的条件下表现出来，因而可以通过直接观察来判断系统是否感染病毒。

1. 计算机病毒诊断方法

自 20 世纪 80 年代出现具有危害性的计算机病毒以来，计算机专家们就开始研究防病毒技术，防病毒技术随着病毒技术的发展而发展。常用的计算机病毒诊断方法有以下几种，这些方法依据的原理不同，实现时所需的开销不同，检测范围也不同，各有所长。

（1）特征代码法。特征代码法是现在大多数防病毒软件的静态扫描所采用的方法，是检测已知病毒最简单、开销最小的方法之一，当防病毒软件公司收集到一种新的病毒时，就会从这个病毒中截取一小段独一无二且足以表示这种病毒的二进制代码，将其当作扫描此病毒的依据，而这段独一无二的代码就是所谓的病毒特征代码。分析出病毒的特征代码后，将其集中存放于病毒代码库中，在扫描的时候对扫描对象与特征代码库进行比较，如果吻合，则判断为感染了病毒。特征代码法实现起来简单，对于查杀已知的文件型病毒特别有效，由于已知特征代码，清除病毒十分安全和彻底。

特征代码法的优点：检测准确，可识别病毒的名称，误报率低，依据检测结果可做杀毒处理。

特征代码法的缺点：速度慢，不能检查多态型病毒，不能检查隐蔽型病毒，不能检查求知病毒。

（2）检验和法。病毒在感染程序时，大多会使被感染的程序大小增加或者日期改变，校验和法就是根据病毒的这种行为来进行判断的。其把硬盘中的某些文件的资料汇总并记录下来，在以后的检测过程中重复此项动作，并与前一次记录进行比较，借此来判断这些文件是否被病毒感染了。

检验和法的优点：方法简单，能发现未知病毒，被查文件的细微变化也能被发现。

检验和法的缺点：病毒感染并非文件改变的唯一原因，文件的改变常常是正常程序引起的，如常见的正常操作，所以校验和法误报率较高，效率低，不能识别病毒名称，不能检查隐蔽型病毒。

（3）行为监测法。病毒感染文件时，常常产生一些不同于正常程序的行为。利用病毒的特有行为的特性监测病毒的方法称为行为监测法。通过对病毒多年的观察、研究，研究者发现有一些行为是病毒的共同行为，且这些行为比较特殊，在正常程序中是比较罕见的。行为监测法会在程序运行时监测其行为，如果发现了病毒行为，则会立即报警。

（4）虚拟机法。虚拟机法即在计算机中创造一个虚拟系统，将异常程序在虚拟环境中激活，从而观察异常程序的执行过程，根据其行为特征，判断是否为病毒。这种方法对加壳和加密的病毒非常有效，因为这两类病毒在执行过程中是要自身脱壳和解密的，这样杀毒软件就可以在其“现出原形”之后通过特征代码法对其进行查杀。例如，沙箱是一种虚拟系统，在沙箱内运行的程序会被完全隔离，任何操作都不会对真实系统产生危害，就如同一面镜子，病毒所影响的只是镜子中的影子而已。

（5）主动防御法。特征代码法查杀病毒已经非常成熟可靠，但是它总是落后于病毒的传播速度。随着网络安全防护的理念从独立的防病毒、防火墙、IPS 产品转变到一体化防护，主动防御法就出现了。主动防御法是一种阻止恶意程序执行的方法，可以在病毒发作时进行主动而有效的全面防范，从技术层面上有效应对未知病毒的传播。

2. 计算机病毒的防治

各个品牌的杀毒软件各有特色，但是基本功能大同小异。从统计数据来看，国内个人计算机大多使用 360 杀毒软件。

360 杀毒软件是 360 安全中心出品的一款免费的云安全杀毒软件。它创新性地整合了五大领先查杀引擎，包括国际知名的 BitDefender 病毒查杀引擎、小红伞病毒查杀引擎、360 云查杀引擎、360 主动防御引擎及 360 第二代 QVM 人工智能引擎。

（1）360 杀毒软件简介。

360 杀毒软件具有查杀率高、资源占用少、升级迅速等优点。它可一键扫描，能够快速、全面地诊断系统安全状况和健康程度，并进行精准修复，为用户提供安全、专业、有效、新颖的查杀防护服务。其防杀病毒能力得到了多个国际权威安全软件评测机构的认可。

（2）360 杀毒软件的使用方法。

360 杀毒软件使用起来方便灵活，用户可以根据当前的工作环境自行定义。

① 下载并安装 360 杀毒软件，进入“360 杀毒”软件主界面，如图 9.1 所示。

② 在“360 杀毒”软件主界面中选择“病毒查杀”选项卡，单击“快速扫描”图标。快速扫描可对计算机进行最快扫描，迅速查找病毒和存在威胁的文件，以节约时间，如图 9.2 所示。

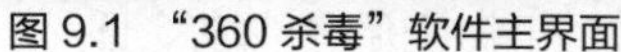
图 9.1 “360 杀毒”软件主界面

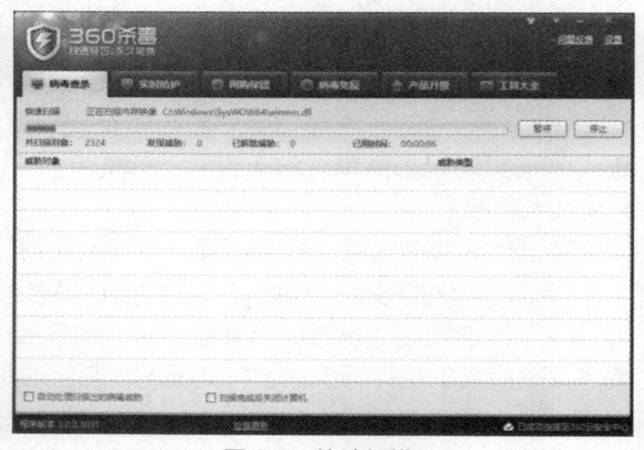

图 9.2 快速扫描

③ 单击“全盘扫描”图标，进行全盘扫描。全盘扫描花费时间较长，占用资源较多，建议安排在工作间隙来完成，如图 9.3 所示。

④ 单击“指定位置扫描”图标，可以选择扫描目录，如图 9.4 所示，并进行自定义扫描，如图 9.5 所示。

⑤ 在“360 杀毒”软件主界面中分别选择“实时防护”“网购保镖”“病毒免疫”“产品升级”“工具大全”选项卡，可以分别进行各项设置，如图 9.6～图 9.10 所示。

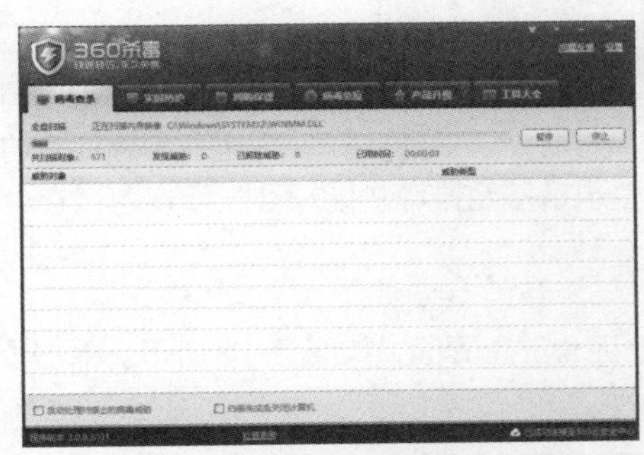

图 9.3 全盘扫描

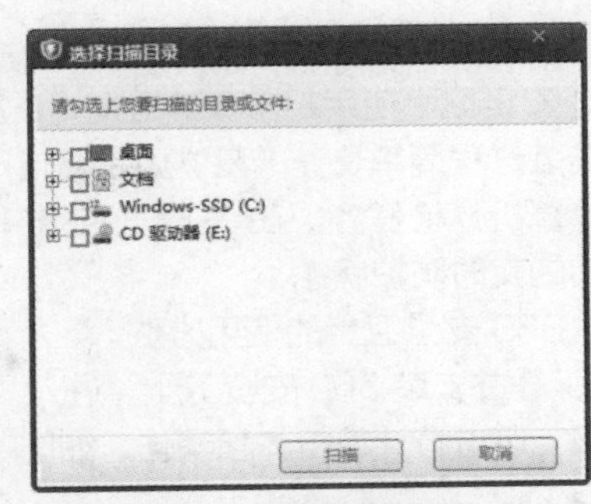

图 9.4 选择扫描目录

图 9.5 自定义扫描

图 9.6 “实时防护”选项卡

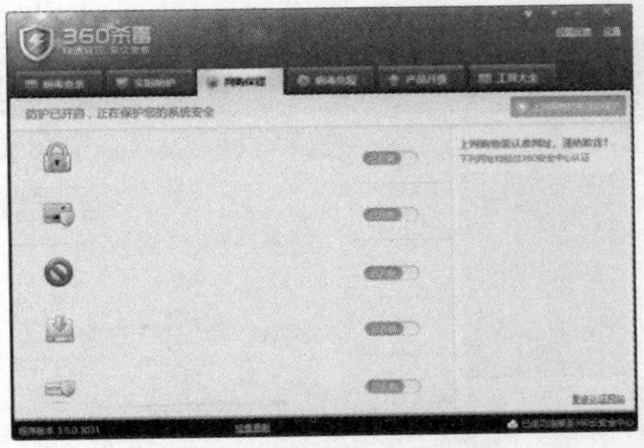

图 9.7 “网购保镖”选项卡

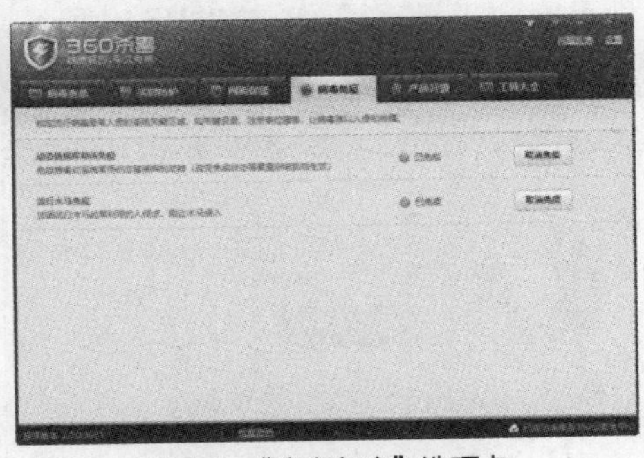

图 9.8 “病毒免疫”选项卡

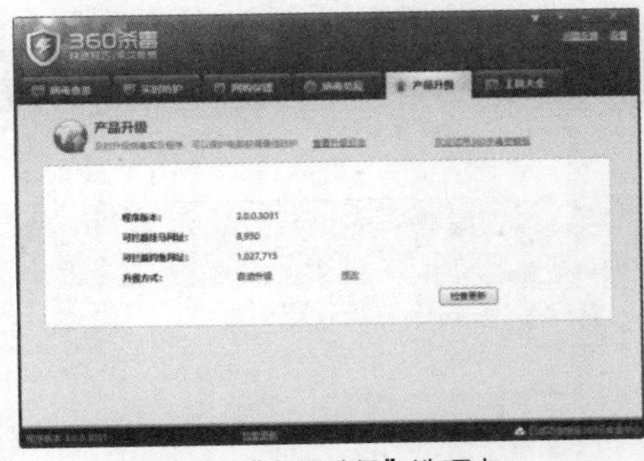

图 9.9 “产品升级”选项卡

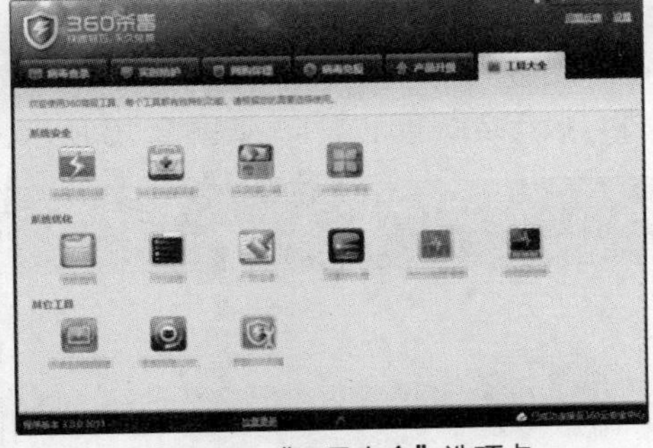

图 9.10 “工具大全”选项卡

360 安全卫士拥有查杀木马、清理插件、修复漏洞、计算机体检、计算机救援、保护隐私、计算机专家、清理垃圾、清理痕迹、木马防火墙、360 密盘等功能，依靠抢先侦测和云端鉴别，其可全面、智能地拦截各类木马，保护用户的账号、隐私等重要信息。

（1）360 安全卫士简介。

360 安全卫士使用起来极其方便，一直以来主打在线安装模式，只需联网即可轻松安装其最新版本，安装过程简单快速，基本上是全自动完成的，无须人工干预。360 安全卫士启动后将立即自动执行计算机体检任务。在其主界面的右侧有账号登录链接及推荐功能项目，用户可以在此查看到程序当前的实时防护状态。

（2）360 安全卫士的使用方法。

① 下载并安装 360 安全卫士，进入“360 安全卫士”主界面，如图 9.11 所示。单击“立即体检”按钮，可进行计算机体检操作，如图 9.12 所示。

图 9.11 “360 安全卫士”主界面

图 9.12 计算机体检

② 在“360 安全卫士”主界面中选择“木马查杀”选项卡，如图 9.13 所示。单击“快速查杀”按钮，即可执行快速查杀操作，如图 9.14 所示。

图 9.13 “木马查杀”选项卡

图 9.14 快速查杀

③ 在“360 安全卫士”主界面中选择“电脑清理”选项卡，如图 9.15 所示。单击“全面清理”按钮，即可执行全面清理操作，如图 9.16 所示。

图 9.15 “电脑清理”选项卡

图 9.16 全面清理

④ 在“360 安全卫士”主界面中选择“系统修复”选项卡，如图 9.17 所示。单击“全面修复”按钮，即可执行全面修复操作，如图 9.18 所示。

图 9.17 “系统修复”选项卡

图 9.18 全面修复

⑤ 在“360 安全卫士”主界面中选择“优化加速”选项卡，如图 9.19 所示。单击“全面加速”按钮，即可执行全面加速操作，如图 9.20 所示。

图 9.19 “优化加速”选项卡

图 9.20 全面加速

⑥ 在“360 安全卫士”主界面中选择“功能大全”选项卡，如图 9.21 所示。

⑦ 在“360 安全卫士”主界面中选择“软件管家”选项卡，进入“360 软件管家”主界面，即可对软件进行管理。

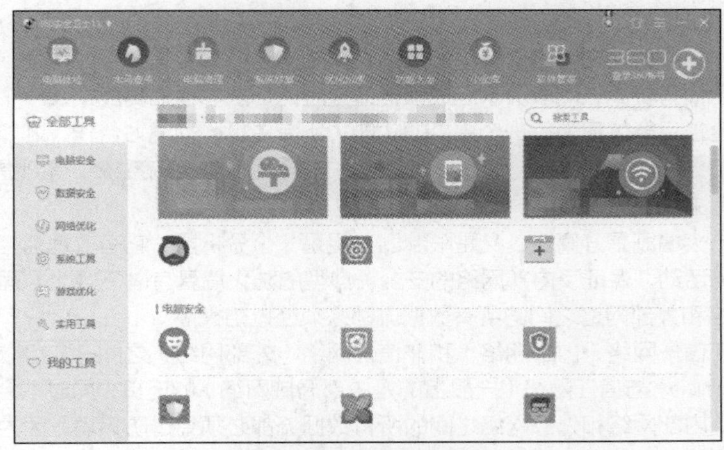

图 9.21 “功能大全”选项卡

9.3 防火墙技术

古时候，人们常在寓所之间砌起一道砖墙，一旦发生火灾，它就能够防止火势蔓延到别处。如果一个网络连接到了 Internet，那么它的用户就可以访问外部网络并与之通信。但同时外部网络也可以访问该网络并与之交互。为了安全，可以在该网络和 Internet 之间插入一个中介系统，建立一道安全屏障。这道屏障用于阻断外部网络对该网络的威胁和入侵，将作为保护本网络安全的关卡，它的作用与古时候的防火砖墙有类似之处，因此人们把这个屏障叫作"防火墙"。

9.3.1 防火墙的基本概念

1. 防火墙的定义

防火墙是一个由计算机硬件和软件组成的系统，部署于网络边界，是内部网络和外部网络之间的"桥梁"，同时会对进出网络的数据进行保护，以防止恶意入侵、传播恶意代码等，保障内部网络数据的安全。防火墙是建立在网络技术和信息安全技术基础上的应用性安全技术，几乎所有企业都会在内部网络与外部网络（如 Internet）相连接的边界设置防火墙。防火墙能够起到安全过滤和安全隔离外网攻击、入侵等有害的网络安全的信息和行为的作用，它是不同网络或网络安全域之间信息的唯一出入口。防火墙部署如图 9.22 所示。

防火墙遵循的基本准则有两条。一是它会拒绝所有未经允许的命令。防火墙的审查是基础的逐项审阅，任何一个服务请求和应用操作都将被逐一审查，只有在符合允许条件的命令后才可能被执行，这为保证内部计算机安全提供了切实可行的办法。反言之，用户可以申请的服务和服务数量是有限的，防火墙在提高了安全性的同时减弱了可用性。二是它会允许所有未拒绝的命令。防火墙在传输所有信息的时候都是按照约定的命令执行的，即在逐项审查后会拒绝存在潜在危害的命令，因为可用性优于安全性，所以会导致安全性难以把控。

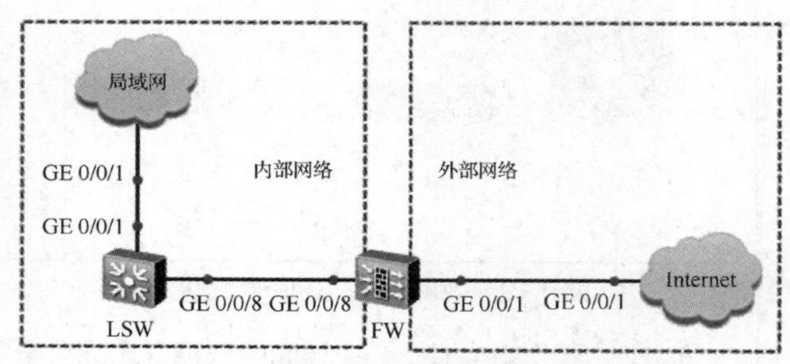

图 9.22　防火墙部署

2. 防火墙的功能

防火墙是"木桶"理论在网络安全中的应用。网络安全概念中有一个"木桶"理论：一个桶能装的水量不取决于桶有多高，而取决于组成该桶的最短的那块木板的高度。在一个没有防火墙的环境中，网络的安全性只能体现为每一个主机的功能，所有主机必须通力合作，才能使网络具有较高程度的安全性。防火墙能够简化安全管理，使网络的安全性在防火墙系统中得到提高，而不是分布在内部网络的所有主机上。

在逻辑上，防火墙既是分离器，又是限制器，更是一个分析器，它有效地监控了内部网络和外部网络之间的任何活动，保证了内部网络的安全。典型的防火墙具有以下 3 个方面的基本特性。

（1）内部网络和外部网络之间的所有数据流都必须经过防火墙。

防火墙安装在信任网络（内部网络）和非信任网络（外部网络）之间，它可以隔离非信任网络（一般指的是 Internet）与信任网络（一般指的是内部局域网络）的连接，同时不会妨碍用户对非信任网络进行访问。内部网络和外部网络之间的所有数据流都必须经过防火墙，因为只有防火墙是内部、外部网络之间的唯一信道，这样才可以全面、有效地保护企业内部网络不受侵害。

（2）只有符合安全策略的数据流才能通过防火墙。

部署防火墙的目的就是在网络连接之间建立一道安全控制屏障，通过允许、拒绝或重新定向经过防火墙的数据流，实现对进、出内部网络的数据流的审计和控制。防火墙最基本的功能是根据企业的安全规则控制（允许、拒绝、监测）出入网络的信息流，确保网络流量的合法性，并在此前提下将网络流量快速地从一条链路转发到另外的链路上。

（3）防火墙自身具有非常强的抗攻击能力。

防火墙承担了企业内部网络安全防护重任。防火墙处于网络边界，就像一个“边界卫士”一样，每时每刻都要抵御“黑客”的入侵，因此要求防火墙自身具有非常强的抗攻击能力。

防火墙除了具备上述 3 个方面的基本特性外，一般来说，还具有以下几个方面的功能。

① 支持 NAT。防火墙可以作为部署 NAT 的逻辑地址，因此，防火墙可以用来解决地址空间不足的问题，并避免机构在变换 ISP 时带来需要重新编址的麻烦。

② 支持 VPN。防火墙还支持具有 Internet 服务特性的企业内部网络技术体系 VPN。通过 VPN 可将企事业单位在地域上分布于世界各地的局域网或专用子网有机地互联成一个整体。这不仅省去了专用通信线路，还为信息共享提供了技术保障。

③ 支持用户制定的各种访问控制策略。

④ 支持网络存取和访问进行的监控审计。

⑤ 支持身份认证等功能。

3. 防火墙的优缺点

（1）防火墙的优点。

① 增强了网络安全性。防火墙可防止非法用户进入内部网络，降低主机的风险。

② 提供集中的安全管理。防火墙对内部网络实施集中的安全管理，通过制定安全策略，其安全防护措施可运行于整个内部网络系统中而无须在每个主机中分别设立。同时，可将内部网络中需改动的程序都存于防火墙中而不是分散到每个主机中，以便集中保护。

③ 增强了保密性。防火墙可阻止攻击者获取所攻击网络系统的有用信息。

④ 提供对系统的访问控制。防火墙可提供对系统的访问控制，例如，允许外部用户访问某些主机，同时禁止访问其他主机；允许内部用户使用某些资源而不使用其他资源等。

⑤ 能有效地记录网络访问情况。因为所有进出信息都必须通过防火墙，所以非常便于收集关于系统和网络使用或误用的信息。

（2）防火墙的缺点。

① 防火墙不能防范来自内部的攻击。防火墙对内部用户偷窃数据、破坏硬件和软件等行为无能为力。

② 防火墙不能防范未经过防火墙的攻击。没有经过防火墙的数据，防火墙无法检查，如个别内部网络用户绕过防火墙进行拨号访问等。

③ 防火墙不能防范策略配置不当或错误配置带来的安全威胁。防火墙是一个被动的安全策略执行设备，就像门卫一样，要根据相关规定来执行安全防护操作，而不能自作主张。

④ 防火墙不能防范未知的威胁。防火墙能较好地防范已知的威胁，但不能自动防范所有新的威胁。

9.3.2 防火墙端口区域及控制策略

1. 防火墙端口区域

（1）Trust（内部，局域网），连接内部网络。

（2）Untrust（外部，Internet），连接外部网络，一般指的是 Internet。

（3）非军事区（Demilitarized Zone，DMZ），DMZ 中的服务器通常为提供对外服务的服务器，如 Web 服务器、FTP 服务器、E-mail 服务器等。DMZ 可增强 Trust 区域中设备的安全性；有特殊的访问策略；Trust 区域中的设备也会对 DMZ 中的系统进行访问。防火墙通用部署方式如图 9.23 所示。

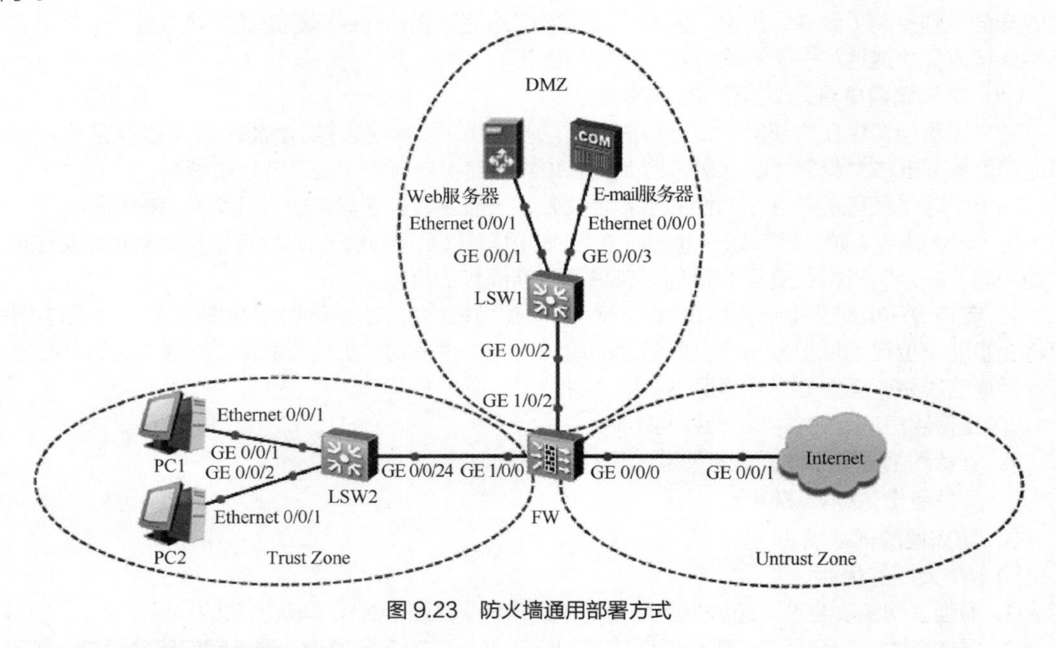

图 9.23　防火墙通用部署方式

2. DMZ 常规访问控制策略

（1）内部网络可以访问 DMZ，方便用户使用和管理 DMZ 中的服务器。

（2）外部网络可以访问 DMZ 中的服务器，同时需要由防火墙完成外部地址到服务器实际地址的转换。

（3）DMZ 不能访问外部网络。此条策略也有例外，例如，如果 DMZ 中放置了 E-mail 服务器，则需要访问外部网络，否则它将不能正常工作。

9.3.3　防火墙的类型

（1）包过滤防火墙。

第一代防火墙技术几乎与路由器同时出现，采用了包过滤技术。包过滤防火墙的工作流程如图 9.24 所示。由于多数路由器本身就支持分组过滤功能，因此网络访问控制可通过路由控制来实现，具有分组过滤功能的路由器成为第一代防火墙。

（2）代理防火墙。

它也被称为应用网关防火墙，是第二代防火墙，它工作在应用层上，能够根据具体的应用对数据进行过滤或者转发，它就是人们常说的代理服务器、应用网关。这样的防火墙彻底隔断了内部网络与外部网络的直接通信，内部网络用户对外部网络的访问变成防火墙对外部网络的访问，并由防火墙把访问的结果转发给内部网络用户。

（3）状态检测防火墙。

它是基于动态包过滤技术的防火墙，也就是目前所说的状态检测防火墙技术。对于 TCP 连接，每个可靠连接的建立都需要经过“三次握手”，此时的数据报并不是独立的，它们前后之间有着密切的状态联系。状态检测防火墙将基于这种连接过程，根据数据报状态变化来决定访问控制的策略。状态检测防火墙的工作流程如图 9.25 所示。

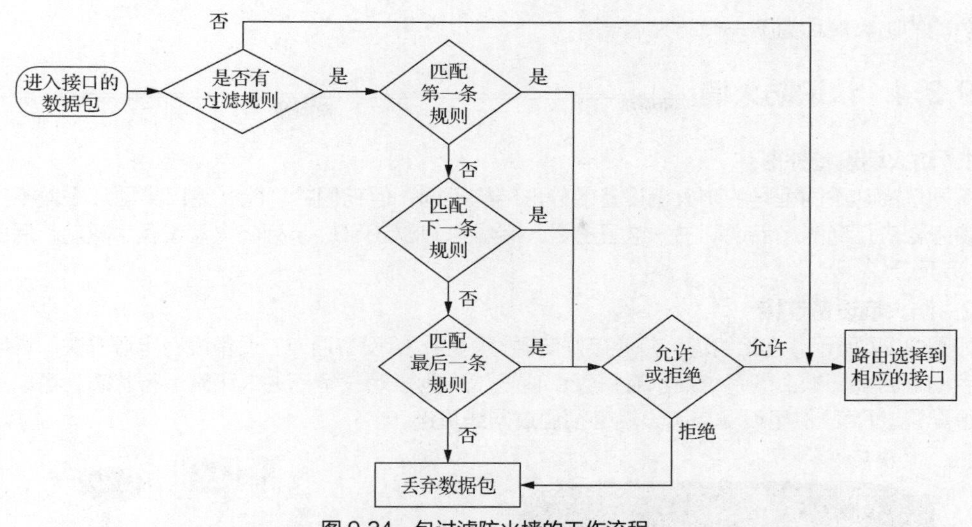

图 9.24　包过滤防火墙的工作流程

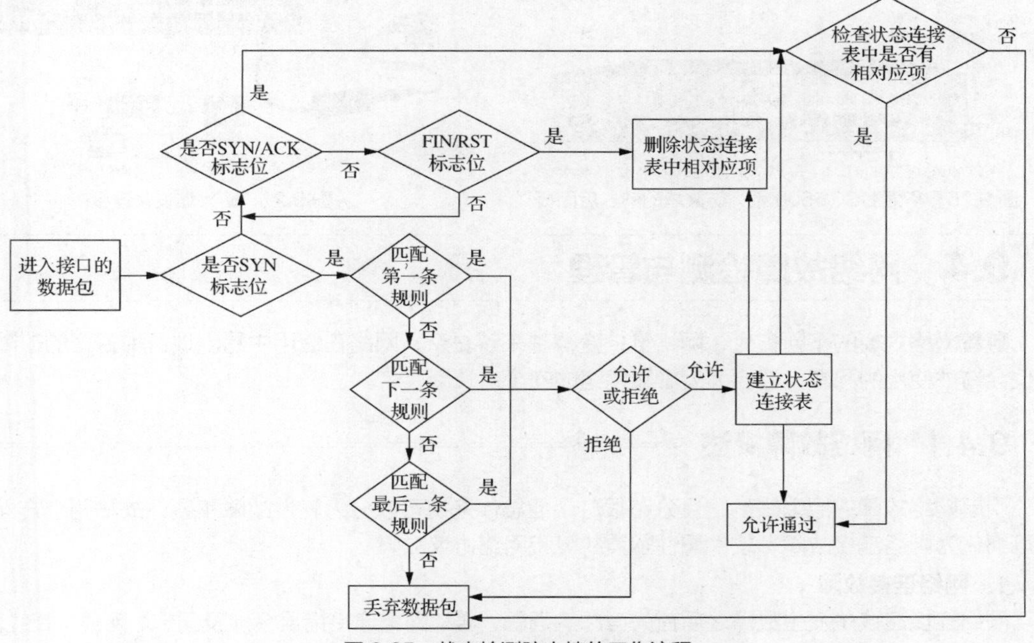

图 9.25　状态检测防火墙的工作流程

（4）复合型防火墙。

复合型防火墙结合了代理防火墙的安全性和包过滤防火墙的高速等优点，实现了第三层至第七层自适应的数据转发。

（5）下一代防火墙。

随着网络应用的高速增长和移动应用的爆发式出现，发生在应用网络中的安全事件越来越多，过去简单的网络攻击也大都转变为混合攻击，单一的安全防护措施已经无法有效地解决企业面临的网络安全问题。随着网络带宽的增加，网络流量也变得越来越大，要对大流量进行应用层的精确识别，防火墙的性能必须更强，下一代防火墙就是在这种背景下出现的。为应对当前与未来的网络安全威胁，防火墙必须具备一些新的功能，如具有基于用户的高性能并行处理引擎。一些企业把具有多种功能的防火墙称为下一代防火墙。

9.3.4 认识防火墙

1. 防火墙设备外形

不同厂商、不同型号的防火墙设备的外形结构不同，但它们的功能、端口类型几乎差不多，具体可参考相应厂商的产品说明书。这里主要介绍华为 USG6500 系列防火墙设备，其前、后面板如图 9.26 所示。

2. 防火墙设备连接

如图 9.27 所示，连接线缆，并连接好电源适配器，给设备通电。设备没有电源开关，通电后会立即启动。若前面板上的系统指示灯每 2s 闪一次，则表明设备已进入正常运行状态，可以登录设备进行配置。PoE 供电设备与防火墙必须通过网线直连。

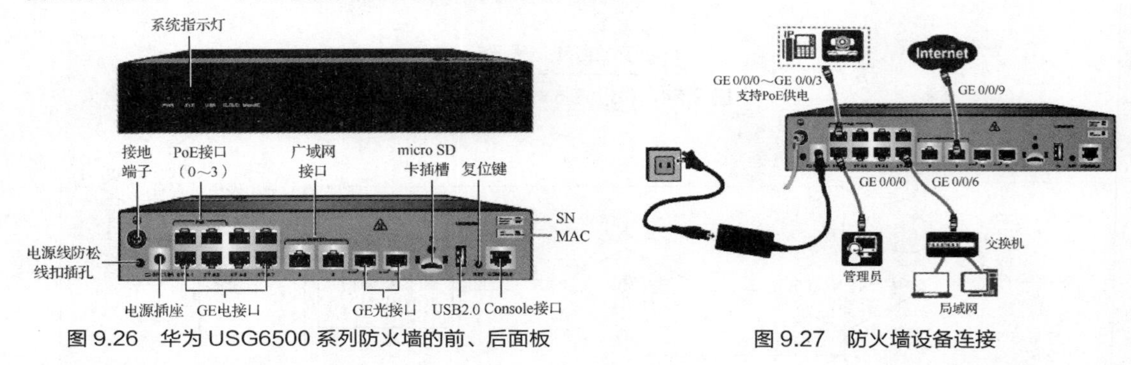

图 9.26 华为 USG6500 系列防火墙的前、后面板

图 9.27 防火墙设备连接

9.4 网络故障检测与管理

随着网络规模的不断扩大，网络维护变得越来越复杂，网络在使用中易出现各种各样的故障，不仅会造成使用的问题，还会大大影响网络的安全。

9.4.1 网络故障概述

引起网络故障的原因很多，且分布很广，但总体来说可以分为软件故障和硬件故障两个方面。也可细化为网络连接故障、软件属性配置故障和网络协议故障。

1. 网络连接故障

网络连接应该是发生故障之后首先考虑的问题，通常网络连接错误会涉及网卡、网线、集线器、交换机、路由器等设备，如果其中一个设备出现问题，则必然会导致网络故障。

可对网络是否处于连接状态进行测试。如当前一台计算机不能浏览网页的时候，第一反应就应该是网络连接不正常。

2. 软件属性配置故障

计算机的配置选项、应用程序的参数设置不正确，也有可能导致网络故障的发生。例如，服务器权限配置不当，将导致资源无法共享；计算机网卡配置不当，将导致无法连接；IE 配置不当，将无法浏览网页。所以，在排除了硬件故障之后，重点应放在软件属性配置方面。

3. 网络协议故障

没有网络协议就没有计算机网络，如果缺少合适的网络协议，那么局域网中的网络设备和计算机之间就无法建立通信连接。所以，网络协议在网络中举足轻重，决定着网络能否正常运行。

9.4.2 常用的网络管理命令

在网络设备调试的过程中，经常会使用网络管理命令对网络进行测试，以查看网络的运行情况。下面介绍网络中常用的网络管理命令的用法。

V9-1 常用的网络管理命令

1. ping 命令

ping 命令是用来探测本机与网络中另一主机或节点之间是否可达的命令，如果两台主机或节点之间 ping 不通，则表明这两台主机或两个节点间无法建立起连接。ping 命令是测试网络通不通的一个重要命令。使用 ping 命令测试网络连通性如图 9.28 所示。

ping 命令的用法如下。

```
ping [-t] [-n count] [-l size] [-4] [-6] target_name
```

ping 命令各参数选项功能描述如表 9.1 所示。

表 9.1 ping 命令各参数选项功能描述

选项	功能描述
-t	ping 指定的主机，直到停止。若要查看统计信息并继续操作，则应键入 Control-Break；若要停止，则应输入 Control-C
-n count	要发送的回显请求数
-l size	发送缓冲区的大小
-4	强制使用 IPv4
-6	强制使用 IPv6

2. tracert 命令

tracert（跟踪路由）命令用于路由跟踪实用程序，用于确定 IP 数据报访问目标时采取的路径。tracert 命令使用 IP 生存时间（Time To Live，TTL）字段和 ICMP 错误消息来确定从一个主机到网络中其他主机的路由。使用 tracert 命令进行路由跟踪测试如图 9.29 所示。

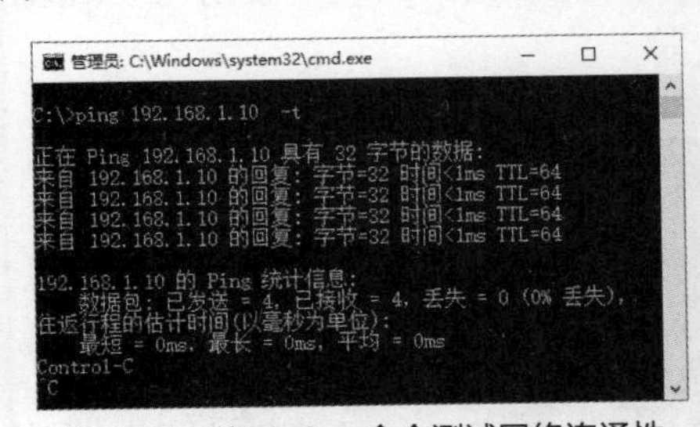

图 9.28 使用 ping 命令测试网络连通性

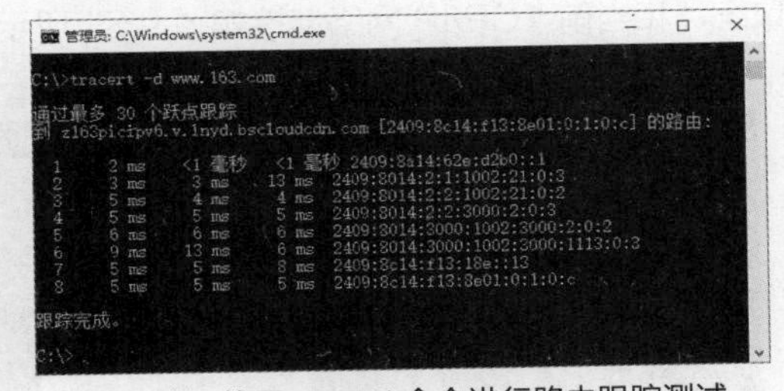

图 9.29 使用 tracert 命令进行路由跟踪测试

tracert 命令的用法如下。

```
tracert [-d] [-h maximum_hops] [-j host-list] [-w timeout]
        [-R] [-S srcaddr] [-4] [-6] target_name
```

tracert 命令各参数选项功能描述如表 9.2 所示。

表 9.2 tracert 命令各参数选项功能描述

选项	功能描述
-d	不将地址解析成主机名
-h maximum_hops	搜索目标的最大跳数
-j host-list	与主机列表一起的松散源路由（仅适用于 IPv4）

续表

选项	功能描述
-w timeout	等待每个回复的超时时间（以毫秒为单位）
-R	跟踪往返行程路径（仅适用于 IPv6）
-S srcaddr	要使用的源地址（仅适用于 IPv6）
-4	强制使用 IPv4
-6	强制使用 IPv6

3. nslookup 命令

nslookup（域名查询）命令用于指定查询的类型，可以查到 DNS 记录的生存时间，还可以指定使用哪个 DNS 服务器进行解释。在已安装 TCP/IP 的计算机中均可以使用这个命令，它主要用来诊断 DNS 基础结构的信息。nslookup（name server lookup）命令是一个用于查询 Internet 域名信息或诊断 DNS 服务器问题的命令。使用 nslookup 命令查看域名信息如图 9.30 所示。

nslookup 命令的用法如下。

```
nslookup [-opt ...] # 使用默认服务器的交互模式
```

nslookup 命令各参数选项功能描述如表 9.3 所示。

表 9.3　nslookup 命令各参数选项功能描述

选项	功能描述
nslookup [-opt ...] - server	使用“server”的交互模式
nslookup [-opt ...] host	仅查找使用默认服务器的“host”
nslookup [-opt ...] host server	仅查找使用“server”的“host”

4. netstat 命令

netstat 命令用于显示协议统计和当前 TCP/IP 网络连接、路由表、端口状态（Interface Statistics）、masquerade 连接、多播成员（Multicast Memberships）等。使用 netstat 命令显示协议统计和当前 TCP/IP 网络连接如图 9.31 所示。

图 9.30　使用 nslookup 命令查看域名信息

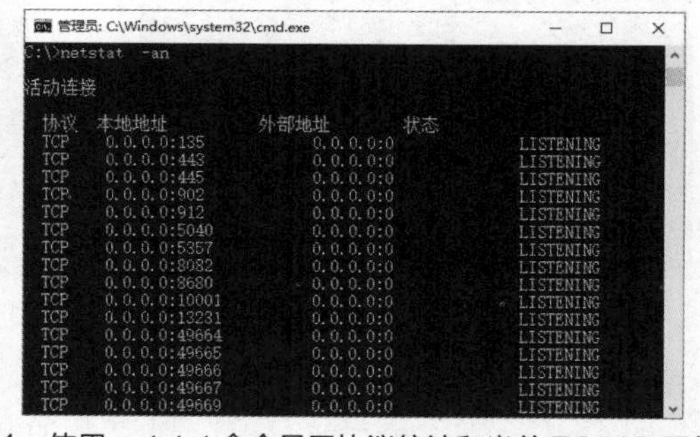

图 9.31　使用 netstat 命令显示协议统计和当前 TCP/IP 网络连接

netstat 命令的用法如下。

```
netstat [-a] [-e] [-f] [-n] [-o] [-p proto] [-r] [-s] [-t] [interval]
```

netstat 命令各参数选项功能描述如表 9.4 所示。

表 9.4　netstat 命令各参数选项功能描述

选项	功能描述
-a	显示所有连接和监听端口

续表

选项	功能描述
-e	显示以太网统计。此选项可以与-s 选项结合使用
-f	显示外部地址的完全限定域名
-n	以数字形式显示地址和端口号
-o	显示拥有的与每个连接关联的进程 ID
-r	显示路由表
-s	显示每个协议的统计信息。默认情况下，显示 IP、IPv6、ICMP、ICMPv6、TCP、 TCPv6、UDP 和 UDPv6 的统计信息
-t	显示当前连接的卸载状态

5. ipconfig 命令

当使用 ipconfig 命令不带任何参数选项时，将显示每个已经配置了的端口的 IP 地址、子网掩码和默认网关值。使用 ipconfig 命令获取本地网卡的所有配置信息如图 9.32 所示。

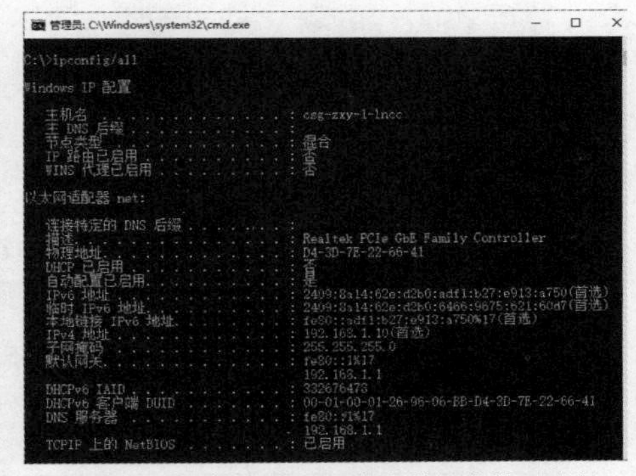

图 9.32　使用 ipconfig 命令获取本地网卡的所有配置信息

当使用 all 选项时，ipconfig 命令能为 DNS 和 WINS 服务器显示它们已配置且要使用的附加信息（如 IP 地址等），并能显示内置于本地网卡中的物理地址。如果 IP 地址是从 DHCP 服务器租用的，那么 ipconfig 命令将显示 DHCP 服务器的 IP 地址和租用地址预计失效的日期（DHCP 服务器的相关内容详见其他有关 NT 服务器的图书）。

/release 和/renew 是附加选项，只能在向 DHCP 服务器租用其 IP 地址的计算机中起作用。如果用户执行“ipconfig/release”命令，那么所有端口的租用 IP 地址便会重新交付给 DHCP 服务器（归还 IP 地址）。如果用户执行“ipconfig/renew”命令，那么本地计算机便会设法与 DHCP 服务器取得联系，并租用一个 IP 地址。请注意，大多数情况下网卡将被重新赋予和以前相同的 IP 地址。

ipconfig 命令各参数选项功能描述如表 9.5 所示。

表 9.5　ipconfig 命令各参数选项功能描述

选项	功能描述
/?	显示此帮助消息
/all	显示完整配置信息
/release	释放指定适配器的 IPv4 地址
/release6	释放指定适配器的 IPv6 地址
/renew	更新指定适配器的 IPv4 地址
/renew6	更新指定适配器的 IPv6 地址
/flushdns	清除 DNS 解析程序的缓存
/registerdns	刷新所有 DHCP 租约并重新注册 DNS 名称
/displaydns	显示 DNS 解析程序缓存的内容

默认情况下，仅显示绑定到 TCP/IP 的适配器的 IP 地址、子网掩码和默认网关。

对于/release 和/renew，如果未指定适配器名称，则会释放或更新所有绑定到 TCP/IP 的适配器的 IP 地址租约。对于/setclassid 和/setclassid6，如果未指定 classid，则会删除 classid。

6. arp 命令

arp 命令用于显示和修改 ARP 缓存中的项目。ARP 缓存中包含一个或多个表，它们用于存储 IP 地址及其经过解析后的以太网或令牌环网物理地址。计算机中安装的每一个以太网或令牌环网适配器都有自己单独的表。如果在没有参数的情况下执行该命令，则 arp 命令将显示帮助信息。使用 arp 命令显示 ARP 地址表如图 9.33 所示。

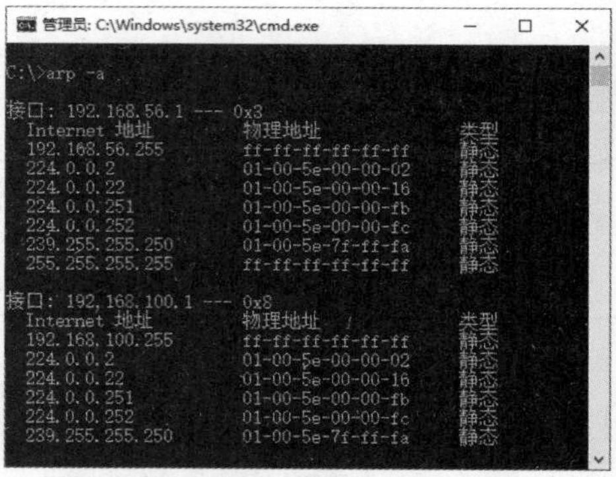

```
管理员: C:\Windows\system32\cmd.exe

C:\>arp -a

接口: 192.168.56.1 --- 0x3
  Internet 地址         物理地址              类型
  192.168.56.255        ff-ff-ff-ff-ff-ff     静态
  224.0.0.2             01-00-5e-00-00-02     静态
  224.0.0.22            01-00-5e-00-00-16     静态
  224.0.0.251           01-00-5e-00-00-fb     静态
  224.0.0.252           01-00-5e-00-00-fc     静态
  239.255.255.250       01-00-5e-7f-ff-fa     静态
  255.255.255.255       ff-ff-ff-ff-ff-ff     静态

接口: 192.168.100.1 --- 0x8
  Internet 地址         物理地址              类型
  192.168.100.255       ff-ff-ff-ff-ff-ff     静态
  224.0.0.2             01-00-5e-00-00-02     静态
  224.0.0.22            01-00-5e-00-00-16     静态
  224.0.0.251           01-00-5e-00-00-fb     静态
  224.0.0.252           01-00-5e-00-00-fc     静态
  239.255.255.250       01-00-5e-7f-ff-fa     静态
```

图 9.33　使用 arp 命令显示 ARP 地址表

arp 命令的用法如下。

```
arp -s inet_addr eth_addr [if_addr]
arp -d inet_addr [if_addr]
arp -a [inet_addr] [-N if_addr] [-v]
```

arp 命令各参数选项功能描述如表 9.6 所示。

表 9.6　arp 命令各参数选项功能描述

选项	功能描述
-a	通过询问当前协议数据，显示当前 ARP。如果指定 inet_addr，则只显示指定计算机的 IP 地址和物理地址。如果不止一个网络端口使用 ARP，则显示每个 ARP 表的项
-g	与-a 选项功能相同
-v	在详细模式下显示当前 ARP 项。所有无效项和环回端口上的项都将显示
inet_addr	指定 Internet 地址
-N if_addr	显示 if_addr 指定的网络端口的 ARP 项
-d	删除 inet_addr 指定的主机。inet_addr 可以是通配符*，表示删除所有主机
-s	添加主机并将 Internet 地址 inet_addr 与物理地址 eth_addr 相关联。物理地址是用连字符分隔的 6 个十六进制字节。该项是永久的
eth_addr	指定物理地址
if_addr	如果存在，则此项用于指定地址转换表中应修改的端口的 Internet 地址。如果不存在，则使用第一个适用的端口

9.4.3　应用程序间的通信

当网络中的两台计算机进行通信时，除了需要确定计算机在网络中的 IP 地址外，还需要确定计算机中的一个端口。端口并不是实际的物理设备，它是一个应用程序，这个应用程序负责两台计算机的通信，如图 9.34 所示。

一个 IP 地址标识了一台主机（服务器），主机可以提供多种服务，如 Web 服务、FTP 服务、远程桌面等。主机的每个服务都会等待客户端的连接，客户端如何区分这些服务呢？这就需要使用端口来区分了。

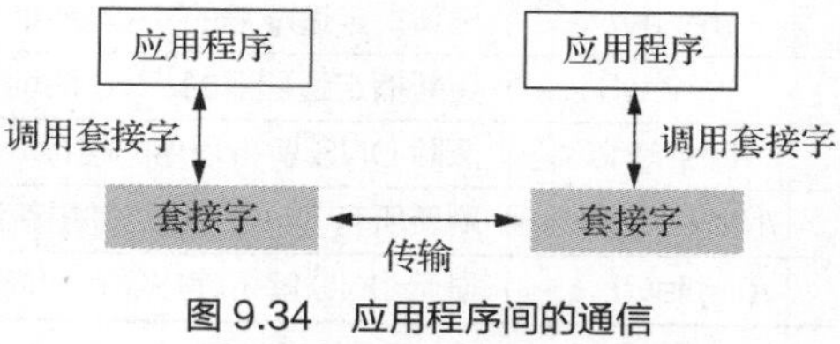

图 9.34　应用程序间的通信

1. 端口号

端口号被规定为一个 0～65535 的整数，这个整数和提供的服务相关联。例如，Web 服务一般使用端口号 80，FTP 服务一般使用端口号 21、远程桌面一般使用端口号 3389。

当通过客户端浏览器访问一个网站时，在浏览器地址栏中输入该网站的网址，并不需要输入端口号 80。这是因为 Web 服务默认使用端口号 80，当客户端以 HTTP 访问主机时，主机会默认这是在访问 Web 服务。

端口被划分为以下 3 段，如图 9.35 所示，同一台计算机中的端口号不能重复，否则会产生端口号冲突。

图 9.35　端口划分

（1）众所周知端口的端口号为 1～1023。这些端口号由互联网数字分配机构（the Internet Assigned Numbers Authority，IANA）分配和控制。可能的话，相同端口号会分配给 TCP、UDP 和流控制传输协议（Stream Control Transmission Protocol，SCTP）的同一给定服务。例如，不论是 TCP 还是 UDP，端口号 80 都被赋予 Web 服务器，尽管它目前的所有实现都单纯使用 TCP。

（2）IANA 注册的端口的端口号为 1024～49151。这些端口不受 IANA 控制，但由 IANA 登记并提供它们的使用情况清单。可能的话，相同端口号也分配给 TCP 和 UDP 的同一给定服务。

（3）49152～65535 是动态或私用端口的端口号。IANA 不管这些端口，它们就是人们所称的临时端口。

2. 套接字

套接字是支持 TCP/IP 网络通信的基本操作单元。多个 TCP 连接或多个应用程序进程可能需要通过同一个 TCP 端口传输数据。为了区分不同的应用程序进程和连接，许多计算机操作系统为应用程序与 TCP/IP 交互提供了称为套接字（Socket）的接口。

套接字可理解为 IP+端口（如 192.168.100.100：6688）。这两个都是传输层以上的概念。一个 TCP 连接的套接字对是一个定义该连接的两个端点的四元组，即本地 IP 地址、本地 TCP 端口号、外地 IP 地址、外地 TCP 端口号。套接字可以唯一标识一个网络中的每个 TCP 连接。就 SCTP 而言，一个关联由一组本地 IP 地址、一个本地端口、一组外地 IP 地址、一个外地端口标识。在两个端点均非多宿（一台计算机中有多个物理地址、两块网卡或多块网卡）这一最简单的情形下，SCTP 与 TCP 所用的四元组套接字对一致。然而，在某个关联的任何一个端点为多宿的情形下，同一关联可能需要多个。

在一台计算机中，端口号和进程之间是一一对应的关系，所以使用端口号和网络地址的组合可以唯一地确定整个网络中的一个网络进程。网络通信归根结底是进程间的通信（不同计算机的进程间的通信）。

3. 常见的 UDP 端口号和对应的协议

常见的 UDP 端口号和对应的协议及其功能描述如表 9.7 所示。

表 9.7　常见的 UDP 端口号和对应的协议及其功能描述

端口号	协议	功能描述
7	Echo	Echo 服务
9	Discard	用于连接测试的空服务
37	Time	时间协议
42	Nameserver	主机名服务
53	DNS	域名服务
69	TFTP	简单文件传输协议

续表

端口号	协议	功能描述
137	NETBIOS-NS	NetBIOS 名称服务
138	NETBIOS-DGM	NetBIOS 数据报服务
139	NETBIOS-SSN	NetBIOS 会话服务
161	SNMP	简单网络管理协议
513	Who	登录的用户列表
517	Talk	远程对话服务器和客户端
520	RIP	内部网关协议 RIP

4. 常见的 TCP 端口和对应的协议

常见的 TCP 端口号和对应的协议及其功能描述如表 9.8 所示。

表 9.8　常见的 TCP 端口号和对应的协议及其功能描述

端口号	协议	功能描述
7	Echo	Echo 服务
9	Discard	用于连接测试的空服务
20	FTP-Data	FTP 数据端口
21	FTP	FTP 端口
23	Telnet	Telnet 服务
25	SMTP	简单邮件传输协议
37	Time	时间协议
43	Whois	目录服务
53	DNS	域名服务
80	HTTP	万维网服务的 HTTP，用于网页浏览
109	POP2	邮件协议-版本 2
110	POP3	邮件协议-版本 3
179	BGP	边界网关协议
513	Login	远程登录
517	Talk	远程对话服务和用户

【技能实践】

任务 9.1　端口扫描器 X-Scan 工具的使用

【实训目的】

（1）理解端口、协议的作用。

（2）掌握端口扫描器 X-Scan 工具的使用方法。

【实训环境】

（1）准备端口扫描器 X-Scan 工具软件。

（2）准备网络实验环境。

【实训内容与步骤】

端口扫描器 X-Scan 工具的使用方法如下。

（1）双击桌面上的“X-Scan”图标，打开 X-Scan 工具软件，其主界面如图 9.36 所示。

（2）在 X-Scan 主界面中选择“设置”→“扫描参数”选项，如图 9.37 所示。

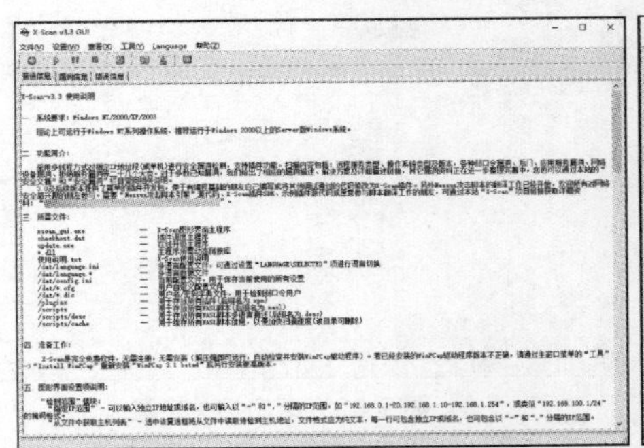

图 9.36　X-Scan 主界面

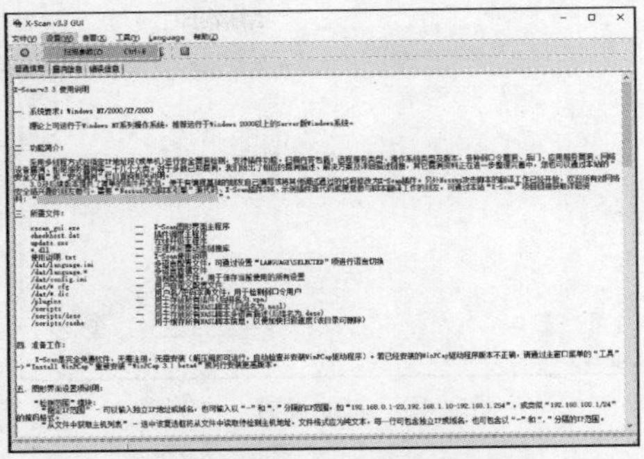

图 9.37　选择“扫描参数”选项

（3）在打开的“扫描参数”对话框中，选择“检测范围”选项，对 IP 地址范围进行指定，如图 9.38 所示。

（4）选择“全局设置”→“扫描模块”选项，选择相关服务、口令、漏洞等进行扫描，如图 9.39 所示。

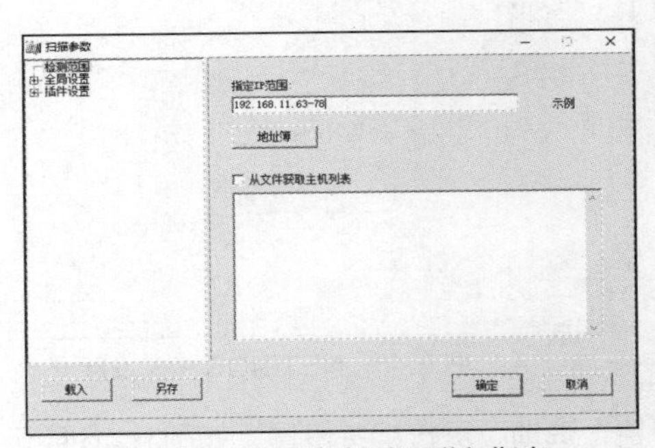

图 9.38　对 IP 地址范围进行指定

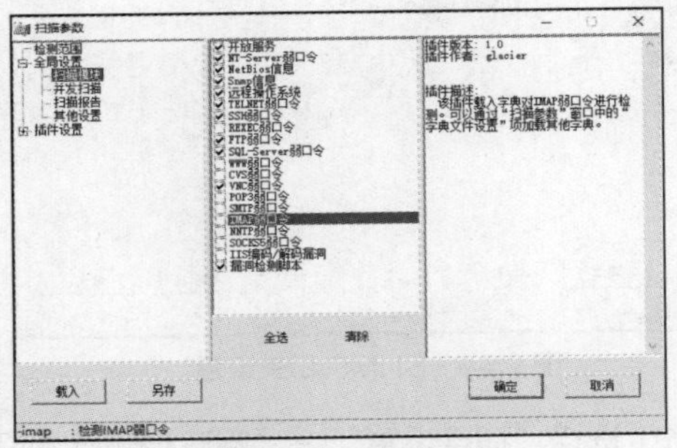

图 9.39　选择扫描模块

（5）选择“全局设置”→“并发扫描”选项，设置“最大并发主机数量”“最大并发线程数量”等，如图 9.40 所示。

（6）选择“全局设置”→“扫描报告”选项，进行相关设置，如图 9.41 所示。

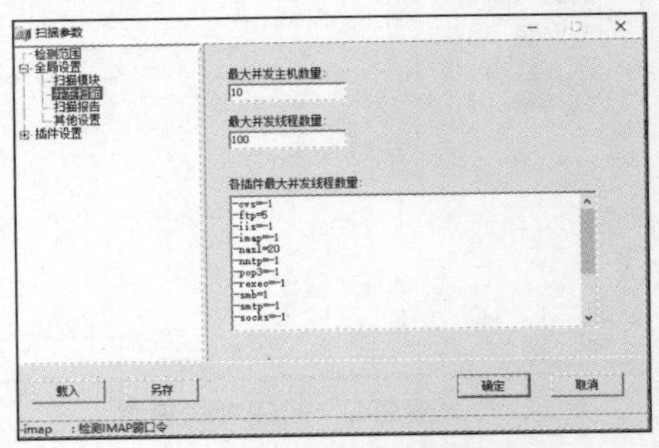

图 9.40　并发扫描设置

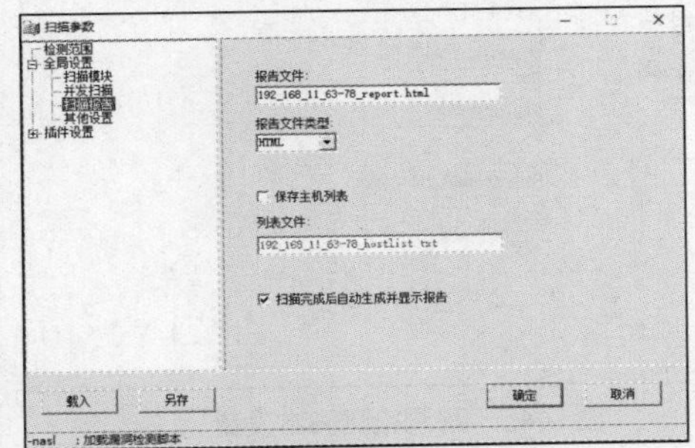

图 9.41　扫描报告设置

（7）选择“全局设置”→“其他设置”选项，进行相关设置，如图 9.42 所示。

（8）选择“插件设置”→“端口相关设置”选项，进行相关设置，如图 9.43 所示。

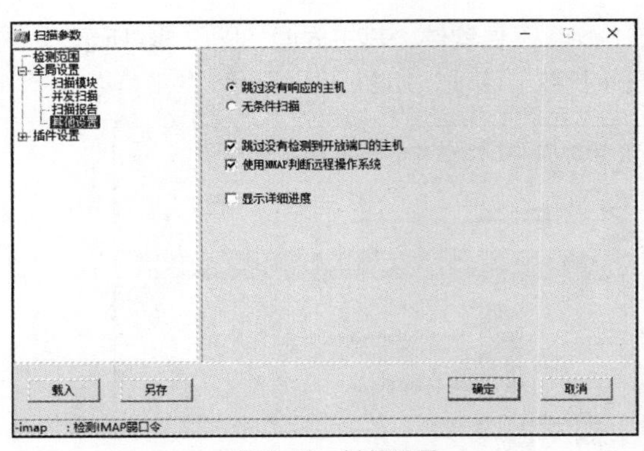

图 9.42 其他设置

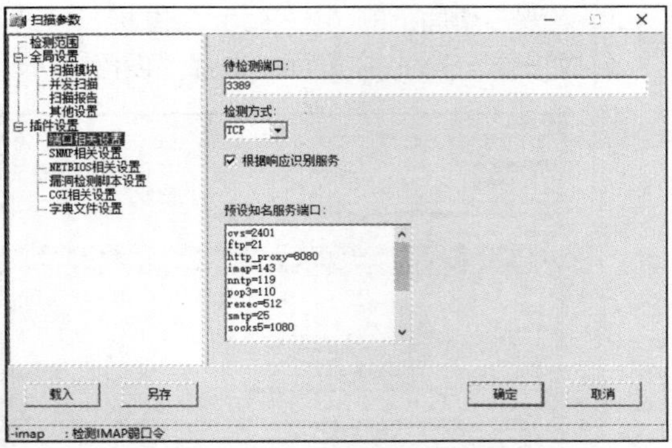

图 9.43 端口相关设置

（9）选择“插件设置”→“SNMP 相关设置”选项，进行相关设置，如图 9.44 所示。

（10）选择“插件设置”→“NETBIOS 相关设置”选项，进行相关设置，如图 9.45 所示。

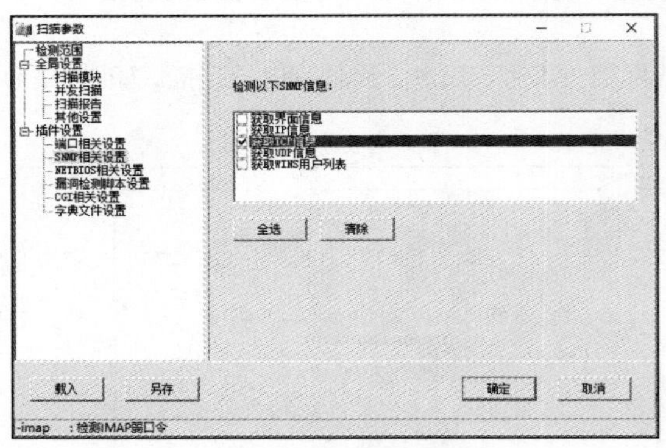

图 9.44 SNMP 相关设置

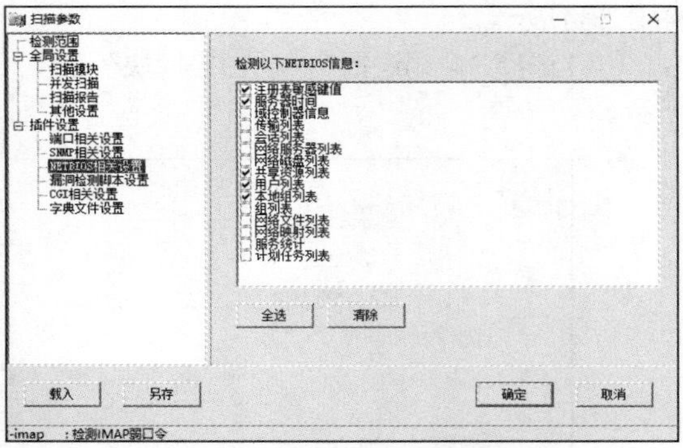

图 9.45 NETBIOS 相关设置

（11）选择“插件设置”→“漏洞检测脚本设置”选项，进行相关设置，如图 9.46 所示。

（12）选择“插件设置”→“CGI 相关设置”选项，进行相关设置，如图 9.47 所示。

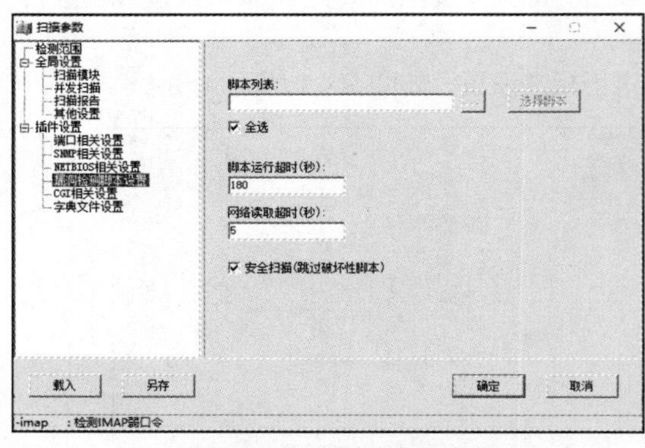

图 9.46 漏洞检测脚本设置

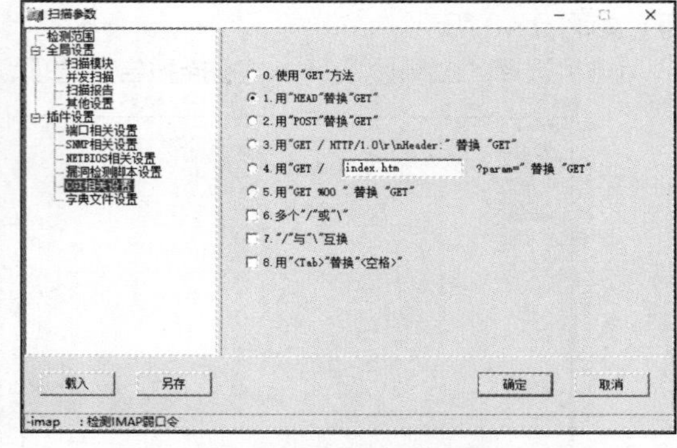

图 9.47 CGI 相关设置

（13）选择“插件设置”→“字典文件设置”选项，进行相关设置，如图 9.48 所示。

（14）设置完成后，在 X-Scan 主界面中，单击“开始”按钮开始扫描，如图 9.49 所示。

（15）扫描完成，检测结果如图 9.50 所示。

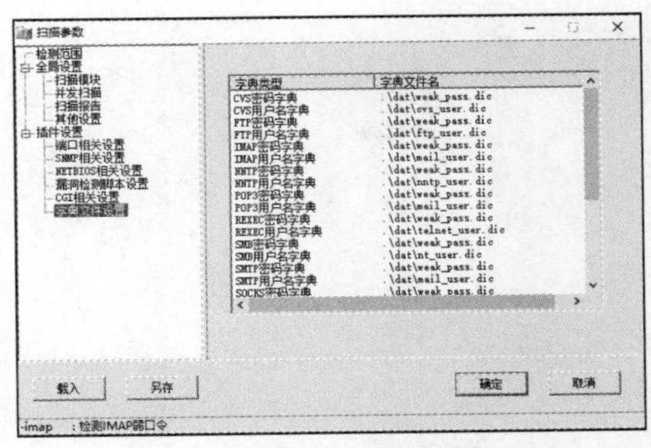

图 9.48　字典文件设置

图 9.49　开始扫描

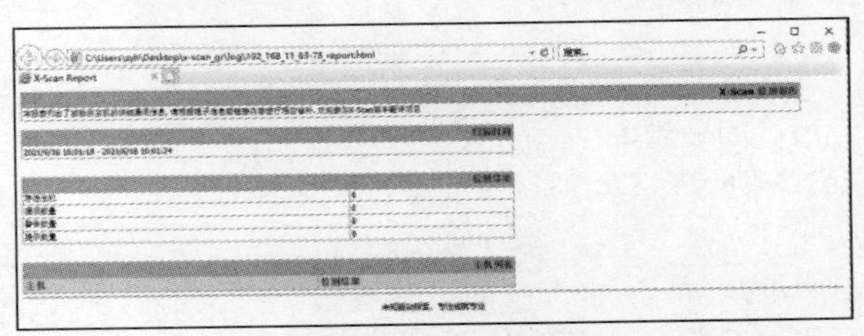

图 9.50　检测结果

任务 9.2　防火墙配置

【实训目的】

（1）理解防火墙的功能。

（2）掌握防火墙的配置方法。

【实训环境】

（1）准备华为 eNSP 模拟软件。

（2）准备设计网络拓扑结构。

【实训内容与步骤】

（1）进行防火墙配置，相关端口与 IP 地址配置如图 9.51 所示，进行网络拓扑连接。

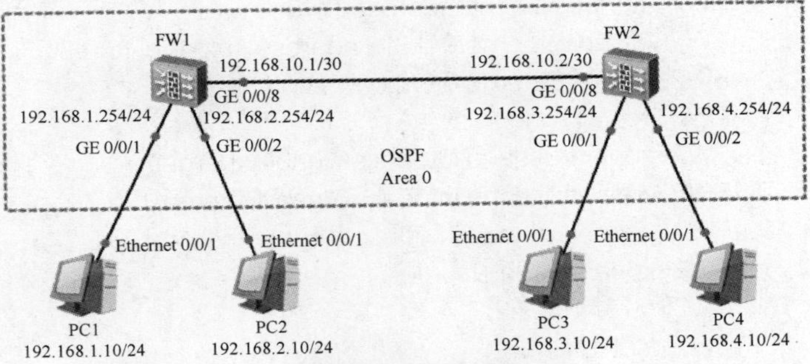

图 9.51　防火墙配置

（2）配置防火墙 FW1，相关实例代码如下。

V9-2　防火墙配置

```
< SRG>system-view
[SRG]sysname FW1
[FW1]interfaceGigabitEthernet 0/0/1
[FW1-GigabitEthernet0/0/1]ip address 192.168.1.254 24
[FW1-GigabitEthernet0/0/1]quit
[FW1]interfaceGigabitEthernet 0/0/2
[FW1-GigabitEthernet0/0/2]ip address 192.168.2.254 24
[FW1-GigabitEthernet0/0/2]quit
[FW1]interfaceGigabitEthernet 0/0/8
[FW1-GigabitEthernet0/0/8]ip address 192.168.10.1 30
[FW1-GigabitEthernet0/0/8]quit
[FW1]firewall zone trust
```

```
[FW1-zone-trust]add interfaceGigabitEthernet 0/0/1
[FW1-zone-trust]add interfaceGigabitEthernet 0/0/2
[FW1-zone-trust]add interfaceGigabitEthernet 0/0/8
[FW1-zone-trust]quit
[FW1]router id 1.1.1.1
[FW1]ospf 1
[FW1-ospf-1]area 0
[FW1-ospf-1-area-0.0.0.0]network 192.168.1.0 0.0.0.255
[FW1-ospf-1-area-0.0.0.0]network 192.168.2.0 0.0.0.255
[FW1-ospf-1-area-0.0.0.0]network 192.168.10.0 0.0.0.3
[FW1-ospf-1-area-0.0.0.0]quit
[FW1-ospf-1]quit
[FW1]
```

（3）配置防火墙 FW2，相关实例代码如下。

```
< SRG >system-view
[SRG]sysname FW2
[FW2]interfaceGigabitEthernet 0/0/1
[FW2-GigabitEthernet0/0/1]ip address 192.168.3.254 24
[FW2-GigabitEthernet0/0/1]quit
[FW2]interfaceGigabitEthernet 0/0/2
[FW2-GigabitEthernet0/0/2]ip address 192.168.4.254 24
[FW2-GigabitEthernet0/0/2]quit
[FW2]interfaceGigabitEthernet 0/0/8
[FW2-GigabitEthernet0/0/8]ip address 192.168.10.2 30
[FW2-GigabitEthernet0/0/8]quit
[FW2]firewall zone trust
[FW2-zone-trust]add interfaceGigabitEthernet 0/0/1
[FW2-zone-trust]add interfaceGigabitEthernet 0/0/2
[FW2-zone-trust]add interfaceGigabitEthernet 0/0/8
[FW2-zone-trust]quit
[FW2]router id 2.2.2.2
[FW2]ospf 1
[FW2-ospf-1]area 0
[FW2-ospf-1-area-0.0.0.0]network 192.168.3.0 0.0.0.255
[FW2-ospf-1-area-0.0.0.0]network 192.168.4.0 0.0.0.255
[FW2-ospf-1-area-0.0.0.0]network 192.168.10.0 0.0.0.3
[FW2-ospf-1-area-0.0.0.0]quit
[FW2-ospf-1]quit
[FW2]
```

（4）显示防火墙 FW1、FW2 的配置信息，以防火墙 FW1 为例，其主要相关实例代码如下。

```
<FW1>display current-configuration
#
stp region-configuration
 region-name b05fe31530c0
 active region-configuration
#
interfaceGigabitEthernet0/0/1
```

```
 ip address 192.168.1.254 255.255.255.0
#
interfaceGigabitEthernet0/0/2
 ip address 192.168.2.254 255.255.255.0
#
interfaceGigabitEthernet0/0/8
 ip address 192.168.10.1 255.255.255.252
#
firewall zone local
 set priority 100
#
firewall zone trust
 set priority 85                          //默认优先级为 85
 add interfaceGigabitEthernet0/0/0
 add interfaceGigabitEthernet0/0/1
 add interfaceGigabitEthernet0/0/2
 add interfaceGigabitEthernet0/0/8
#
firewall zone untrust
 set priority 5                           //默认优先级为 5
#
firewall zone dmz
 set priority 50                          //默认优先级为 50
#
ospf 1
 area 0.0.0.0
  network 192.168.1.0 0.0.0.255
  network 192.168.2.0 0.0.0.255
  network 192.168.10.0 0.0.0.3
#
sysname FW1
#
firewall packet-filter default permit interzone local trust direction inbound
 firewall packet-filter default permit interzone local trust direction outbound
 firewall packet-filter default permit interzone local untrust direction outbound
 firewall packet-filter default permit interzone local dmz direction outbound
#
 router id 1.1.1.1
#
return
<FW1>
```

（5）查看主机 PC2 访问主机 PC4 的结果，如图 9.52 所示。

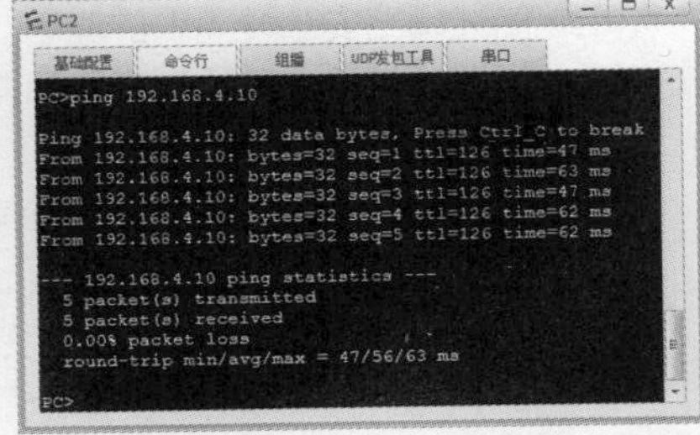

图 9.52　主机 PC2 访问主机 PC4 的结果

【模块小结】

本模块讲解了计算机网络安全概述、计算机病毒、防火墙技术，以及网络故障检测与管理等相关知识，详细讲解了常用的网络管理命令、应用进程之间通信等相关知识，并且讨论了防火墙的安全部署。

本模块最后通过技能实践使学生进一步掌握端口扫描器 X-Scan 工具的使用方法、防火墙配置的方法。

【模块练习】

1. 选择题

（1）跟踪网络路由路径使用的网络管理命令是（　　）。

A. ipconfig/all　　B. tracert　　C. ping　　D. netstat

（2）华为防火墙 DMZ 的默认优先级为（　　）。

A. 5　　B. 50　　C. 85　　D. 100

（3）华为防火墙 Trust 区域的默认优先级为（　　）。

A. 5　　B. 50　　C. 85　　D. 100

（4）华为防火墙 Untrust 区域的默认优先级为（　　）。

A. 5　　B. 50　　C. 85　　D. 100

（5）域名服务的端口号为（　　）。

A. 7　　B. 9　　C. 42　　D. 53

（6）FTP 的端口号（　　）。

A. 21　　B. 23　　C. 25　　D. 27

（7）【多选】网络安全的基本要素有（　　）。

A. 保密性　　B. 完整性　　C. 可靠性　　D. 可用性

（8）【多选】网络安全性脆弱的原因有（　　）。

A. 开放性的网络环境　　B. 操作系统的缺陷　　C. 应用软件的漏洞　　D. 人为因素

（9）【多选】计算机病毒的特征有（　　）。

A. 隐蔽性　　B. 破坏性　　C. 传染性　　D. 可触发性

（10）【多选】计算机病毒的诊断方法有（　　）。

A. 特征代码法　　B. 检验和法　　C. 行为监测法　　D. 虚拟机法

2. 简答题

（1）简述网络安全的定义及其基本要素。

（2）简述网络安全性脆弱的原因。

（3）简述计算机病毒的特征及诊断方法。

（4）简述计算机病毒防治。

（5）简述防火墙的定义、类型及其功能。

（6）简述应用程序间的通信。